石油和化工行业“十四五”规划教材

化学工业出版社“十四五”普通高等教育规划教材

国家级一流本科专业建设成果教材

装配式建筑结构设计

ZHUANGPEISHI JIANZHU JIEGOU SHEJI

种 迅 王静峰 主编

化学工业出版社

·北京·

内容简介

《装配式建筑结构设计》吸收和借鉴国内外已有研究成果、相关技术标准和工程实践，总结了目前工程常用的装配式钢结构和装配式混凝土结构形式，系统介绍了这些装配式结构的体系构成和特征属性、构件与连接构造、结构设计计算要点等内容。全书内容翔实，浅显易懂，实用性、实践性和操作性强，有助于读者对装配式结构、预制部品部件进行较为系统和全面的学习。

本书可作为智能建造、土木工程和智慧建筑与建造等专业及相关专业本科生和研究生教学用书，也可作为工程技术人员的参考书。

图书在版编目（CIP）数据

装配式建筑结构设计 / 种迅，王静峰主编. -- 北京：化学工业出版社，2024. 12. -- （化学工业出版社“十四五”普通高等教育规划教材）（国家级一流本科专业建设成果教材）. -- ISBN 978-7-122-47053-9

Ⅰ. TU3

中国国家版本馆 CIP 数据核字第 2024YJ5614 号

责任编辑：刘丽菲　　　　装帧设计：刘丽华

责任校对：刘　一

出版发行：化学工业出版社

（北京市东城区青年湖南街 13 号　邮政编码 100011）

印　　装：北京云浩印刷有限责任公司

787mm×1092mm　1/16　印张 15　字数 397 千字

2024 年 12 月北京第 1 版第 1 次印刷

购书咨询：010-64518888　　　售后服务：010-64518899

网　　址：http://www.cip.com.cn

凡购买本书，如有缺损质量问题，本社销售中心负责调换。

定　　价：48.00 元

前言

我国经济已由高速增长阶段转向高质量发展阶段。作为国民经济支柱产业，建筑业在过去的发展中取得了举世瞩目的成就，同时面临城市化进程和可持续发展的挑战与机遇。在此背景下，大力发展装配式建筑对推动我国建筑产业转型升级、实现可持续发展具有重要意义。

近年来，我国大力推动建造方式创新，装配式建筑在新建建筑中的比例不断提高。住房和城乡建设部发布的《“十四五”建筑业发展规划》中，明确要继续大力发展装配式建筑，完善适用不同建筑类型的装配式混凝土结构体系和钢结构体系，并提出到 2035 年，装配式建筑占新建建筑的比例达到 30%以上的远景目标。

为适应装配式建筑快速发展的需求，我国多数高校土木工程、智能建造等专业纷纷开设装配式建筑相关课程，让学生能够系统了解装配式建筑。这有助于满足市场和企业对装配式建筑人才的需求，并推动建筑行业创新和发展。本书吸收和借鉴已有研究成果和相关技术标准，总结了目前工程常用的装配式钢结构和装配式混凝土结构形式，系统介绍了这些装配式结构的体系构成和特征属性、构件与连接构造、结构设计计算要点等内容。

主要内容如下：第 1 章为绪论，主要介绍了装配式建筑的概念、优势以及国内外的发展现状，简要介绍了装配式钢结构体系、装配式混凝土结构体系的基本概念；第 2 章介绍了冷弯薄壁型钢结构体系；第 3 章介绍了装配式钢框架结构体系和装配式组合框架结构体系，装配式组合框架结构体系包括钢管混凝土框架结构、部分包覆钢-混凝土框架结构；第 4 章介绍了装配式钢框架-抗侧力结构体系，包括装配式钢框架-支撑结构和钢框架-剪力墙结构；第 5 章介绍了装配式混凝土框架结构体系，包括装配整体式混凝土框架结构、螺栓连接装配式混凝土框架结构和预应力连接装配式混凝土框架结构；第 6 章介绍了装配式混凝土剪力墙结构体系，包括套筒灌浆连接装配式剪力墙结构、叠合板式剪力墙结构和螺栓连接多层装配式混凝土剪力墙结构；第 7 章介绍了装配式混凝土模块化建筑；第 8 章介绍了预制混凝土叠合楼板、预制混凝土夹心保温墙板、蒸压加气混凝土墙板、预制混凝土楼梯、阳台等常见预制构件及部品部件。本书实用性、实践性和操作性强，有助于读者对装配式结构、预制部品部件进行较为系统和全面的学习和掌握。

合肥工业大学土木工程专业于 2019 年获批国家级一流本科专业建设点，按照一流专业建设任务，师资团队编写教材《装配式建筑结构设计》，该教材为土木工程专业国家级一流本科专业建设成果。本书由合肥工业大学智能建造课程组组织编写，具体分工如下：第 1 章由种迅教授、王静峰教授编写，第 2 章和第 4 章由王静峰教授、汪皖黔博士编写，第 3 章由王波副教授编写，第 5 章由黄俊旗副教授编写，第 6 章由种迅教授、沙慧玲博士编写，第 7 章由冯玉龙副教授编写，第 8 章由种迅教授、冯玉龙副教授、王波副教授编写。全书由种迅教授、王静峰教授统稿。本书的编写还得到了研究生赵猛、刘华龙、刘远晨、宋鹏程、高俊、常跃、淡孟麟、姜文龙、胡昌耀、高鑫等的帮助，在此向他们表示感谢。

由于编者水平有限，书中难免存在不足之处，恳请各位读者批评指正。

编者

2024 年 10 月　合肥斛兵塘记

目录

179 第 7 章 装配式混凝土模块化建筑

194 第 8 章 预制混凝土构件与部品部件

230 参考文献

第1章
绪 论

本章导读

装配式建筑的概念；装配式建筑相较于传统现浇建筑的优势；装配式建筑在国内外的发展历程；装配式建筑结构体系。

1.1 装配式建筑的概念和优势

1.1.1 装配式建筑的概念

装配式建筑是一个系统工程，由结构系统、外围护系统、设备与管线系统、内装系统四大系统组成。装配式建筑是将预制部品部件通过模数协调、模块组合、接口连接、节点构造和施工工法等集成装配而成的，可在工地实现高效、可靠装配并做到主体结构、建筑围护、机电装修一体化的建筑。它具有以下几个方面的特点：

(1) 以完整的建筑产品为对象，以系统集成为方法，体现加工和装配需要的标准化设计。标准化设计是实施装配式建筑的有效手段，没有标准化就不能实现四大系统的一体化集成。模数和模数协调是实现装配式建筑标准化设计的重要基础。

(2) 以工厂精益化生产和少规格、多组合设计为主的部品部件。工厂精益化生产的方式有效解决了施工生产的尺寸误差和模数接口问题，并且可以最大限度保证产品质量和性能。少规格、多组合是装配式建筑设计的重要原则，减少部品部件的规格种类及提高部品部件模板的重复使用率，有利于部品部件的生产制造与装配化。

(3) 以装配和干式工法为主的工地现场。现场采用干作业施工工艺的干式工法是装配式建筑的核心内容。我国传统现场具有湿作业多、施工精度差、工序复杂、建造周期长、依赖现场工人水平和施工质量难以保证等问题，干式工法作业可实现高精度、高效率和高品质。

(4) 以建筑全寿命期的可持续性发展为目标。装配式建筑的建设过程除了应满足标准化设计、工厂化生产、装配化施工、一体化装修、信息化管理和智能化应用等全产业链工业化生产的要求外，还应遵循建筑全寿命期的可持续性原则，即满足建筑运营、维护和改造等方面的要求。

(5) 基于建筑信息模型（BIM）技术的全链条信息化管理，实现设计、生产、施工、装修和运维的协同。BIM技术是装配式建筑建造过程中的重要手段，通过信息数据平台管理系统将设计、生产、施工、物流和运营等各环节联系为一体，实现一体化管理，对提高工程建设各阶段及各专业之间协同配合的效率，以及一体化管理水平具有重要作用。

此外，装配式建筑还强调了装修一体化。装配式建筑的最低要求为具备完整功能的成品形态，不能割裂结构、装修，底线是交付成品建筑。装配式装修以工业化生产方式为基础，采用工厂制造的内装部品，部品安装采用干式工法。推行装配式装修是推动装配式建筑发展的重要方向。

1.1.2 装配式建筑的优势

与传统现浇结构相比，装配式建筑具有以下优势：

（1）缩短工期

装配式建筑采用工厂化生产和工地集成装配的方式，可以显著缩短建筑周期。由于预制构件在工厂生产的过程中，装饰层、保温层、预埋件、墙体和楼板开洞等已经预先完成，只需在工地上通过简单的组装过程完成建筑，大幅度提高了建设速度。

（2）质量可控

预制部品部件在工厂受到严格的质量控制，包括对原材料的选择、生产过程的监控、工艺流程的标准化等方面。相比传统施工方式，装配式建筑更容易确保建筑质量的一致性。预制部品部件的一致性和稳定性使得建筑在装配阶段能够更加精准地拼装，从而确保整体建筑的质量。

（3）节约成本

装配式建筑采用工业化生产，可以实现规模化生产和集成供应链，降低了部品部件的制造成本。此外，预制构件都是由生产厂家集中预制，再运到项目工程现场，所以预制件的生产和施工工地现场的安装都是流水式可复制的劳动过程，工人熟练度较高，可以提高工作效率，缩短施工时间，降低劳动力成本，从而降低整体施工成本。

（4）环境友好

装配式建筑的工地现场施工过程中，由于采用了装配和干式工法，减少了传统湿法施工的需求，降低了噪声和空气污染，改善了施工环境。此外，近年来装配式建筑取材大量利用废旧混凝土、工业废料等原料，这也符合我国推行绿色建筑、节能环保的要求。

（5）提高建筑的可持续性

装配式建筑强调节约资源、减少废弃物、降低能源消耗，符合可持续建筑的原则。通过这种方式，装配式建筑有助于降低建筑施工对环境的影响，推动建筑行业朝着更可持续的方向发展。

（6）信息化管理

通过 BIM 技术的全链条信息化管理，装配式建筑实现了设计、生产、施工、装修和运维的高度协同，提高了整个建筑过程的效率和透明度。

1.2 装配式建筑的发展概况

1.2.1 国外装配式建筑的发展现状

德国装配式建筑起源于 19 世纪中叶，由最早的人造石楼梯、预制瓦、装饰线条等构件发展成整体装配式住宅。第二次世界大战后，德国大批建筑被摧毁，住房资源短缺，如何在短期内提供大量住宅成为当时政府面临的重要问题。在这种情况下，德国选择了工业化住宅模式，建设了大量多层装配式住宅楼。德国装配式住宅主要采用双面叠合剪力墙结构，梁、柱、板等构件采用预制与现浇相结合的建造方式。目前，德国住宅的预制构件比例超过 90%，位于柏林的 Tour Total 大厦是德国建筑工业化的代表作（图 1-1）。

法国是世界上推广应用装配式建筑较早的国家。法国装配式建筑的特点是采用预应力混凝土装配式框架结构为主，轻钢结构与防腐木结构为辅。目前应用最多、技术最为成熟的技术体系是世构体系（scope system），即预制预应力混凝土装配整体式框架结构体系。如图 1-2 所示，世构体系的主要预制构件有预制柱、预制梁和叠合板等，并通过后浇混凝土将

(b) 大厦近景一

(a) 大厦外景　　(c) 大厦近景二

图 1-1　德国 Tour Total 大厦

预制构件连成整体结构体系。世构体系的关键技术在于采用键槽连接节点，避免了预埋、焊接等复杂的施工工艺。1982 年以来，法国发展了全行业通用元器件的商品化生产，开发了“钢结构构造逻辑系统”软件，可以设计多种装配式建筑。1990 年以来，法国两大装配式建筑工会又开发了一套钢结构房屋设计软件系统。该软件系统采用模块化协调原理，可以大规模生产预制构件，降低成本的同时还能提高施工效率，极大地促进了装配式建筑的发展。

(a) 预制柱和叠合板　　(b) 键槽连接节点

图 1-2　世构体系

欧洲其他发达国家，如瑞典、丹麦等，也相继在 20 世纪开始了住宅工业化进程，并发展建立了一套非常标准、完善和系统化的住宅建造体系，一直沿用至今。丹麦最早开始建筑工业标准化工作，也是世界上第一个立法确定建筑模数的国家，到目前为止已经有了板、柱、墙等多个种类的建筑模数规范，国际建筑标准化模数协调标准也是参考丹麦的规范建立。

美国从 20 世纪 30 年代起开始发展建筑工业化，20 世纪 50 年代以后，人口大幅增长，移民涌入，同时军队和建筑施工队也急需简易住宅，美国出现了严重的住房短缺。1976 年，为了规范引导装配式住宅健康发展，美国国会通过了国家工业化住宅建造及安全法案，同年出台一系列行业规范标准，如《住宅与社区开发法》等。美国的住房主要结构有三种：木结构、轻钢结构和混合结构。除了注重质量，现在的工业化住宅更加注重提升美观度，节能方面也逐渐成为新的关注点，美国的工业化住宅经历了从追求数量到追求质量的阶段性转变。

作为亚洲发展装配式建筑最早的国家，日本的装配式建筑借鉴了欧美装配式建筑的优点，并融入了本国的特色。20 世纪 60 年代起，日本房屋公司和一些建筑公司用预制混凝土构件协同开发中高层住宅，日本政府也制定了一系列公共住房标准。到了 20 世纪 70 年代，为了更好地设计和建造高层建筑，新的技术和预制房屋的安全评估体系也逐渐形成。在 1995 年的阪神地震中，当时的预制房屋在地震下表现良好。日本装配式建筑主要以预制混凝土结构为主，其结构体系经历了从预制墙板体系、预制框架结构体系、预制框架-墙板体系和预制墙板-钢混合结构体系的发展历程，如图 1-3 所示。由于日本经常发生地震灾害，日本在预制结构体系抗震与隔震方面取得了较大的成就。如图 1-4 所示为增加了阻尼器的消能减震结构。

(a) 预制墙板结构

(b) 预制框架结构

(c) 预制框架-墙板结构

(d) 预制墙板-钢混合结构

图 1-3　日本装配式建筑

此外，日本装配式建筑重要特点是内装工业化（图 1-5），即主体结构与装修管线全分离，通过地面架空等方式为管线安装或改造提供空间，实现装修的全干式工法作业。

新加坡的装配式建筑可以追溯到 20 世纪 70 年代，当时装配式工程技术仅仅用于预制管涵、预制桥梁构件上。到了 20 世纪 80 年代，新加坡建屋发展局开始逐渐将装配式建筑理念引入住宅工程，基于装配式建筑的标准化、高效率等优势，这些工程的交工时间相较以前同类工程平均施工时间缩短了 20%～50%，在新加坡政策激励及“以较低的成本为市场快速

(a) 黏滞阻尼墙

(b) 金属阻尼墙

图 1-4 消能减震结构

(a) 地面架空

(b) 内装照片

图 1-5 日本装配式建筑内装工业化

提供大量的组屋”的需求下，装配式建筑在新加坡有了蓬勃的发展。如图 1-6 所示，新加坡装配式建筑主要应用于组屋建设，侧重于标准化、模块化与信息化。

图 1-6 新加坡组屋

1.2.2 国内装配式建筑的发展现状

20 世纪 50 年代，我国开始发展装配式建筑技术，通过学习借鉴西方发达国家的经验并不断探索，初步建立了装配式建筑技术体系，推行了标准化设计、工厂化生产、装配式施工的建造方式。在装配式建筑发展初期，装配式技术主要应用在内浇外挂住宅［图 1-7(a)］、大板结构住宅［图 1-7(b)］、框架轻板住宅等体系之中，形成了住宅标准化的设计概念，编制了标准图集及相应的设计方法。当时许多工业厂房为预制钢筋混凝土柱单层厂房，厂房柱、吊车轨道、屋架均采用预制方式，乃至建筑杯型基础也采用预制。许多无梁板结构的仓库和冷库也是装配式建筑。一些砌体结构住宅和办公楼等大量使用预制楼板和预制楼梯，部分地区还建造了一些预制混凝土大板楼。

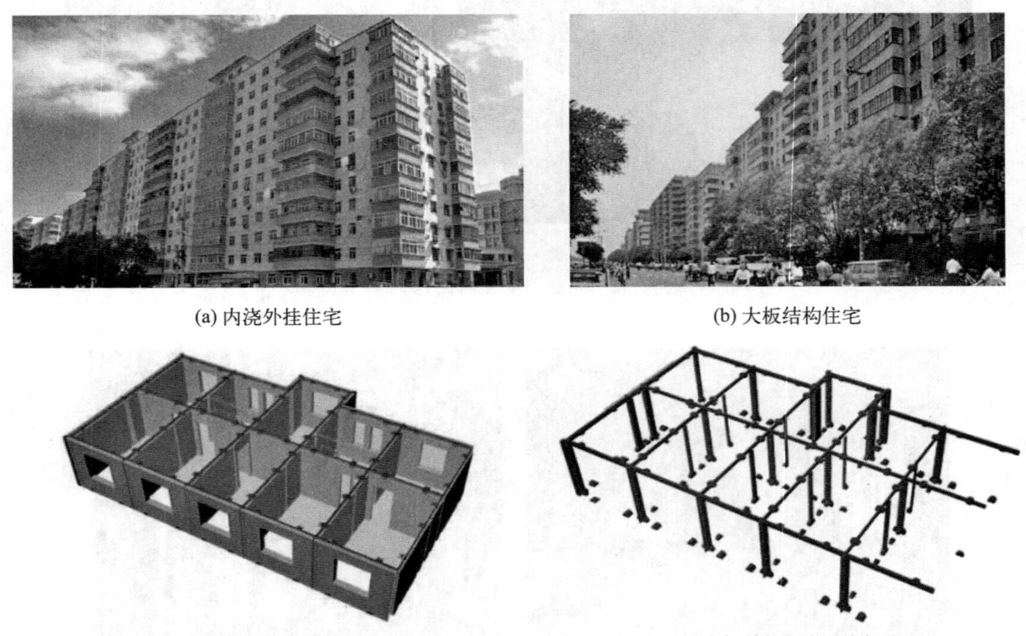

(a) 内浇外挂住宅　　(b) 大板结构住宅

(c) 大板结构住宅装配示意　　(d) 大板结构住宅现浇部分

图 1-7　20 世纪我国典型装配式建筑

20 世纪 80 年代，随着建筑业多元化发展，原有的装配式建筑产品已远远不能满足需求，由于当时的技术受限，装配式建筑的抗震性、结构整体性、隔声、保温等问题有所显现。与此同时，随着商品混凝土的快速推进，现浇建筑方式逐步显现优势，装配式建筑的发展受到了制约，在建设中的比例逐渐减少，现浇混凝土结构开始成为建造行业的主流。

20 世纪 90 年代，这个时期经历了装配式建筑的停滞、发展、再停滞的起伏波动。主要发展成就包括五个方面：一是装配式建筑标准规范体系初步建立；二是模数标准与住宅标准设计逐步完善；三是开展了一些装配式建筑相关研究工作；四是中日合作项目成果丰硕；五是发展“住宅产业”逐步形成共识。

1999 年，国务院办公厅发布了《关于推进住宅产业现代化提高住宅质量的若干意见》，明确了推进住宅产业现代化工作的指导思想、主要目标、重点任务、技术措施和相关政策，提出“加快住宅建设从粗放型向集约型转变，推进住宅产业现代化，提高住宅质量，促进住宅建设成为新的经济增长点”。这一时期国家重新明确了推进装配式建筑的目标、任务和保障措施，建立了专门的推进机构，以住宅产业现代化工作为抓手，大大提高了住宅质量和性能。主要发展成就包括四个方面：一是推动建立了一批国家级住宅产业化基地；二是形成了以试点城市探索发展道路的工作思路；三是初步搭建了住宅部品体系；四是装配整体式混凝土结构体系开始发展。

2011 年，《国民经济和社会发展第十二个五年规划纲要》提出“十二五”时期全国城镇保障性安居工程建设任务 3600 万套，在此背景下，国家出台了一系列推进装配式建筑发展的政策文件，逐步营造了良好的发展氛围。“十三五”期间，国家进一步提出加快装配式建筑发展的目标，密集出台了《国务院办公厅关于大力发展装配式建筑的指导意见》《国务院办公厅关于促进建筑业持续健康发展的意见》等政策文件，明确了装配式建筑占新建建筑的比例、装配式建筑示范城市、示范产业基地及示范工程等，并确认了“十三五”期间的重点工作任务。通过引进国外成熟技术、结合中国特点建造了一大批装配式建筑，迅速积累宝贵的装配式设计经验。至此，我国装配式建筑发展取得巨大突破。图1-8展示了我国目前典型的装配式建筑，北京成寿寺住宅采用了装配式钢结构体系，是北京首例装配式钢结构住宅项目。湖州喜来登温泉度假酒店采用了预制混凝土框架和预制混凝土剪力墙作为主体结构体系，同时采用了大跨度空间索-桁体系作为连廊屋盖结构。深圳龙华保障房和上海宝业中心分别采用了装配整体式剪力墙与叠合剪力墙作为主体结构体系。

(a) 北京成寿寺住宅

(b) 湖州喜来登温泉度假酒店

(c) 深圳龙华保障房

(d) 上海宝业中心

图1-8 我国典型装配式建筑

1.3 装配式结构体系

装配式结构体系包括装配式混凝土结构体系、装配式钢结构体系、装配式木结构体系等，本书主要介绍国内常见的装配式钢结构体系和装配式混凝土结构体系。

1.3.1 装配式钢结构体系

钢结构建筑的梁、柱、支撑及剪力墙等主要受力构件均可由工厂加工生产，构件在现场只需进行螺栓或焊接连接，具有轻质高强、抗震性能好、工业化程度高、施工周期短、绿色环保等优点，因此钢结构体系被广泛认为是实现绿色装配式建筑的理想选择。工程中常用的装配式钢结构形式主要有钢框架结构［图1-9(a)］、钢框架-支撑结构［图1-9(b)］、钢框架-剪力墙结构［图1-9(c)］、冷弯薄壁型钢结构［图1-9(d)］等。

(a) 装配式钢框架结构

(b) 装配式钢框架-支撑结构

(c) 装配式钢框架-剪力墙结构

(d) 冷弯薄壁型钢结构

图 1-9 常见装配式钢结构体系

与装配式混凝土结构相比，装配式钢结构建筑在我国的发展相对成熟，在工业建筑及大跨空间结构领域占有主导地位，相应的设计标准和施工质量验收规范也比较完善，如《高层民用建筑钢结构技术规程》《钢板剪力墙技术规程》《钢结构住宅设计规范》《钢结构工程施工质量验收规范》《建筑钢结构防火技术规范》《装配式钢结构建筑技术标准》。但不可否认的是目前钢结构在民用建筑市场特别是量大面广的住宅市场占有率较低，这与我国的经济发展、住宅的交房标准有关，也和钢结构配套部品部件的发展水平有关，尤其是外墙板、内墙板和楼板系统。因此为大力推广钢结构体系，加快我国建筑工业化的发展，应有组织地研发装配式钢结构配套部品部件及成套装配技术，提倡装饰、装修工厂化和装配化。

1.3.2 装配式混凝土结构体系

混凝土结构因其具有取材方便、成本低、刚度大及耐久性好的优点，在建筑结构以及土木工程中的应用非常广泛，目前我国 80%以上的中、高层建筑都是混凝土结构。推进装配式建筑，首先就是要发展工厂化和机械化，而混凝土结构构件非常适合预制化生产和机械化施工。装配式混凝土结构可以将大量的湿作业施工转移到工厂内进行标准化的生产，并将保温、装饰整合在预制构件生产环节完成，原材料和施工水电消耗大幅下降，能有效提高工程质量、加快工期、节约成本、降低污染。在国家与地方政府的支持下，我国装配式混凝土结构体系近十年来重新迎来发展契机，形成了如装配式混凝土框架结构［图 1-10(a)］、装配式混凝土剪力墙结构［图 1-10(b)］、装配式混凝土框架-剪力墙结构［图 1-10(c)］和模块化结构［图 1-10(d)］等多种形式的装配式建筑技术，完成了如《装配式混凝土结构技术规程》《装配式混凝土建筑技术标准》《钢筋套筒灌浆连接应用技术规程》《装配式建筑评价标准》等相应技术规程的编制。

(a) 装配式混凝土框架结构

(b) 装配式混凝土剪力墙结构

(c) 装配式混凝土框架-剪力墙结构

(d) 模块化结构

图 1-10 常见装配式混凝土结构体系

思考题

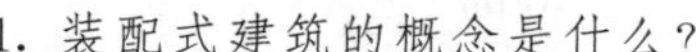

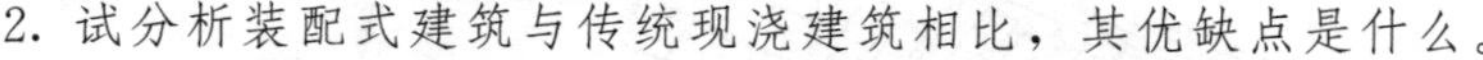

参考答案

1. 装配式建筑的概念是什么？
2. 试分析装配式建筑与传统现浇建筑相比，其优缺点是什么。
3. 国内外装配式建筑的发展有何差异？
4. 简述装配式建筑的分类和常见的装配式建筑技术形式。

第 2 章
冷弯薄壁型钢结构

本章导读

冷弯薄壁型钢结构的基本组成及结构特点；冷弯薄壁型钢结构体系的结构构件及墙板、楼盖和屋盖的典型连接节点；冷弯薄壁型钢结构受力特点、受力性能、相关设计要点和构造措施；典型工程实例。

2.1 概述

冷弯薄壁型钢结构是一种以冷弯薄壁型钢构件作为主要承载单元的结构。该体系由木结构演变而来，主要由屋盖、楼盖及组合墙体组成（图 2-1）。该体系适用于 6 层以下及檐口高度不大于 20m 的各种建筑类型，尤其是低多层住宅。冷弯薄壁型钢结构体系具有轻质、高强度、设计灵活、工业化程度高及抗震性能好等特点，符合我国推动建筑绿色化、低碳化的发展方向，具有良好的发展前景。该体系在现代建筑中得到广泛应用（图 2-2），提供了一种高效、可持续的建筑方案。

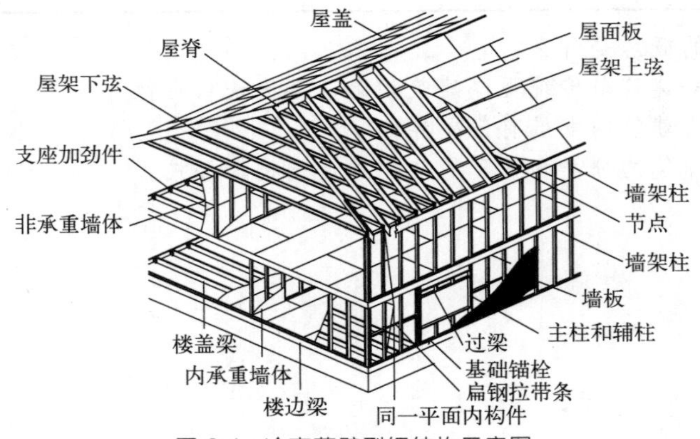

图 2-1　冷弯薄壁型钢结构示意图

图 2-2　冷弯薄壁型钢结构的工程实例

2.2 冷弯薄壁型钢结构体系组成

2.2.1 墙体系统

墙体主要由蒙皮面板，冷弯薄壁型钢立柱和上、下导轨组成，各组件之间通过自攻螺钉连接，空腔内填充保温棉以达到保温作用。蒙皮面板通常采用定向刨花板（OSB 板）、石膏板、硅酸钙板等。墙体是冷弯薄壁型钢房屋体系的重要承重及抗侧部件，不仅承受楼盖和屋盖体系传递而来的竖向荷载，也抵抗风荷载和地震作用，并将荷载传至基础。同时，墙体又起着围护作用。冷弯薄壁型钢结构立柱有多种组合形式(图 2-3)，较为常见的形式有 2C 形钢背靠背、1 箱形 2C 形钢背靠背、4C 形钢背靠背和 2 箱形背靠背。

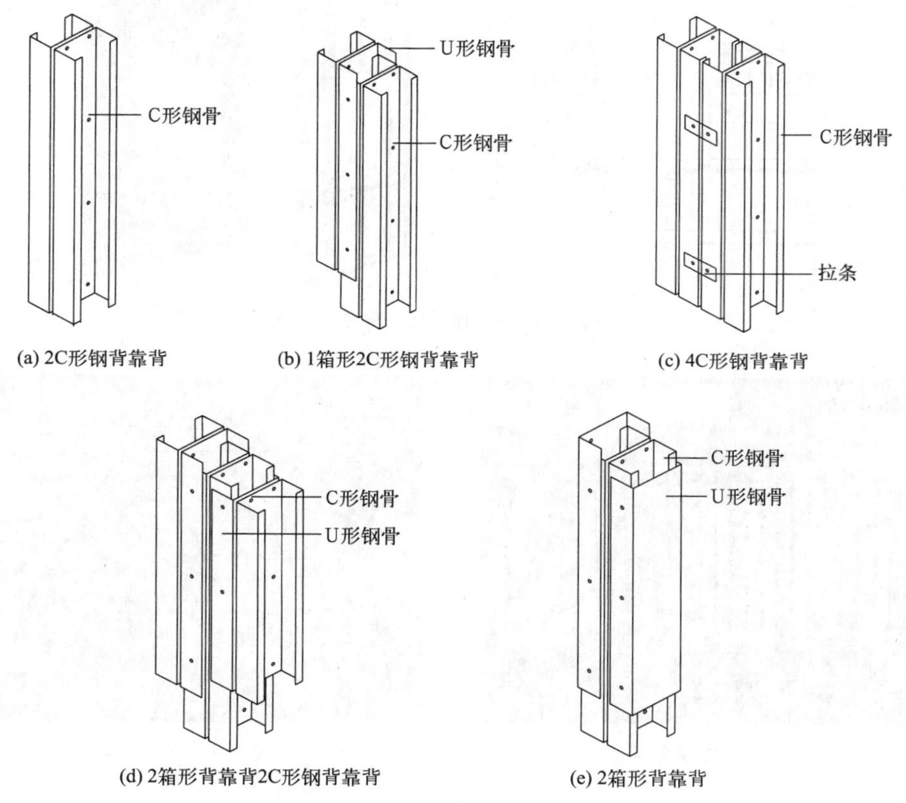

图 2-3　冷弯薄壁型钢结构立柱组合形式

冷弯薄壁型钢结构的空心特性使其保温隔热和隔声效果欠佳，降低居住体验。另一方面，我国自古以来的建筑风格使得人们更偏爱传统的砖瓦结构、混凝土结构这种实心结构。为此，在冷弯薄壁型钢结构空腔内填充轻质材料而形成的组合墙体结构被提出且得到发展。冷弯薄壁型钢-轻质材料组合墙体结构（图 2-4）以冷弯薄壁型钢-轻质材料组合墙体为主要承重构件。该墙体是以冷弯薄壁型钢为轻钢龙骨架，以 OSB 板、纤维水泥板、纸面石膏板、硅酸钙板或镀锌钢丝网、有筋扩张网等为蒙皮板，以轻质混凝土或轻质砂浆为填充，整体成型的一种基于冷弯薄壁型钢结构的复合墙体（图 2-5）。填充材料可在工厂生产线上通过立模（图 2-6）或平模（图 2-7）浇筑完成。冷弯薄壁型钢-轻质材料组合墙体的基本构造与冷弯薄壁型钢墙体基本相同。

图 2-4　冷弯薄壁型钢-轻质材料复合墙体结构工程实例

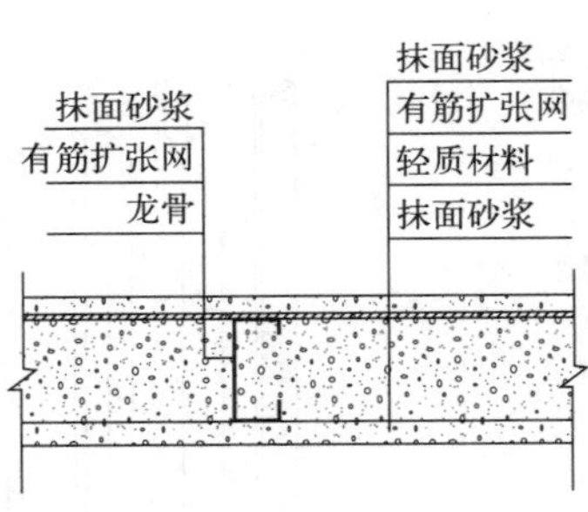

图 2-5　冷弯薄壁型钢-轻质材料复合墙体构造形式

图 2-6　立模浇筑

图 2-7　平模浇筑

2.2.2　楼盖系统

楼盖不仅要承担作用其上的恒荷载和活荷载，还要具有足够的刚度来防止颤动，同时兼具隔声和防火功能。一旦楼板安装完毕，它将成为上一层的施工“平台”。楼盖可选择干楼板和湿楼板两种做法。干楼板做法［图 2-8(a)］是直接在托梁上铺设轻质混凝土板，如蒸压加气混凝土板等，并通过自攻自钻螺钉把两者连接起来，托梁间距一般在 400～600mm 之间；湿楼板做法［图 2-8(b)］是在压型钢板上浇筑厚约 50mm 的混凝土，并在混凝土中加入钢丝网以防开裂。无论是湿楼板和干楼板，均需铺设水泥砂浆防水层，根据需要安装装饰面层，并在底部布置保温隔热层和吊顶。干楼板施工简单、方便，工期短，但楼板整体刚度较小；湿楼板防水、隔声效果好，楼板整体刚度大，但施工复杂，操作时间长。

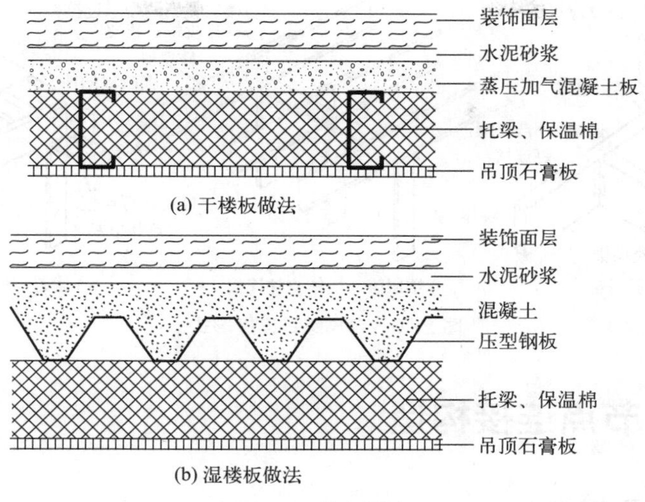

图 2-8　楼板做法

2.2.3　屋盖系统

屋盖包括屋面瓦（板）、防水层、屋面檩条、屋架、保温层、天沟和落水管等。屋盖是房屋最上层的外围护结构，抵御自然界的风霜雨雪等及其他外界的不利因素，因此在建筑设计中，解决屋面的防水、保温、隔热的作用尤为重要。冷弯薄壁型钢结构住宅中，防水通常用防水卷材来实现，保温隔热则通过铺设孔隙率大、导热率小的保温材料（如玻璃纤维保温棉）实现。低多层住宅类建筑常采用坡屋顶，屋架形式多采用由屋面梁和斜梁组成的三角形屋架，保温材料可置于屋架的下弦上，也可沿屋面布置。常用的屋面材料有彩色油毡瓦、太空板、压型钢板等，其中压型钢板轻质、高强、耐用、美观、安装方便，是使用最广泛的屋面材料。图 2-9 为两种不同屋面做法。

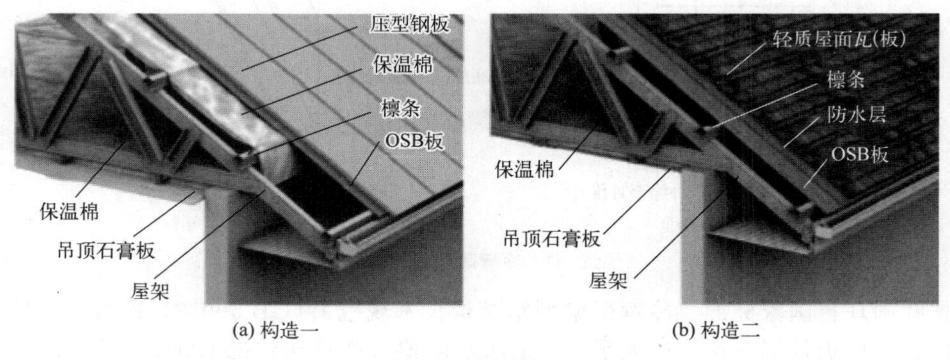

图 2-9　屋面做法

2.2.4　连接形式

由于冷弯薄壁型钢结构房屋建筑中所用的冷弯薄壁型钢构件壁厚通常较薄难以施焊，紧固件连接是该结构体系中最常用的一种连接方式。螺钉、自攻螺钉、射钉、拉铆钉、螺栓和扣件等都是冷弯薄壁型钢结构体系中常用的紧固件。自攻螺钉连接施工便利、连接刚度好、承载能力高、外形美观，在目前冷弯薄壁型钢结构中最为常用。图 2-10 中给出了冷弯薄壁型钢结构体系中常用的几种自攻螺钉连接形式。

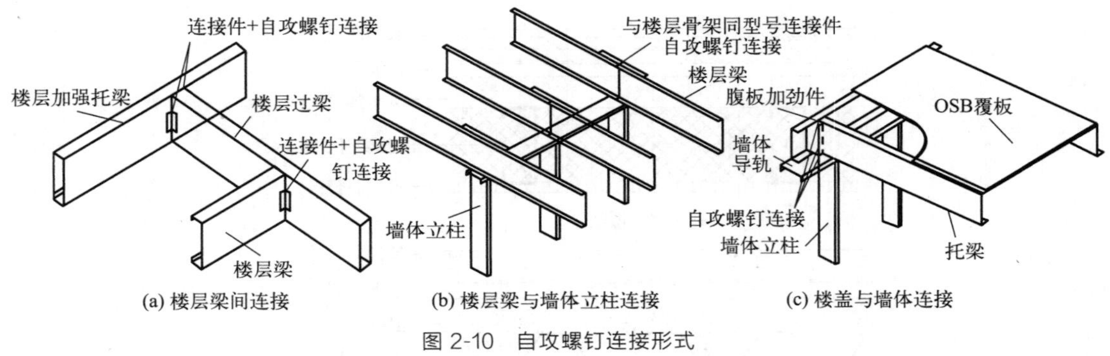

图 2-10 自攻螺钉连接形式

2.3 构件及节点连接构造

2.3.1 冷弯薄壁型钢构件

冷弯薄壁型钢结构中基本构件一般采用 U 形截面和 C 形截面的冷弯薄壁型钢，如图 2-11 所示。U 形截面［图 2-11(a)］一般用作顶导轨（也称顶导梁）、底导轨（也称底导梁）或边梁；C 形截面［图 2-11(b)］一般用作楼面梁、墙体立柱及屋架构件。用于此类结构体系的冷弯薄壁型钢构件的钢材厚度一般在 0.6～2mm 范围内。考虑到进行可靠性分析时，壁厚太薄，试件的材料强度、试验结果离散性过大，所以规定 U 形截面和 C 形截面承重构件的厚度应不小于 0.75mm。此外，钢蒙皮、压型钢板一般采用厚度为 0.46～0.84mm 的钢材，非承重构件的基材厚度不宜小于 0.60mm。

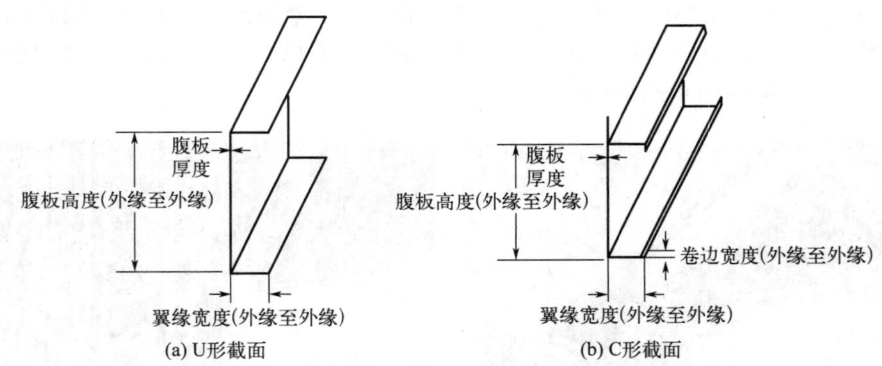

图 2-11 冷弯薄壁型钢构件

根据我国现行国家标准《冷弯薄壁型钢结构技术规范》(GB 50018) 的规定，冷弯薄壁型钢构件的受压板件宽厚比不应大于表 2-1 所示限值。受压构件的长细比，不宜大于表 2-2 规定的限值。受拉构件的长细比，不宜大于 350，但张紧拉条的长细比可不受此限值。当受拉构件在永久荷载和风荷载或多遇地震组合作用下受压时，长细比不宜大于 250。

表 2-1 构件受压板件的宽厚比限值

板件类别	宽厚比限值
非加劲板件	45
部分加劲板件	60
加劲板件	250

表 2-2　受压板件的长细比限值

构件类别	长细比限值
主要承重构件(梁、立柱、屋架等)	150
其他构件及支撑	200

对于同一平面内的承重梁、柱构件，在交界处的截面形心轴线的最大偏差要求小于 15mm，如图 2-12 所示。构件形心之间的偏心超过 15mm 后，应考虑附加偏心距对构件的影响。楼面梁支承在承重墙体上，当楼面梁与墙体柱中心线偏差较小时，楼面梁承担的荷载可直接传递到墙体立柱，在楼盖边梁和支承墙体顶导轨中引起的附加弯矩可以忽略，不必验算边梁和顶导轨的承载力，否则要单独计算，计算方法同墙体过梁。

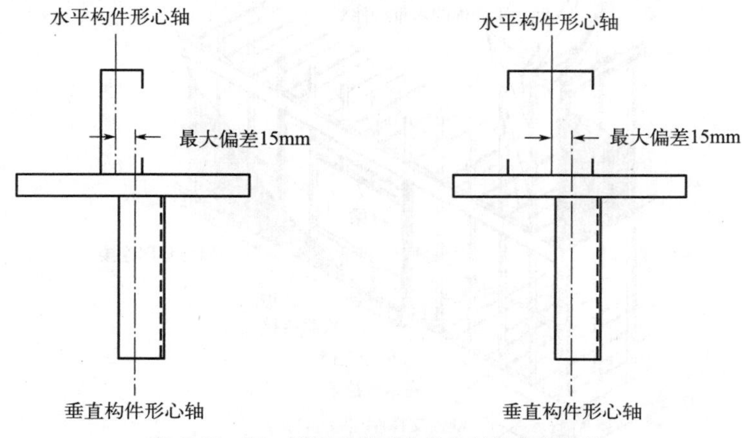

图 2-12　同一平面内承重构件的轴线允许偏差

冷弯薄壁型钢构件的腹板开孔时应满足下列相应要求：

(1) 梁、柱的翼缘板和卷边不得切割、开槽或开孔，只允许在梁、柱腹板中心线上开孔(图 2-13)，两孔的中心间距不小于 600mm，孔至构件端部（或支座边缘）的距离不小于 250mm。孔长不应超过 110mm。水平构件的孔宽不应大于腹板高度的 1/2 或 65mm 的较小值，竖向构件的孔宽不应大于腹板高度的 1/2 或 40mm 的较小值。

(2) 当孔的尺寸不满足上述要求时，应对孔口进行加强，见图 2-14。孔口加强件可采用平板、U 形构件或 C 形构件。孔口加强件的厚度不应小于所要加强腹板的厚度，且伸出

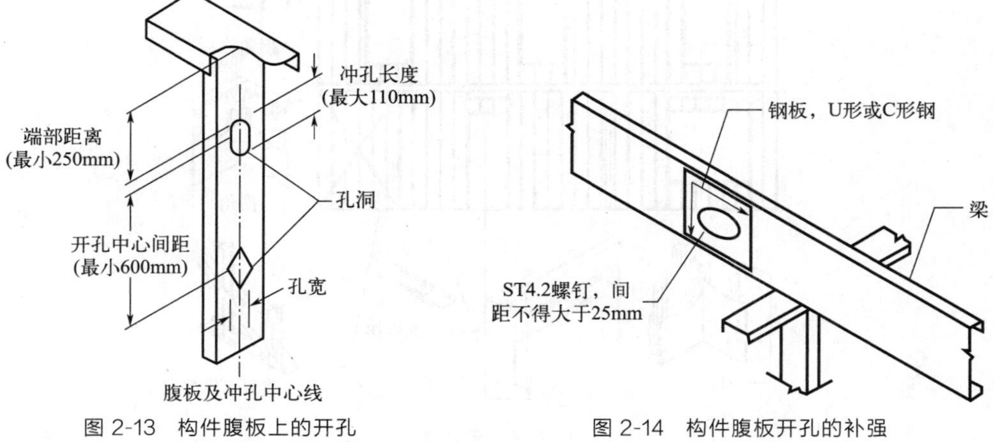

图 2-13　构件腹板上的开孔　　图 2-14　构件腹板开孔的补强

孔口四周不应小于 25mm。加强件与腹板应采用螺钉连接，螺钉最大中心间距为 25mm，最小边距应为 12mm。

（3）当腹板的孔宽超过沿腹板高度的 0.70 倍或孔长超过 250mm（或腹板高度）时，除按上述要求补强外，还要符合构件强度、刚度和稳定的计算要求。

2.3.2 承重墙构造

冷弯薄壁型钢结构的承重墙体可参照国家现行行业标准《低层冷弯薄壁型钢房屋建筑技术规程》（JGJ 227）进行设计，如图 2-15 和图 2-16。墙体立柱宜按照模数上下对应设置。

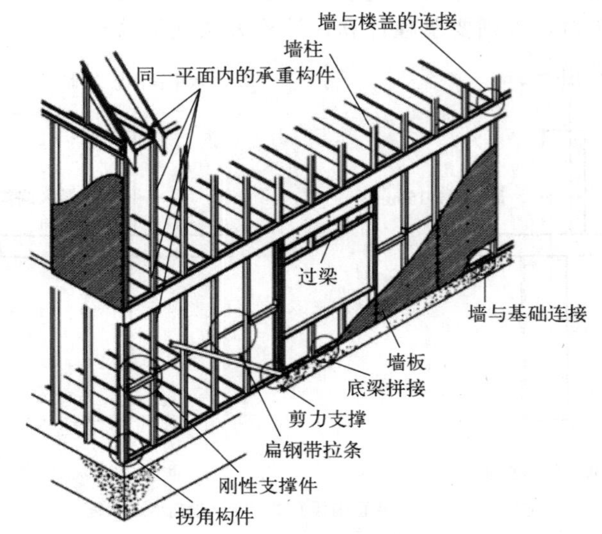

图 2-15 冷弯薄壁型钢结构承重墙体构造

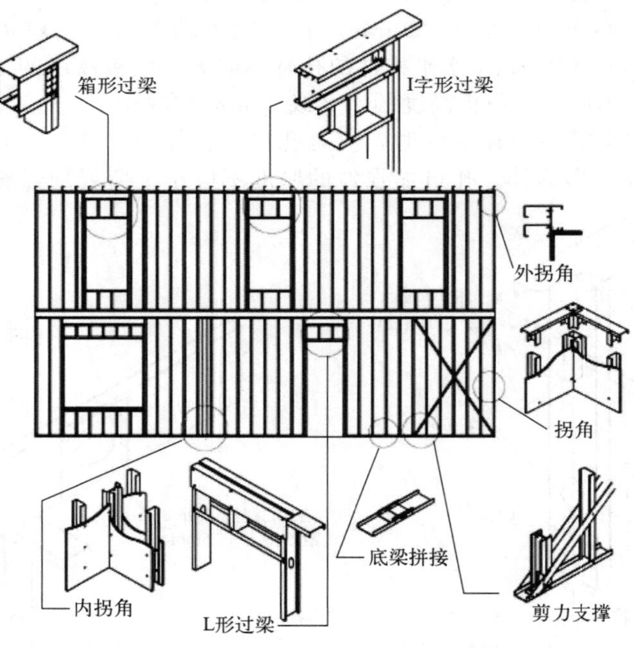

图 2-16 承重墙

墙体立柱可采用卷边冷弯槽钢构件或由冷弯槽钢构件组成的拼合构件（图 2-17）；立柱与顶、底导梁应采用螺钉连接。冷弯薄壁型钢墙体通常由冷弯薄壁 C 形钢（作为墙体立柱）和 U 形钢（作为顶导轨和底导轨）组成钢骨架，钢骨架两侧与蒙皮板通过自攻螺钉连接形成整体，共同抵抗水平荷载和竖向荷载。当钢骨架与蒙皮板有可靠的连接时，蒙皮板为钢骨架提供了有效的侧向支撑，从而提高了钢骨架的稳定承载力。墙体中立柱间距一般为 400mm 或 600mm，且不应超过 600mm。承重墙体的端部、门窗洞口的边部应采用拼合立柱。拼合立柱间采用双排螺钉固定，螺钉间距不应大于 300mm。

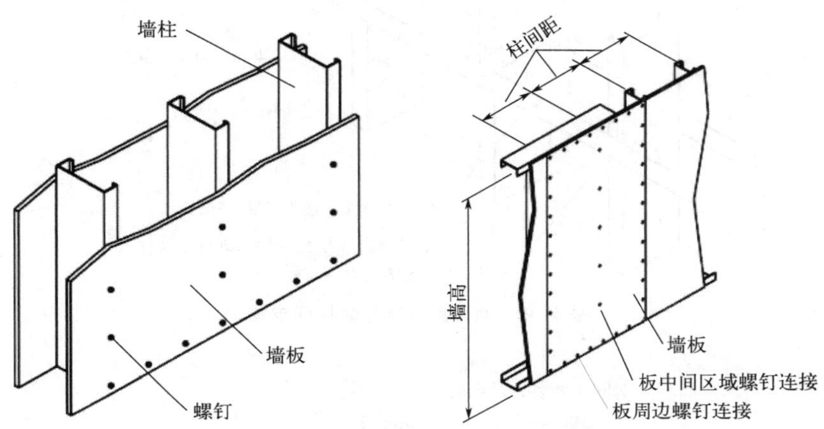

图 2-17 墙板与立柱螺钉连接

承重墙的外侧墙板可采用 OSB 板、水泥纤维板、胶合板或者蒸压加气混凝土板等材料；承重墙的内侧墙板以及内承重墙的两侧墙板可采用石膏板、玻镁板等材料。墙板的长度方向宜与立柱平行，墙板的周边和中间部分都应与立柱或顶梁、底梁进行螺钉连接，如图 2-16 所示。

墙体结构的拐角可采用图 2-18 所示构造。同一平面内的墙体连接处采用拼合立柱，顶、底导轨壁厚不宜小于所连接墙体立柱的壁厚，且顶、底导轨翼缘尺寸不低于 32mm。

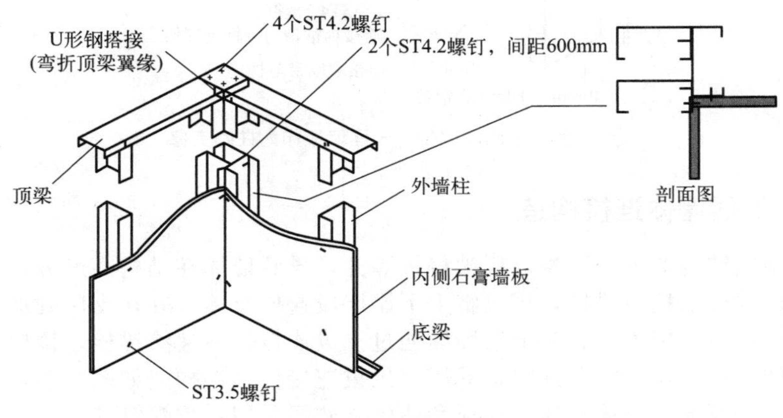

图 2-18 拐角构造

对两侧无蒙皮板的抗剪墙，应设置水平支撑。水平支撑可采用扁钢带拉条和刚性撑杆，如图 2-19，对层高小于 2.7m 的抗剪墙，宜在水平立柱 1/2 高度处设置；对层高大于或等于 2.7m 的抗剪墙，宜在立柱三分点高度处设置。扁钢带拉条在墙体的两面设置。水平刚性撑杆应在墙体的两端设置，且水平间距不宜大于 3.5m。刚性撑杆采用和立柱同宽的槽形截面，翼缘用螺钉和钢带拉条相连接，端部弯起和立柱相连接。对一侧无墙面板的承重墙，应在无墙面板一侧设置扁钢带拉条和刚性支撑件，如图 2-20 所示。对两侧均安装墙体面板的承重墙，墙体面板对立柱已起到侧向支撑作用。

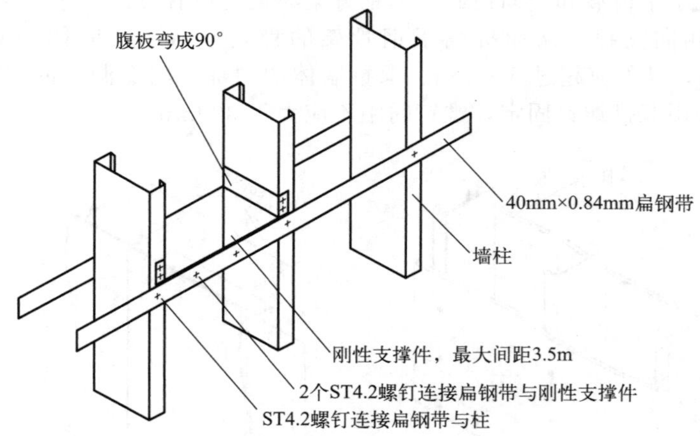

图 2-19　两面扁钢带作为柱间支撑

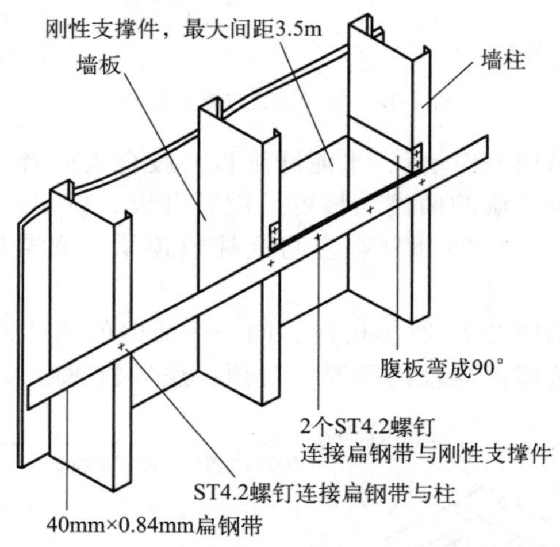

图 2-20　一面扁钢带、一面墙板作为柱间支撑

2.3.3　上、下层墙体连接构造

冷弯薄壁型钢结构的上、下层墙段被楼板隔开，导致墙体在结构高度方向上不连续。因此必须设置贯通楼板的抗拔锚栓，用以将上下层墙段连成整体，并在支座处加设加劲件对梁抗局部屈曲进行补强。传力方式为上层墙体通过抗拔连接件传递给锚栓、楼层梁及加劲件后传递到下层墙体，楼层梁及加劲件腹板受压。抗拔连接件细部构造如图 2-21(c) 所示，其中底板和墙体的上、下导轨直接相连，立板和墙体立柱间采用自攻螺钉连接。

抗拔锚栓的布置间距不宜大于 6m，沿外部抗剪的墙体锚栓间距不应大于 2m。抗拔连接件的立板厚度不宜小于 3mm，底板钢板及垫片厚度不宜小于 6mm，与立柱连接的螺钉应采用计算确定，且不宜少于 6 颗，确保上下层墙体间、墙体与基础间能够可靠传力，示意见图 2-21。抗拔锚栓直径大小及数量需按计算确定，抗拔锚栓、抗拔连接件大小及所用螺钉的数量应由计算确定，且锚栓规格不宜小于 M16。

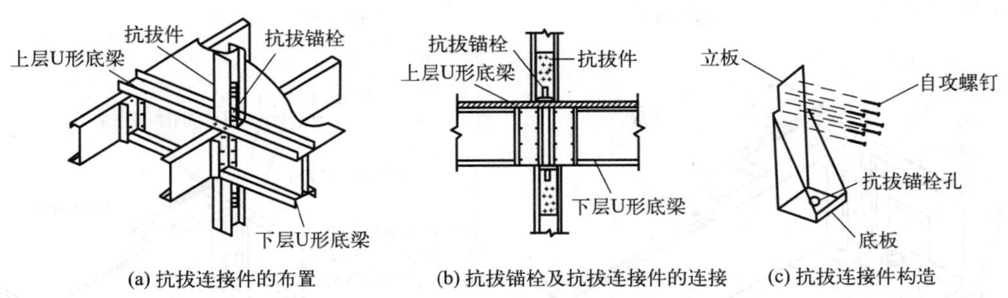

图 2-21　抗拔锚栓及抗拔连接件位置

楼层梁与边梁、楼层梁与墙体上、下导轨间均采用自攻螺钉连接以抵抗上部结构传来的弯矩和剪力。抗拔锚栓穿过上层墙体的底导轨、下层墙体的顶导轨和楼层梁，图 2-22 所示为墙体与楼盖的连接构造。楼层梁对应支承在组合墙体的立柱上保证荷载传递，使得上下层墙体协同受力。楼层梁与上、下层墙体立柱连接细部见图 2-23。

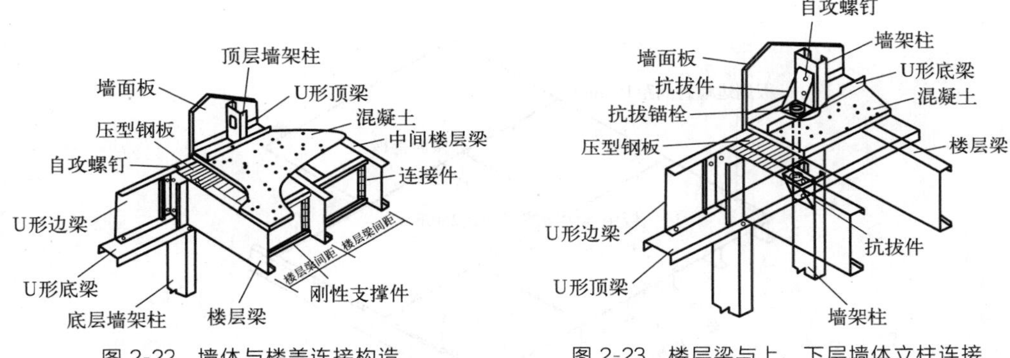

图 2-22　墙体与楼盖连接构造　　图 2-23　楼层梁与上、下层墙体立柱连接

2.3.4　楼盖系统连接构造

（1）边梁与基础连接

边梁与基础连接可采用图 2-24 所示构造，连接角钢的规格宜采用 150mm×150mm，厚度不应小于 1.0mm。角钢与边梁应至少采用 4 个 ST4.2（公称直径 4.2mm）的自攻螺钉可靠连接，与基础应采用地脚螺栓连接。地脚螺栓宜均匀布置，距离墙端部或墙角应不大于 300mm，直径应不小于 12mm，间距应不大于 1200mm，埋入基础深度应不小于其直径的 25 倍。

（2）楼面梁与承重外墙连接

楼面梁与承重外墙连接可采用图 2-25 所示构造，墙体顶导梁与立柱每一翼缘应至少用 1 个 ST4.2 的自攻螺钉可靠连接，且顶导梁与楼面梁应至少用 2 个 ST4.2 的自攻螺钉可靠连接；顶导梁与 U 形钢边梁应采用自攻螺钉可靠连接，间距应不大于对应墙体立柱间距。

（3）楼面板与楼面梁的连接

楼面板宜采用结构用 OSB 板或压型钢板，OSB 板厚度不应小于 15mm。楼面板的板边与楼面梁连接的自攻螺钉间距不应大于 150mm，楼面板中间边与楼面梁连接的自攻螺钉间距不应大于 300mm，螺钉孔边距不应小于 12mm。

在基本风压不小于 0.7kN/m^2 或地震基本加速度为 0.3g 及以上的区域，楼面结构面板的厚度不应小于 18mm，且结构面板与梁连接的螺钉间距不应大于 150mm。楼面板的连接构造详见图 2-26。

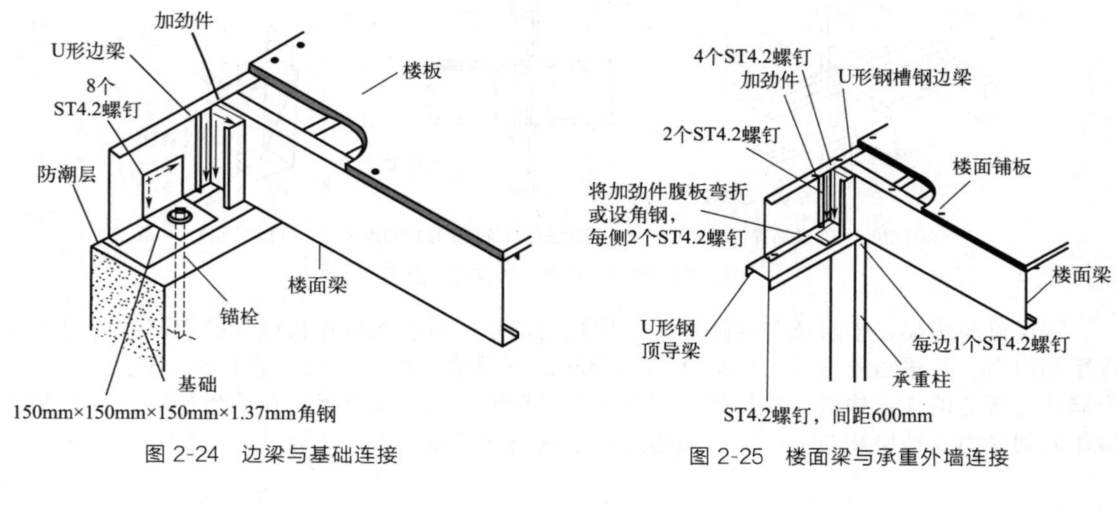

图 2-24 边梁与基础连接

图 2-25 楼面梁与承重外墙连接

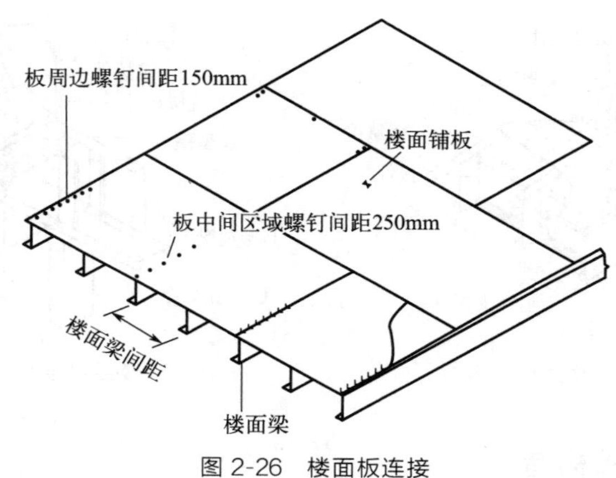

图 2-26 楼面板连接

2.3.5 屋盖节点构造

屋架节点连接可参照图 2-27～图 2-34，屋架下弦杆与承重墙的顶梁、屋面板与屋架上弦杆、端屋架与山墙顶梁、屋架上弦杆与屋架下弦杆或屋脊构件的连接要求见表 2-3。

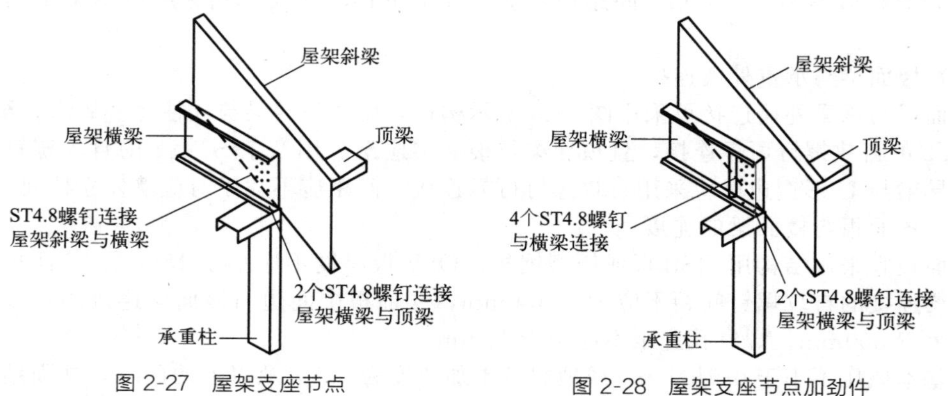

图 2-27 屋架支座节点

图 2-28 屋架支座节点加劲件

表 2-3 屋盖系统的连接要求

连接情况	紧固件的数量、规格和间距
屋架下弦杆与承重墙的顶梁	2 个 ST4.8 螺钉，沿顶梁宽度布置
屋面板与屋架上弦杆	ST4.2 螺钉，边缘间距为 150mm，中间部分间距为 300mm；在端桁架上间距为 150mm
端屋架与山墙顶梁	ST4.8 螺钉，中心距为 300mm
屋架上弦杆与下弦杆活屋脊构件	ST4.8 螺钉，均匀排列，到边缘的距离不小于 12mm，数量符合设计要求

屋架下弦杆的支承长度不应小于 40mm，在支座位置及集中荷载作用处宜设置加劲件（图 2-28）。当上弦杆和下弦杆采用开口同向连接方式连接时，宜在下弦腹板设置垂直加劲件［图 2-29(a)］或水平加劲件［图 2-29(b)］，加劲件厚度不应小于弦杆构件厚度，下弦杆在支座节点处端部下翼缘应延伸与上弦杆下翼缘相交。当采用水平加劲件时，水平加劲件的长度不应小于 200mm。

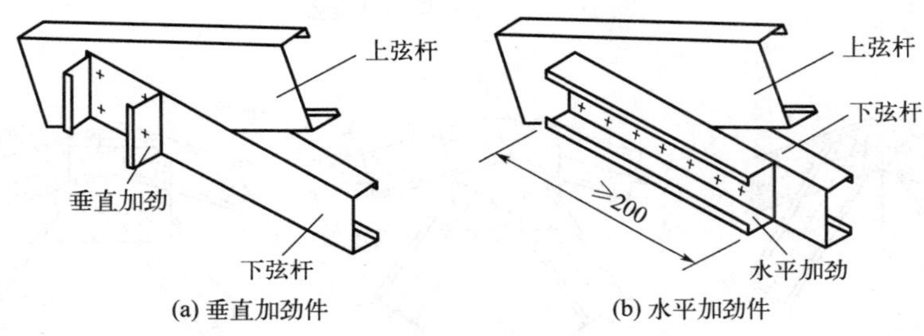

图 2-29 上弦杆与下弦杆开口同向连接

除屋架下弦杆外，屋架上弦杆和其他构件不宜采用拼接。屋架下弦杆只允许在跨中支承点处拼接（图 2-30），拼接的每一侧所需螺钉数量和规格应和屋架上弦杆与下弦杆连接所需的螺钉数相同。

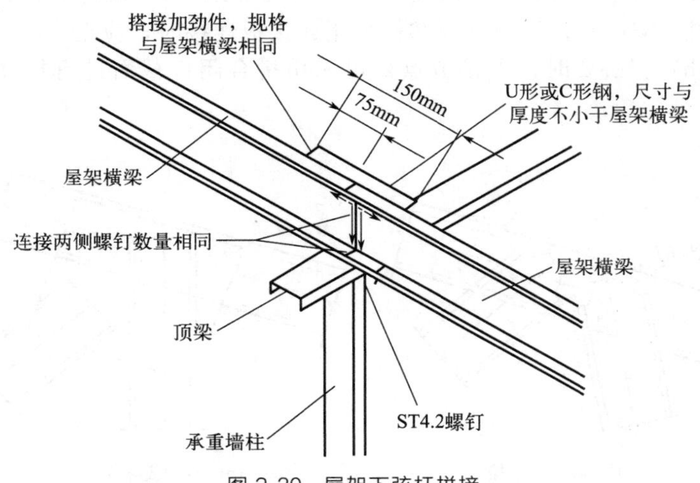

图 2-30 屋架下弦杆拼接

屋脊构件采用 U 形或 C 形钢的组合截面，其截面尺寸和钢材厚度与屋架上弦杆相同，上、下翼缘采用 ST4.8 螺钉连接，螺钉间距 600mm。屋架上弦杆与屋脊构件的连接可参照图 2-31。连接件采用不小于 50mm×50mm 的角钢，其厚度应不小于上弦杆的厚度。连接角钢每肢的螺钉直径不小于 ST4.8，均匀排列，数量符合设计要求。屋脊处无集中荷载时，屋架的上弦杆与腹杆在屋脊处可直接连接［图 2-32(a)］；屋脊处有集中荷载时应通过连接板连接［图 2-32(b)、(c)］；当采用连接板连接时，连接板宜卷边加强［图 2-32(b)］，或设置加强件［图 2-32(c)］。弦杆与腹杆或与节点板之间连接螺钉数量不宜少于 4 个。采用直接连接时，屋脊处必须设置纵向刚性支撑。

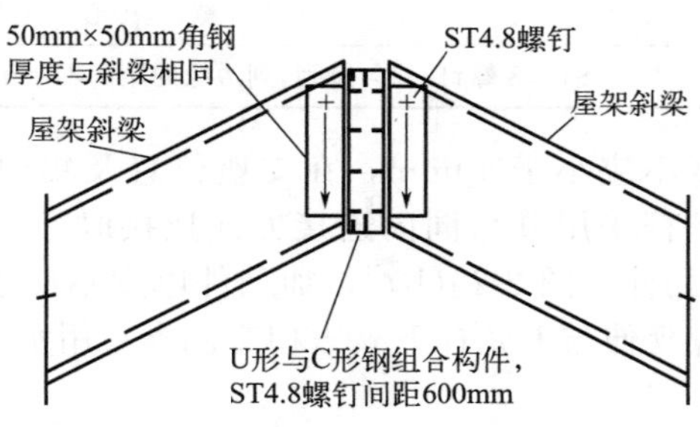

图 2-31 上弦杆与屋脊连接

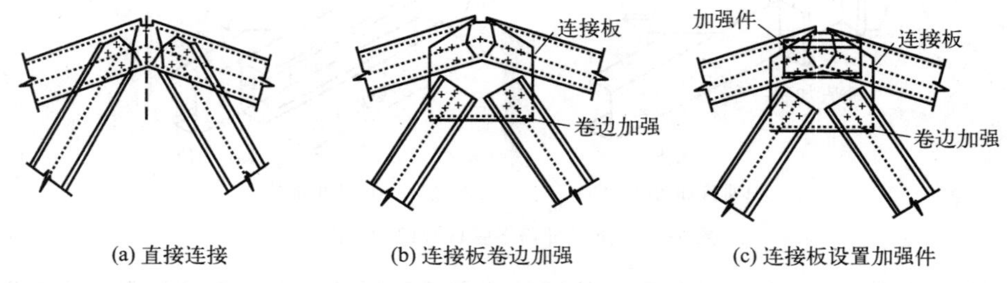

图 2-32 上弦杆与腹杆在屋脊处的连接

屋架的腹杆与弦杆在弦杆中部连接时，可直接连接或通过连接板连接。当腹杆与弦杆直接连接时腹杆端头可切角，切角外伸长度不宜大于 30mm，腹杆端部卷边连线以内应设置不少于 2 个螺钉［图 2-33(a)］；当腹杆与弦杆采用连接板连接时，应至少有一根腹杆与弦杆直接连接［图 2-33(b)］。必要时，连接节点处可采用拼合闭口截面进行加强，加劲件的长度不应小于 200mm。

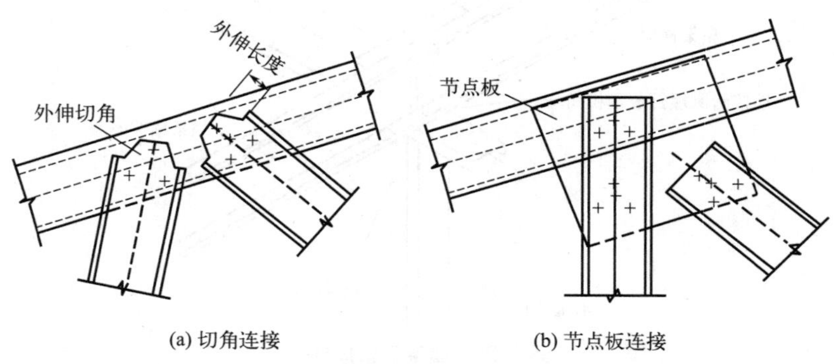

图 2-33 上弦杆与腹板连接

当屋架与外墙顶梁连接时，应采用三向连接件或其他类型抗拉连接件，以保证可靠传递屋架与墙体之间的竖向力和水平力。连接螺钉数量不宜少于 3 个。山墙屋架的腹杆与山墙立柱宜上下对应，并沿外侧设置间距不大于 2m 的条形连接件（图 2-34）。

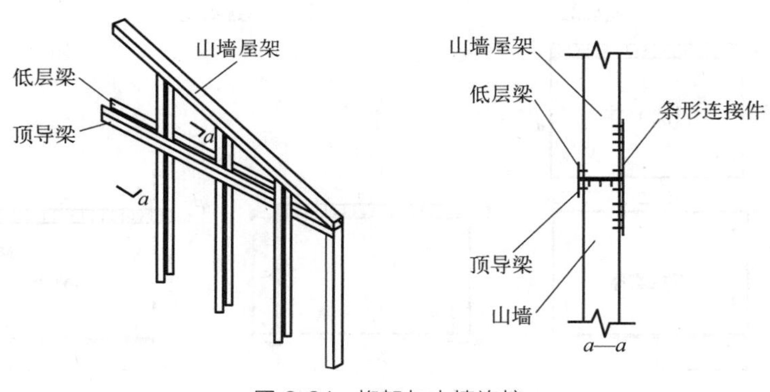

图 2-34　桁架与山墙连接

2.4　设计要点

2.4.1　一般设计要求

冷弯薄壁型钢结构的构件与配件宜与其建筑、结构、设备和装修进行一体化设计，并按照现行国家标准《建筑模数协调标准》（GB/T 50002）的要求，充分考虑构、配件和设备的模数化、标准化和定型化，以提高效率、保证质量、降低成本。同时，作为一种新型节能环保建筑，冷弯薄壁型钢结构宜采用可再生能源，且应满足房屋建筑的基本功能和性能要求。

当结构构件和连接按不考虑地震作用的承载能力极限状态设计时，应根据现行国家标准《建筑结构荷载规范》（GB 50009）采用荷载效应的基本组合进行计算。当结构构件和连接按考虑地震作用的承载能力极限状态设计时，应根据现行国家标准《建筑抗震设计规范》（GB 50011）荷载效应组合进行计算。鉴于冷弯薄壁型钢构件的延性较差，承载力抗震调整系数 γ_{RE} 取 0.9。随着地震烈度的增大，应注意抗震构造措施的加强，如边缘部位螺钉间距加密，抗剪墙与基础之间、上下抗剪墙之间以及抗剪墙与屋面之间的连接加强。

结构构件的受拉强度应按净截面计算，受压强度应按有效净截面计算，稳定性应按有效截面计算，变形和各种稳定系数均可按毛截面计算。构件中受压板件的有效宽度应按现行国家标准《冷弯薄壁型钢结构技术规范》（GB 50018）的要求。

2.4.2　墙体设计

冷弯薄壁型钢结构建筑是由复合墙板组成的结构，上、下层之间的立柱和楼（屋）面之间的型钢构件直接相连，双面所覆板材一般沿建筑物竖向是不连续的。因此，楼（屋）面竖向荷载及结构自重都假定仅由承重墙体的立柱独立承担，但双面覆板对立柱构件失稳的约束将在立柱的计算长度中考虑。另外，结构的水平风荷载和水平地震作用应由抗剪墙体承担。墙体受力简图如图 2-35 所示。

冷弯薄壁型钢结构的抗剪墙体，在上、下墙体间应设置抗拔连接件，与基础间应设置地脚螺栓和抗拔连接件。抗拔连接件，如抗拔锚栓、抗拔钢带等，是连接抗剪墙体与基础以及上下抗剪墙体并传递水平荷载的重要部件。因此，墙体的抗拔连接件设置必须要保证房屋结构整体传递水平荷载的可靠性。现有研究中足尺墙体拟静力试验和振动台试验表明，抗拔连接件对保证结构整体抗倾覆能力具有重要作用，设计及安装必须对此予以充分重视。

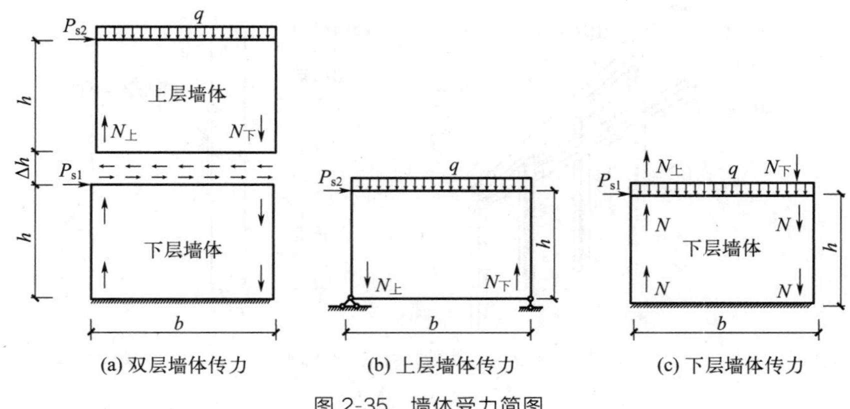

图 2-35 墙体受力简图

结构竖向荷载及结构自重都假定仅由承重墙体的立柱独立承担，因此，承重墙体设计时应验算墙体立柱的承载性能。为了简化计算，将墙体立柱按轴心受力构件进行强度和整体稳定性计算。强度计算时可不考虑蒙皮板的作用，但整体稳定性计算时宜考虑蒙皮板和支撑的作用，其计算长度系数可参照表 2-4 取值。

表 2-4 墙体立柱的计算长度系数取值

墙体构造		l_x	l_y	l_t	μ_x	μ_y	μ_t
墙体两侧有蒙皮板		墙体立柱长度	2s	—	0.8	1.0	—
墙体仅一侧有蒙皮板，另一侧至少有一道刚性支撑或钢带		墙体立柱长度	钢带或刚性支撑之间间距和钢带或刚性支撑与柱端之间间距的较大者		1.0	0.65	0.65
墙体两侧无蒙皮板	墙体立柱中间无支撑	墙体立柱长度			1.0	1.0	1.0
	墙体立柱中间有刚性支撑或双侧钢带支撑	墙体立柱长度	钢带或刚性支撑之间间距和钢带或刚性支撑与柱端之间间距的较大者		1.0	0.8	0.8

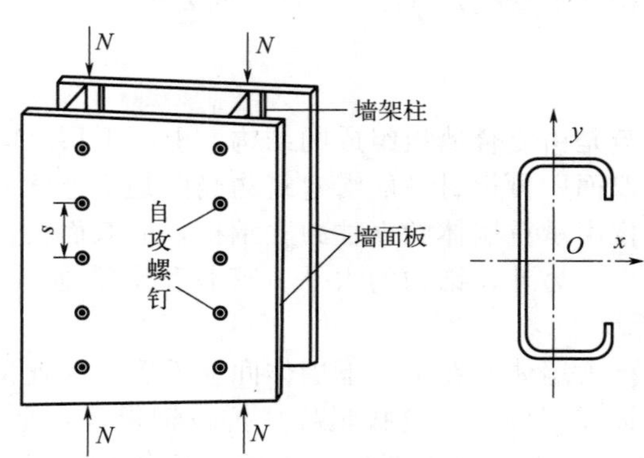

注：l_x、l_y 和 l_t 分别为 x 轴、y 轴和屈曲计算长度；μ_x、μ_y 和 μ_t 分别为 x 轴、y 轴和屈曲计算长度系数；s 为螺钉的间距。

抗剪墙体的端部通过抗拔锚栓进行上下层间连接，由于水平荷载引起的倾覆力矩的影响，对这些位置的墙体立柱产生了轴向力，并在相同位置的墙体立柱上、下层间传递，因此计算与抗拔连接件相连接的抗剪墙体的端柱时，应考虑由各层水平荷载产生的倾覆力矩而引起的向上拉拔力和向下压力，见图2-36。计算时假定各层水平荷载在上、下层间有效传递，端部墙体立柱两端铰接，并忽略各层端部墙体立柱的轴向变形。水平荷载作用引起的倾覆力矩产生的轴向力 N 见式(2-1)。

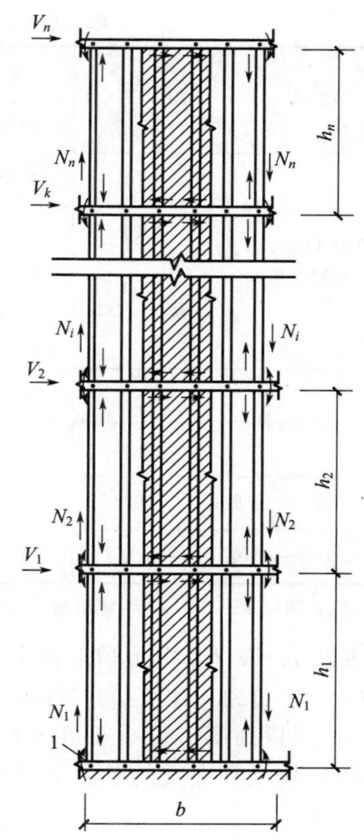

图2-36 与抗拔锚栓连接的墙体立柱中由倾覆力矩引起的轴向力

1—抗拔连接件

$$N_i = \sum_{k=i}^{n} V_k \left(\sum_{j=i}^{k} h_j \right) / b \tag{2-1}$$

式中 b——一对抗拔锚栓之间的墙体宽度，mm；

h_j——第 j 层的楼层高度，mm，$j=i, i+1, \cdots, k$；

i——计算楼层的楼层数；

n——楼层总数；

V_k——作用于第 k 层的水平荷载，N，$k=i+1 \cdots n$。

墙体的受剪承载力根据足尺模型在水平单调和低周反复荷载作用下的试验确定，参考北美规范及国内的试验研究，我国现行标准《冷弯薄壁型钢多层住宅技术标准》（JGJ/T 421）给出各类墙体的受剪承载力，如表2-5、表2-6所示。

表2-5 风荷载作用下墙体单位长度的受剪承载力设计值 单位：kN/m

墙面板	高宽比 (h/b)	螺钉间距/mm				墙体立柱厚度/mm	螺钉型号
		150/300	100/300	75/300	50/300		
单面9mm 定向刨花板	2∶1	7.68	11.44	14.48	16.75	1.09	ST4.2
单面11mm 定向刨花板	2∶1	10.62	16.45	20.24	22.29	0.84	ST4.2
单面0.69mm钢板	2∶1	7.55	8.28	9.08	9.86	0.84	ST4.2
	4∶1	10.73	11.67	12.66	13.66	1.09	ST4.2
单面0.76mm钢板	2∶1	9.26	11.19	11.75	12.30	0.84	ST4.2
单面0.84mm钢板	2∶1	12.10	13.38	14.30	15.18	0.84	ST4.2

表 2-6 地震作用下墙体单位长度的受剪承载力设计值　单位：kN/m

墙面板	高宽比（h/b）	螺钉间距/mm				墙体立柱厚度/mm	螺钉型号
		150/300	100/300	75/300	50/300		
单面 11mm 定向刨花板	2∶1	7.85	10.26	14.32	19.08	0.84	ST4.2
	2∶1	9.25	13.85	17.33	23.11	1.09	ST4.2
	2∶1	10.55	15.85	19.75	26.36	1.37	ST4.2
	2∶1	13.82	20.74	25.92	34.55	1.73	ST4.8
单面 0.69mm 钢板	2∶1	6.03	7.29	7.28	7.91	0.84	ST4.2
	4∶1	8.60	9.35	10.15	10.94	1.09	ST4.2
单面 0.76mm 钢板	2∶1	10.22	11.38	11.69	12.01	1.09	ST4.2
单面 0.84mm 钢板	2∶1	11.85	13.12	13.87	14.64	1.09	ST4.2

注：螺钉间距 150/300 表示：螺钉间距在墙体周边为 150mm，内部为 300mm。其余以此类推。

表 2-5、表 2-6 中抗剪墙体的构造有如下规定：

（1）对 Q235 钢和 Q345 钢，墙体立柱的厚度不应小于 0.84mm，翼缘宽度不应小于 34mm，腹板高度不应小于 89mm，加劲肋高度不应小于 9.5mm，墙体立柱间距不应大于 600mm；顶梁和底梁的厚度不应小于 0.84mm，翼缘宽度不应小于 31.8mm，腹板高度不应小于 89mm。

（2）墙体的高宽比 h/b 应小于 2；当 $2<h/b<4$ 时，墙体的受剪承载力应乘以折减系数 $2b/h$。

（3）单片墙体的最大计算宽度不宜超过 6000mm，超过 6000mm 时取 6000mm；当宽度小于 600mm 时忽略其受剪承载力。

（4）墙体的两端应设置抗拔螺栓。

（5）当不同材料的墙面板安装在墙体立柱的同一侧时，墙体的受剪承载力不累计相加；安装在墙体立柱的两侧时，墙体的受剪承载力取较小单面墙体受剪承载力的两倍与较大单面墙体受剪承载力中的较大值。

抗剪墙体采用不同构件尺寸或其他材料时应有充分依据，受剪承载力应由试验确定。

考虑木板与螺钉连接孔的松动对承载力的影响，覆木质结构面板墙体的受剪承载力分短期水平荷载和长期水平荷载。表 2-5、表 2-6 中覆木质结构面板墙体的受剪承载力仅对短期水平荷载，如风荷载、地震作用适用，当用于正常使用和长期水平荷载时，受剪承载力应分别乘以 0.63 和 0.56 的折减系数。在无试验数据的情况下，可参考螺钉间距为 150/300 墙体的受剪承载力设计值。

开洞承重墙体的受剪承载力设计值应根据洞口大小进行折减，折减系数 α 按下列规定确定：

① 当洞口尺寸在 300mm 以下时，$\alpha=1.0$；

② 当洞口宽度 $300\text{mm}\leqslant b\leqslant 400\text{mm}$，洞口高度 $300\text{mm}\leqslant b\leqslant 600\text{mm}$ 时，α 宜由设计确定；当无试验依据时，可按式(2-2)确定。

$$\alpha=\frac{\gamma}{3-2\gamma} \tag{2-2}$$

$$\gamma = \frac{1}{1+\frac{A_0}{H\sum L_i}} \tag{2-3}$$

式中　A_0——洞口总面积；

H——抗剪墙高度；

$\sum L_i$——无洞口墙长度总和。

③ 当洞口尺寸超过上述规定时，$\alpha=0$。

在计算水平地震作用时，阻尼比可取 0.03，结构基本自振周期可按下式计算：

$$T=0.02H \sim 0.03H \tag{2-4}$$

式中　T——结构基本自振周期，s；

H——基础顶面到建筑物最高点的高度，m。

2.4.3　楼盖设计

楼面构件宜采用冷弯薄壁槽型（U 形）钢、卷边槽型（C 形）钢。楼面梁宜采用冷弯薄壁卷边槽形型钢，跨度较大时也可采用冷弯薄壁型钢桁架。楼盖构件之间宜用螺钉可靠连接。

楼面梁应按受弯构件验算其强度、刚度、整体稳定性以及支座处腹板的局部稳定性。当楼面梁的上翼缘与楼面板具有可靠连接时，楼面梁具有可靠侧向支撑。在正常使用条件下，楼面梁不会产生平面外失稳现象，因此可不验算梁的整体稳定性。当楼面梁支承处布置腹板承压加劲件时，在很大程度上使腹板得到加强并分担荷载，可不验算楼面梁腹板的局部稳定性和折曲强度。

2.4.4　屋盖设计

屋面承重结构可采用桁架或斜梁，斜梁上端支承于抱合截面的屋脊梁。

在屋架上弦应铺设结构板或设置屋面钢带拉条支撑。当屋架采用钢带拉条支撑时，支撑与所有屋架的交点处应用螺钉连接。交叉钢带拉条的厚度不应小于 0.8mm。屋架下弦宜铺设结构板或设置纵向支撑杆件。

在屋架腹杆处宜设置纵向侧向支撑和交叉支撑（图 2-37）。

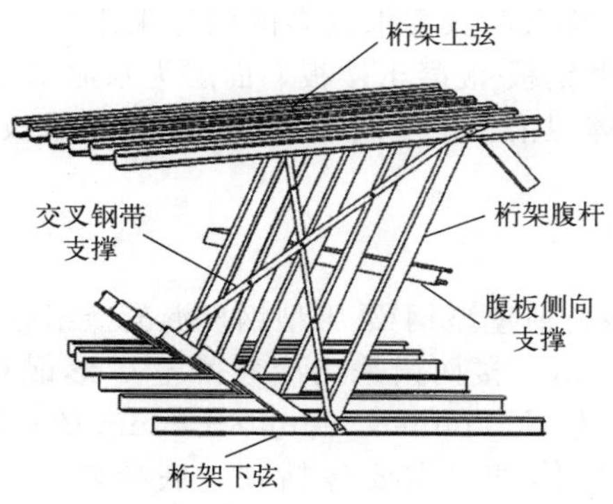

图 2-37　腹杆刚性支撑

连接节点的螺钉数量、规格和间距应由抗剪和抗拔计算确定。采用节点板连接时，螺钉数量不应少于 4 个。

2.5 设计实例

2.5.1 工程概况

该实例项目为某医院医护楼，建筑面积约 850m^2，工程抗震设防烈度为 7 度（0.10g），设计地震分组为第一组，场地土类别为Ⅱ类，设计特征周期 0.35s。设计基本风压为 0.35kN/m^2，地面粗糙度类别为 B 类。图 2-38 为项目现场照片。

(a) 施工图

(b) 竣工图

图 2-38 现场施工图

2.5.2 建筑和结构设计

2.5.2.1 建筑设计

通过标准化设计，可以有效提高部品部件的生产效率。标准化设计将建筑中常用的构件和部件进行规范化，使其能够大规模生产，并以较低的成本供应。采用“少规格、多组合”的方式可以解决标准化与建筑形式个性化之间的矛盾。这意味着采用少量的构件规格，通过不同的组合方式可以满足建筑的个性化需求。本项目每层都布置面积大小和布局相同的空间，通过控制功能分区的尺寸来控制冷弯薄壁型钢构件的规格数量。图 2-39 为标准层建筑布置图。

项目中墙体的具体做法为：在冷弯型钢骨架区格内填充玻璃棉，骨架两侧覆盖石膏板（有水房间及墙体外侧为水泥纤维板），外墙面装饰板为 16mm 纤维水泥免漆挂板，内墙面装饰板为 6mm 洁净装饰板，部分防火要求较高的墙体采用双层石膏板。楼板的做法为：密肋型冷弯型钢楼面梁上铺压型钢板-混凝土楼板，面层为水泥基自流平上铺 PVC 地板，顶棚为铝板吊顶。卫生间采用整体卫浴。卫生间楼面板为水泥纤维板，其厚度小于普通房间压型钢板-混凝土楼面板的厚度。

2.5.2.2 结构设计

建筑层高 3.6m，采用冷弯薄壁型钢梁-压型钢板混凝土组合楼盖，并采用冷弯薄壁型钢屋盖，如图 2-40 和图 2-41 所示。楼面梁采用冷弯薄壁 C 形钢 C300mm×50mm×20mm×1.5mm 规格，边梁采用规格为 U300mm×58mm×1.5mm 的冷弯薄壁 U 形钢，边梁布置在楼面梁两端，包住楼面梁。墙体骨架主要包括顶、底导轨，立柱和水平支撑，立柱间距 600mm，每隔 1200mm 设置一道水平支撑，墙体立柱截面选用冷弯薄壁 C 形钢 C89mm×41mm×11mm×1.2mm，见图 2-42。楼梯均采用冷弯薄壁型钢构件，为改善行走舒适度，在冷弯薄壁型钢踏步板中浇筑混凝土。为加快施工进度，墙体、楼盖、檩条骨架均在工厂内拼装成型，与基础施工同步进行。

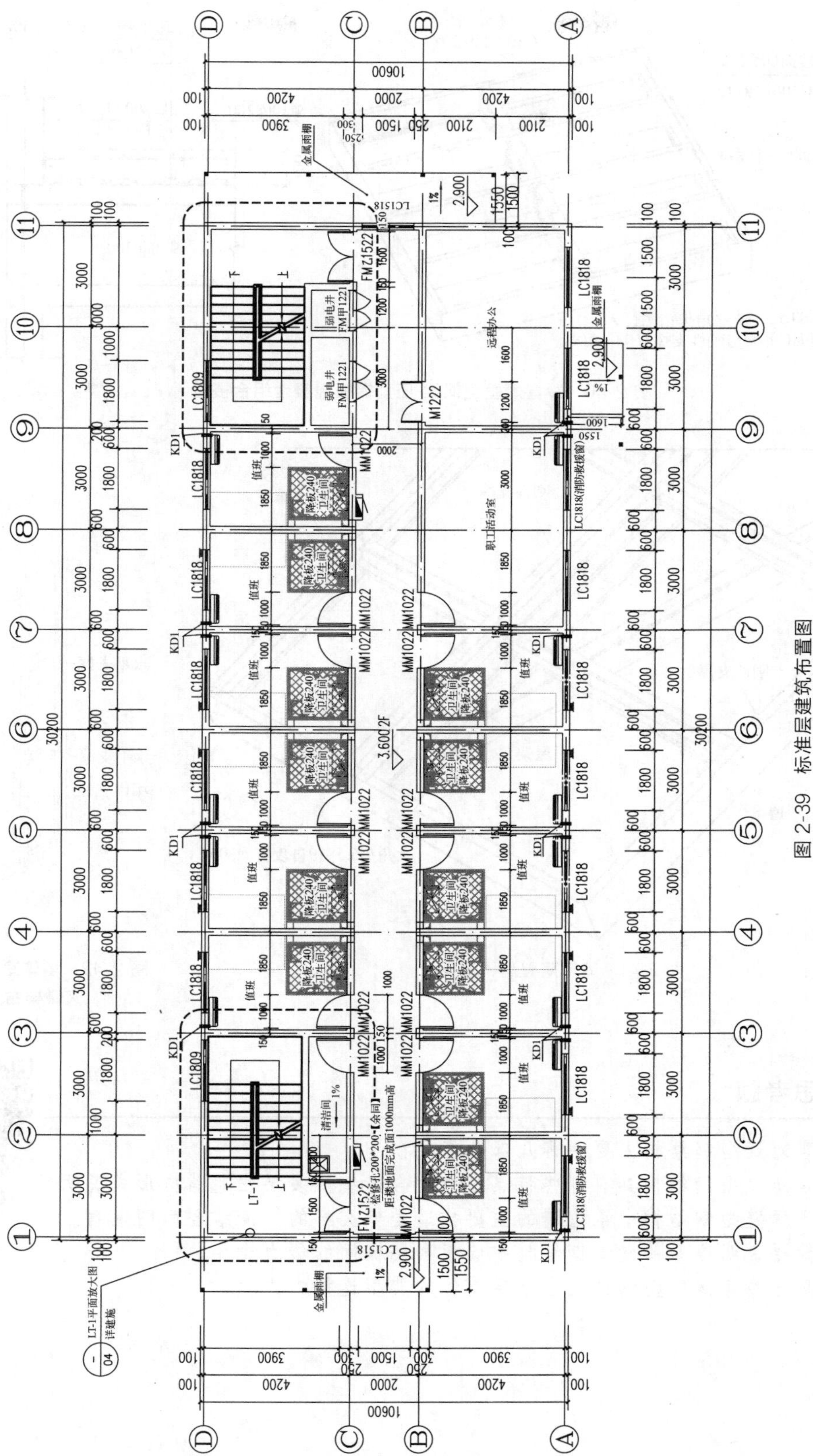

图 2-39　标准层建筑布置图

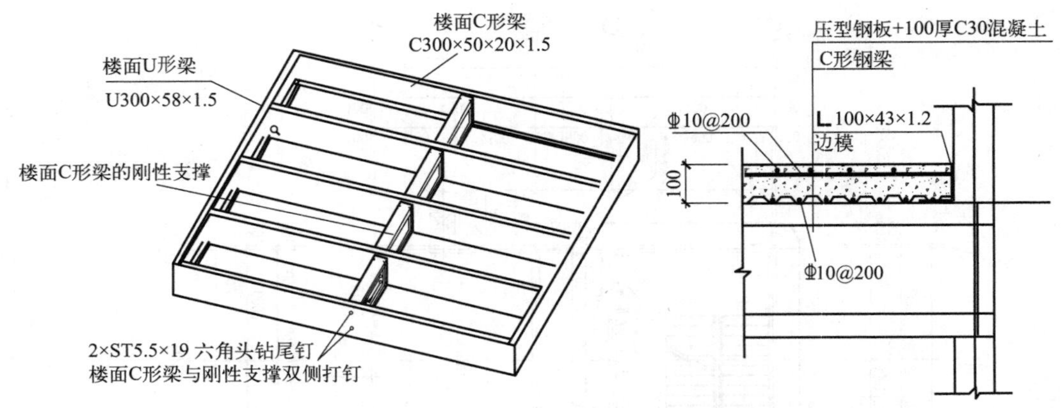

图 2-40　冷弯薄壁型钢梁-压型钢板混凝土组合楼盖

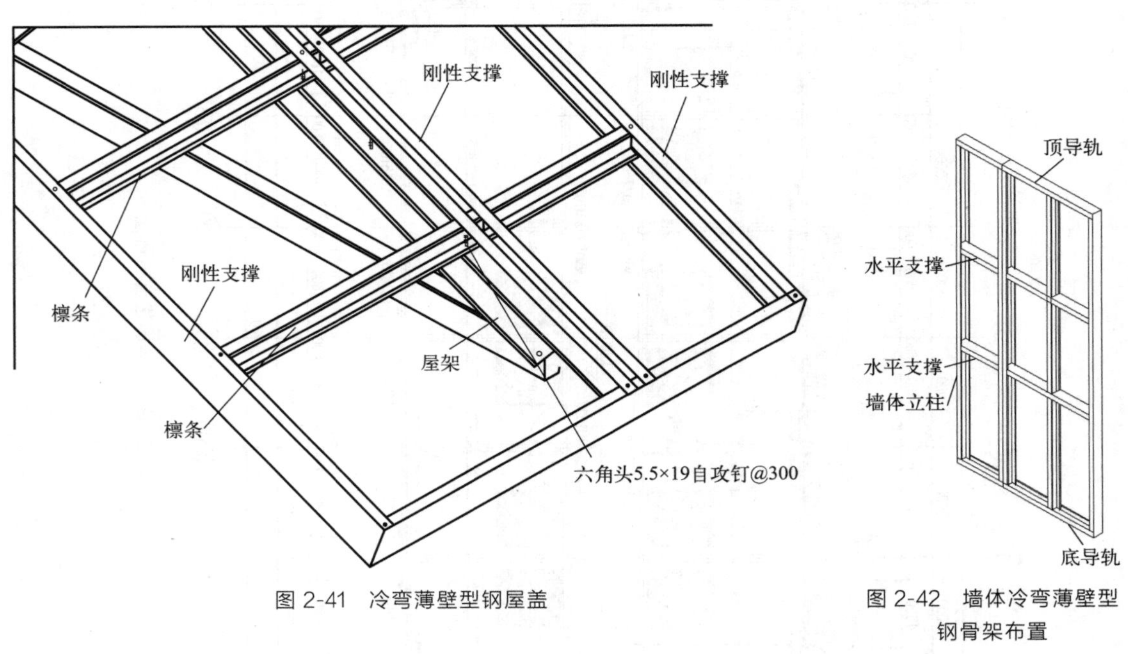

图 2-41　冷弯薄壁型钢屋盖

图 2-42　墙体冷弯薄壁型钢骨架布置

思考题

1. 冷弯薄壁型钢结构主要由哪几部分组成？
2. 冷弯薄壁型钢结构具有哪些特点？请结合传统低多层住宅结构形式说明。
3. 冷弯薄壁型钢结构中承重墙的主要构造是什么样的？请结合简图说明。
4. 请简要说明冷弯薄壁型钢结构中墙板和楼板间的传力途径。
5. 请画出冷弯薄壁型钢结构上下层墙体的典型连接方式。

第3章
装配式钢（组合）框架结构

本章导读

介绍了装配式钢框架结构体系、装配式钢管混凝土框架结构体系和装配式部分包覆钢-混凝土组合框架结构体系的优缺点和工程领域应用前景；概括了三种结构体系的构件和节点的构造措施及设计要点；通过实际工程案例展示了它们在实践中的应用。

3.1 概述

钢框架结构体系是指沿房屋的纵向和横向采用钢梁和钢柱组成的框架结构来承重和抵抗侧力的结构体系（见图 3-1）。这种结构体系能提供较大的内部使用空间，建筑平面布置灵活，适应多种类型的使用功能；结构简单，构件易于标准化和定型化；施工速度快。框架结构体系主要应用于需要开敞的大空间和室内布局相对灵活的多高层建筑中，如办公建筑、居住建筑、教学楼、医院、商场、停车场等。

图 3-1 钢框架结构体系示意图

除装配式钢框架结构体系外还有装配式组合框架结构体系，常见的装配式组合框架包括装配式钢管混凝土框架结构和装配式部分包覆钢-混凝土组合框架结构两种。

钢管混凝土结构是指在钢管中填充混凝土的结构，这种结构形式是在劲性钢筋混凝土结构、螺旋配筋混凝土结构以及钢管结构的基础上演变发展起来的结构形式，通常管内不配钢筋。装配式钢管混凝土框架结构的框架柱采用钢管混凝土柱，钢管混凝土柱与框架梁采用焊接或者螺栓进行装配式连接。当钢管混凝土构件承受特别大的压力时，由于混凝土的存在，可以延缓或避免钢管过早地发生局部屈曲，从而可以保证其材料性能的充分发挥。此外，在钢管混凝土的施工过程中，钢管还可以作为浇筑其核心混凝土的模板，与钢筋混凝土相比，可节省模板费用，加快施工速度。钢管和混凝土组合而成为钢管混凝土，不仅可以弥补两种材料各自的缺点，而且能够充分发挥二者的优点，这也正是钢管混凝土组合结构的优势所在。

装配式部分包覆钢-混凝土组合框架（partially-encased steel-concrete composite frames）结构全部或部分采用工厂预制的部分包覆钢-混凝土组合构件（见图 3-2），通过可靠连接形成整体的结构，简称为 PEC 框架结构。该结构与钢筋混凝土结构比较，在相同梁截面面积下，承载力更高，抗弯刚度大，梁截面含钢率高，延性大，抗震性能优良，安全性高，且 H 型钢翼缘腹板充当模板，节约模板，方便工厂预制化。与纯钢结构比较，其钢材的裸露表面少，抗火和防腐性能好，耐久性高，混凝土抑制翼缘和腹板局部屈曲，材料利用率高。与型钢混凝土结构相比，其构件截面简洁，节点设计简单，模板需求少，预制化程度高，施工进度快。

图 3-2　部分包覆钢-混凝土组合构件的预制和装配

3.2　装配式钢框架结构

3.2.1　结构体系组成

钢框架结构的主要结构构件为钢梁和钢柱。钢梁和钢柱在工厂预制，在现场通过节点连接形成框架。一般情况下，框架结构的钢梁与钢柱采用栓焊连接或全焊接连接的刚性连接，以提高结构的整体抗侧刚度。为减少现场的焊接工作量，防止梁与柱连接焊缝的脆断，提高结构的延性，在有可靠依据的情况下，也可采用全螺栓的半刚性连接。装配式钢框架结构的钢梁、钢柱、外墙、内墙、楼梯等主要部件均为预制构件，现场无大面积的湿作业施工，装配化程度高。

3.2.2　构件及节点连接与构造

3.2.2.1　梁、柱、板构造

(1) 钢梁

梁的常用截面形式有焊接 H 形钢、热轧 H 型钢和焊接箱形钢，如图 3-3 所示。

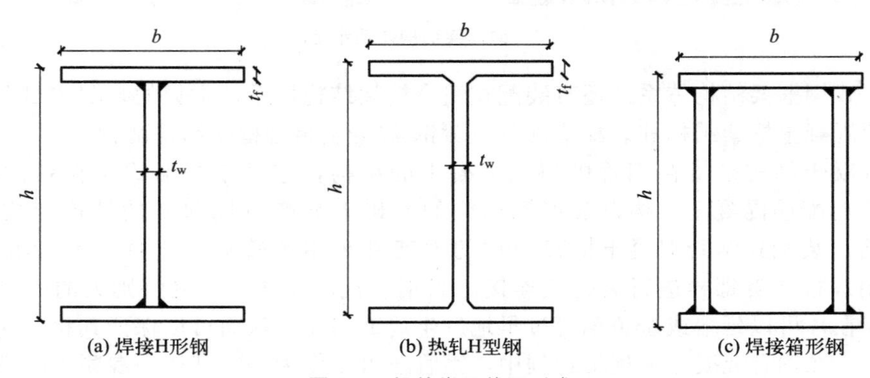

图 3-3　梁的常用截面形式

一般情况下，梁为单向受弯构件，通常采用 H 形截面，不宜采用热轧工字钢，因为其曲线形变厚度翼缘不适应焊接坡口的加工及焊接垫板的设置。当梁受扭时，由于梁高的限制，必须通过加大梁的翼缘宽度来满足梁的刚度或承载力时，也可采用箱形截面。

（2）钢柱

柱的常用截面形式有焊接 H 形钢、热轧 H 型钢、焊接箱形钢、焊接十字形钢、圆钢管和方钢管，分别如图 3-4(a)～(f) 所示。

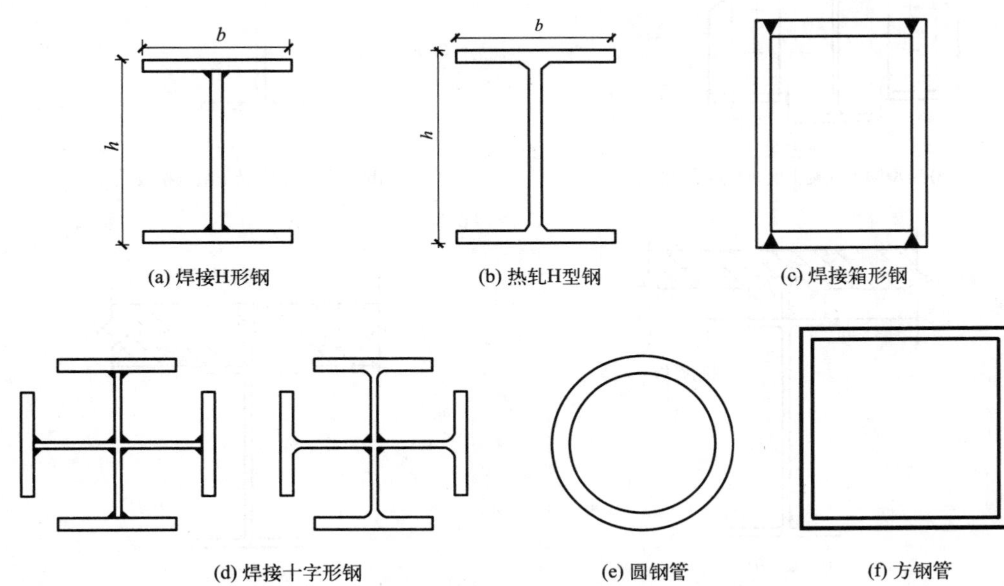

(a) 焊接H形钢　(b) 热轧H型钢　(c) 焊接箱形钢

(d) 焊接十字形钢　(e) 圆钢管　(f) 方钢管

图 3-4　柱的常用截面形式

钢框架的柱通常采用热轧 H 型钢或焊接的宽翼缘 H 形钢，并使强轴（较大惯性矩）对应于柱弯矩较大或柱计算长度较大的方向。纵、横向钢框架的共用柱，特别是角柱宜采用热轧或焊接的矩形（或方形）钢管。抗震设防框架为抵抗纵、横向大致相等的水平地震作用，宜采用方形钢管柱。若因条件限制必须采用 H 型钢柱时，可将柱的强轴方向一半对应于房屋纵向，一半对应于房屋横向；但对于角柱和纵、横向框架的共用柱，宜采用由一个 H 型钢和两个剖分 H 型钢拼焊成的带翼缘的十字形截面。与 H 形截面相比，箱形截面、十字形截面和圆形截面的双向抗弯性能更接近，一般用于双向弯矩均较大的柱。箱形截面、十字形截面与圆形截面相比，前者抗弯性能更好。

（3）楼板

多、高层钢结构建筑宜采用压型钢板混凝土组合楼板、钢筋桁架混凝土组合楼板，也可采用混凝土叠合楼板、现浇混凝土楼板，如图 3-5。框架梁应符合组合梁构造要求并按钢梁计算；非框架梁可按组合梁进行设计计算。

3.2.2.2　梁与梁的连接构造

（1）梁的拼接

在制造中，当材料的长度不能满足梁构件的长度要求时，必须进行接长拼接。梁的拼接有工厂拼接和工地拼接两种。如果梁的长度、高度大于钢材的尺寸，常需要先将腹板和翼缘用几段钢材拼接起来，然后再焊接成梁，这种拼接一般在工厂中进行，称为工厂拼接。跨度大的梁，由于运输或安装条件的限制，需将梁分成几段运至工地，或吊至高空就位后再拼接起来，由于这种拼接是在工地进行，因此被称为工地拼接。

钢板的拼接应满足下列要求：

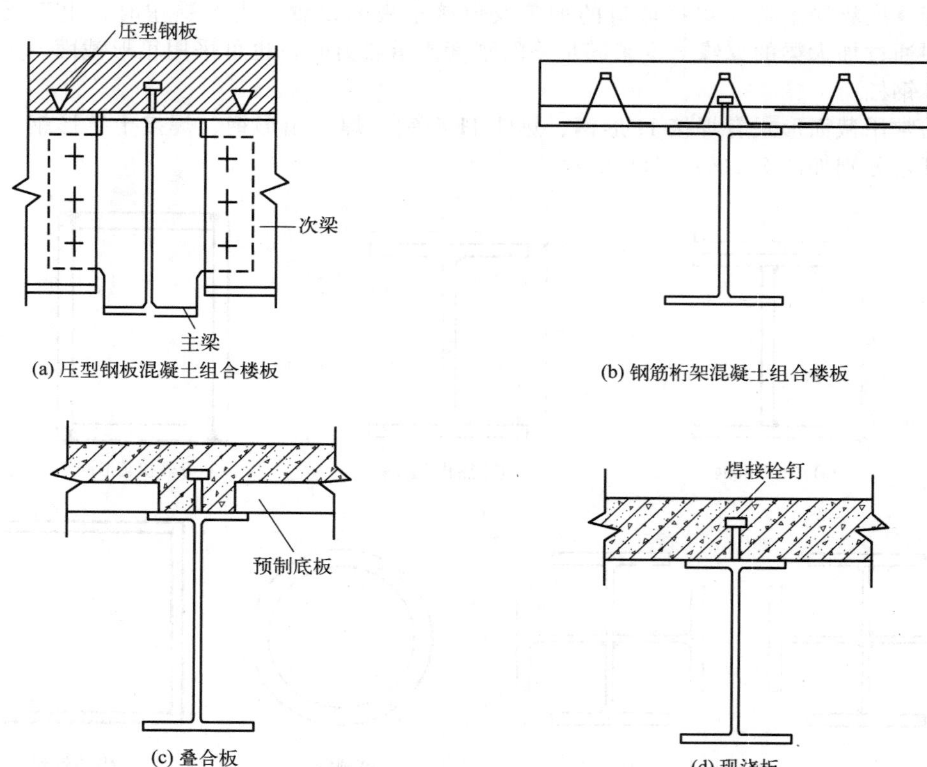

(a) 压型钢板混凝土组合楼板

(b) 钢筋桁架混凝土组合楼板

(c) 叠合板

(d) 现浇板

图 3-5 组合楼盖楼板类型

① 凡能保证连接焊缝强度与钢材强度相等时，可采用对接正焊缝（垂直于作用力方向的焊缝）进行拼接，此时可不必进行焊缝强度计算。

② 凡连接焊缝的强度低于钢材强度时，则应采用对接斜焊缝（与作用力方向的夹角为 45°～55°的斜焊缝）进行拼接，此时可认为焊缝强度与钢材强度相等而不必进行焊缝强度计算。

③ 组合工字形或 H 形截面的翼缘板和腹板的拼接，一般宜采用完全焊透的坡口对接焊缝进行拼接。

④ 拼接连接焊缝的位置宜设在受力较小的部位，并应采用引弧板施焊，以消除弧坑的影响。

型钢梁的拼接可采用对接焊缝连接，如图 3-6(a) 所示，但由于翼缘与腹板连接处不易焊透，故有时采用拼接板拼接，如图 3-6(b) 所示。上述拼接位置均宜放在弯矩较小处。

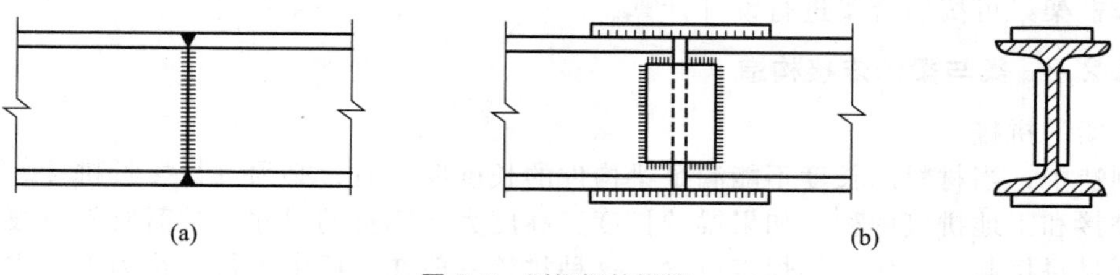
(a)

(b)

图 3-6 型钢梁的拼接

对于焊接组合梁的工厂拼接，翼缘和腹板的拼接位置最好错开并用对接直焊缝相连。腹板的拼接焊缝与横向加劲肋之间至少应相距 10 倍的腹板厚度，如图 3-7 所示。对接焊缝施焊时宜加引弧板，并采用一级或二级焊缝，拼接处与钢材截面可以达到强度相等，因此拼接可以设在梁的任何位置；当采用三级焊缝时，由于焊缝抗拉强度比钢材抗拉强度低（约低15%），这时应将拼接布置在梁弯矩较小的位置，或者采用斜焊缝。

梁的工地拼接一般布置在梁弯矩较小的地方，使翼缘和腹板基本上在同一截面处断开，以便分段运输。高大的梁在工地施焊时不便翻身，应将上、下翼缘的拼接边缘均做成向上开口的 V 形坡口，以便俯焊（如图 3-8 所示）。同时，为了减小焊接应力，应将工厂焊的翼缘焊缝端部留一段不在工厂施焊（通常为 500mm 左右），到工地拼接时按图中施焊的适宜顺序最后焊接，这样可以使焊接时有较多的自由收缩余地，从而减小焊接应力。为了改善拼接处的受力情况，工地拼接的梁也可以将翼缘和腹板的接头略微错开一些［如图 3-8(b)］，但运输单元凸出部分应特别保护，以免碰损。

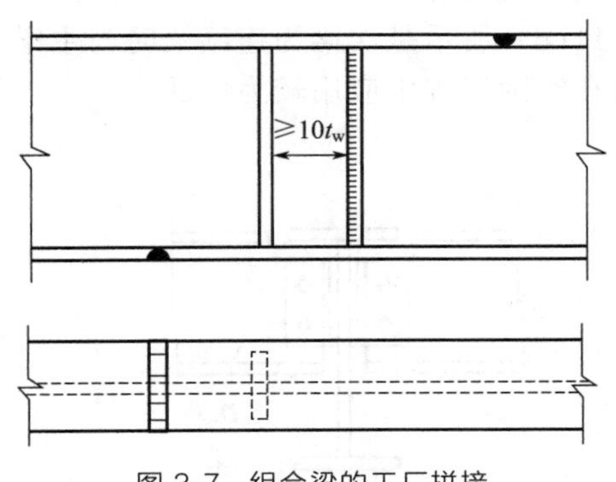

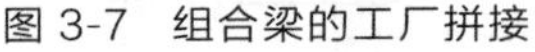

图 3-7　组合梁的工厂拼接

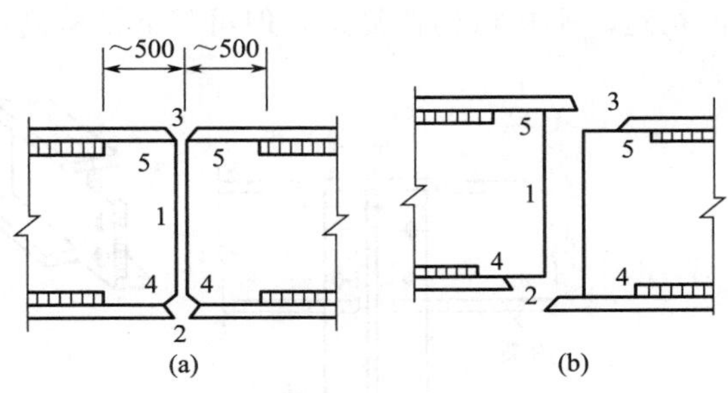

图 3-8　组合梁的现场拼接

由于现场施焊条件较差，焊缝质量难以保证，所以较重要或受动力荷载的大型梁，其工地拼接宜采用高强度螺栓（如图 3-9 所示）。

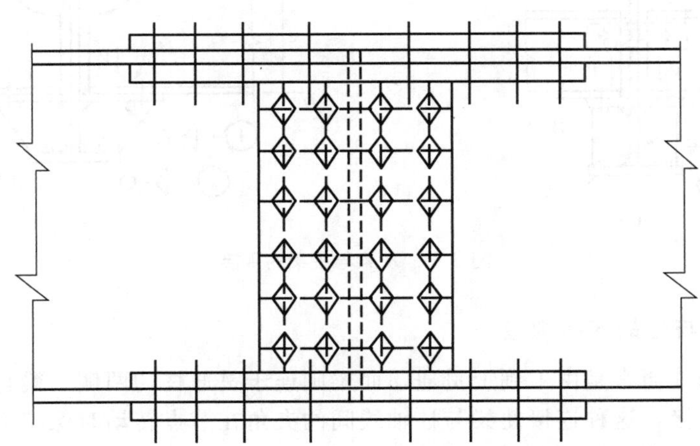

图 3-9　采用高强度螺栓的现场拼接

（2）主梁与次梁的连接

主梁与次梁的连接形式有叠接和平接两种。

叠接（如图 3-10 所示）是将次梁直接搁在主梁上面，用螺栓或焊缝连接，构造简单，但需要的结构高度大，其使用常受到限制，且连接刚性差一些。如 3-10(a) 所示是次梁为简支梁时与主梁连接的构造，而图 3-10(c) 是次梁为连续梁时与主梁连接构造示例。如果次梁截面较大，应另采取构造措施，以防止支承处截面的扭转。

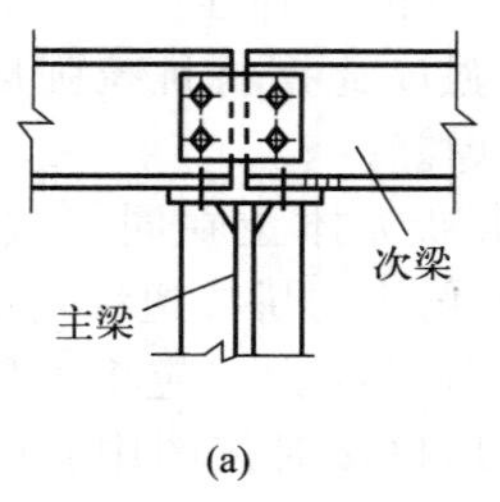

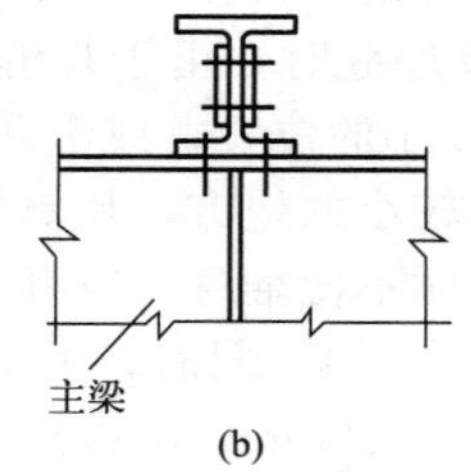

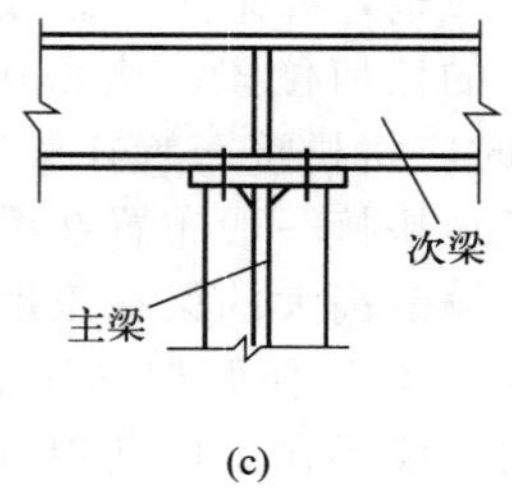

图 3-10 次梁与主梁的叠接

平接也称为侧面连接（如图 3-11 所示），它是使次梁顶面与主梁相平或略高、略低于主梁顶面，从侧面与主梁的加劲肋或在腹板上设的短角钢或支托相连接。如图 3-11(a)、(b)、(c) 所示是次梁为简支梁时与主梁连接的构造，图 3-11(d) 所示是次梁为连续梁时与主梁连接的构造。平接虽构造复杂，但可降低结构高度，故在实际工程中应用较为广泛。

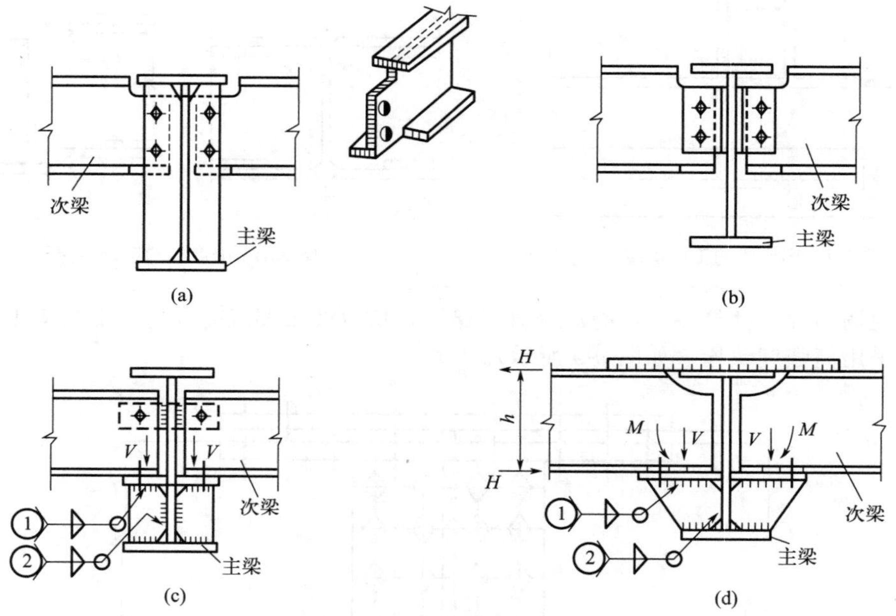

图 3-11 次梁与主梁的平接

3.2.2.3 梁与柱的连接构造

多层框架中的柱通常是由下到上贯通，而梁则连于贯通柱的两侧。梁与柱的连接一般分成两类：①刚性连接，这种连接使梁与柱轴线间的夹角在节点转动时保持不变，连接除承受梁端的竖向剪力外，还承受梁端传来的弯矩；②半刚性连接，除承受梁端传来的竖向剪力外，还可以承受一定数量的弯矩，节点转动时梁与柱轴线间的夹角将有所改变，但受到一定程度的约束。实际工程中理想的刚性连接是不存在的，通常，若能承受理想刚接弯矩的90%以上时，即认为是刚性连接。半刚性连接由于其能承担的弯矩在设计时很难确定，因而目前较少采用。在对其进行内力分析时，必须预先确定连接的弯矩-转角特性曲线，以便考虑连接变形的影响。

(1) 刚性连接

图 3-12(a)～(d) 为常用的梁柱刚性连接示例。图 3-12(a) 所示为全焊接节点。梁的翼

缘板用坡口对接焊缝与柱相连，为了方便梁翼缘板处坡口焊缝的施焊和设置垫板，梁腹板上、下端各开半径为 30～35mm 的半圆孔。梁腹板采用两条角焊缝与柱翼缘板相连接。这种全焊接节点省工省料，但需要在工地高空施焊，对焊接技术要求较高。图 3-12(b) 所示为对图 3-12(a) 所示节点的改进，在工厂制造时柱上焊悬臂短梁段，在高空用高强度螺栓摩擦型连接与梁的中央段拼接，避免了高空施焊且便于梁的对中就位。此外，高强度螺栓拼接所在截面的内力（弯矩和剪力）与梁端相比较小，因而拼接所用螺栓数量比在梁端用高强度螺栓连接时少。图 3-12(c) 节点与图 3-12(a) 相似，仅梁的腹板处改用连接角钢和高强度螺栓连接，目的是使安装时便于对中就位。图 3-12(d) 是箱形柱与工字形梁的刚性连接节点，在梁的上、下翼缘板水平处柱内设置上、下两横隔板，与柱截面周边用坡口焊缝焊接，横隔板厚度应大于梁翼缘板厚度，通常最小厚度为 16mm。梁的翼缘板与柱的横隔板坡口对接，而梁的腹板则用角焊缝连接于柱身。

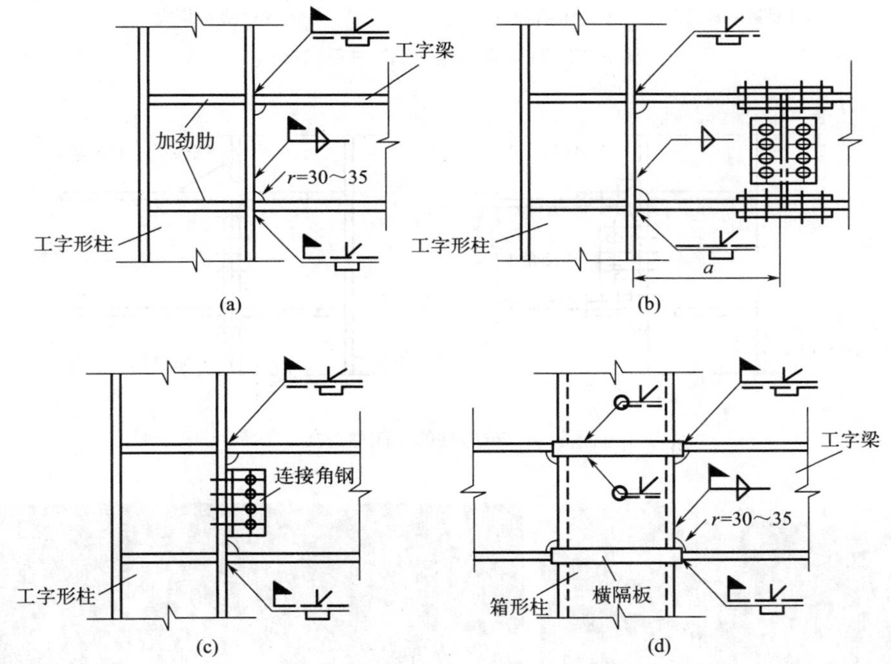

图 3-12　梁与柱的刚性连接

目前 H 型钢梁与矩形钢管柱的连接形式，包括贯通隔板式、内隔板式、外加劲环板式，如图 3-13 所示。这类焊接节点刚度较大，承载力高，具有一定的延性和韧性，一般可简化为理想刚接。

（2）半刚性连接

图 3-14(a) 和 (b) 是半刚性连接示例。图 3-14(a) 中梁的上、下翼缘处各用一个 T 形钢作为连接件，梁的腹板用两只角钢作为连接件，全部采用高强度螺栓摩擦型连接。图 3-14(b) 中，梁端焊接一端板，端板用高强度螺栓与柱的翼缘相连接。这两种连接都比较简单且便于安装，但对梁端的约束常达不到刚性连接的要求，因而只能作为半刚性连接。

对于闭口截面柱，传统的高强螺栓不能直接用于矩形钢管柱和 H 型钢梁的连接中。如果要实现现场螺栓连接，必须采用特制螺栓。这种螺栓可以实现单边锁紧（单向螺栓），如图 3-15 所示。这种节点由于使用了单向螺栓，与传统的矩形钢管柱和 H 型钢连接节点相比，可以免除现场焊接，提高施工效率和施工质量，实现快速和高效的装配式施工。

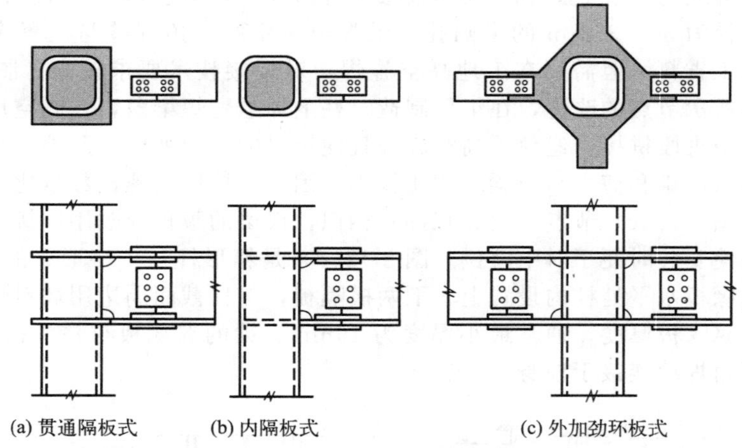

图 3-13　H 型梁与矩形钢管柱刚接节点

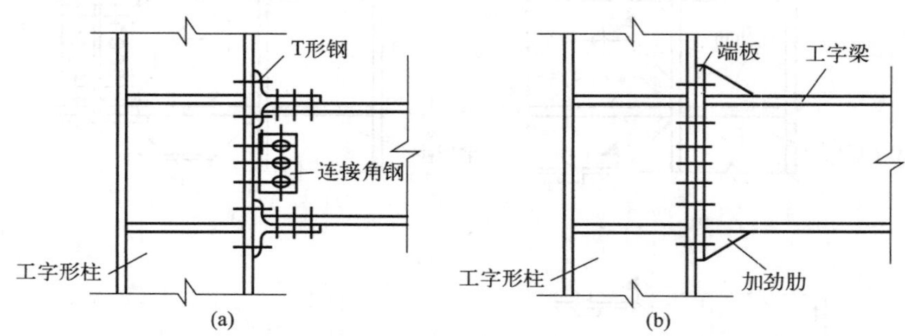

图 3-14　梁与柱的半刚性连接

图 3-15　单向螺栓连接节点

3.2.2.4　柱与柱的连接构造

为保证柱接头的安装质量和施工安全，柱在工地拼接必须设置安装耳板临时固定。耳板厚度的确定应考虑阵风和其他施工荷载的影响，并不得小于 10mm。耳板设置于柱翼缘两侧，以便发挥较大作用。

H 形柱的工地拼接设计，由柱翼缘和腹板承担轴力和弯矩，腹板承受剪力。翼缘通常为坡口全焊透焊接，腹板为高强度螺栓连接。当采用全焊接时，上柱翼缘开 V 形坡口、腹板开 K 形坡口。

箱形柱的工地拼接全部采用焊接，对要求等强设计的连接，为保证焊透应采取以下措施：箱形柱的上端应设置横隔板，并与柱口齐平，厚度一般不小于 16mm，其边缘与柱口截面一起刨平，以便与上柱的焊接垫板有良好的接触面。在箱形柱安装单元的下部附近，尚应设置上柱横隔板，以防止运输、堆放和焊接时截面变形，其厚度通常不小于 10mm。

3.2.2.5　柱脚构造

轴心受压柱脚的构造设计是要达到把柱身的压力均匀地传给基础，并和基础牢固地连接起来的作用。在整个柱中，柱脚是比较费工也比较费钢材的部分，所以设计时应使其构造简单，尽可能符合结构的计算简图，并便于安装固定。

柱脚构造上应保证传力明确，制作和安装方便。对于承受轴力和弯矩都较小，并且底板与基础间只存在压应力的压弯构件，一般为实腹柱和分肢距离较小的格构柱，常采用如图 3-16 所示的整体式的刚接柱脚。

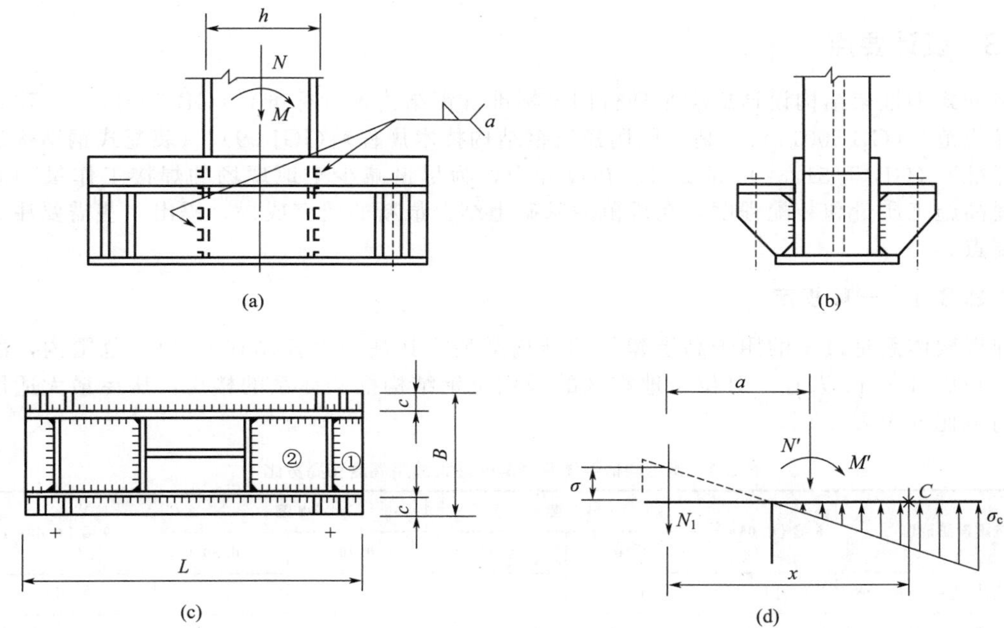

图 3-16　整体式的刚接柱脚

对于一般格构式柱，由于肢间距离较大，采用整体式柱脚耗费的钢材较多，所以一般采用如图 3-17 所示的分离式柱脚，每个分肢下的柱脚相当于一个轴心受力的铰接柱脚。为了保证框架柱脚在运输和安装过程中不产生变形，在分离的框脚间用一些缀材将柱肢连接起来。

为了保证柱脚与基础能形成刚性连接，锚栓不宜固定在底板上，而应按如图 3-17 所示安装，在靴梁侧面焊接两块肋板，锚栓固定在肋板上面的水平板上。为了便于安装，锚栓不宜穿过底板。

为了安装时便于调整柱脚的位置，水平板上锚栓孔的直径应是锚栓直径的 1.5～2.0 倍，待柱子就位并调整到设计位置后，再用垫板套住锚栓并与水平板焊牢，垫板上的孔径只比锚栓直径大 1～2mm。

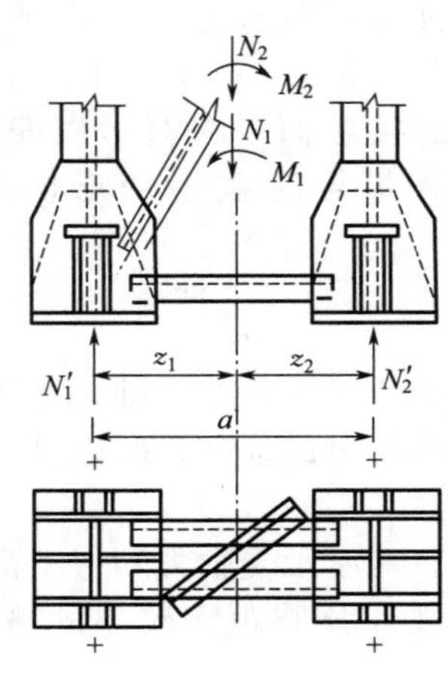

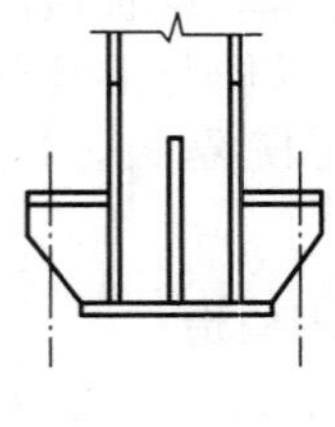

图 3-17 分离式柱脚

3.2.3 设计要点

装配式钢框架结构设计应满足现行国家标准《钢结构设计标准》(GB 50017)、《建筑抗震设计规范》(GB 50011)、《高层民用建筑钢结构技术规程》(JGJ 99)、《装配式钢结构建筑技术标准》(GB/T 51232) 等要求。在设计中，为尽量减少工地现场的焊接工作量和湿作业，提高施工质量和装配程度，在规范的基础上结合最新的研究成果，提出一些需要注意的设计要点。

3.2.3.1 一般规定

纯框架体系是最早的用于高层建筑的结构类型，其柱距宜控制在 6～9m 范围内，次梁间距一般以 3～4m 为宜。对位于地震区的采用全钢结构框架体系的楼房，房屋最大适用高度和高宽比列于表 3-1。

表 3-1 钢结构框架体系楼房的最大适用高度和高宽比

抗震设防烈度	6 度 (0.05g)	7 度		8 度		9 度 (0.40g)
		0.10	0.15	0.20	0.30	
房屋最大适用高度/m	110	110	90	90	70	50
房屋高宽比	6.5	6.5		6.0		5.5

注：房屋高度和房屋高宽比均从室外地面算至主体屋面板的顶面。

刚接框架结构体系对于 30 层左右的建筑是较为合适的。超过 30 层后，这种体系的刚度不易满足要求，在风荷载和地震作用等水平力作用下，暴露出明显的缺陷，常需采用支撑、剪力墙或筒体结构来加强刚接框架而成为其他结构体系。

考虑经济性和施工的方便性，钢框架结构的设计一般层数不多。对高度不超过 50m 的纯钢框架结构，多遇地震计算时，阻尼比可取 0.04。风荷载作用下的承载力和位移分析，阻尼比可取 0.01，有填充墙的钢结构可取 0.02。舒适度分析计算时，阻尼比可取 0.01～0.015。

为防止框架梁下翼缘受压屈曲，梁柱构件受压翼缘应根据需要在塑性区段设置侧向支撑杆（即隅撑），见图 3-18 所示。当钢筋混凝土楼板与主梁上翼缘有可靠连接时，只需在主梁下翼缘平面内距柱轴线 1/8～1/10 梁跨处设置侧向隅撑。

实际工程中，由于建筑使用以及室内美观的要求通常会限制侧向隅撑的设置。对明确不能设置隅撑的框架梁，首先可对钢梁受压区的长细比以及受压翼缘的应力比进行验算，若长细比 $\lambda_y \leqslant 60\sqrt{235/f_y}$，或应力比 $\sigma/f \leqslant 0.4$，则不设置侧向隅撑，否则可采用在梁柱节点框架梁塑性区范围内增设横向加劲肋的措施来代替隅撑，见图3-19所示。

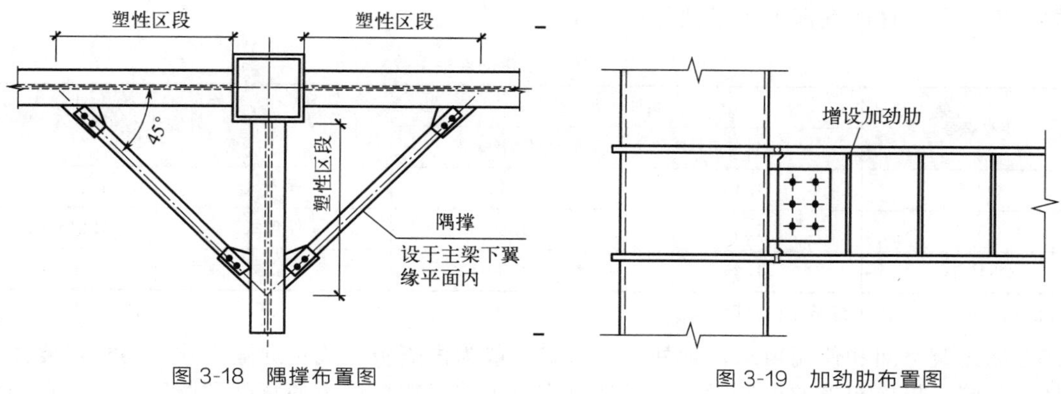

图3-18　隅撑布置图　　图3-19　加劲肋布置图

第3章

考虑 P-Δ 重力二阶效应，为保证钢框架的稳定性，钢框架结构的刚度应满足下式要求：

$$D_i \geqslant 5\sum_{j=1}^{n} G_j/h_i \, (i=1,2\cdots,n) \tag{3-1}$$

式中　D_i——第 i 楼层的抗侧刚度，kN/mm，可取该层剪力与层间位移的比值；

h_i——第 i 楼层层高；

G_j——第 j 楼层重力荷载设计值，kN，取1.2倍的永久荷载标准值与1.4倍的楼面可变荷载标准值的组合值。

对于钢结构，框架梁的梁端弯矩一般不进行调幅设计，调幅系数取值1.0；但除却与支撑斜杆相连的节点、柱轴压比不超过0.4的节点以及柱所在楼层的受剪承载力比相邻上一层的受剪承载力高出25%的节点，钢框架节点处也应满足“强柱弱梁”原则。在工程设计中，应注意柱距的布置宜均匀，避免因柱距过大导致梁截面尺寸过高，在柱截面尽量统一的原则下，“强柱弱梁”难以实现的现象。

3.2.3.2　梁柱板的设计

（1）钢梁的设计

在截面积一定的条件下，为使截面惯性矩、截面模量较大，H形梁的高度宜设计成远大于翼缘宽度，而翼缘的厚度远大于腹板的厚度；一般要满足 $h \geqslant 2b$，$t_f \geqslant 1.5t_w$。

（2）钢柱的设计

箱形柱通常采用焊接柱，在工厂采用自动焊接组装而成。其角部焊缝为部分焊透的V形或U形焊缝，焊缝厚度不小于板厚的1/3，并不小于13mm；按抗震设计时，不小于板厚的1/2。当梁柱刚接，在主梁上下至少600mm范围的，应采用全焊透焊缝。

十字形柱由钢板或两个H形钢焊接而成，组装焊缝均采用部分焊透的K形坡口焊缝，每边焊接深度为1/3板厚。

（3）组合楼盖的设计

组合楼板应具有必要的刚度，底部压型钢板在施工阶段的挠度不应大于板跨的1/300，且不应大于10mm。组合楼板使用阶段的挠度不应大于板跨的1/200。平面复杂或开洞过大的楼层，作为上部结构嵌固部位的楼层和地下室顶层应采用现浇混凝土楼板。组合楼盖还应满足防火、防腐蚀的要求。

3.2.3.3 梁柱节点的设计

为保证结构的抗侧移刚度，梁柱连接节点的承载力设计值，不应小于相连构件的承载力设计值；钢框架抗侧力结构构件的连接系数要求见表 3-2。要求箱型柱的柱脚埋深不小于柱宽的 2 倍，圆管柱的埋深不小于柱外径的 3 倍。

表 3-2 钢构件连接的连接系数

母材牌号	梁柱连接		柱脚	
	母材破坏	高强螺栓破坏		
Q235	1.40	1.45	埋入式	1.2(1.0)
Q355	1.35	1.40	外包式	1.2(1.0)
Q345GJ	1.25	1.30	外露式	1.0

注:括号内的数字用于箱形柱和圆管柱。

考虑建筑空间和使用要求，梁柱连接形式一般为内隔板式或贯通隔板式。另外需要注意的是，与同一根柱相连的框架梁，在设计时应合理选择梁翼缘板的宽度和厚度，使节点四周的钢梁高度尽量统一或相差在 150mm 范围内，满足节点区设置两块隔板的传力条件，否则需设置三块隔板，会加大构件制作的工作量，见图 3-20 和图 3-21 所示。

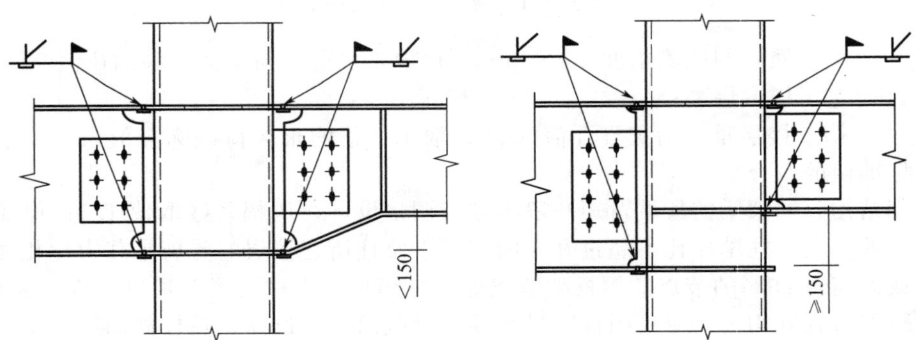

图 3-20 两侧梁高不一致梁柱节点连接

图 3-21 梁柱节点连接现场施工图

3.2.3.4 钢柱与基础的连接

对抗震设防为 6、7 度地区的多层钢框架结构，采用独立基础时，结构柱脚的设计一般选择外包式刚接柱脚。当基础埋深较浅时，钢柱宜直接落在基础顶面，基础顶面至室外地面的高度应满足 2.5 倍钢柱截面高度的要求，如图 3-22(a) 所示。当基础埋深较深时，为节省用钢量，可将基础做成高承台基础，抬高钢柱与承台的连接位置，如图 3-22(b) 所示。外包式钢柱脚锚在基础承台上时，基础承台的设计应满足刚度和平面尺寸要求，承台柱抗侧刚度不小于钢柱的 2 倍，钢柱底板边距承台边的距离不小于 100mm。

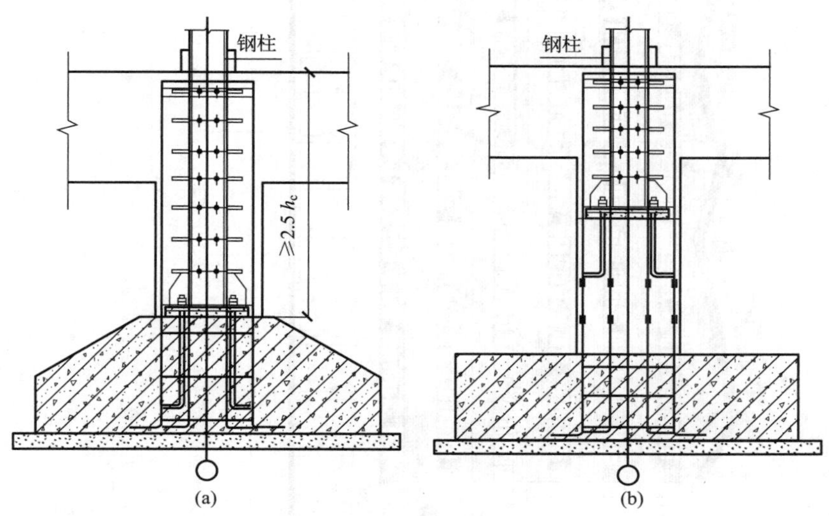

图 3-22　外包刚接柱脚与基础连接

3.2.4　设计实例

3.2.4.1　工程概况

某学生宿舍项目，地下 1 层，地上 6 层。建筑基底面积 3510.6m^2，建筑面积 13106.27m^2，其中地上建筑面积 12635.34m^2，地下建筑面积 470.93m^2。本工程抗震设防类别为丙类，抗震设防烈度为 6 度，设计基本地震加速度为 0.05g，设计地震分组为第一组，场地类别为Ⅱ类，采用钢框架结构体系。基本风压 0.60kN/m^2，地面粗糙度类别为 B 类。

3.2.4.2　建筑与结构设计

（1）建筑设计

本建筑布局依山就势，尽量保留原始的地形地貌，主要居住空间均朝南，功能布局除学生宿舍的使用功能外，还为学生提供多层次的交流共享空间，空间布置灵活。本项目的建筑立面图如图 3-23 所示。

（2）结构设计

本项目采用装配式钢框架体系。采用的预制构件主要包括预制钢柱、预制钢梁、钢筋桁架叠合板、钢筋桁架楼承板和装配式钢楼梯等。钢柱采用 H500mm×400mm×16mm×25mm、H400mm×300mm×12mm×16mm 和 H400mm×300mm×16mm×25mm 等 7 种截面。主梁采用 H500mm×250mm×10mm×24mm、H500mm×180mm×10mm×24mm 和 H500mm×180mm×8mm×16mm 等 6 种截面。次梁采用 H400mm×180mm×6mm×12mm 和 H300mm×150mm×6mm×8mm 等 5 种截面。本建筑的典型结构平面图如图 3-24 所示，梁柱连接采用栓焊连接，见图 3-25。

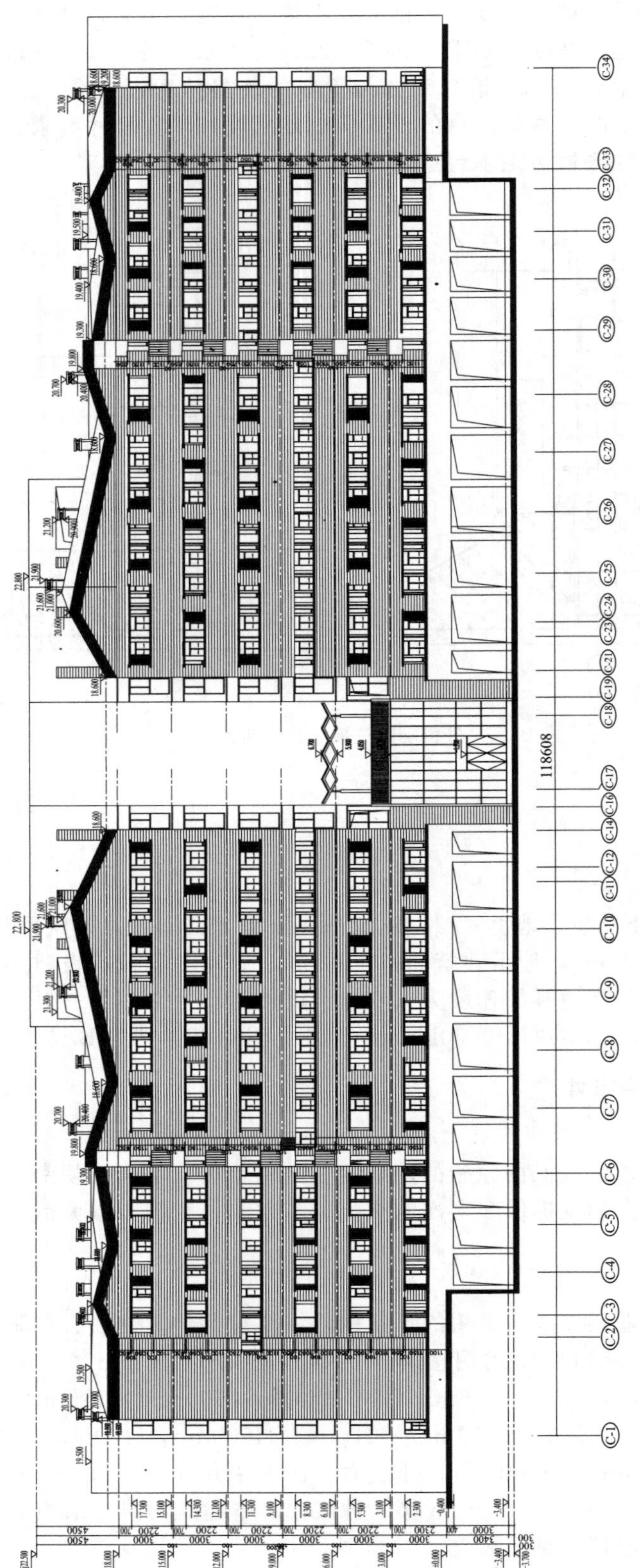

图 3-23 建筑立面图

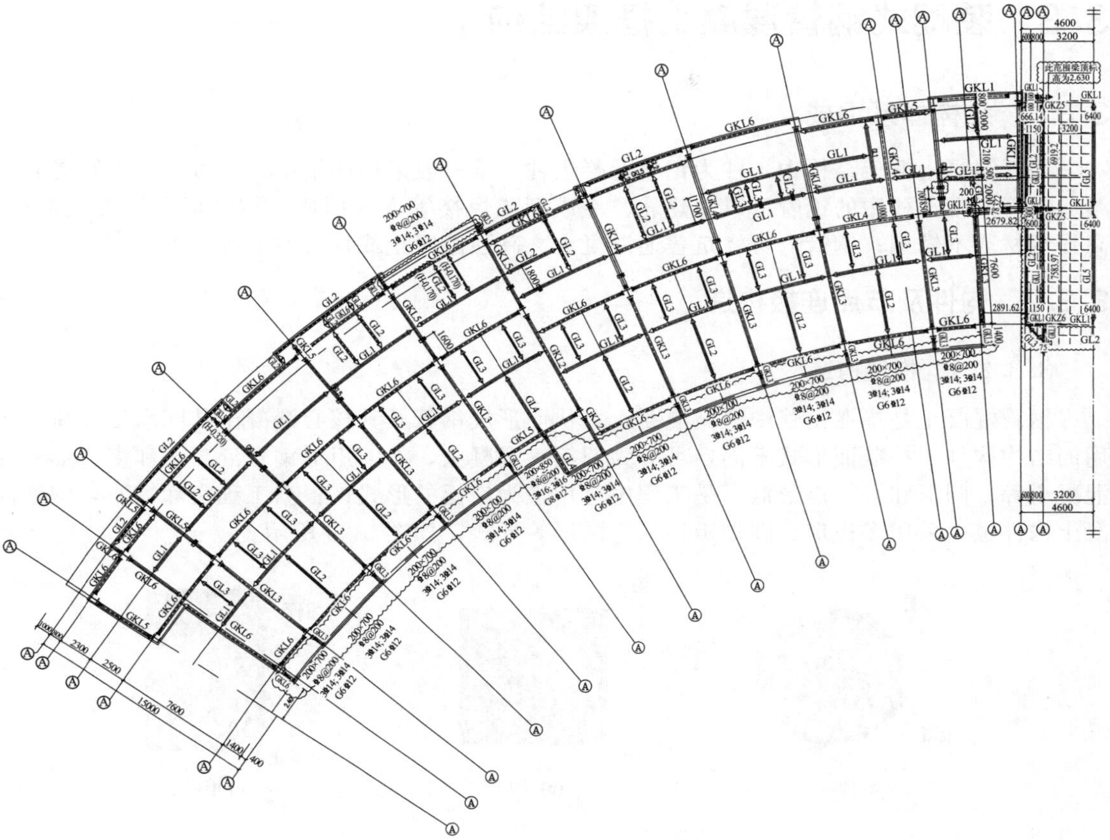

图 3-24　典型结构平面图

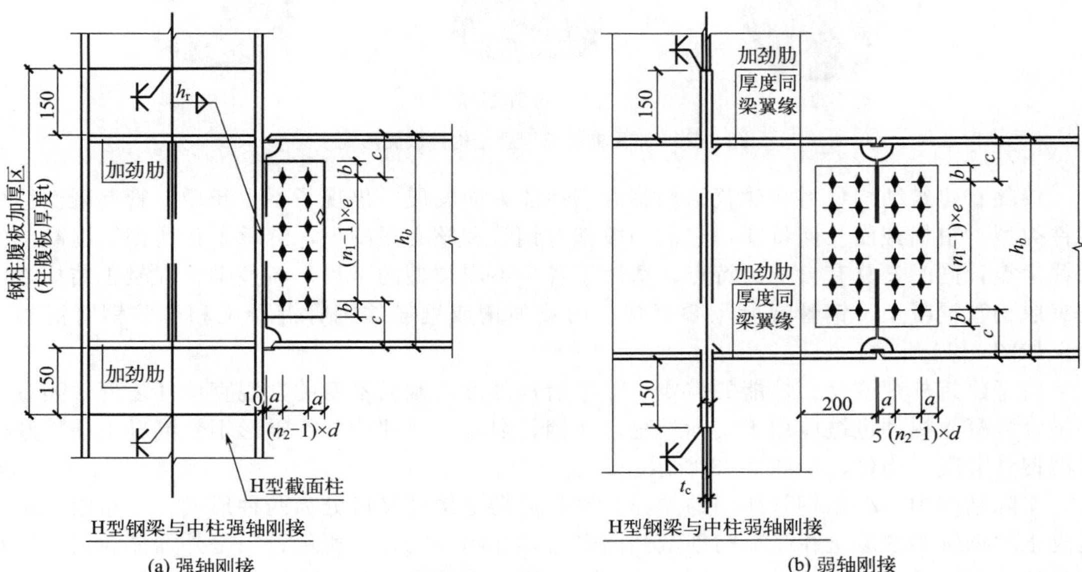

(a) 强轴刚接　　(b) 弱轴刚接

图 3-25　H 型钢梁与中柱连接

3.3　装配式钢管混凝土框架结构

3.3.1　结构体系组成

钢管混凝土框架结构中，柱为钢管混凝土柱，梁一般采用纯钢梁，也可采用钢管混凝土梁。钢管混凝土柱中的钢管可以是热轧、冷成型或焊接等方式而成，钢管可采用普通钢材、高强钢材或不锈钢；钢管内可浇筑普通混凝土、高强混凝土或自密实混凝土等。

3.3.2　构件及节点连接构造

3.3.2.1　构件构造

钢管混凝土是指在钢管中填充混凝土，从而形成钢管及其核心混凝土共同承受外荷载作用的结构构件。按截面形式不同，可分为圆钢管混凝土，方、矩形钢管混凝土和多边形钢管混凝土等。圆形和方、矩形截面是工程中应用最为广泛的形式；根据工程实际需要，钢管混凝土构件也会采用多边形、圆端矩形和椭圆形等形式，如图 3-26 所示。

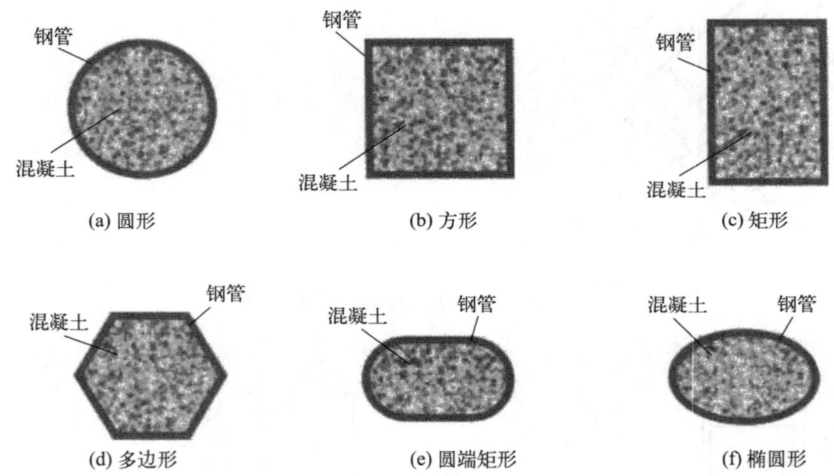

图 3-26　常见的钢管混凝土构件截面形式

伴随着建筑结构材料和建筑结构朝着高性能方向发展，出现了不少新型钢管混凝土结构构件类型。根据截面几何特征，它们一般都有钢管和核心混凝土，继承了普通钢管混凝土的一些优点，同时又具有自身的特点，适用于各种不同类型的工程。新型钢管混凝土结构如中空夹层钢管混凝土、钢管混凝土叠合柱、内置型钢或钢筋的钢管混凝土和薄壁钢管混凝土等，如图 3-27 所示。

由于建筑外观或受力性能的需要，除了沿构件方向截面不变的常规直构件之外，还有一些钢管混凝土构件也被应用于实际工程，如钢管混凝土斜柱构件、锥形钢管混凝土构件和曲线型钢管混凝土构件，如图 3-28 所示。

实际结构中，根据钢管作用的差异，钢管混凝土构件又可分为两种形式：一是组成钢管混凝土的钢管和混凝土在受荷初期就共同受力，如图 3-29(a) 所示；二是外加荷载仅作用在核心的混凝土上，钢管只起对其核心混凝土的约束作用，即所谓的钢管约束混凝土，如图 3-29（b）所示。

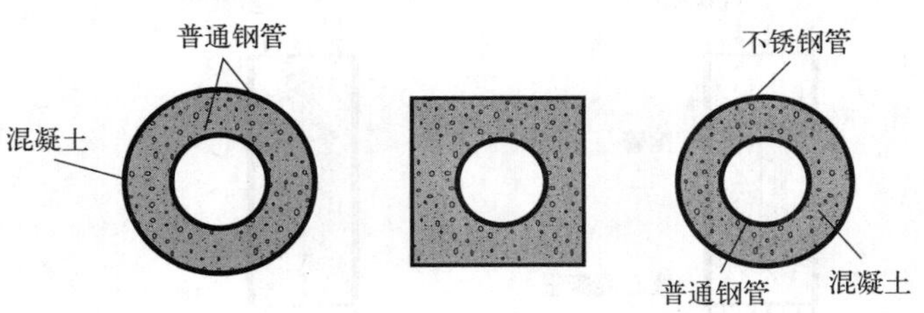

(a) 中空夹层钢管混凝土(CFDST)

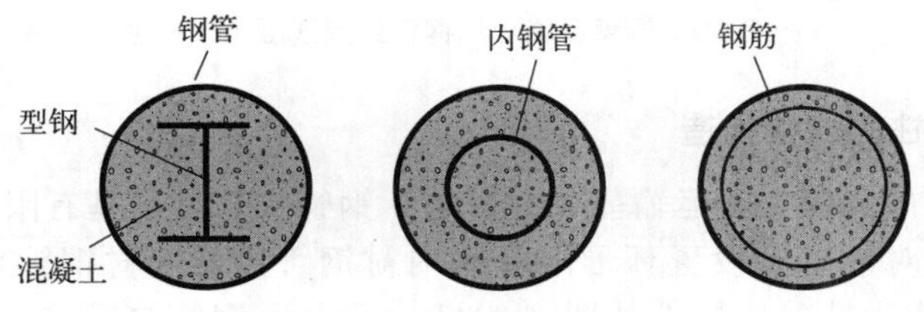

(b) 内置型钢或钢筋的钢管混凝土

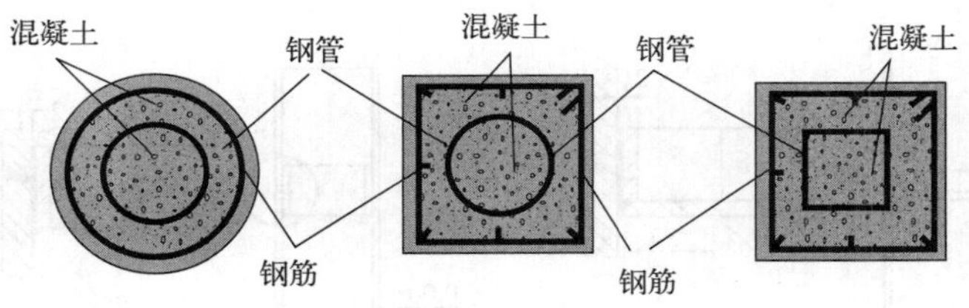

(c) 钢管混凝土叠合柱

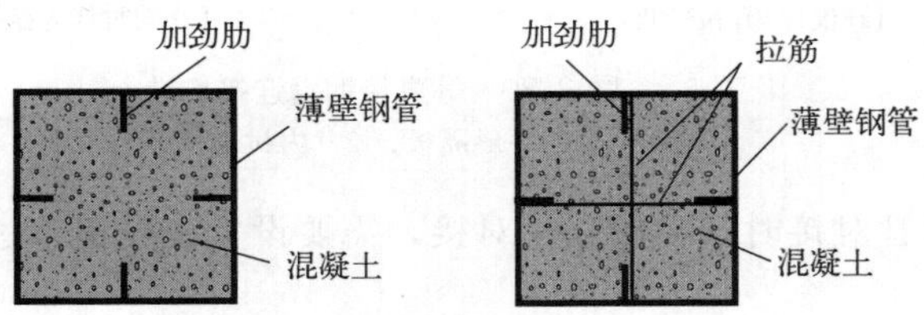

(d) 薄壁钢管混凝土(带加劲肋)

图 3-27　部分新型钢管混凝土构件截面示意图

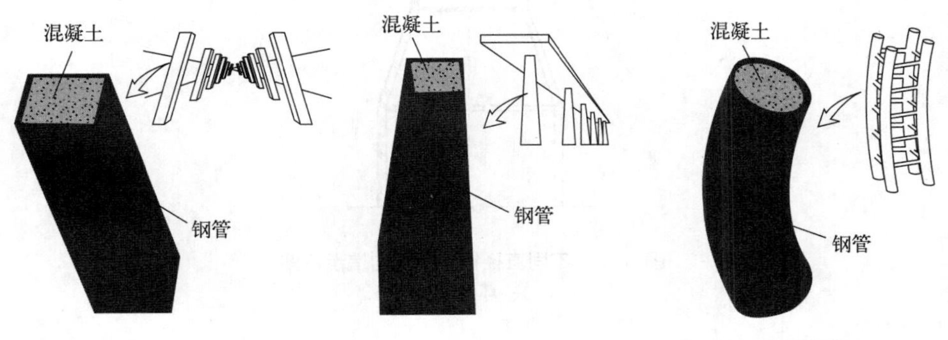

(a) 钢管混凝土斜柱　(b) 锥形钢管混凝土　(c) 曲线形钢管混凝土

图 3-28　钢管混凝土斜柱和锥形、曲线形钢管混凝土构件

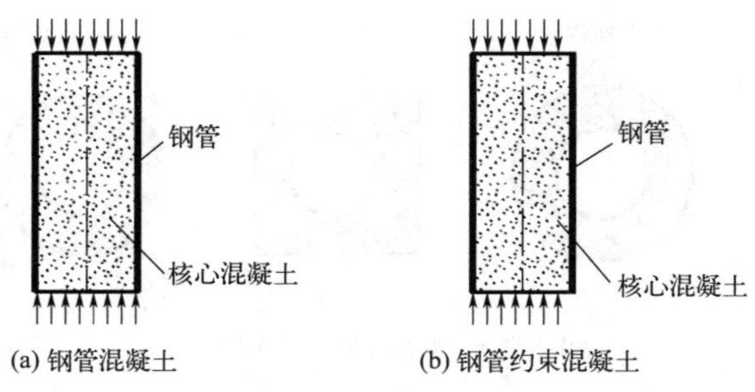

图 3-29 钢管混凝土和钢管约束混凝土示意图

3.3.2.2 柱与柱的连接构造

因为材料长度、吊装能力或运输能力的影响，钢管的长度都是有限制的，需要在施工现场对接。等直径钢管对接时宜设置环形隔板和内衬钢管段，内衬钢管仅作为衬管使用时见图 3-30(a)，也可兼作为抗剪连接件［图 3-30(b)］。上下钢管之间应采用全熔透坡口焊缝，坡口可取 35°，直焊缝钢管对接处应错开钢管焊缝。

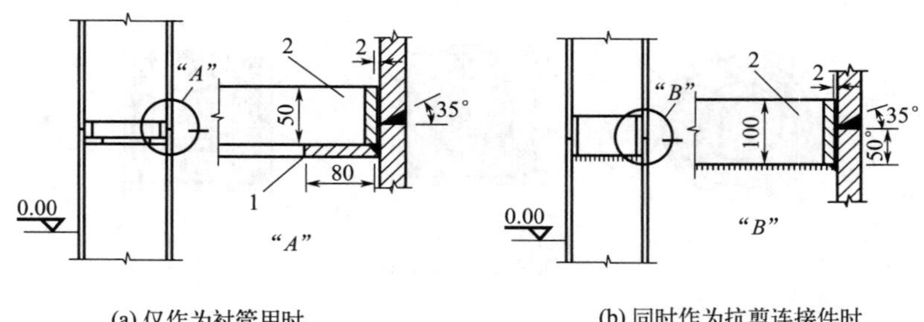

图 3-30 等直径钢管连接构造

1—环形隔板；2—内衬钢管

不同直径的钢管对接时，不能直接对接，需要设置变径钢管过渡连接，如图 3-31 所示。

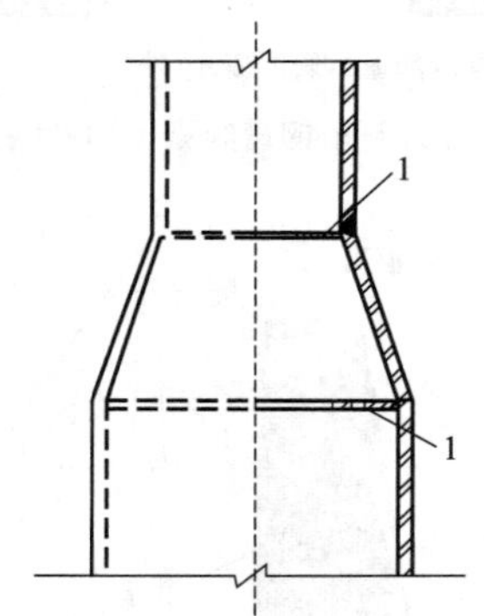

图 3-31 不同直径钢管接长构造示意图

1—环形隔板

3.3.2.3 梁柱的连接构造

目前，工程结构中使用较多的钢管混凝土柱与钢梁连接节点为带悬臂梁段的内隔板式刚接节点和外隔板式刚接节点。按钢管混凝土节点样式，常分为外加强环式节点、内加强板式节点、贯穿加强板式节点等。

钢管混凝土柱的直径较大时，钢梁与钢管混凝土柱之间可采用内加强环连接。内加强环与钢管内壁应采用全熔透坡口焊缝连接。梁与柱可采用现场直接连接，也可与带有悬臂梁段的柱在现场进行梁的拼接。悬臂梁段可采用等截面悬臂梁段（图 3-32），也可采用不等截面悬臂梁段（图 3-33、图 3-34），当悬臂梁段的截面高度变化时，其坡度不宜大于 1∶6。

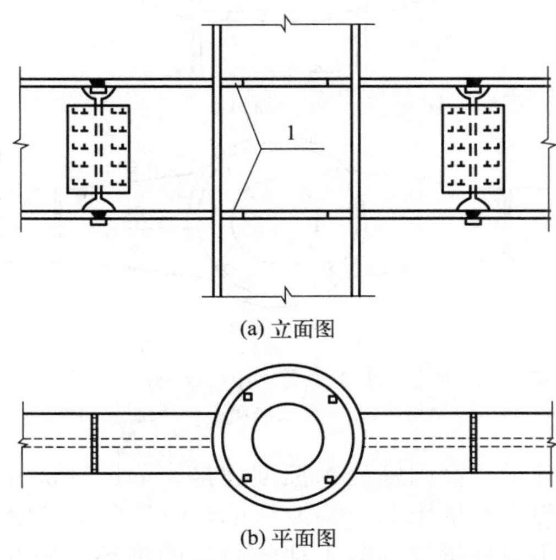

(a) 立面图

(b) 平面图

图 3-32　等截面悬臂钢梁与钢管混凝土柱采用内加强环连接构造示意图

1—内加强环

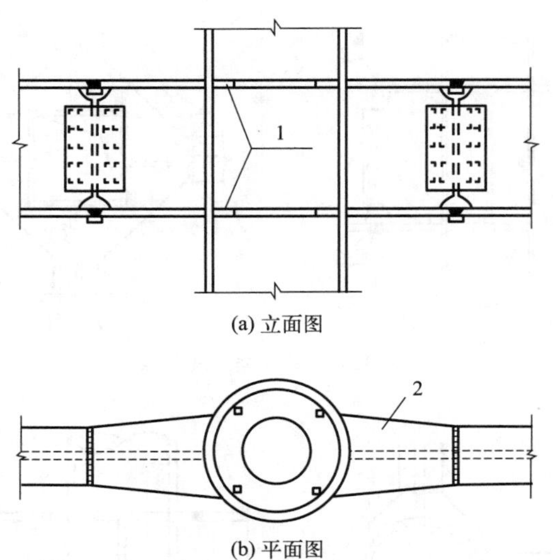

(a) 立面图

(b) 平面图

图 3-33　翼缘加宽的悬臂钢梁与钢管混凝土柱连接构造示意图

1—内加强环；2—翼缘加宽

(1) 外加强环式节点

当钢管混凝土柱的直径较小时，钢梁与钢管混凝土柱之间可采构造示意图用外加强环连接，这类节点是在钢管混凝土柱外侧设置水平外加板，使之与梁上下翼缘焊接，钢梁腹板与

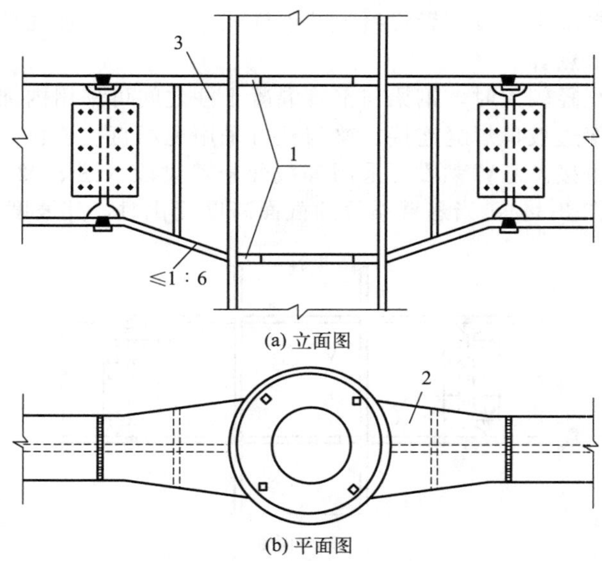

(a) 立面图

(b) 平面图

图 3-34 翼缘加宽、腹板加腋的悬臂钢梁与钢管混凝土柱连接构造示意图
1—内加强环；2—翼缘加宽；3—梁腹板加腋

焊接在柱钢管壁处的连接件采用高强螺栓摩擦型连接，如图 3-35 和图 3-36 所示。这类节点传力明确，且不受钢管截面大小的限制，构造简单，但是用钢量较大，且柱外侧焊接环板不利于外观整洁。加强环应为环绕钢管混凝土柱的封闭的满环（图 3-37）。外加强环与钢管外壁应采用全熔透焊缝连接，外加强环与钢梁应采用栓焊连接。外加强环的厚度不宜小于钢梁翼缘的厚度、宽度 c 不宜小于钢梁翼缘宽度的 0.7 倍。

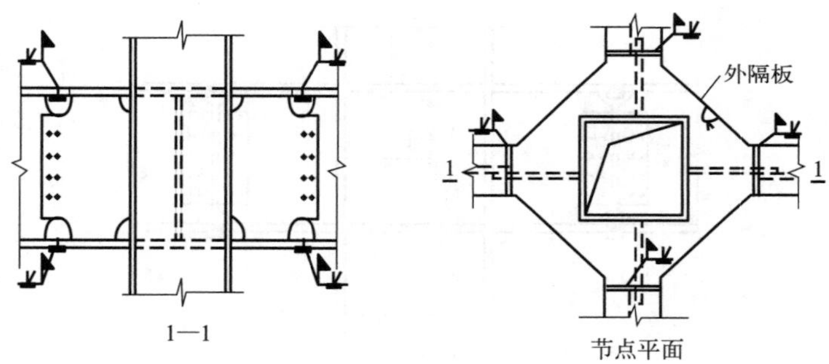

图 3-35 外加强环式节点

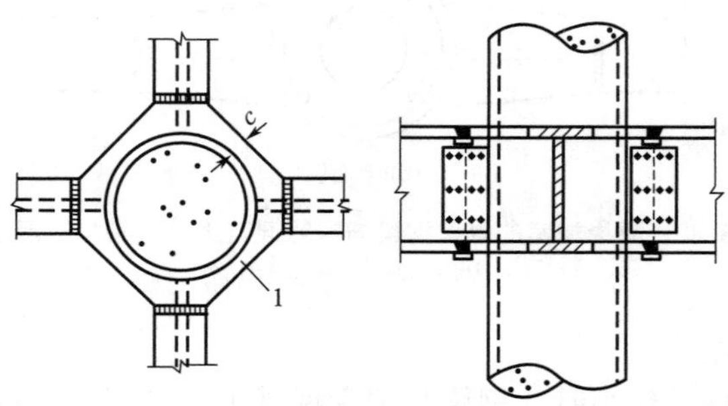

图 3-36 钢梁与钢管混凝土柱采用外加强环连接构造示意图
1—外加强环

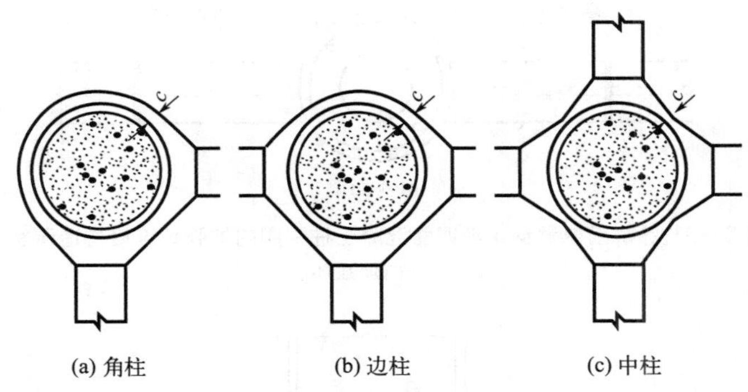

(a) 角柱　(b) 边柱　(c) 中柱

图 3-37　外加强环构造示意图

（2）内加强板式节点

钢管混凝土柱的直径较大时，钢梁与钢管混凝土柱之间可采用内加强环连接。这类节点是在钢管混凝土柱内设隔板，且隔板位置与钢梁翼缘与柱连接处相对应，钢梁翼缘与柱钢管壁焊接，腹板通过连接件采用高强螺栓连接，如图 3-38 所示。此类节点构造简单、节点刚度大、承载力高，但是需要管内焊接施工，施工操作较复杂，焊缝质量也不易保证。梁与柱可采用现场直接连接，也可与带有悬臂梁段的柱在现场进行梁的拼接。悬臂梁段可采用等截面悬臂梁段（图 3-39），也可采用不等截面悬臂梁段（图 3-40、图 3-41）。当悬臂梁段的截面高度变化时，其坡度不宜大于 1∶6。

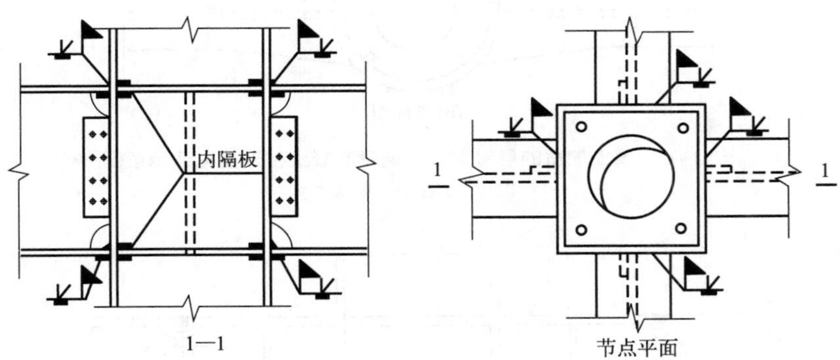

图 3-38　内加强板式节点

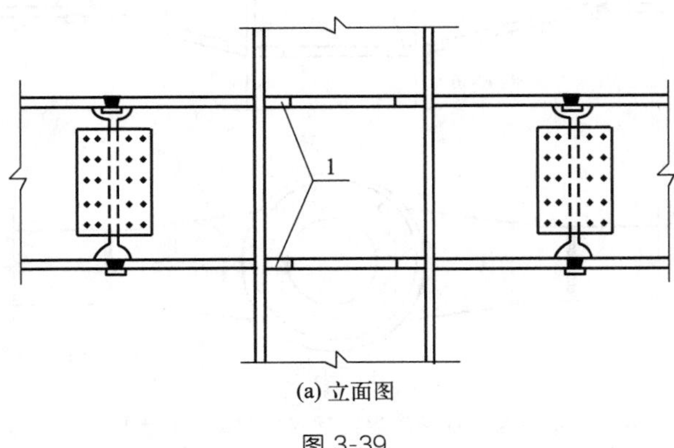

(a) 立面图

图 3-39

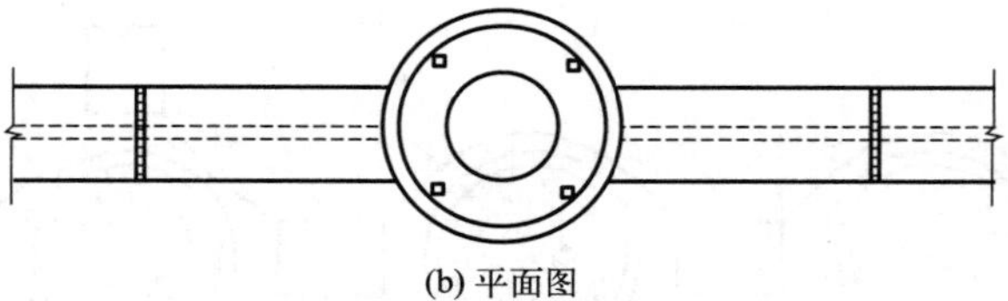

(b) 平面图

图 3-39　等截面悬臂钢梁与钢管混凝土柱采用内加强环连接构造示意图

1—内加强环

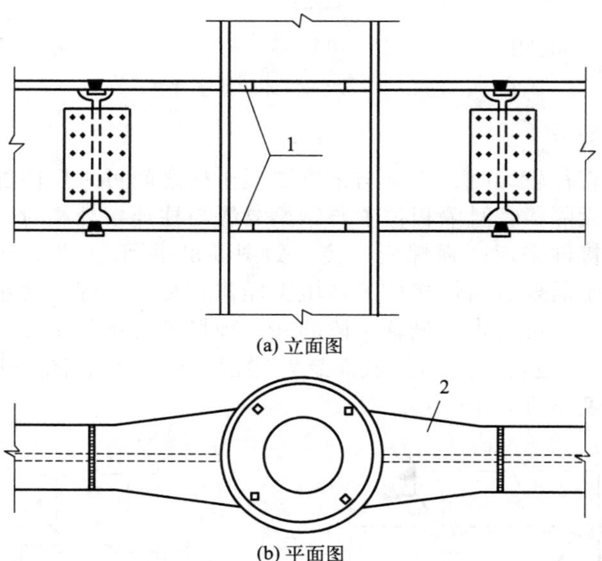

(a) 立面图

(b) 平面图

图 3-40　翼缘加宽的悬臂钢梁与钢管混凝土柱连接构造示意图

1—内加强环；2—翼缘加宽

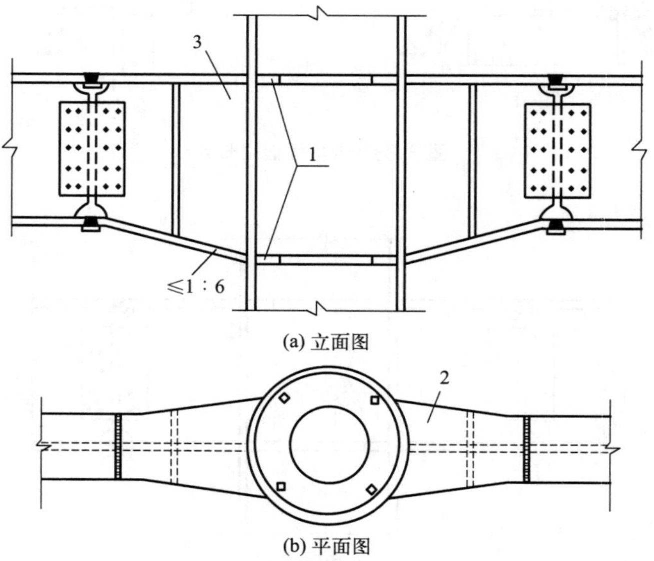

(a) 立面图

(b) 平面图

图 3-41　翼缘加宽、腹板加腋的悬臂钢梁与钢管混凝土柱连接构造示意图

1—内加强环；2—翼缘加宽；3—梁腹板加腋

（3）贯穿加强板式节点

矩形钢管设加强板，且加强板贯穿整个钢管壁，与钢梁翼缘焊接连接保持连续，钢梁腹板与焊接于柱子上的钢板用高强螺栓连接，如图 3-42 所示。与内加强板式节点相比，它可以有效避免钢管施焊而产生的焊接残余应力。但此类节点加强板将钢管柱隔断，节点的受力更加复杂。

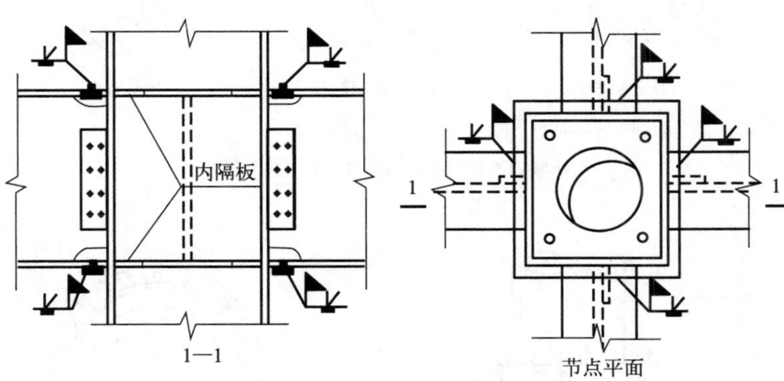

图 3-42 贯穿加强板式节点

除刚接节点外，在多高层结构中也使用半刚性节点。半刚性节点在外力作用下，是梁柱轴线夹角改变量介于铰接节点和刚性节点之间的一种连接方式，这类节点既能传递剪力，也可以传递部分弯矩。半刚性节点的节点形式主要有通过连接件连接的半刚性节点 1 和通过长螺栓连接的半刚性节点 2，基本构造如图 3-43 所示。

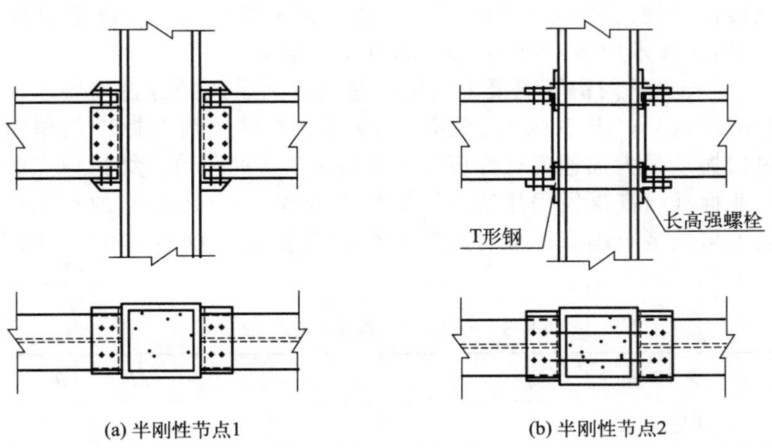

(a) 半刚性节点1　　(b) 半刚性节点2

图 3-43 半刚性节点

3.3.2.4 钢管混凝土柱与基础的连接构造

多、高层建筑无地下室时，钢管混凝土柱多采用埋入式柱脚（图 3-44）。当设置地下室且钢管混凝土框架柱伸至地下超过两层时，也可采用外包式柱脚或端承式柱脚（图 3-45）。

3.3.3 设计要点

3.3.3.1 一般规定

采用钢管混凝土结构的多层和高层建筑的平面和竖向布置及规则性要求，应符合国家现

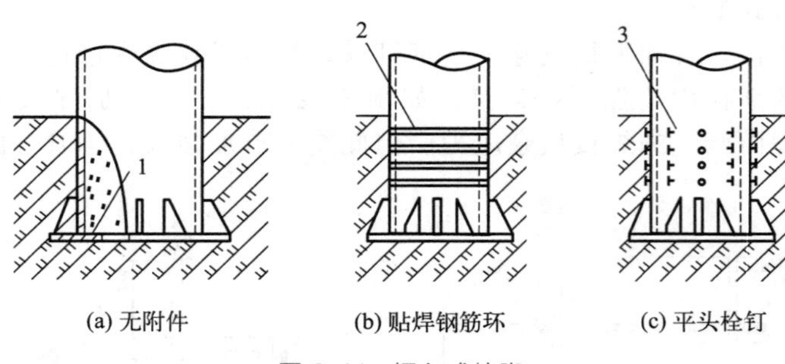

图 3-44 埋入式柱脚

1—柱脚板；2—贴焊钢筋环；3—平头栓钉

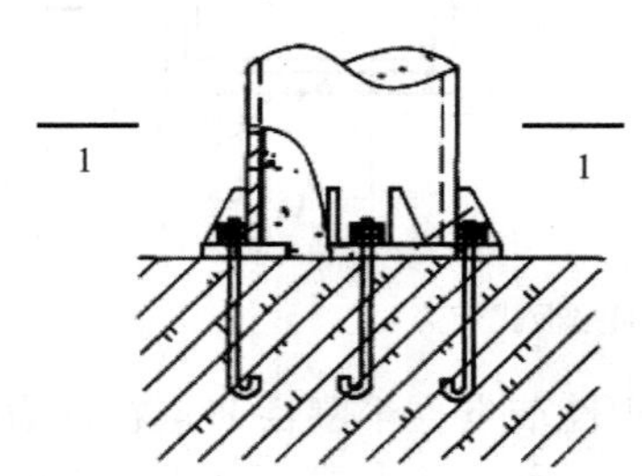

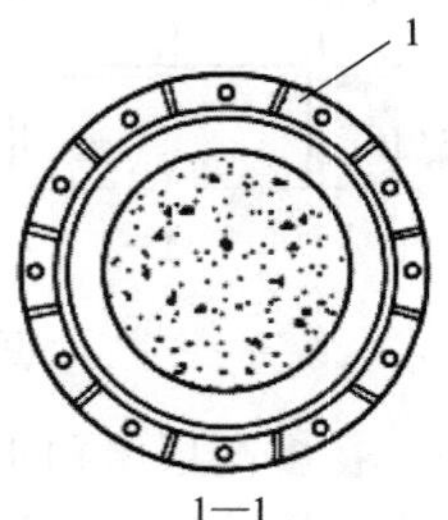

图 3-45 端承式柱脚

1—肋板，厚度不小于 1.5t

行标准《建筑抗震设计规范》（GB 50011）、《高层建筑混凝土结构技术规程》（JGJ 3）和《高层民用建筑钢结构技术规程》（JGJ 99）的有关规定。

高度不小于 150m，采用钢管混凝土结构的建筑应满足风振舒适度要求。在现行国家标准《建筑结构荷载规范》（GB 50009）规定的 10 年一遇的风荷载标准值作用下，结构顶点的顺风向和横风向振动最大加速度计算值不应超过表 3-3 的限值。结构顶点的顺风向最大加速度可按现行行业标准《高层民用建筑钢结构技术规程》（JGJ 99）的有关规定计算，横风向振动最大加速度可按现行国家标准《建筑结构荷载规范》（GB 50009）的有关规定计算，计算时阻尼比宜取 0.01～0.02。

表 3-3 结构顶点风振加速度限值$a_{\lim}$

使用功能	$a_{\lim}$/（m/s^2）
住宅、公寓	0.15
办公、旅馆	0.25

实心钢管混凝土结构乙类和丙类建筑的最大适用高度应符合表 3-4 的规定。对平面和竖向均不规则的结构，表中最大适用高度宜适当降低。对甲类建筑，6～8 度时宜按本地区设防烈度提高一度后符合本表规定确定，9 度时应专门研究。当房屋高度超过表中数值时，结构设计应进行专门研究和论证，并应采取有效措施。当框架核心筒及筒中筒结构采用钢梁、钢-混凝土组合梁及型钢混凝土梁时，应按表 3-4 确定最大适用高度；当采用钢筋混凝土梁时，最大适用高度应按钢筋混凝土结构确定。实心钢管混凝土框架结构的适用最大高宽比不宜超过表 3-5 的规定。当房屋高度不大于 150m 时，采用钢筋混凝土梁板楼盖的钢管混凝土框架最大楼层层间位移与层高之比不宜大于 1/450；采用钢梁-混凝土板组合楼盖的钢管混

凝土框架最大楼层层间位移与层高之比不宜大于 1/300。

表 3-4　实心钢管混凝土结构的最大适用高度 H　　单位：m

<table>
<tr><th rowspan="3">结构类型</th><th rowspan="3">非抗震设计</th><th colspan="5">抗震设防烈度</th></tr>
<tr><th rowspan="2">6 度</th><th rowspan="2">7 度</th><th colspan="2">8 度</th><th rowspan="2">9 度</th></tr>
<tr><th>0.2g</th><th>0.3g</th></tr>
<tr><td>框架</td><td>80</td><td>70</td><td>60</td><td>50</td><td>40</td><td>30</td></tr>
</table>

表 3-5　实心混凝土结构最大适用高宽比

<table>
<tr><th rowspan="2">结构类型</th><th rowspan="2">非抗震设计</th><th colspan="4">抗震设防烈度</th></tr>
<tr><th>6 度</th><th>7 度</th><th>8 度</th><th>9 度</th></tr>
<tr><td>框架</td><td>6</td><td>6</td><td>5</td><td>4</td><td>2</td></tr>
</table>

3.3.3.2　钢管混凝土柱设计要点

钢管混凝土柱可采用圆形、方形或矩形截面。对于轴向压力很大的柱，宜采用圆形钢管，以充分发挥钢管对核心混凝土的紧箍作用。填灌钢管的混凝土强度等级不应低于 C40；钢管混凝土柱的钢管采用热加工管材和冷成型管材，不应采用屈服强度 $f_y>345\text{N/mm}^2$ 以及屈强比 $f_y/f_u>0.8$ 的钢材，钢管的壁厚不宜小于 8mm 且不宜大于 25mm；钢管混凝土柱各个柱段之间的连接构造，应能使上段柱的轴向压力直接传递到下段柱的核心混凝土。矩形钢管混凝土柱的轴压比 μ_N 不宜大于表 3-6 的限值，以确保柱具有足够的延性。

表 3-6　矩形钢管混凝土柱的轴压比 μ_N 限值

构件抗震等级	特一级、一级	二级	三级
轴压比 μ_N	0.70	0.80	0.90

钢管混凝土柱（单肢）的长径比和长细比，分别按下列公式计算：

$$\varphi=l_c/D \tag{3-2}$$

$$\lambda=\frac{l_c}{i}=4l_c/D \tag{3-3}$$

式中　l_c——杆件的计算长度；

D、i——钢管混凝土杆件的外直径和截面回转半径。

对于非抗震设计的结构，其钢管混凝土受压杆件的长径比或长细比 λ 不宜超过表 3-7 的限值。

表 3-7　钢管混凝土受压杆件的长径比和长细比 λ 的限值

项次	构件名称	φ	λ
1	轴心受压柱，偏心受压柱	20	80
2	桁架受压杆件，支撑受压杆件	30	120

抗震设计时，试验结果表明，在往复水平荷载作用下，当圆钢管混凝土柱的长细比小于表 3-8 的限值时，其侧移延性系数将不小于 5，满足抗震要求。

对于抗震设防结构，钢管混凝土框架柱的长细比 λ 不应超过表 3-8 中的限值 $[\lambda]$。

对于某些特殊的抗震设防结构（例如框支剪力墙结构中框支层的框架柱），需要具有更大的侧移延性系数和变形能力时，其钢管混凝土框架柱的长细比 λ 宜不超过表 3-9 中的限值 $[\lambda]$。

表 3-8 抗震设防框架结构中圆钢管混凝土柱的长细比限值 $[\lambda]$

钢管钢材	管内混凝土	含钢率 ρ_s								
		0.04	0.06	0.08	0.10	0.12	0.14	0.16	0.18	0.20
Q235	C30	—	—	44	44	43	43	43	43	43
	C40	—	—	—	42	42	42	42	42	42
	C50	—	—	—	—	41	41	41	41	41
	C60	—	—	—	—	—	40	40	40	40
	C70	—	—	—	—	—	—	—	39	40
	C80	—	—	—	—	—	—	—	—	39
Q355	C30	41	40	39	39	38	38	37	37	37
	C40	—	39	38	38	37	37	37	37	37
	C50	—	—	37	37	37	36	36	36	36
	C60	—	—	—	36	36	36	36	35	35
	C70	—	—	—	—	35	35	35	35	35
	C80	—	—	—	—	—	34	34	34	34
Q390	C30	40	39	38	37	37	36	36	36	35
	C40	38	37	37	36	36	36	35	35	35
	C50	—	37	36	35	35	35	35	35	34
	C60	—	—	35	34	34	34	34	34	34
	C70	—	—	—	34	34	34	34	34	34
	C80	—	—	—	—	33	33	33	33	33

表 3-9 具有更大变形能力的圆钢管混凝土框架柱的长细比限值 $[\lambda]$

钢管钢材	管内混凝土	含钢率 ρ_s								
		0.04	0.06	0.08	0.10	0.12	0.14	0.16	0.18	0.20
Q235	C30	—	—	25	25	25	25	25	25	25
	C40	—	—	—	24	24	25	25	25	25
	C50	—	—	—	—	24	24	24	24	24
	C60	—	—	—	—	—	23	23	—	23
	C70	—	—	—	—	—	—	22	23	23
	C80	—	—	—	—	—	—	23	—	22

续表

钢管钢材	管内混凝土	含钢率 ρ_s								
		0.04	0.06	0.08	0.10	0.12	0.14	0.16	0.18	0.20
Q355	C30	24	23	23	22	22	22	22	22	21
	C40	—	22	22	22	22	21	21	21	21
	C50	—	—	21	21	21	21	21	21	21
	C60	—	—	—	21	21	21	21	21	21
	C70	—	—	—	—	20	20	20	20	20
	C80	—	—	—	—	—	20	20	20	20
Q390	C30	23	23	22	22	21	21	21	21	20
	C40	22	22	21	21	21	21	21	20	20
	C50	—	21	21	21	20	20	20	20	20
	C60	—	—	20	20	20	20	20	19	19
	C70	—	—	—	19	19	19	19	19	19
	C80	—	—	—	—	19	19	19	19	19

3.3.3.3 柱与柱的连接

等直径钢管对接，内衬钢管仅作为衬管使用时，衬管管壁厚度宜为4～6mm，衬管高度宜为50mm，其外径宜比钢管内径小2mm；内衬钢管兼作为抗剪连接件时，衬管管壁厚度不宜小于16mm，衬管高度宜为100mm，其外径宜比钢管内径小2mm。

不同直径钢管对接时，变径钢管的上下两端均宜设置环形隔板，变径钢管的壁厚不应小于所连接的钢管壁厚，变径段的斜度不宜大于1∶6，变径段宜设置在楼盖结构高度范围内。钢管分段接头在现场连接时，宜加焊内套圈和必要的焊缝定位件。

3.3.3.4 钢管混凝土柱与钢梁连接节点

钢管混凝土结构节点和连接的设计，应满足强度、刚度、稳定性和抗震的要求，保证力的传递，使钢管和管中混凝土能共同工作，便于制作、安装和管内混凝土的浇灌施工。

钢梁与钢管混凝土柱的刚接连接的受弯承载力设计值和受剪承载力设计值，分别不应小于相连构件的受弯承载力设计值和受剪承载力设计值；采用高强度螺栓时，应采用摩擦型高强螺栓，不得采用承压型高强螺栓。连接的受弯承载力应由梁翼缘与柱的连接提供，连接的受剪承载力应由梁腹板与柱的连接提供。在地震设计状况时，尚应按下列公式验算连接的极限承载力：

$$M_u \geqslant \eta_j M_p \tag{3-4}$$

$$V_u \geqslant 1.2(2M_p/l_n)+V_{GB} \tag{3-5}$$

式中 M_u——连接的极限受弯承载力设计值，N·mm；

M_p——梁端截面的塑性受弯承载力，N·mm；

V_u——连接的极限受剪承载力设计值，N；

V_{GB}——梁在重力荷载代表值（9度时尚应包括竖向地震作用标准值）作用下，应按简支梁分析的梁端截面剪力设计值，N；

l_n——梁的净跨，mm；

η_j——连接系数，可按表 3-10 采用。

表 3-10 钢梁与钢管混凝土柱刚接连接抗震设计的连接系数 η_j

母材牌号	焊接	螺栓连接
Q235	1.40	1.45
Q355	1.30	1.35
Q345GJ	1.25	1.30

根据现有试验研究成果和工程实践的经验，梁柱刚性节点采用加强环板形式安全可靠，便于混凝土浇灌施工。加强环板的抗震验算可参考《建筑抗震设计规范》(GB 50011) 对钢结构的有关规定进行。加强环板的加工应外形曲线光滑，无裂纹、刻痕；节点管段与柱管间的水平焊缝应与母材等强；加强环板与钢梁翼缘的对接焊接，应采用剖口焊。对于可能产生塑性铰的最大应力区，避免布置焊接焊缝。

格构式柱的刚接节点，应采用可靠措施保证节点的整体刚度。双肢柱节点处，应在两侧加焊贴板封闭。当柱肢相距较大或梁较高时，宜设中间加劲肋，见图 3-46。

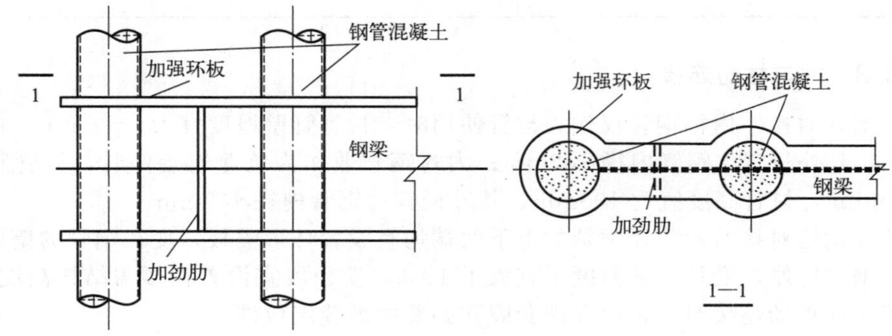

图 3-46 双肢柱节点

3.3.3.5 柱与基础的连接

对于埋入式柱脚，基础杯口的设计同钢筋混凝土。当圆钢管外直径和矩形钢管边长$D\leqslant$ 400mm 时，柱肢插入深度 h 取 (2～3)D；当圆钢管外直径和矩形钢管边长 $D\geqslant$400mm 时，h 取 (1～2)D；当圆钢管外直径和矩形钢管边长 400mm$<D<$1000mm 时，h 取中间值。

当柱肢出现拉力时，按下式验算混凝土的抗剪强度：

$$N\leqslant C'hf_t \tag{3-6}$$

式中 f_t——混凝土抗拉强度设计值；

C'——周长，对于圆钢管混凝土，$C'=\pi d'$，对于矩形钢管混凝土，$C'=2(b'+d')$；

h——柱肢插入杯口深度。

对于端承式柱脚，环形柱脚板的厚度不宜小于钢管壁厚的 1.5 倍，且不应小于 20mm。环形柱脚板的宽度不宜小于钢管壁厚的 6 倍，且不应小于 100mm。加劲肋的厚度不宜小于钢管壁厚，肋高不宜小于柱脚板外伸宽度的 2 倍，肋距不应大于柱脚板厚度的 10 倍。锚栓直径不宜小于 25mm，间距不宜大于 200mm；锚入钢筋混凝土基础的长度不应小于 40*d* 及 1000mm 的较大者（*d* 为锚栓直径）。

3.3.4 设计实例

3.3.4.1 工程概况

某产业创新园综合楼项目，主体包括 17 层的塔楼和 3 层裙房，地上建筑面积 48653.14m^2，地下建筑面积 6720.76m^2。该工程设计使用年限为 50 年，抗震设防烈度为 6 度，设计地震分组为第三组，建筑场地类别为Ⅱ类场地，设计特征周期为 0.45s。设计基本风压为 0.55kN/m^2，地面粗糙度类别为 B 类。建筑主体结构采用装配式钢管混凝土框架结构，抗震等级为四级。

3.3.4.2 建筑与结构设计

（1）建筑设计

本项目平面设计遵循模数协调原则，优化构件的尺寸和种类，选用大空间的平面布局方式，发挥钢结构的优势，尽量减少构件类型，提高构件的标准化程度。钢柱采用矩形方钢管混凝土柱，楼板为钢筋桁架楼承板。项目的效果图见图 3-47，建筑剖面图见图 3-48。

图 3-47 项目效果图

（2）结构设计

本项目中采用装配式钢管混凝土框架结构体系。采用的预制构件主要包括预制方钢管混凝土柱、钢梁、钢筋桁架楼承板等。根据整体结构受力，预制框架柱采用焊接箱型截面内灌 C40 混凝土，个别柱采用焊接箱型钢管和轧制矩形钢管。预制钢主梁采用焊接 H 形截面，次梁采用轧制 H 形截面。楼板采用型号为 TD7-80 的钢筋框架楼承板，楼板厚度为 110mm。外墙采用蒸压加气混凝土砌块和条板，外墙装饰材料为铝板，内填岩棉保温，部分外墙采用框式或单元式玻璃幕墙。内墙采用 200mm 或 100mm 厚 B05 蒸压加气混凝土砌块。本建筑的地上部分结构平面图如图 3-49 所示，梁柱连接采用栓焊连接，见图 3-50，钢筋桁架楼承板与钢梁连接节点见图 3-51。

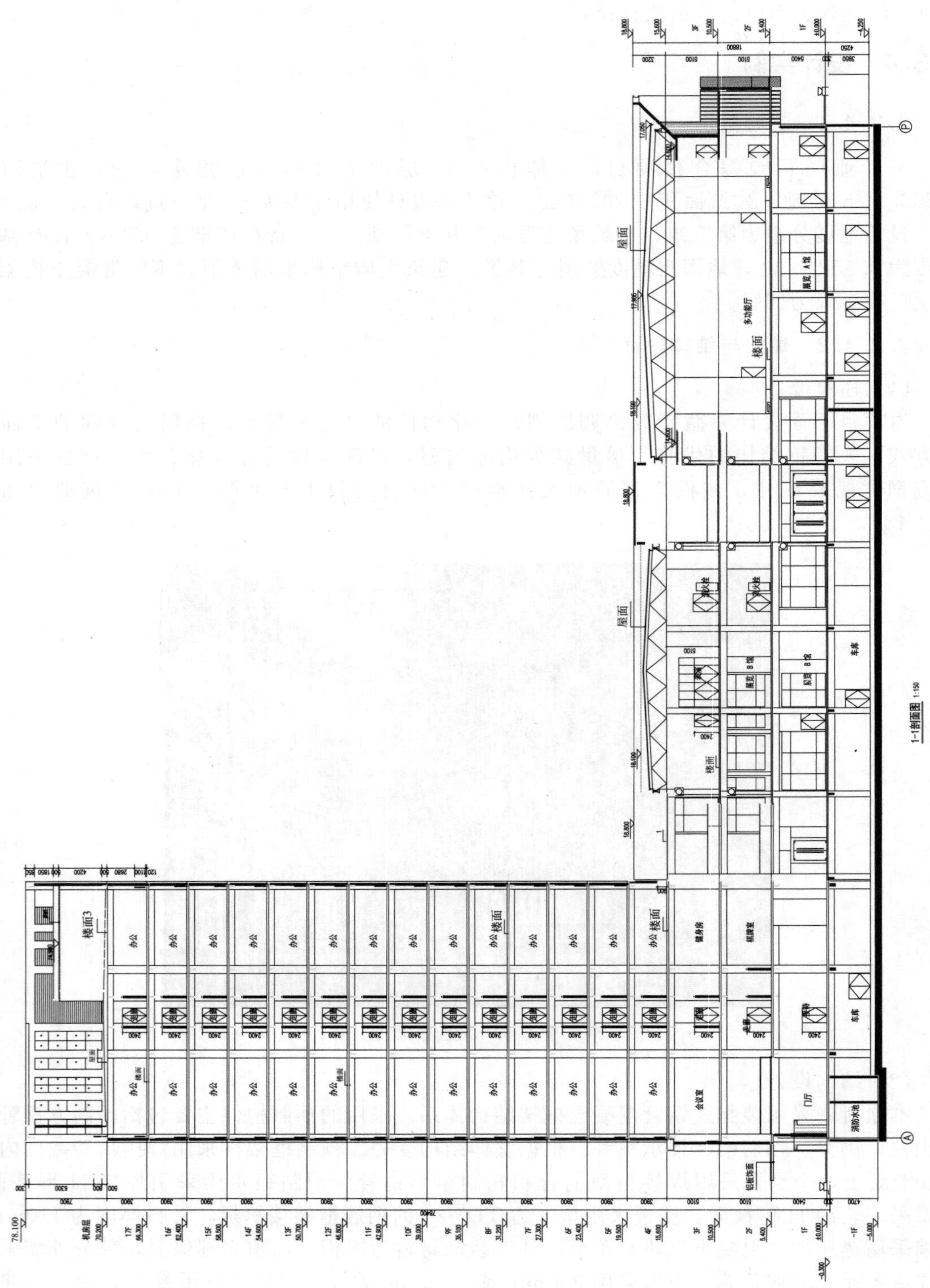

图 3-48 项目剖面图

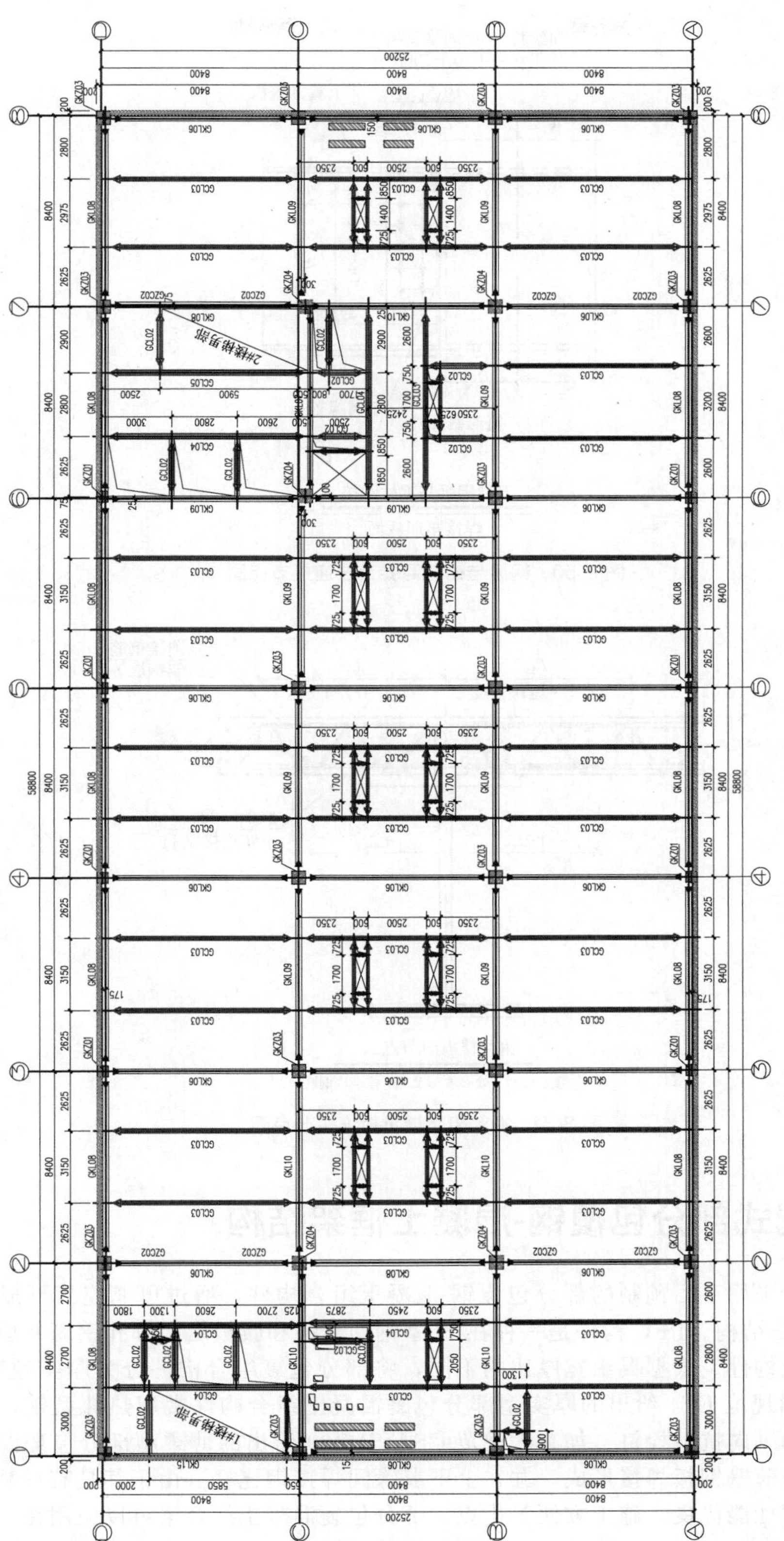

图 3-49　项目地上部分结构平面图

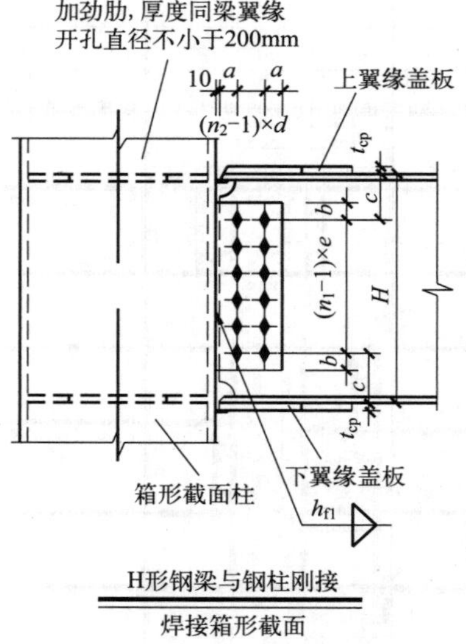

图 3-50　钢梁与钢管混凝土柱连接节点图

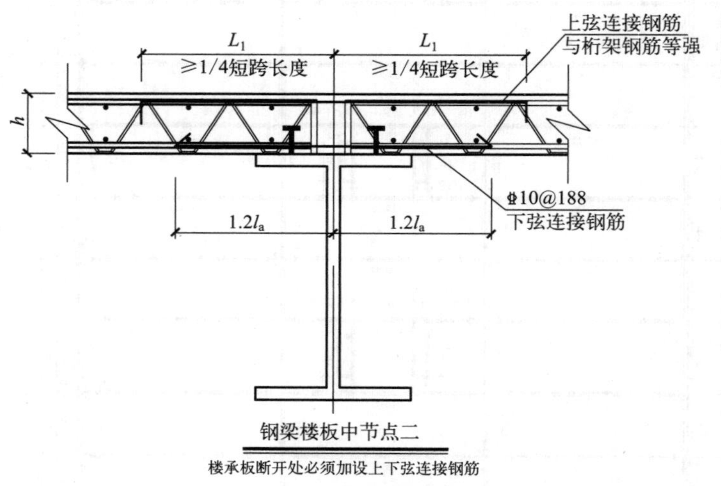

图 3-51　钢筋桁架楼承板连接节点图

3.4　装配式部分包覆钢-混凝土框架结构

全部或部分采用工厂预制的部分包覆钢-混凝土组合构件，通过可靠连接形成整体的结构，简称为 PEC 结构。PEC 构件是一种在 H 型钢的翼缘和腹板之间绑扎钢筋并填充混凝土而成的新型组合构件。根据翼缘宽厚比的不同，将部分包裹组合构件分为厚实型和薄柔型，见图 3-52。欧洲规范 EC4 给出的厚实型部分包裹混凝土组合构件常用热轧型钢，并配有纵向钢筋、箍筋和纵向抗剪栓钉。加拿大规范 CSA-S16-09 给出的薄柔型部分包裹混凝土组合构件，由等厚的薄壁钢板焊接形成，并在上下翼缘间焊接钢连杆。由于其具有承载力高、延性好、抗火防腐性能优良、施工方便等优点，部分包裹混凝土组合梁可以应用在一些高层建筑、桥梁工程、地下工程、大跨结构、工程加固等领域中。

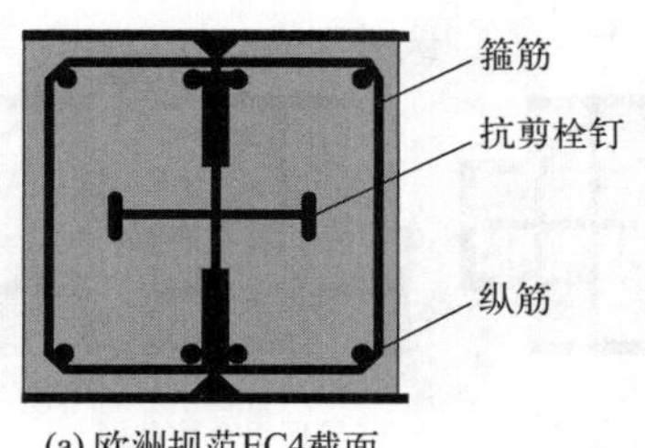

(a) 欧洲规范EC4截面

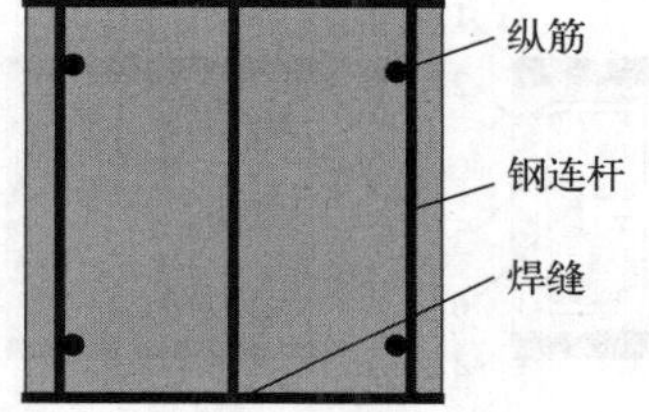

(b) 加拿大规范CSA-S16-09截面

图 3-52　常用的部分包裹混凝土组合构件截面类型

与钢筋混凝土框架相比，部分包覆钢-混凝土框架在相同梁截面面积下，承载力高，抗弯刚度大，梁截面含钢率高，延性大，抗震性能优良，安全性高，H 型钢翼缘腹板充当模板，节约模板，可实现工厂预制化。与钢框架相比，部分包覆钢-混凝土框架构件裸露钢表面少，抗火和防腐性能好，耐久性高，混凝土抑制翼缘和腹板局部屈曲，材料利用率高。与型钢混凝土结构框架相比，部分包覆钢-混凝土框架构件截面简洁，节点设计简单，模板需求少，预制化程度高，施工进度快。

目前国内应用部分包裹混凝土组合结构体系的实际工程较少，但由于其具有众多优点，应用前景十分广阔。

部分包覆钢-混凝土框架一般采用 PEC 柱，梁可以采用纯钢梁或者 PEC 梁。PEC 框架的楼板可选用压型钢板组合楼板、钢筋桁架楼承板组合楼板、预制混凝土叠合楼板及预应力空心叠合楼板等型式，楼板与主体结构应可靠连接。

3.4.1　构件及节点连接构造

3.4.1.1　梁板柱构造

从 20 世纪 80 年代起，欧洲工程界着手研究 PEC 构件的力学性能并已广泛用于多层以及高层建筑结构，PEC 构件设计与构造要求已纳入欧洲规范 EN1994-1-1：2004，常用的构件一般由 H 形截面的型钢或焊接钢、混凝土、箍筋、纵筋与栓钉组成，箍筋分布在腹板两侧，栓钉连接在腹板上；有的截面构造则不设置栓钉，而使用穿过腹板的箍筋。PEC 构件主钢件可为单 H 形截面，也可为两个或多个钢板、T 形和 H 形截面焊接组合，主钢件混凝土内可设纵筋、箍筋、抗剪件、连杆等钢配件（图 3-53 和图 3-54）。主钢件可以采用型钢，也可以采用焊接截面。焊接截面可以采用宽厚比较大的板件，起到节省钢材的作用；但采用型钢有利于标准化、模数化的设计，也能获得较高的综合效益。

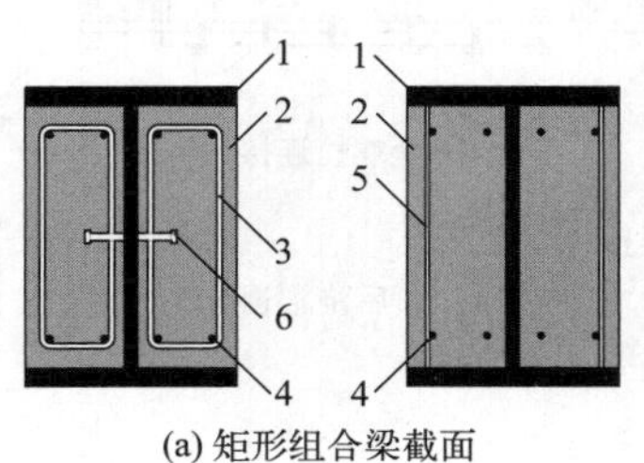

(a) 矩形组合梁截面

(b) T形组合梁截面

图 3-53　PEC 梁的截面形式示意图

1—开口截面主钢件；2—混凝土；3—箍筋；4—纵筋；5—连杆；6—抗剪件（栓钉）；7—楼板

预制混凝土叠合楼板可选用钢筋桁架混凝土叠合楼板［图 3-55(a)］、局部现浇整体式混凝土叠合楼板［图 3-55(b)］等。

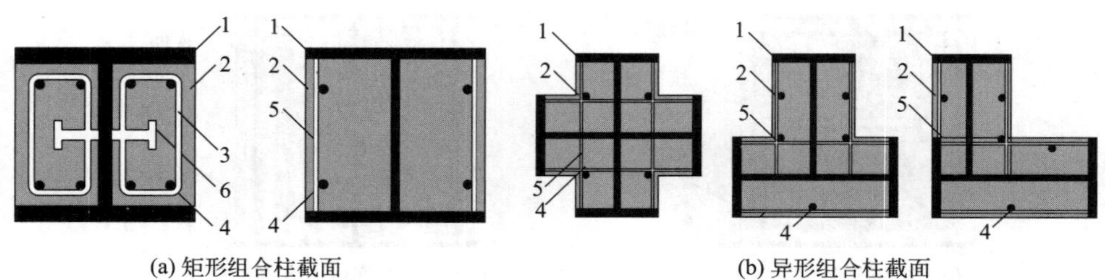

图 3-54 PEC 柱的截面形式示意图

1—开口截面主钢件；2—混凝土；3—箍筋；4—纵筋；5—连杆；6—抗剪件（栓钉）

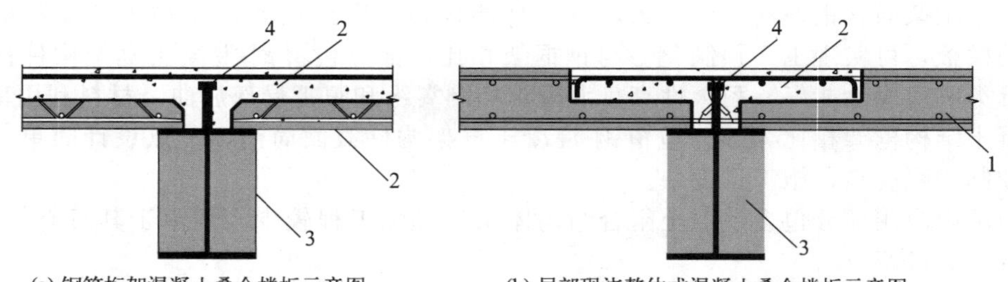

图 3-55 预制混凝土叠合楼板示意图

1—预制区；2—后浇区；3—PEC 梁；4—抗剪连接件

3.4.1.2 梁与梁连接构造

同轴梁段安装现场连接可采用主钢件翼缘焊接腹板螺栓连接或翼缘、腹板均为螺栓连接，主钢件连接后可现场补浇混凝土。梁段主钢件宜在连接板外侧设置永久或临时挡板，挡板与腹板连接板间距不宜小于纵向钢筋直径的 5 倍，见图 3-56。

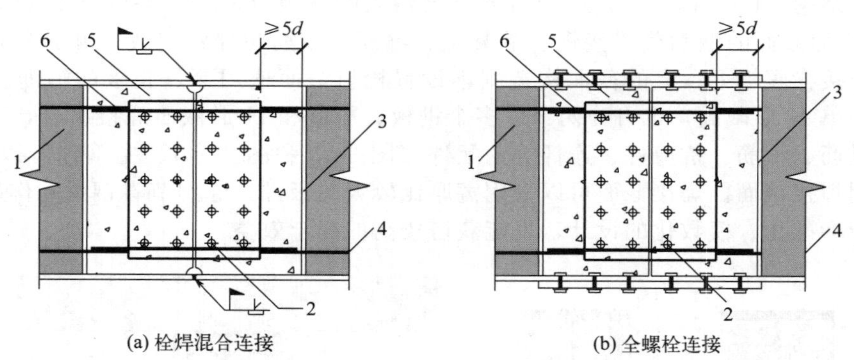

图 3-56 梁拼接连接

1—预制混凝土；2—高强度螺栓；3—挡板；4—纵筋；5—后浇混凝土；
6—双面焊 $5d$、单面焊 $10d$（d 为纵筋直径）

主次梁连接节点可采用铰接连接，见图 3-57。

3.4.1.3 柱与柱拼接连接

上下柱拼接接头可采用主钢件栓焊混合连接或全螺栓连接，见图 3-58。柱拼接接头上下柱段中的纵向钢筋搭接焊，搭接接头为 $10d$，且不小于 200mm。

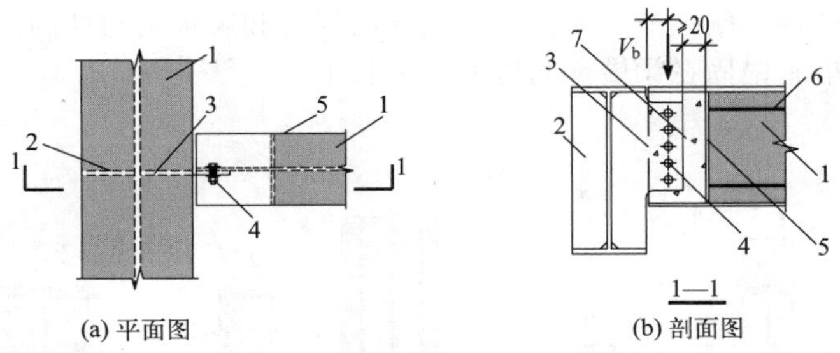

(a) 平面图　　(b) 剖面图

图 3-57　主次梁铰接连接

1—预制包覆混凝土；2—加劲板；3—连接板；4—高强度螺栓；5—挡板；6—纵向钢筋；7—后浇混凝土

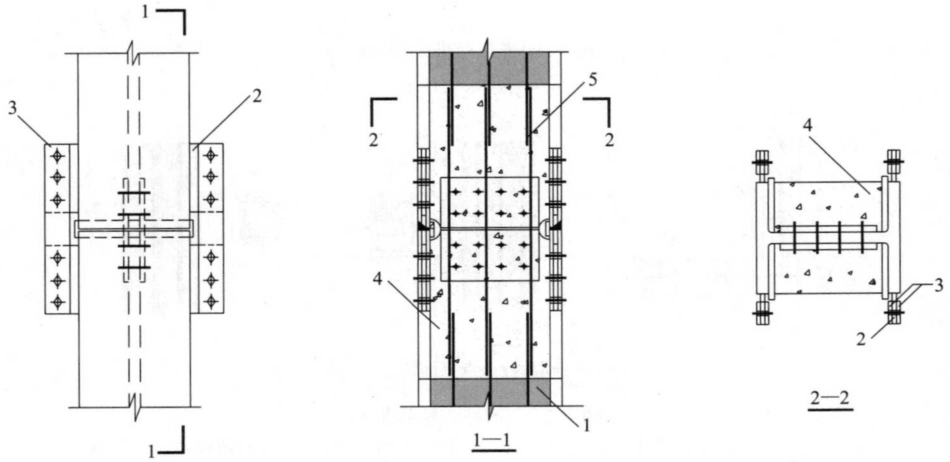

(a) 栓焊连接

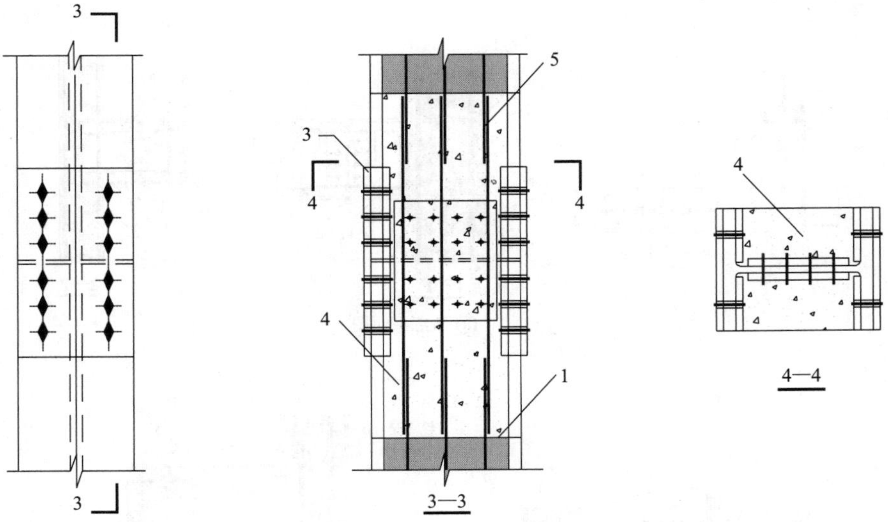

(b) 全螺栓连接

图 3-58　柱拼接连接

1—预制包覆混凝土；2—耳板；3—连接板；4—后浇混凝土；5—双面焊 5d、单面焊 10d（d 为纵筋直径）

3.4.1.4　梁柱连接节点构造

梁柱连接可采用铰接节点或刚接节点，见图 3-59 和图 3-60。铰接节点宜将梁主钢件的腹板与柱的主钢件连接；刚接节点应使梁主钢件的翼缘和腹板均与柱的主钢件连接。梁内纵筋在梁端应有可靠措施锚固在梁端部附近的钢隔板上。

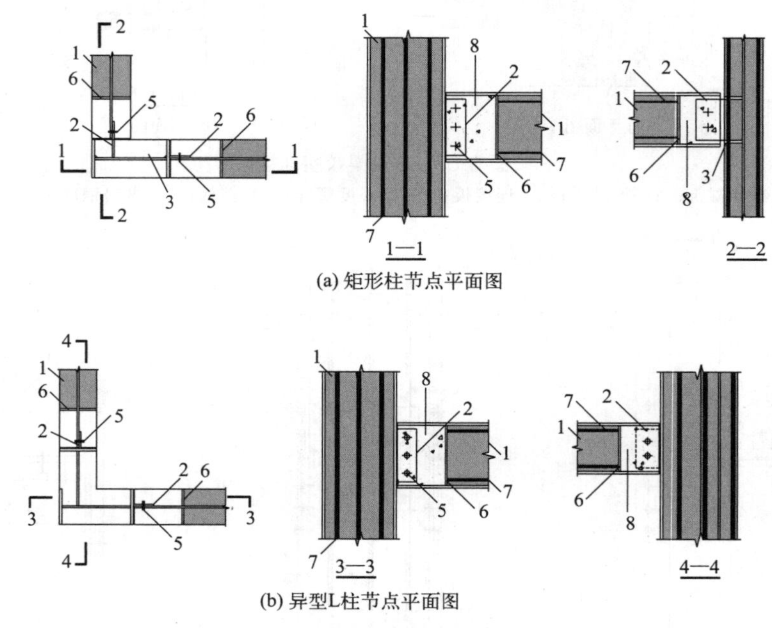

(a) 矩形柱节点平面图

(b) 异型L柱节点平面图

图 3-59　梁柱铰接示意图

1—包覆混凝土；2—连接板；3—横向加劲板；4—竖向加劲板；5—高强度螺栓；6—挡板；7—纵向钢筋；8—后浇混凝土

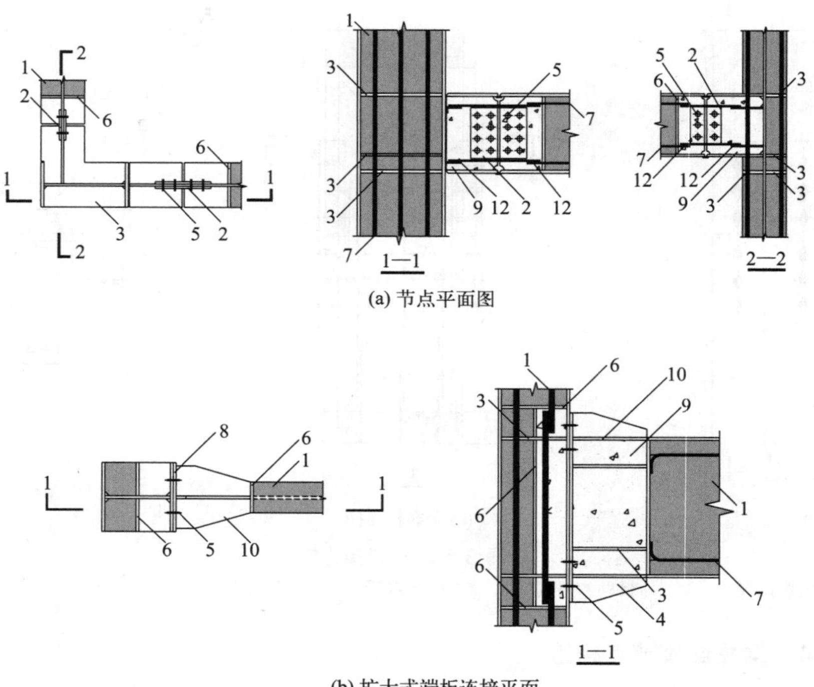

(a) 节点平面图

(b) 扩大式端板连接平面

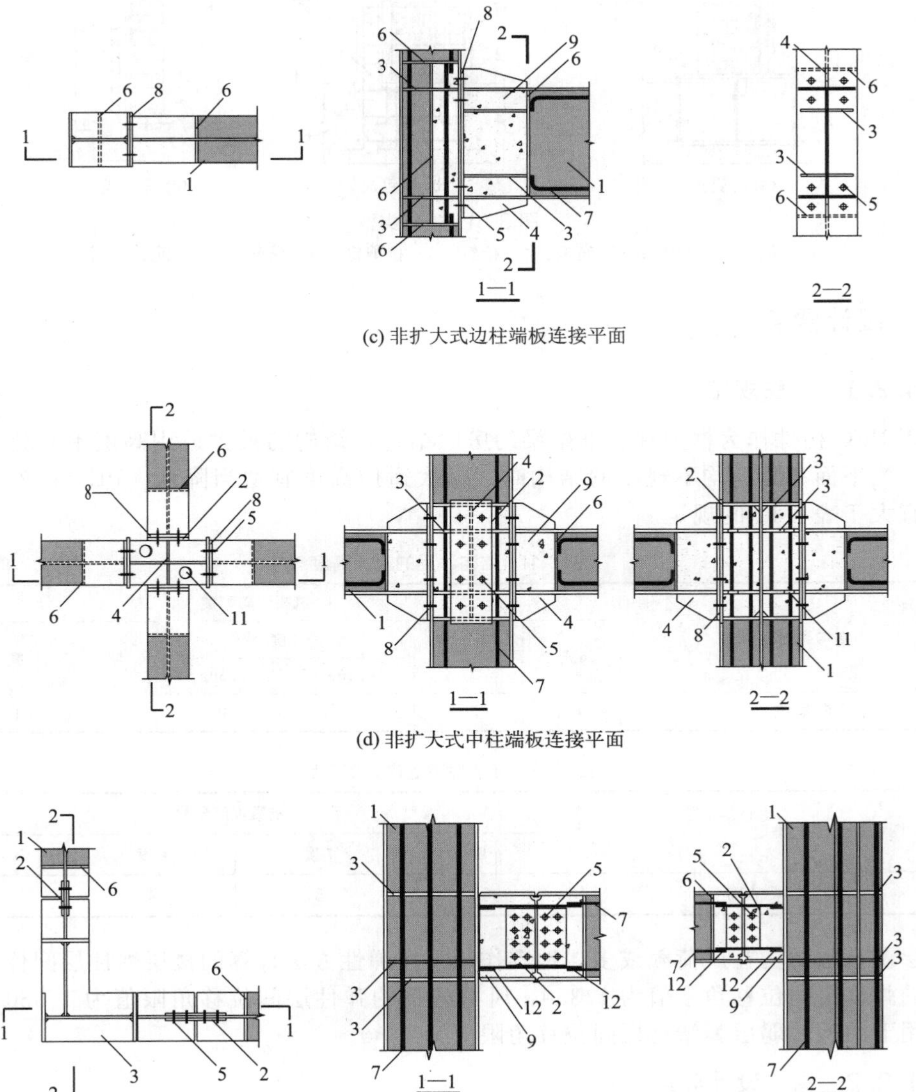

(c) 非扩大式边柱端板连接平面

(d) 非扩大式中柱端板连接平面

(e) 异形柱节点平面图

图 3-60　梁柱刚接示意图

1—包覆混凝土；2—连接板；3—横向加劲板；4—竖向加劲板；5—高强度螺栓；
6—挡板；7—纵向钢筋；8—端板；9—后浇混凝土；10—扩大端；11—灌浆孔；
12—双面焊 $5d$、单面焊 $10d$（d 为纵筋直径）

节点区域主钢件连接后未用混凝土包覆的部分宜用混凝土部分包覆。当不采用混凝土部分包覆时，节点区主钢件必须达到与部分包覆钢-混凝土组合构件等强的承载力设计值，其防火防腐涂装要求应与部分包覆钢-混凝土组合构件相同。

3.4.1.5 柱脚

柱脚可采用外露式柱脚、外包式柱脚或埋入式柱脚，见图 3-61。外包式柱脚可在有地下室的高层民用建筑中采用。

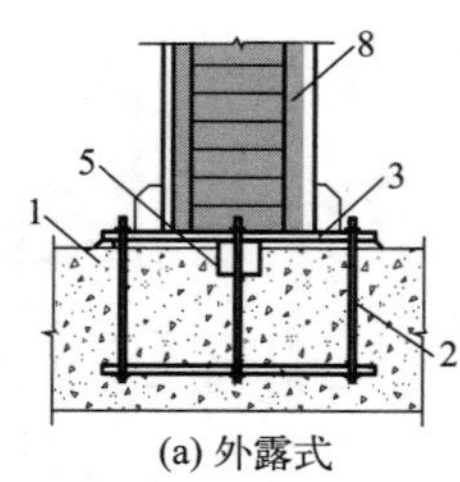

(a) 外露式

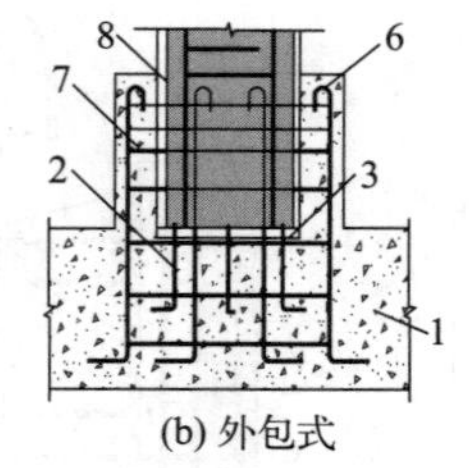

(b) 外包式

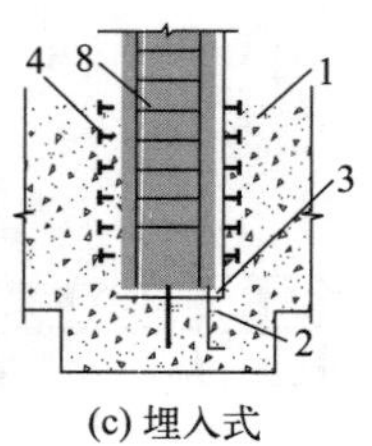

(c) 埋入式

图 3-61 柱脚类型

1—基础；2—锚栓；3—底板；4—栓钉；5—抗剪键；6—纵筋；7—箍筋；8—柱

3.4.2 设计要点

3.4.2.1 一般规定

采用 PEC 构件作为框架柱和框架梁的房屋结构，结构的最大适用高度不宜超过表 3-11 的规定，当平面和竖向均不规则的结构时，最大适用高度宜适当降低。PEC 框架结构的高宽比不宜大于表 3-12 的规定。

表 3-11 结构适用的最大高度 单位：m

结构类型	抗震设防烈度				
	6 度	7 度	8 度		9 度
			0.20g	0.30g	
PEC 框架结构	60	50	40	35	24

表 3-12 结构适用的最大高宽比

结构类型	抗震设防烈度			
	6 度	7 度	8 度	9 度
PEC 框架结构	5	5	4	4

多层及高层结构在风荷载或多遇地震作用下按弹性方法计算的楼层弹性层间位移，多遇地震下的弹性层间位移角限值为 1/350，风荷载下的弹性层间位移角限值为 1/350。在罕遇地震作用下结构薄弱层弹塑性层间位移角限值为 1/50。

3.4.2.2 构件设计要点

PEC 梁和框架柱中主钢件的截面分类和宽厚比限值应符合表 3-13 的规定。

表 3-13 梁和框架柱中主钢件的截面分类和宽厚比限值

截面分类	构件设计要求	外伸翼缘（b_0/t_f）	腹板	
			梁（h_0/t_w）	柱（h_0/t_w）
1	截面达到塑性弯矩、构件发生充分塑性转动	$9\varepsilon_k$	$65\varepsilon_k$	$35\varepsilon_k$
2	截面达到塑性弯矩	$14\varepsilon_k$	$124\varepsilon_k$	$70\varepsilon_k$
3	主钢件仅截面边缘达到钢材屈服强度	$20\varepsilon_k$	250	250

注：1. b_0 为翼缘外伸部分宽度，热轧工字钢和热轧 H 型钢为翼缘自由端至根部圆弧起弧处，焊接 H 形截面为翼缘自由端至焊脚边缘；t_f 为翼缘厚度。

2. h_0 为腹板计算高度，热轧工字钢和热轧 H 型钢为腹板两端圆弧间的距离，焊接 H 形截面为两端焊脚间的距离，t_w 为腹板厚度。

3. ε_k 为钢号修正系数，$\varepsilon_k=\sqrt{235/f_{ay}}$，$f_{ay}$ 为钢材的屈服强度，当翼缘和腹板的钢材牌号不同时，应取各自对应的屈服强度。

PEC 构件采用薄柔型主钢件截面时，组合柱截面高宽比宜为 0.9～1.1，且应设置防止板件局部屈曲的连杆。组合梁截面高宽比宜为 0.25～4.0，矩形组合梁应设防止板件局部屈曲的连杆，T 形组合梁正弯矩区段可不设连杆，负弯矩区段宜设连杆。PEC 构件采用厚实型主钢件截面时，包覆混凝土内可设置纵向钢筋、箍筋和栓钉或穿孔拉筋，设置箍筋时，箍筋可通过直径大于 10mm、焊接在腹板上的栓钉连接；也可将箍筋焊接在腹板上或箍筋穿过腹板焊接连接［图 3-62(a)～(c)］。腹板设置栓钉或穿孔拉筋时，栓钉或穿孔拉筋的纵向间距不应大于 400mm。翼缘内表面到腹板最近一排栓钉或穿孔拉筋的距离不得大于 200mm，沿腹板高度方向栓钉或穿孔拉筋之间的距离不应大于 250mm。对于截面高度大于 400mm 并有两排或两排以上栓钉或穿孔拉筋的主钢件，可采用交错布置栓钉或穿孔拉筋的方式。包覆混凝土内也可设置纵筋和连杆［图 3-62(d)］。

(a) 栓钉连接的封闭箍筋

(b) 焊接到腹板的箍筋

(c) 穿过腹板的焊接箍筋

(d) 焊接到翼缘的连杆

图 3-62　厚实型截面构造形式示意图

采用薄柔型主钢件截面时，包覆混凝土可设置纵向钢筋、连杆和栓钉［图 3-63(a)］。截面高宽比不大于 2 时，可设置纵向钢筋和连杆［图 3-63(b)］；截面高宽比大于 4 时，可设置纵筋、箍筋、连杆和栓钉［图 3-63(c)］。连杆可采用钢筋连杆、钢棒连杆和钢板连杆。钢筋连杆和钢棒连杆形式有 I 形、C 形及钢板型（图 3-64）。钢筋连杆和钢棒连杆直径不宜小于 8mm，间距不宜小于 70mm，连杆弯弧后水平长度（l_a）不应小于 5 倍连杆直径，混凝土保护层厚度不应小于 25mm。钢板连杆厚度不宜小于 4mm，宽度不宜小于 25mm，净距不宜小于 70mm，混凝土保护层厚度不应小于 30mm。连杆的位置宜避开主钢件腹板上浇筑孔的位置，不宜在孔中心区域。

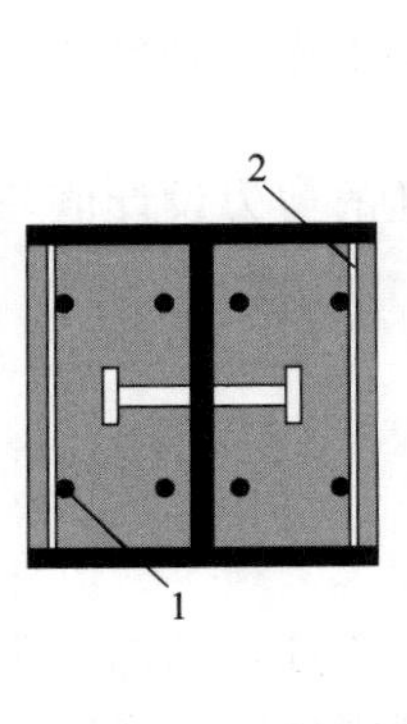

(a) 纵筋、连杆和栓钉

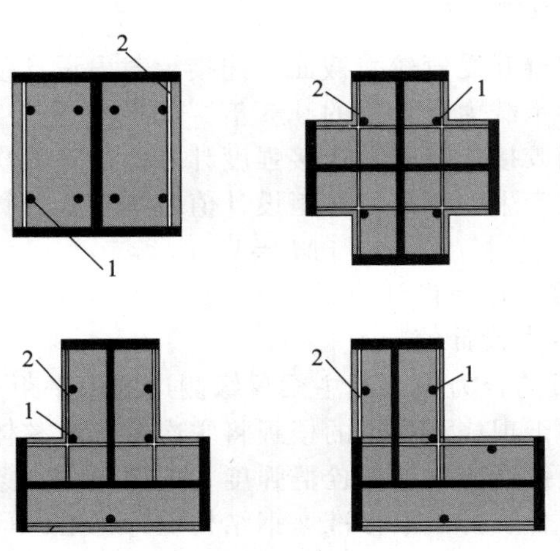

(b) 纵筋和连杆

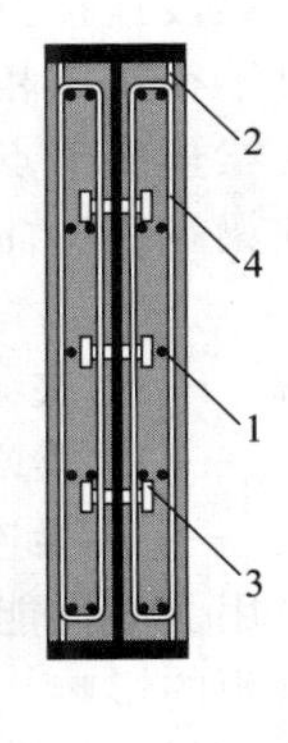

(c) 纵筋箍筋连杆和栓钉

图 3-63　薄柔型主钢件截面构造形式示意图

1—纵向钢筋；2—连杆；3—栓钉；4—箍筋

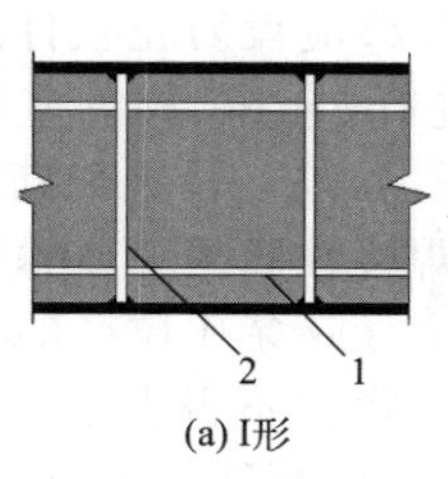

(a) I形

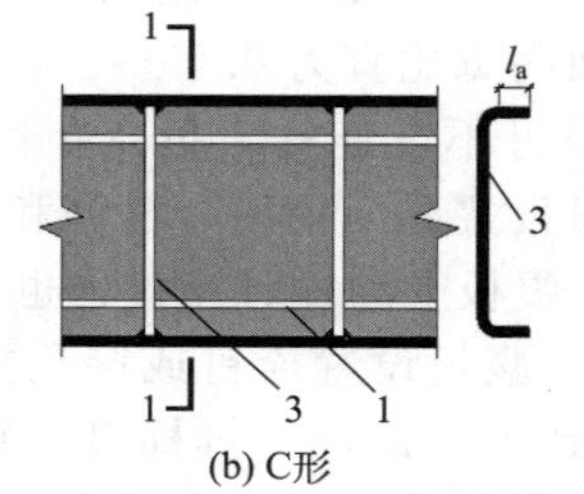

(b) C形

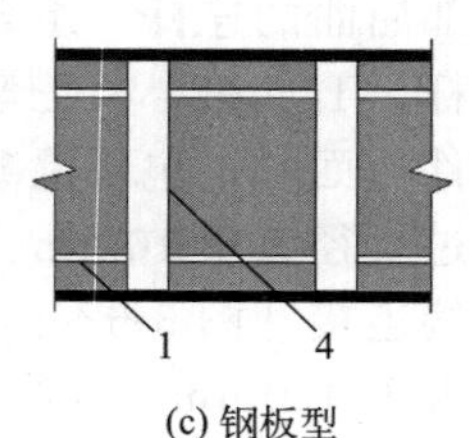

(c) 钢板型

图 3-64　连杆形式示意图

1—纵向钢筋；2—I 形连杆；3—C 形连杆；4—钢板连杆

按地震组合设计的框架柱应设置箍筋加密区。加密区的箍筋最大间距和最小直径应符合表 3-14 的规定。

表 3-14　加密区箍筋最大间距和最小直径　　单位：mm

抗震等级	截面分类	加密区箍筋最大间距	箍筋最小直径
一级	1	150	10
二级	1	200	8
	2	150	8
三级	1	200	8
	2	150(柱根 100)	8
四级	1	200	6
	2	200(柱根 150)	8
	3	150(柱根 100)	8

注：1. 柱根指地下室的顶面或无地下室的基础顶面箍筋加密区；

2. 箍筋宜采用封闭箍或与主钢件焊接；

3. 非加密区的箍筋直径宜与加密区相同，间距不宜大于加密区箍筋间距的 2 倍且不应大于 300mm；

4. 非抗震设计时，箍筋直径不应小于 6mm，箍筋间距不应大于 300mm。

3.4.2.3　梁梁连接设计要点

同轴梁段连接位置应避开受弯较大截面。连接承载力设计值不应小于连接处梁的内力设计值，且不得小于相连梁承载力设计值的 0.5 倍。

主次梁连接节点采用铰接连接时，连接强度计算除应计入次梁传递的剪力设计值外，尚宜加入次梁端部弯曲约束产生的弯矩，弯矩设计值可按下式计算：

$$M_j = V_b a \tag{3-7}$$

式中　M_j——主次梁连接的弯矩设计值；

V_b——次梁端部剪力设计值；

a——次梁连接板的合力中心到主梁翼缘侧边的水平距离。

当采用受力性能等同于现浇混凝土的楼板将主次梁连成整体时，可不计算端部弯曲约束产生的弯矩的影响。连接强度应包括螺栓群强度、连接板与主梁的焊缝强度以及连接板拉剪强度。连接强度设计应符合现行国家标准《钢结构设计标准》(GB 50017) 的有关规定。

3.4.2.4　柱柱连接设计要点

为提高现场安装效率、避免复杂构造处理，应尽量减少柱子现场拼接接头的总量。柱子需要拼接时，接头宜布置在等截面段内，且拼缝位置距下层框架梁顶面上方距离可取 1.3m

和柱净高一半中的较小值。

当柱两端的弯矩曲率异号，或柱两端弯矩曲率同号但弯矩相差大于20%时，柱的拼接连接承载力设计值不应小于连接处柱的内力设计值的1.2倍，且不得小于柱截面承载力设计值的50%；当柱两端的弯矩曲率同号且弯矩值相差不大于20%时，拼接连接的承载力设计值不应小于柱的截面承载力设计值。

3.4.2.5 梁柱连接设计要点

框架梁柱采用刚性节点时，在梁主钢件翼缘上下各500mm的范围内，框架柱主钢件翼缘与腹板间的连接焊缝应采用全焊透坡口焊缝。当柱主钢件截面宽度大于600mm时，应在梁主钢件翼缘上下各600mm的范围内采用全焊透坡口焊缝。

梁主钢件翼缘与柱主钢件翼缘采用焊接连接时，应采用全焊透坡口焊缝，抗震等级为一、二级时，应检验焊缝的V形切口冲击韧性，V形切口的抗冲击韧性在－20℃时不应低于27J。腹板连接板与柱主钢件的焊接，当板厚不大于16mm时应采用双面角焊缝，焊缝有效厚度应满足等强度要求，且不小于5mm；板厚大于16mm时应采用K形坡口对接焊缝，焊缝宜采用气体保护焊，且板端应绕焊。

全焊连接节点受弯承载力设计值由梁翼缘和腹板与柱连接的焊缝群截面模量和焊缝强度设计值确定，焊缝的受剪承载力由梁腹板与柱连接的焊缝面积和焊缝强度设计值确定。栓焊连接节点受弯承载力设计值可由梁主钢件翼缘与柱主钢件连接的焊缝面积和焊缝强度设计值以及梁主钢件腹板与柱主钢件连接的螺栓受剪承载力设计值确定。端板式高强度螺栓连接节点受弯承载力设计值应分别计算端板与主钢件的连接焊缝承载力设计值、端板受弯承载力设计值和螺栓群受弯承载力设计值。对接焊缝、角焊缝的计算厚度以及焊缝强度设计值应符合现行国家标准《钢结构设计标准》（GB 50017）的有关规定。框架梁轴线平行于柱主钢件腹板（图3-65中水平梁）时，节点区受剪承载力设计值应符合式(3-8）规定；框架梁轴线垂直于柱主钢件腹板（图3-65中竖向梁）时，节点区受剪承载力设计值应符合式(3-9）规定。

$$V_{ju}=\sqrt{1-n^2}(h_c-t_{fc})t_{wc}f_{av}+0.3(b_c-t_{wc})(h_c-2t_{fc})f_c \tag{3-8}$$

$$V_{ju}=b_ct_{r1}f_{r1v}+0.3(b_{r2}-t_{r1})(b_c-t_{wc})f_c \tag{3-9}$$

式中 V_{ju}——节点受剪承载力设计值，N；

n——柱子轴压比；

h_c、b_c、t_{fc}、t_{wc}——柱主钢件截面高度、柱包覆混凝土外轮廓宽度、翼缘厚度、腹板厚度，mm；

f_{av}、f_c——柱主钢件腹板的钢材抗剪强度设计值和混凝土抗压强度设计值，N/mm^2；

t_{r1}、b_{r2}、t_{r2}——竖向加劲肋厚度、连接面板宽度和厚度，mm；

f_{r1v}——竖向加劲肋的钢材抗剪强度设计值，N/mm^2。

采用全焊连接或栓焊混合连接的梁柱刚接节点，柱主钢件对应于梁主钢件翼缘部位应设置横向加劲肋，横向加劲肋的厚度不宜小于梁主钢件翼缘厚度，总宽度不宜小于梁主钢件翼缘的宽度，按非支承边计算的板件宽厚比不应超过15，横向加劲肋的上表面宜与梁主钢件翼缘的上表面对齐，并应以对接焊缝与柱翼缘连接；当梁主钢件与柱主钢件非翼缘侧连接，即梁轴与柱主钢件腹板平面垂直时，横向加劲肋与柱主钢件腹板的连接宜采用对接焊缝。端板连接的梁柱刚接节点，端板宜采用外伸式加劲端板。端板的厚度不宜小于螺栓直径。

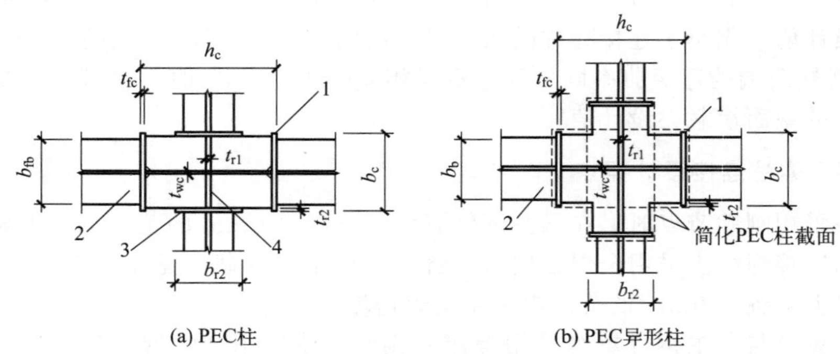

图 3-65 节点区受剪计算参数示意

1—柱；2—梁；3—连接板；4—竖向加劲肋

3.4.2.6 柱脚连接设计要点

外露式柱脚应按现行国家标准《钢结构设计标准》（GB 50017）有关规定进行计算和构造设计。外包式和埋入式柱脚应按现行行业标准《组合结构设计规范》（JGJ 138）的有关规定进行计算和构造设计。设计时轴力、弯矩、剪力应取柱子底部的相应内力设计值。刚性柱脚宜采用埋入式，也可采用外包式；抗震设防烈度为 6 度、7 度且高度不超过 24m 时也可采用外露式。

3.4.3 设计实例

商业开发类住宅小区项目，其中 8 栋住宅楼，地上 6 层，地下 1 层，地上建筑面积 2515m^2，采用钢结构装配式住宅技术体系进行 BIM 集成设计、智能化的制造和建造实施。主体结构采用 PEC 钢-混凝土组合框架结构系统，抗震设防烈度 6 度，场地类别Ⅲ类，抗震设防分组第一组，设计基本地震加速度 0.05g。

（1）建筑设计

本项目装配率为 80%，根据现行国家标准《装配式建筑评价标准》（GB/T 51129），本项目获得了装配式 AA 级建筑的评价，定位为绿色二星级的钢结构装配式住宅，并被列入 2020 年住房和城乡建设部钢结构装配式住宅建设试点项目。项目采用预制 PEC 柱、部分预制 PEC 梁、钢梁，预制混凝土填充在工字钢腹腔内，起到组合受力的同时，解决了钢结构防火防腐的问题，同时防火防腐年限等同于主体结构，有效解决了装配式钢结构住宅的隔声、结构震颤、保温性能、居住舒适性、耐久性及二次装修等棘手问题。项目的效果图见图 3-66。

（2）结构设计

本项目采用装配式部分包覆钢-混凝土框架结构体系。框架柱采用焊接 H 型钢，部分填充 C40 的混凝土［图 3-67(a)］，柱的主钢构件有 H300mm×180mm×6mm×8mm、H300mm×200mm×6mm×8mm 和 H400mm×200mm×6mm×10mm 等 10 种截面。预制梁采用热轧或焊接 H 型钢，部分填充 C30 混凝土［图 3-67(b)］，根据受力计算，部分梁采用焊接或热轧型钢。

外墙系统采用外挂内嵌式外墙系统，是以蒸压加气混凝土条板为内侧墙板、以 80mm 预制混凝土板为外板，其中内侧墙板为主要受力系统。外板由多个焊接于主体结构的挂点连接，上挂点位于钢梁下翼缘，为拉结作用，下挂点设计在钢梁上翼缘，为承重连接节点，承

图 3-66　项目效果图

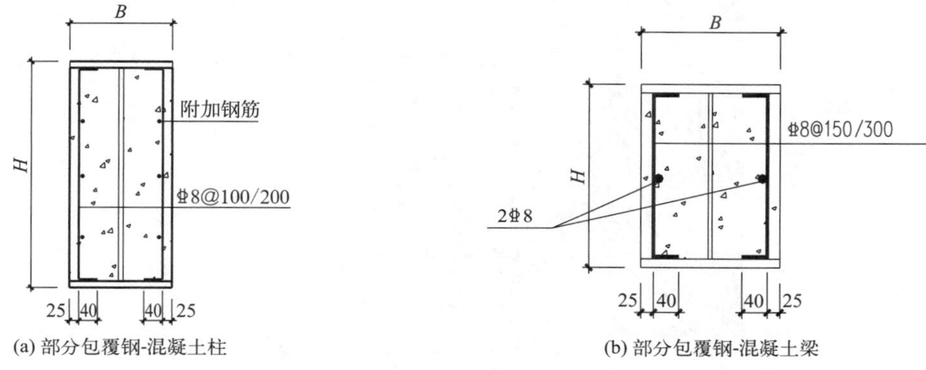

(a) 部分包覆钢-混凝土柱　(b) 部分包覆钢-混凝土梁

图 3-67　部分包覆钢-混凝土框架梁柱图

受墙板重力。待墙板安装调试完成后，下挂点部位会连同楼板叠合层一起浇筑，连接更加稳定可靠。墙板各个挂点组合受力，形成安全可靠的连接节点。PC 外墙拆分图见图 3-68。

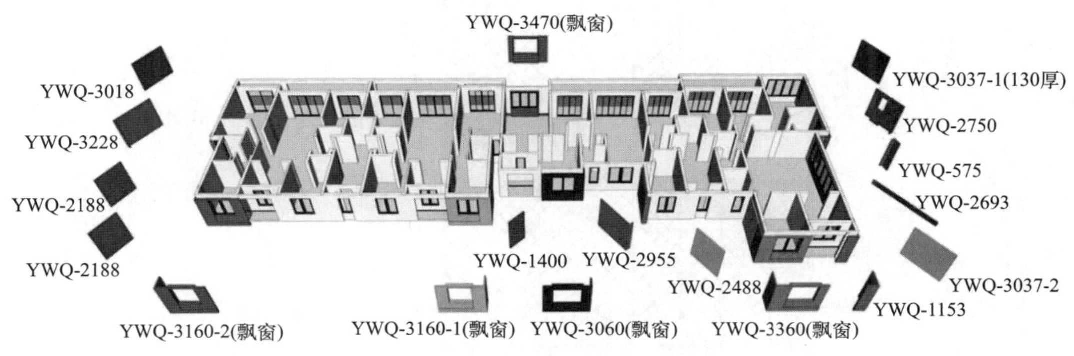

图 3-68　PC 外墙拆分示意图

楼面采用预制预应力混凝土钢管桁架叠合楼板（图 3-69）。预应力混凝土钢管桁架叠合板具有厚度薄、重量轻、整体性能好、施工方便、综合经济效益好等特点。楼板预制部分厚度有效减少，为 35mm，降低运输成本和安装成本，安装效率高。现浇部分厚度为 85mm，浇筑完成之后总厚度为 120mm。楼板楼梯、阳台、空调板等构件中预制部分的比例为 81.37%。

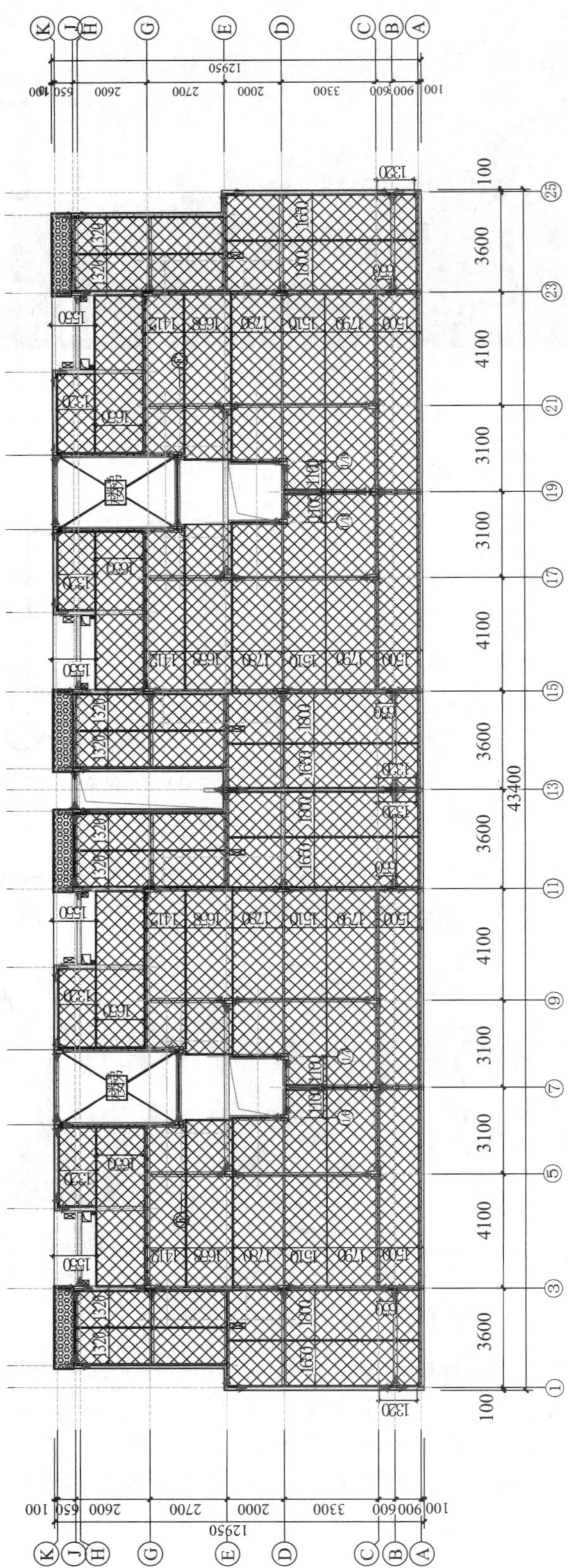

图 3-69 预应力混凝土钢管桁架叠合楼板标准化图

内墙系统采用蒸压加气混凝土条板，现场无湿作业，全干法施工，安装快速灵活。在节点区通过防开裂构造措施，可杜绝墙体开裂。楼梯采用预制装配式混凝土楼梯（PC 楼梯）。PC 楼梯采用工厂化生产和装配式施工，这种施工方法不仅可满足其使用功能还能有效缩短工期。

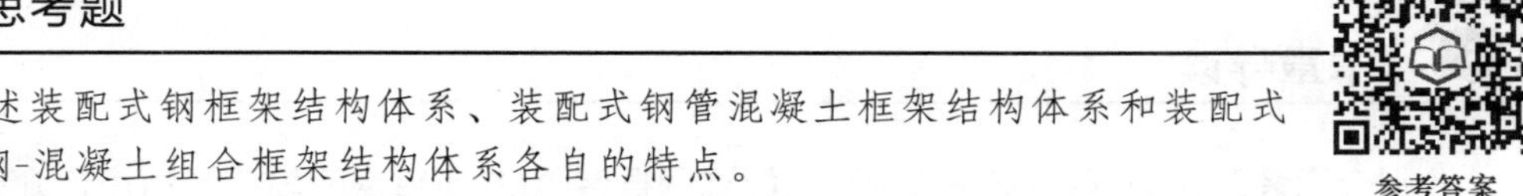

思考题

参考答案

1. 简述装配式钢框架结构体系、装配式钢管混凝土框架结构体系和装配式部分包覆钢-混凝土组合框架结构体系各自的特点。

2. 比较装配式钢框架结构体系、装配式钢管混凝土框架结构体系和装配式部分包覆钢-混凝土组合框架结构体系梁与柱的节点连接方式和优缺点。

3. 简述装配式钢管混凝土框架柱与柱的连接方式，并说明其适用条件。

4. 简述装配式部分包覆钢-混凝土组合框架梁和柱的构造组成。

5. 未来装配式钢框架结构体系、装配式钢管混凝土框架结构体系和装配式部分包覆钢-混凝土组合框架结构体系的发展趋势和挑战是什么？如何应对这些挑战？

6. 针对装配式钢框架结构体系、装配式钢管混凝土框架结构体系和装配式部分包覆钢-混凝土组合框架结构体系，提出一些具体的工程应用问题或研究课题，并进行简单的讨论。

第 4 章
装配式钢框架-抗侧力结构

本章导读

分别介绍装配式钢框架-支撑结构和装配式钢框架-剪力墙结构的组成及特点；介绍了钢支撑和剪力墙的不同类型、组成及连接节点构造；给出了两种结构的受力特点、相关设计要点和构造措施；通过两个实例介绍了两种结构体系在工程中的应用。

随着城市建筑高度的不断提高，结构常常存在水平荷载作用下抗侧刚度不足的问题。为了满足正常的使用要求，通常采用支撑和剪力墙等抗侧力构件来增加结构的抗侧刚度。本章介绍了工程中常用的带抗侧力构件的装配式钢结构体系，包括框架-支撑和框架-剪力墙结构体系。这两种结构体系在现代建筑中广泛应用，具有良好的抗震性能、结构稳定性和空间灵活性。

4.1 装配式钢框架-支撑结构

4.1.1 结构体系组成

钢框架-支撑结构体系是指沿结构的纵、横两个方向或者其他主轴方向，根据侧力的大小布置一定数量的支撑所形成的结构体系，见图 4-1。支撑体系与框架体系共同作用形成双重抗侧力结构体系，为结构在正常使用阶段提供了一定侧向刚度，并且为结构在水平地震作用及较大风荷载作用下，提供了两道受力防线。

图 4-1 钢框架-支撑结构体系

钢框架-支撑结构体系中的梁、柱构件和楼盖体系与钢框架体系类似。

钢框架-支撑结构根据支撑的构造、布置形式和耗能情况不同，大致分为三大类：钢框架-中心支撑结构体系、钢框架-偏心支撑结构体系和钢框架-屈曲约束支撑结构体系。

4.1.1.1　装配式钢框架-中心支撑结构体系

在钢框架-支撑结构体系的发展过程中，首先得到广泛应用的是钢框架-中心支撑结构体系。中心支撑有两种连接形式：一种是两端都与梁柱交点相接；另一种是一端与梁柱交点相接，另一端与其他支撑和梁的交点相接，即支撑与其他构件汇聚在构件轴线的交点上。当连接有困难时，可稍稍偏离连接结点，但是距离不应超过支撑杆件的截面宽度。在计算时，应计入附加弯矩的影响。

中心支撑的布置方式多种多样，大致分为X形斜撑、单斜撑、倒V形斜撑、K形斜撑、V形斜撑等等，如图4-2所示。由于K形斜撑在柱处相交，一旦发生屈曲失稳，会产生不平衡力，对框架柱造成不利影响。因此，不宜采用K形斜撑。

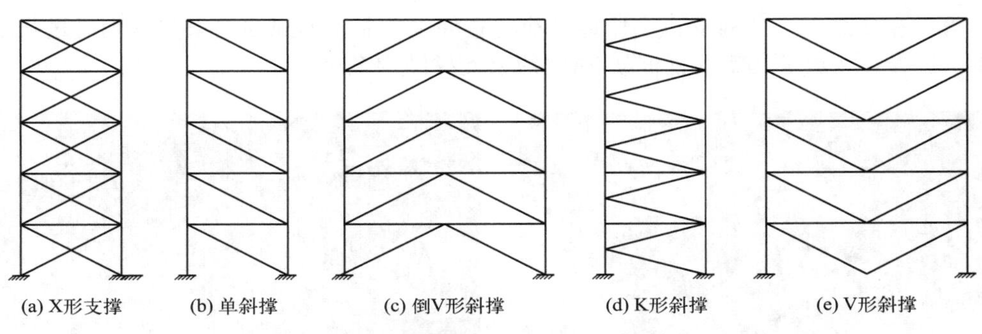

图4-2　钢框架-中心支撑的布置形式

钢框架-中心支撑结构在提高框架结构的抗侧刚度和减小侧移方面具有显著效果，但该结构体系也存在一些缺陷。在受压时，支撑易发生屈曲失稳，一旦屈曲失稳发生，将在与支撑相交的梁段内产生不平衡力。试验研究表明，在横梁刚度较小的情况下，当支撑屈曲失稳时，会在横梁中形成不平衡力，导致横梁两端形成塑性铰，进而引发横梁破坏或结构楼板下陷的风险。然而，当横梁刚度足够大时，这一现象将得到明显改善。

4.1.1.2　装配式钢框架-偏心支撑结构体系

偏心支撑与中心支撑不同的是斜撑的连接方式。在偏心支撑框架中，斜撑的一端与梁柱交点相接，另一端连接在梁上与其他支撑和梁的交点不相接；另一种连接方式为两端都连接在梁上，与其他支撑和梁的交点不相接。这两种连接方式，将在支撑与梁的交点到梁柱的交点间形成耗能梁段，或者在两支撑与梁交点的连接段形成耗能梁段。

偏心支撑的布置形式有八字形、单斜撑、人字形。人字形有正人字形和倒人字形两种。八字形的耗能支撑布置形式有两种，如图4-3(a)所示：左侧图斜撑与上部的梁在中部相交，与下方的梁在端部相交，斜撑的上部形成耗能梁；右侧图斜撑与上部的梁和下部的梁均相交，故在上部的梁和下部的梁都形成耗能梁段。图4-3(b)所示为单斜撑，单斜撑的两端都与梁的中部相交从而形成耗能梁段。图4-3(c)和(d)为人字形和倒人字形斜撑，分别在斜撑下部的梁和上部的梁形成耗能梁段。在小震作用下，耗能梁段处于弹性状态。在大震作用下，耗能梁段发生塑性变形，消耗地震能量。同时，与钢框架-中心支撑结构相比，钢框架-偏心支撑的布置形式更易解决管道和门窗的布置等问题。

4.1.1.3　装配式钢框架-屈曲约束支撑结构体系

屈曲约束支撑是一种新型的耗能支撑方法，与传统支撑方法存在显著的差异。它通过在受力时避免屈曲问题，实现了全截面的屈服。屈曲约束支撑主要靠芯材受力，而外围套筒起到约束芯材的作用。这种支撑方法可以有效地防止芯材在受压情况下发生屈曲失稳，从而提

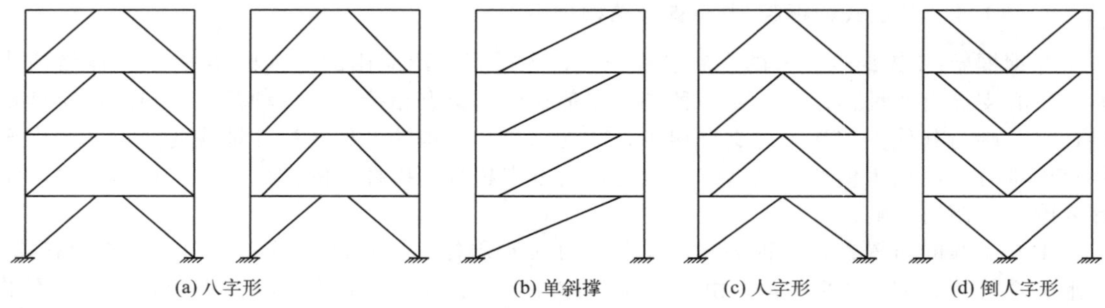

图 4-3　钢框架-偏心支撑的布置形式

高承载力。相比之下，普通支撑主要通过稳定条件来控制，而屈曲约束支撑则通过强度条件来控制。图 4-4 展示了典型的钢框架-屈曲约束支撑结构案例。

图 4-4　钢框架-屈曲约束支撑结构的工程案例

屈曲约束支撑由核心单元、约束单元和无粘结构造层三部分构成。核心单元又称为芯材，是屈曲约束支撑中的主要受力元件，由特定强度钢材组成。图 4-5 为屈曲约束支撑的核心段组成成分。

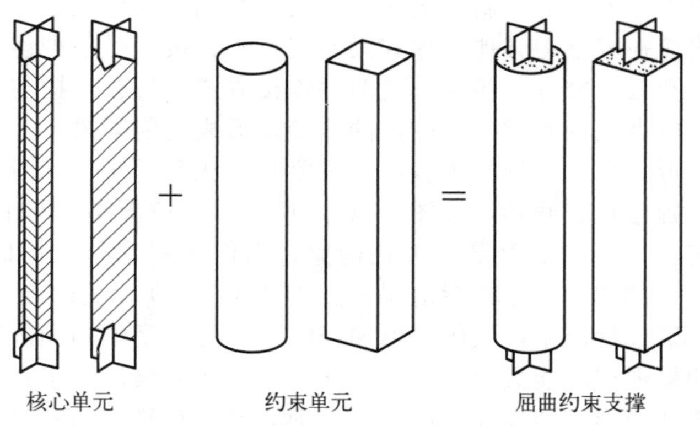

图 4-5　屈曲约束支撑的基本构成

核心单元分为三部分：耗能段、过渡段、连接段（图 4-6）。

耗能段：该部分可采用不同的截面形式，由于要求支撑在反复荷载下屈服耗能，因此应使用延性较好的钢材。同时要求钢材具有稳定的屈服强度，有助于提高屈曲约束支撑的可靠性。

过渡段：该部分也包在屈曲约束机构内，通常是耗能段的延伸部分。为确保其在弹性阶段工作，因此需要增加构件截面面积。可以通过增加耗能段的截面宽度实现（截面的转换需要平缓过渡以避免应力集中），也可通过焊接加劲肋来增加截面积。

连接段：该部分通常是过渡段的延伸部分，在屈曲约束机构外部，用于与框架进行连接。这部分的设计需考虑安装公差影响，以便安装和拆卸，防止局部屈曲。

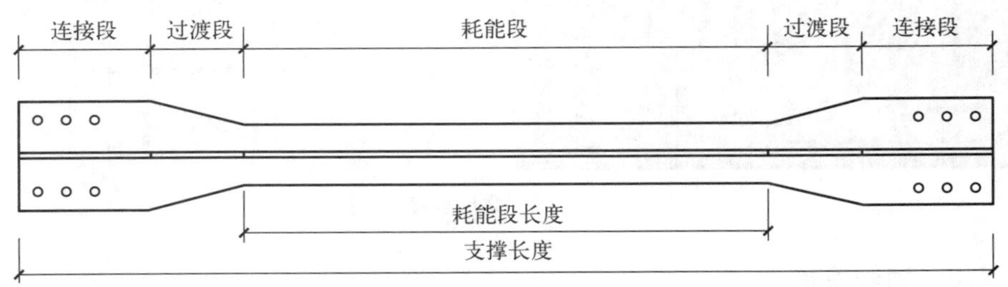

图 4-6　核心单元

4.1.2　节点连接构造

4.1.2.1　焊接连接

焊接连接是支撑与框架梁柱连接的一种最常用连接形式，见图 4-7。相较于螺栓连接和销轴连接，焊接连接是最容易施工的一种方式。对于承受较大荷载的支撑而言，如果采用螺栓连接，所需的螺栓数量较多，导致整个节点所需的连接段变长。相比之下，采用焊接连接会更经济。然而，在进行焊接之前，需要根据规范进行合理的焊缝设计，以避免焊接引起支撑端部连接处的扭曲现象。

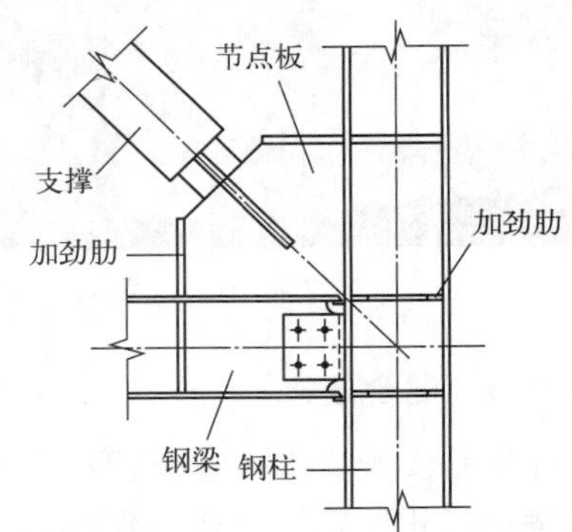

图 4-7　焊接连接

4.1.2.2　螺栓连接

螺栓连接和焊接连接均属于十字形连接方式，螺栓连接需要支撑端部的连接段具有足够长度，须在支撑端部上下两面设置加劲肋板来确保其有足够的强度，避免发生局部屈曲，见图 4-8。螺栓连接时需要有多个螺栓，应根据现行国家标准《钢结构设计标准》（GB 50017）要求，选取螺栓间合理的构造间距，且采用高强螺栓。

对于屈曲约束支撑来说，虽然芯板有多种形状，但大多数都是由单一截面构成，而在支撑端部采用十字形连接方式可以保证连接段的强度和屈曲约束支撑两端无约束区的稳定性。

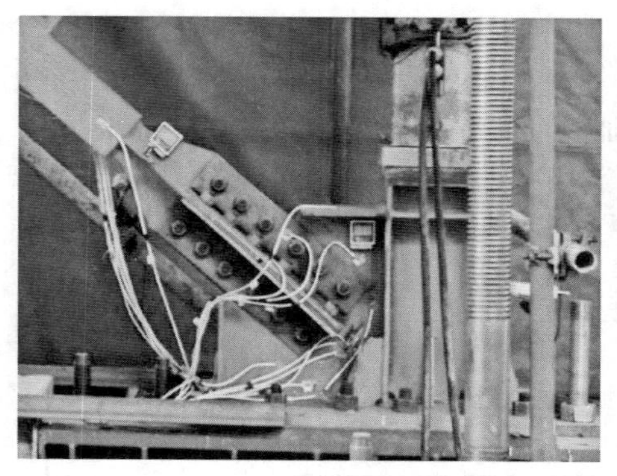

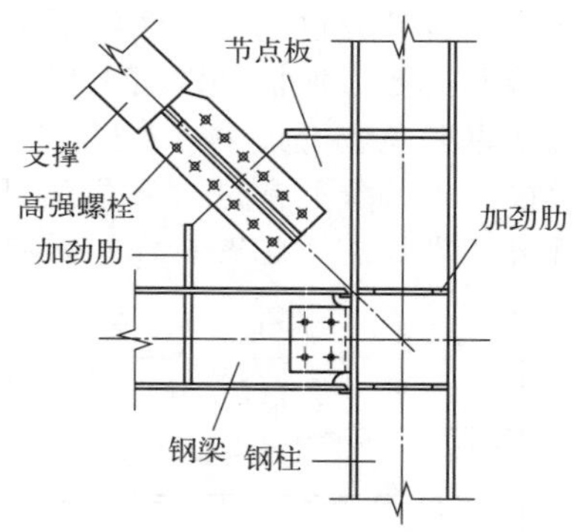

图 4-8　螺栓连接

4.1.2.3　销轴连接

支撑的销轴连接方式经过特殊处理可将支撑两端连接部位实现理想铰接，如图 4-9 所示。由于只需采用一个销轴约束支撑和节点板，减少连接段的长度，施工现场安装方便，节省施工时间，并且不用考虑焊接连接和螺栓连接时遇到的焊缝设计和螺栓设计。对于屈曲约束支撑来说，采用销轴连接可使连接段相应缩短，从而使支撑的约束屈服段更长，耗能性能更优。

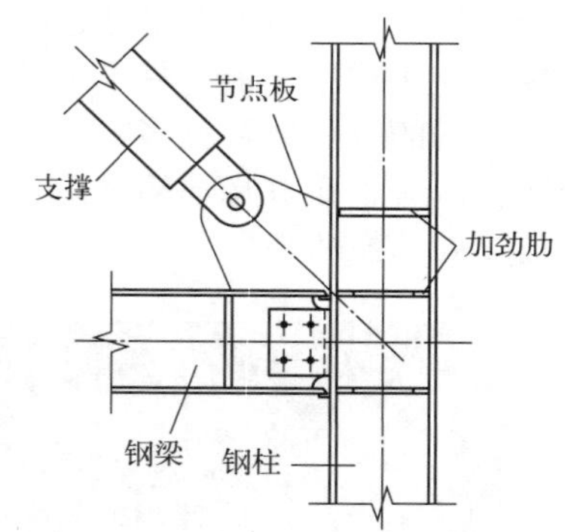

图 4-9　销轴连接

4.1.2.4　混合连接

销轴连接是实现支撑的理想铰接形式，它与支撑的计算模式和实际受力相符合。与焊接和螺栓连接形式相比，销轴连接较美观，不影响建筑外观，可裸露于建筑表面。但销轴连接造价和施工精度相对较高。另一方面，焊接和螺栓连接比较方便和经济。因此，支撑连接可根据需求同时采用两种不同的连接方式。支撑两端选择不同的连接方式，可以调节耗能段和非耗能段的刚度，使其达到最优抗侧刚度和耗能能力，如图 4-10 所示。

4.1.3　设计要点

4.1.3.1　一般规定

结构的抗震等级主要根据抗震设防分类、设防烈度和房屋高度确定，与结构类型无关。因此，在钢框架-支撑结构体系中，构件的抗震等级通常与整体结构相同，无须考虑框架和支撑所分担的地震倾覆力矩比例。然而，为了实现多道防线的概念设计，在框架-支撑结构中，框架部分的地震层剪力应按刚度分配计算，并乘以调整系数，以确保其不小于结构总地

图 4-10 混合连接

震剪力的 25%和框架部分计算最大层剪力的 1.8 倍，取两者中较小的值。这样的设计从多方面考虑，以提高结构的整体抗震性能。

钢框架-支撑结构体系中，支撑的设置既能有效增强结构的抗侧移刚度，又在结构体系中承担大部分水平剪力，使房屋的建筑适用高度增大。钢框架-支撑结构的最大适用高度见表 4-1 所示。

表 4-1 钢框架-支撑结构房屋的最大适用高度 单位：m

结构类型	抗震设防烈度				
	6、7 度 (0.10g)	7 度 (0.15g)	8 度		9 度 (0.40g)
			(0.20g)	(0.30g)	
框架-中心支撑	220	200	180	150	120
框架-偏心支撑	240	220	200	180	160

注:高度指室外地面到主要屋面板板顶的高度(不包括局部突出屋顶部分)。

钢框架-支撑结构在设计时，框架柱若采用钢管混凝土柱可节省用钢量并提高柱防火性能。组合框架-支撑结构多遇地震计算时，高度不大于 50m 时阻尼比可取 0.04，高度大于 50m 且小于 200m 时阻尼比可取 0.035；罕遇地震下阻尼比可取 0.05；风荷载作用下的承载力和位移分析，阻尼比可取 0.025；舒适度分析计算时，阻尼比可取 0.015。当偏心支撑框架部分承担的地震倾覆力矩大于结构总地震倾覆力矩的 50%时，多遇地震的阻尼比可相应增加 0.005。当采用屈曲耗能支撑时，阻尼比应为结构阻尼比和耗能部件附加有效阻尼比的总和。

支撑一般按层拆分。单斜杆、人字形、V 形的支撑可拆分为单个方向的斜杆。交叉形支撑其中一个方向拆分为单斜杆；另一方向的单斜杆分段拆开，通过螺栓或焊接连接形成整体，见图 4-11。

4.1.3.2 装配式钢框架-支撑结构体系中的钢框架设计

考虑 $P\text{-}\Delta$ 重力二阶效应，为保证框架-支撑体系中框架部分的稳定性，钢框架结构的刚度应满足下式要求：

$$EJ_{\mathrm{d}} \geqslant 0.7H^2\sum_{i=1}^{n}G_i \tag{4-1}$$

式中 EJ_{d}——结构一个主轴方向的弹性等效侧向刚度；

H——房屋高度；

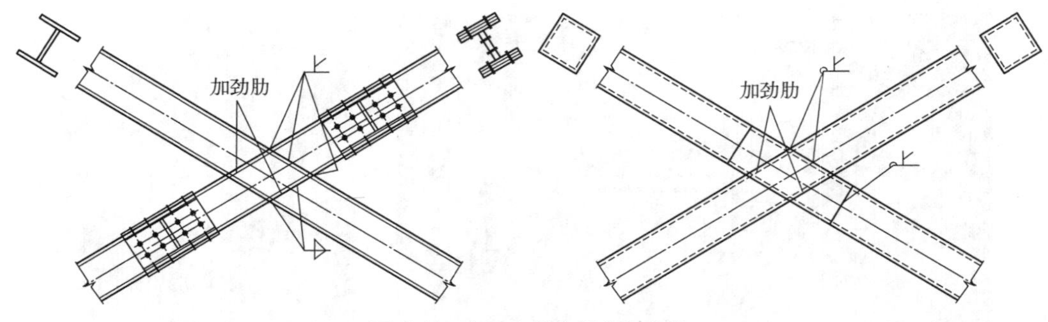

图 4-11 交叉支撑的拆分及连接

G_i——第 i 楼层重力荷载设计值，kN，取 1.2 倍永久荷载标准值与 1.4 倍的楼面可变荷载标准值的组合值。

对组合框架，考虑钢管内混凝土开裂而导致的刚度折减，建议设计时组合框架的刚度满足 $EJ_d \geqslant 1.0H^2\sum_{i=1}^{n}G_i$ 的要求。

钢框架-支撑结构体系中结构柱脚的设计应结合地下室的布置以及嵌固端的位置确定。无地下室时，对抗震设防烈度为 6、7 度地区的房屋，一般结合钢柱的保护优先选择外包式刚接柱脚，以简化设计与施工；当有地下室且上部结构的嵌固端在地下室顶面时，上部结构的钢柱在地下室应至少过渡一层为型钢混凝土柱，地下室地面处的柱脚可不按刚接柱脚进行设计，应根据工程的具体情况采用外包柱脚或钢筋混凝土柱脚。

钢框架-支撑结构的钢框架部分，其抗震构造措施与相同抗震等级纯框架结构相同。当房屋高度不超过 100m，且钢框架部分按计算分配的地震剪力不大于结构底部总地震剪力的 25%时，一、二、三级的抗震构造措施可按纯框架结构降低一级的相应要求采用。

钢框架-中心支撑结构体系中，对于采用人字形或 V 形支撑的结构，国内外的相关研究均表明，在罕遇地震作用下，成对布置的人字形和 V 形支撑会交替经历受拉屈服和受压屈曲的循环作用。反复的整体失稳会使支撑的受压承载力降低到初始稳定承载力的 30%左右，而相邻的支撑受拉仍能接近屈服承载力，在横梁中产生不平衡的竖向分力和水平力作用。因此，连接支撑的横梁应按压弯构件进行设计。支撑截面越大时，该不平衡力也越大，导致横梁截面增大。

基于上述考虑，除了顶层和出屋面房间的横梁，正常楼层内与人字形或 V 形支撑相连的横梁的抗震设计应符合下列规定：

(1) 与支撑相交的横梁，在柱间应保持连续。

(2) 确定支撑跨的横梁截面时，不应考虑支撑在跨中的支撑作用。

(3) 横梁除了承受大小等于重力荷载代表值的竖向荷载外，还应承受跨中节点处两根支撑斜杆分别受拉屈服、受压屈曲所引起的不平衡竖向分力和水平分力的作用。支撑受压屈曲承载力和受拉屈服承载力应分别按 $0.3\varphi Af_y$ 和 Af_y 计算（A 为支撑斜杆的横截面积）。

(4) 在支撑与横梁相交处，梁的上、下翼缘应设置侧向支撑，该支撑承担的侧向力应不小于 0.02 倍相应翼缘的承载力 $f_y b_f t_f$。f_y、b_f、t_f 分别为钢材的屈服强度、翼缘的宽度和厚度。当钢梁上为组合楼盖时，梁的上翼缘可不必验算。

为了减小横梁承受的不平衡竖向分力，进一步减小支撑跨钢梁的用钢量，可采用跨层 X 支撑或设置拉链柱的支撑布置形式。

钢框架-偏小支撑结构体系的钢框架中，横梁和柱的承载力应按现行国家标准《钢结构设计标准》（GB 50017）的规定进行验算。当有地震作用组合时，钢材强度设计值应除以相应的承载力抗震调整系数 γ_{RE}。消能梁段可采用 Q235 或 Q345 钢，钢材屈服强度不能过高，以保证具有较好的延性和耗能能力。同一跨内的消能梁段与非消能梁段，其板件的宽厚比不应大于表 4-2 的限值。同一跨内，消能梁段与非消能梁段的截面尺寸宜相同，消能梁段的截面尺寸应适当，腹板高度不能过大，避免过多地加大同一跨内的非消能梁段、柱子和支撑斜杆的截面，导致不经济。因此，在截面板件宽厚比满足表 4-2 限值的前提下，消能梁段的截面尺寸应根据支撑抗侧力所需的最小腹板受剪面积以及相应的可能最大截面高度（有利于实现梁段剪切屈服）来确定。

表 4-2　偏心支撑框架梁的板件宽厚比限值

板件名称		宽厚比限值
翼缘外伸部分		8
腹板	当 $N/(Af)\leqslant 0.14$ 时	$90[1-1.65N/(Af)]$
	当 $N/(Af)>0.14$ 时	$33[2.3-N/(Af)]$

注：表列数值适用于 Q235 钢，当材料为其他钢号时应乘以 $\sqrt{235/f_y}$，$N/(Af)$为梁轴压比。

4.1.3.3　支撑设计

（1）支撑布置原则

钢框架-支撑结构体系中支撑的平面布置宜规则、对称，使两个主轴方向结构的动力特性接近；同一楼层内同方向抗侧力构件宜采用同类型支撑。对支撑结构，若支撑桁架布置在一个柱间的高宽比过大，为增加支撑桁架的宽度，也可将支撑布置在几个柱间。

钢框架-支撑结构体系中支撑的竖向宜沿建筑高度连续布置，并应延伸至计算嵌固端或地下室。当延伸至地下室时，地下部分的支撑可结合钢柱外包混凝土用剪力墙代替。同时支撑的承载力与刚度宜自下而上逐渐减小，设计中可将支撑杆件的截面尺寸从下到上分段减小。

为考虑室内美观和空间使用要求，支撑在结构的平面布置时，通常应结合房间分割，布置在永久性的墙体内。

对于居住建筑，由于建筑立面处理以及门窗洞口布置等建筑功能的要求，存在设置中心支撑相对比较困难的情况，此时可将支撑斜杆与摇摆柱结合布置，利用摇摆柱来平衡支撑斜杆的竖向不平衡力，避免框架横梁承受过大的附加内力，见图 4-12。

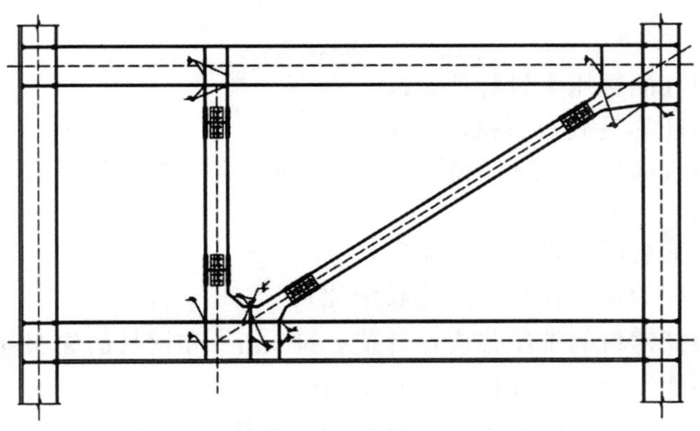

图 4-12　带摇摆柱的单斜杆支撑

（2）中心支撑设计

目前研究均表明，支撑杆件的低周疲劳寿命与其长细比成正相关，而与其板件宽厚比成负相关，即支撑的长细比越大而板件宽厚比越小时，支撑的低周疲劳寿命越长。因此，为防止支撑过早断裂，可适当放松对按压杆设计的支撑杆件长细比的控制。对于纯钢中心支撑斜杆，按压杆设计时，长细比不应大于 $120\sqrt{235/f_y}$，抗震等级为一、二、三级时，中心支撑杆件不得采用拉杆设计。当抗震等级为四级或非抗震设计采用拉杆设计时，其长细比不应大于 180。

在罕遇地震作用下，支撑杆件要经受较大的弹塑性拉压变形，板件的局部失稳将显著降低支撑杆件的承载力和耗能能力。为防止支撑过早地在塑性状态下发生板件的局部屈曲，引起低周疲劳破坏，国内外的研究表明，支撑板件的宽厚比应取得比塑性设计要求更小一些，对支撑抗震有利。中心支撑板件的宽厚比限值见表 4-3。

表 4-3 钢结构中心支撑板件宽厚比限值

板件名称	一级	二级	三级	四级、非抗震设计
翼缘外伸部分	8	9	10	13
工字形截面腹板	25	26	27	33
箱型截面壁板	18	20	25	30
圆管外径与壁厚之比	38	40	40	42

注：表中数据适用于 Q235 钢，采用其他牌号钢材应乘以 $\sqrt{235/f_y}$，圆管应乘以 $235/f_y$。

当支撑斜杆需要考虑开孔等因素对截面的削弱时，应分别验算杆件的受拉强度和受压整体稳定承载力。若截面无削弱，通常仅验算支撑受压整体稳定性即可。

支撑的强度计算公式：

$$\frac{N}{A_n}\leqslant f/\gamma_{RE} \tag{4-2}$$

式中 N——支撑杆件的轴心压力设计值；

A_n——支撑的净截面面积；

f——钢材强度设计值；

γ_{RE}——支撑构件强度验算的承载力抗震调整系数，取值为 0.75。

通常，当截面削弱不大时，中心支撑的轴向承载力由受压失稳控制，在多遇地震效应组合作用下，支撑杆件的受压承载力应按下式验算：

$$N/(\varphi A_{br})\leqslant\psi f/\gamma_{RE} \tag{4-3}$$

$$\psi=1/(1+0.35\lambda_n) \tag{4-4}$$

$$\lambda_n=(\lambda/\pi)\sqrt{f_y/E} \tag{4-5}$$

式中 N——支撑斜杆的轴压力设计值，N；

A_{br}——支撑斜杆的毛截面面积，mm^2；

φ——按支撑长细比 A 确定的轴心受压构件稳定系数，按现行国家标准《钢结构设计标准》（GB 50017）确定；

ψ——受循环荷载时的强度降低系数；

λ、λ_n——支撑斜杆的长细比和正则化长细比；

f、f_y——支撑斜杆钢材的抗压强度设计值，N/mm^2 和钢材的屈服强度，N/mm^2；

E——支撑杆件钢材的弹性模量，N/mm^2；

γ_{RE}——支撑构件稳定验算的承载力抗震调整系数，取值为 0.8。

可见，与非抗震设计的支撑验算相比，钢材强度设计值除了要除以系数 γ_{RE} 外，还要乘以强度降低系数。这是因为，虽然计算时仍以多遇地震作用为准，但在预估的罕遇地震作用下，支撑通常会受压屈曲。支撑斜杆反复受拉压，屈曲后支撑变形增长很大，当转为受拉时变形不能完全拉直，从而造成再次受压时承载力降低，即出现承载力退化现象。这需要在上述验算中予以考虑。支撑长细比越大，退化现象越严重。

(3) 偏心支撑设计

支撑杆件的长细比不应大于 $120\sqrt{235/f_y}$。支撑截面板件宽厚比不应超过国家现行标准《钢结构设计标准》(GB 50017) 中轴心受压构件在弹性设计时的宽厚比限值。对于常用的工字形截面、箱形截面和圆管截面，板件宽厚比限值可参见轴心受压柱局部稳定计算的要求。

偏心支撑的轴向承载力应符合下式要求：

$$\frac{N_{br}}{\varphi A_{br}} \leqslant f \tag{4-6}$$

式中　N_{br}——支撑的轴力设计值，N；

A_{br}——支撑截面面积，mm^2；

φ——由支撑长细比确定的轴心受压构件稳定系数；

f——钢材的抗拉、抗压强度设计值，有地震作用组合时，应除以承载力抗震调整系数 0.8。

(4) 屈曲约束支撑的设计

屈曲约束支撑核心单元可选用材质与性能符合现行国家标准《建筑用低屈服强度钢板》(GB/T 28905) 的低屈服强度钢。约束单元负责提供约束机制，防止核心单元受轴压力时发生整体或局部屈曲。无粘结构造层旨在为核心单元与约束单元之间提供滑动的界面，使支撑在受拉与受压时尽可能有相似的力学性能，避免核心单元受压膨胀后与约束单元间产生摩擦力而造成轴压力的大量增大。这种构造层一般是由一些无粘结材料制作而成。

核心单元截面形式可采用一字形、十字形、T 形、H 形、双 T 形、管形。根据约束单元的不同也可将屈曲约束支撑分为组合型屈曲约束支撑和全钢型屈曲约束支撑（图 4-13）。

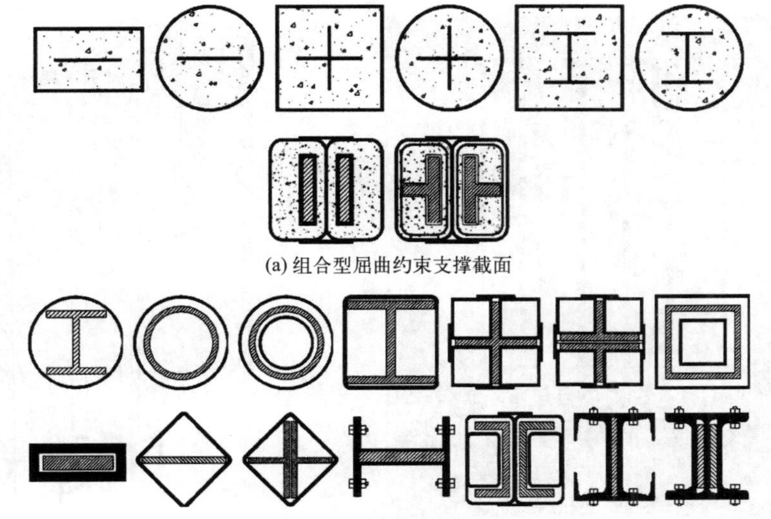

(a) 组合型屈曲约束支撑截面

(b) 全钢型屈曲约束支撑截面

图 4-13　常用屈曲约束支撑截面形式

屈曲约束支撑在水平荷载作用下的轴向力全部由中间的芯材承担，芯材在受拉和受压作用下屈曲耗能。最外层的钢套管以及套管与芯材之间的灌浆混凝土起到约束芯材的作用，防止芯材受压屈曲。由于芯材在受压时会略有膨胀，因此，在芯材和混凝土之间有一层无粘结的材料或者非常薄的空气层，减轻了芯材在受压时传给混凝土砂浆的力。

屈曲约束支撑受拉时，应保证核心单元的耗能段始终不露于约束单元的外部。核心单元的过渡段宜延伸至约束单元内部并保留一定的约束长度，且不应发生失稳。当支撑与主体结构采用螺栓或焊接连接时，核心单元过渡段在可变形端的约束长度宜大于压缩空间的轴向长度；当支撑与主体结构采用销轴连接时，除需要满足上述要求外，核心单元过渡段在可变形端的约束长度宜不小于支撑两销轴孔孔心间距的 1/20。

屈曲约束支撑应在达到设计屈服承载力时保证进入屈服状态，但我国建筑钢材市场中普通低碳钢是按照满足最低屈服强度要求进行生产、销售（例如 Q235 钢材，屈服强度大于 235MPa 即为合格），如果钢材的材料超强系数过高，则按此屈服强度进行屈曲约束支撑设计时可能达不到屈服目标，故对作为屈曲约束支撑芯材的钢材屈服强度需要规定其上限值。

屈曲约束支撑的布置方式总体可参照中心支撑的布置，鉴于屈曲约束支撑的构造特点，宜选用单斜杆形、人字形和 V 形等布置形式，不应选用 X 形交叉布置形式，支撑与柱的夹角宜为 30°～60°。

4.1.4 设计实例

4.1.4.1 工程概况

本工程为某高层住宅楼，地下 2 层、地上 17 层，总建筑面积 11893.37m^2，其中地上建筑面积 11110.82m^2。首层为入户大堂及物业用房，层高 5.9m；二层及以上层为标准层，层高 3m，屋面结构标高为 53.80m。设计使用年限为 50 年，抗震设防烈度为 6 度，耐火等级为二级，抗震等级为三级。结构体系为装配式组合框架-支撑体系。楼板为预制叠合板，屋面为钢筋桁架叠合板，楼梯为预制钢筋混凝土楼梯，内墙主要采用蒸压加气混凝土条板，外墙采用外挂预制钢筋混凝土墙板、中间填保温岩棉、内层挂蒸压加气混凝土条板的形式。图 4-14 为项目效果图及计算模型图。

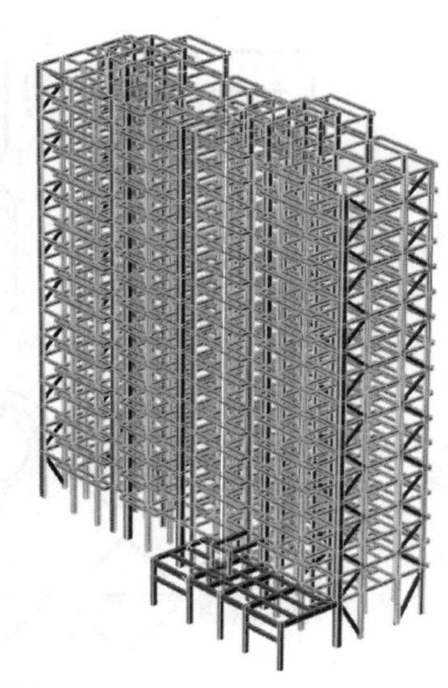

图 4-14 项目效果图及计算模型图

4.1.4.2 建筑和结构设计

（1）建筑设计

建筑设计中采用标准户型设计，每个标准层是 4 户，由 2 个对称单元组成，每个单元由 140m^2 户型、180m^2 户型、2 部电梯及 1 个楼梯间组成，平面长 48.4m，宽 12.4m。其中 140m^2 和 180m^2 户型各 32 个。图 4-15 为建筑的户型布置图。

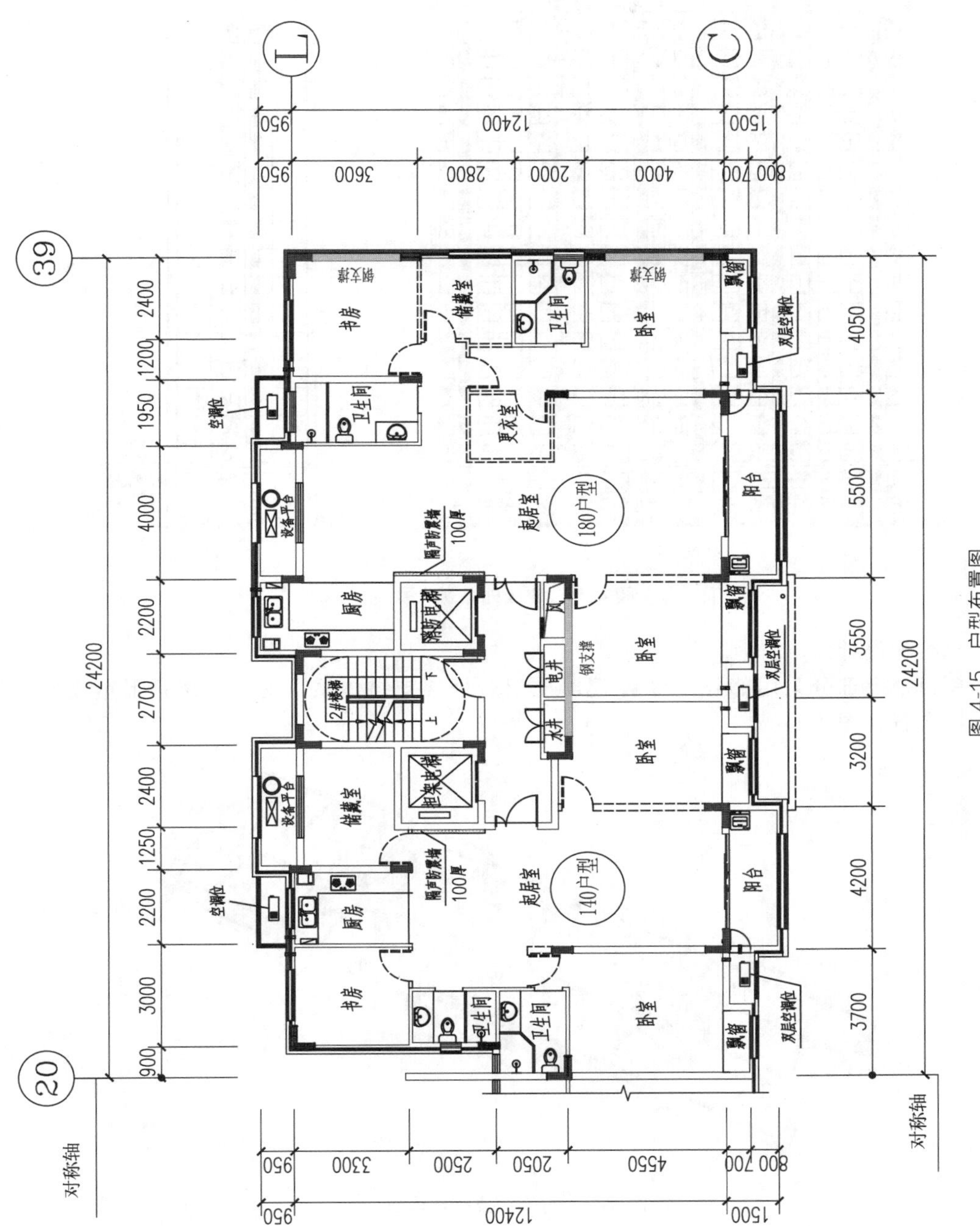

L
C
39
20
12400
950
1500
3600
2800
2000
4000
800
700
3300
2500
2050
4550
24200
2400
1200
1950
2200
2700
1250
3000
900
4050
5500
3550
3200
4200
3700
书房
储藏室
卫生间
卧室
钢支撑
更衣室
起居室
180户型
140户型
隔声防震墙
100厚
阳台
厨房
设备平台
空调位
双层空调位
飘窗
2#楼梯
上
下
电井
水井
消防电梯
担架电梯
对称轴

图 4-15　户型布置图

立面外挂墙板划分采用横向按楼层划分、竖向按开间划分的形式，划分在阴角区域；楼梯间外挂板单独划分，按休息平台的位置划分。墙板分块的BIM模型划分，见图4-16。

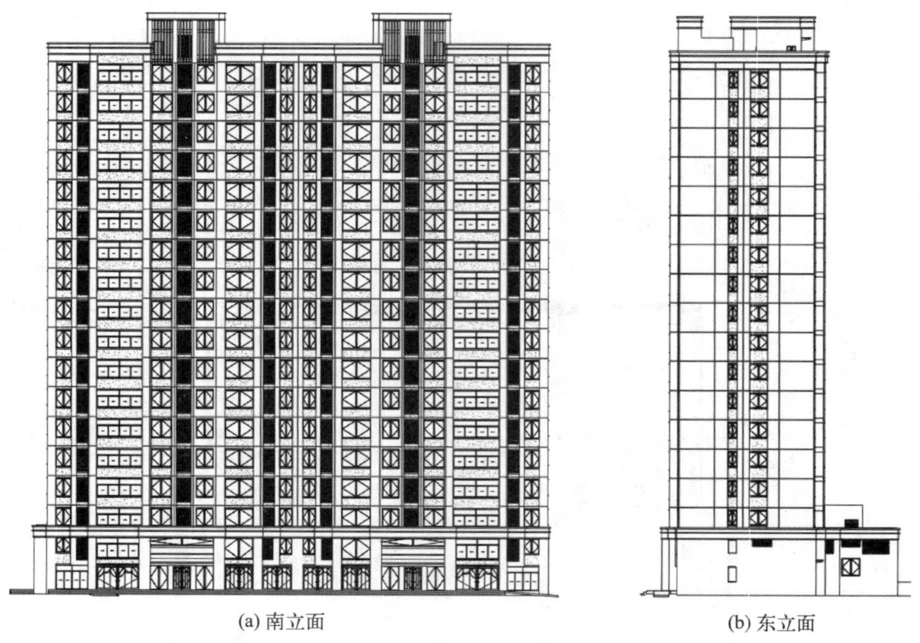

(a) 南立面　(b) 东立面

图4-16　立面外墙划分图

（2）结构设计

本项目地上部分采用部分包覆钢-混凝土组合框架支撑体系，支撑采用箱形钢支撑，标准层支撑布置如图4-17。

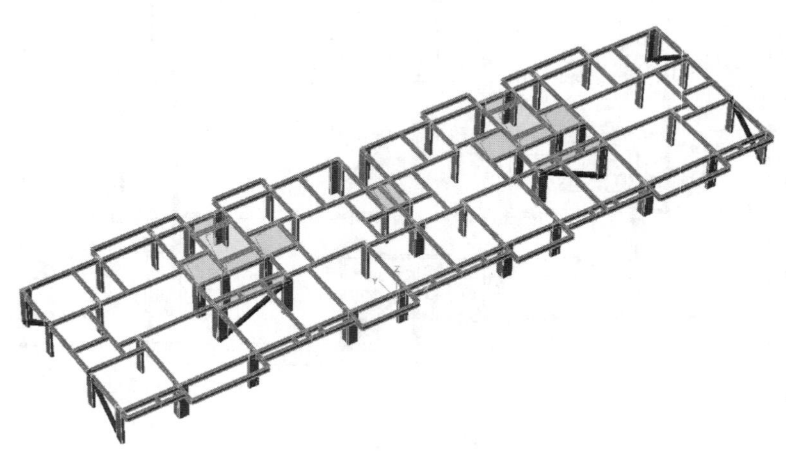

图4-17　标准层支撑布置图

装配式组合柱与箱形钢支撑之间采用刚接节点形式（如图4-18）。在箱形支撑上下翼缘设置水平加劲板的同时，在其中间各增设2道水平加劲板，通过有限元计算确定满足“强节点弱构件”要求。箱形钢支撑与牛腿采用全焊接节点。

结构中预制水平构件包括局部叠合板和钢筋桁架叠合板。楼面系统中楼板短边宽度小于1500mm的采用叠合楼板，主卫采用下预制沉箱，其余部位为局部叠合楼板。局部叠合楼板

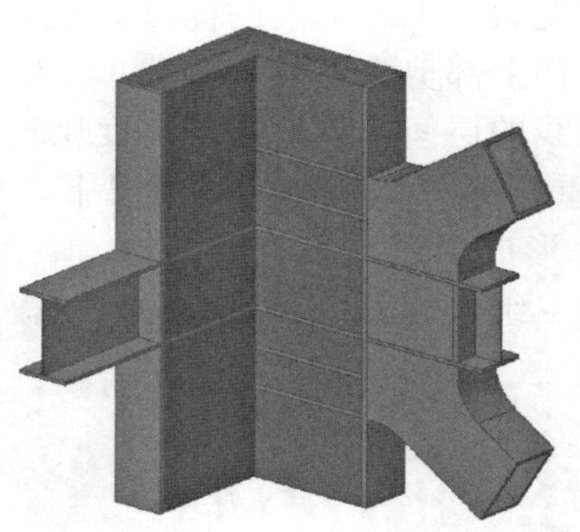

图 4-18　装配式组合柱与箱形钢支撑节点照片

最大尺寸 3450mm×4400mm、2950mm×4900mm，楼板厚度有 120mm、140mm、170mm 几种规格。

外挂单元式预制墙板系统由预制外墙板、保温岩棉及蒸压加气混凝土内衬板组成，三者分开施工。预制外墙板与主体结构连接采用平移+转动的位移方式，以保证外挂墙与主体之间形成相对变形，减少主体结构变形对外墙系统的影响。预制外墙板与主体结构连接节点如图 4-19 所示。

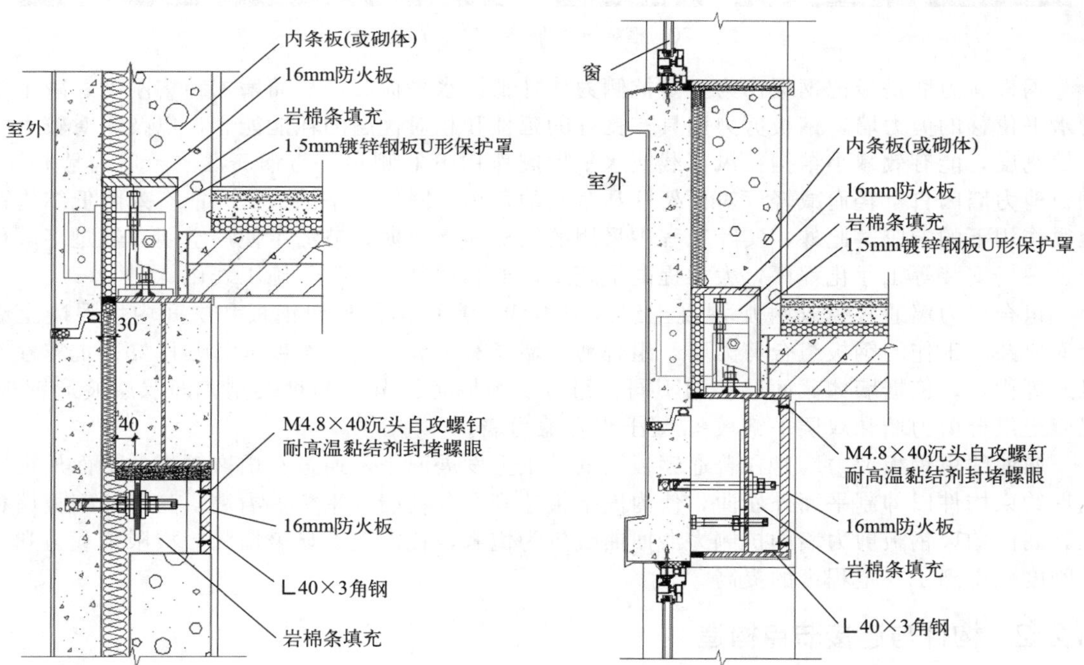

图 4-19　预制外墙板与主体结构连接节点

4.2　装配式钢框架-剪力墙结构

4.2.1　结构体系组成

在结构中同时布置框架和剪力墙，就形成框架-剪力墙结构（图 4-20）。这种结构兼有框架结构布置灵活、延性好的优点和剪力墙结构刚度大、承载力大的优点。由于框架、剪力墙的协同受力，使得结构的底部框架侧移减小，结构上部剪力墙的侧移减小。侧移曲线兼有这两种结构的特点，为弯剪型变形。弯剪型变形曲线的层间变形沿建筑高度比较均匀，适合用于较高的建筑。框架-剪力墙结构可以设计成双重抗侧力体系，一般情况下，抵抗地震作用时，剪力墙为第一道防线，框架为第二道防线，形成多道抗震设防结构。装配式钢框架-剪力墙结构中常用的剪力墙构件类型有钢板剪力墙、组合剪力墙和屈曲约束钢板剪力墙。

图 4-20 框架-剪力墙结构体系工程应用

钢板剪力墙是指把钢板作为主要抗侧力构件抵抗水平荷载，从而增加结构刚度、减小结构水平位移的剪力墙。钢板剪力墙具有良好的延性和相对优越的耗能能力，以及相对较大的初始刚度，能有效减小结构在风荷载或水平地震作用下的侧移。与钢筋混凝土剪力墙相比，钢板剪力墙因自重轻而减轻了对框架柱和基础的负担，降低了基础造价，能有效降低结构在地震作用下的响应。此外，实际工程中采用的钢板通常较薄，节约了使用空间，通过工厂预制、现场安装等工业化程序，大大提高了施工速度和精度，节省了施工费用。

组合剪力墙通常指双钢板-混凝土组合剪力墙，是由两侧外包钢板和中间内填混凝土组合而成共同工作的钢板组合剪力墙。组合剪力墙具有承载力高、刚度大、延性好、抗震性能良好等优点。依据墙体截面形状的不同，组合剪力墙可以分为两种类型，即双层波形钢板-混凝土组合剪力墙和双层平钢板-混凝土组合剪力墙。

屈曲约束钢板剪力墙是在普通钢板墙的基础上发展而来，通过在内嵌钢板的平面外设置刚性约束构件以抑制平面外屈曲，使内嵌钢板达到充分耗能的钢板剪力墙。与普通钢板墙相比，屈曲约束钢板剪力墙的抗侧力滞回曲线较为饱满，耗能能力显著增强，极限承载力和初始刚度也得到了一定程度的提高。

4.2.2 构件与连接节点构造

4.2.2.1 装配式剪力墙构造

(1) 钢板剪力墙

按照钢板高厚比不同，可将钢板剪力墙分为厚钢板剪力墙和薄钢板剪力墙。厚钢板剪力墙在水平剪力作用下不会发生平面外失稳破坏，近似保持平面内受力状态，其滞回曲线饱满，耗能能力强；薄钢板剪力墙是指钢板较薄时，钢板剪力墙在承受水平荷载时沿一侧对角线方向受压，钢板较早产生平面外失稳，沿另一对角线方向形成斜向拉力带，在往复荷载作用下滞回曲线出现捏缩，一定程度上降低了构件的耗能能力。当层间位移较大时，薄钢板在周边框架梁、柱的嵌固作用下拉力带更为明显，表现出优越的屈曲后性能，使钢板仍具有较高的承载力和良好的延性。

按照钢板表面是否设置加劲肋，可将钢板剪力墙分为加劲钢板剪力墙和非加劲钢板剪力墙。随着钢板剪力墙厚度的增加，钢板受力过程中的平面外变形明显减小，但采用厚钢板剪力墙不经济。因此在实际工程中可通过在钢板两侧设置加劲肋来限制钢板的平面外屈曲，其受力机理类似于高厚比较大钢梁腹板上的加劲肋，从而形成加劲钢板剪力墙。现有的设计规范中多采用条形钢板沿纵向和横向直接焊接于钢板剪力墙两侧形成加劲网格。若加劲肋设置足够多，则能完全限制钢板的平面外失稳，使钢板保持面内受剪，此类钢板剪力墙称为全加劲钢板剪力墙［图 4-21(a)］；若加劲肋设置较稀疏，则能够防止钢板过早地产生平面外失稳，但在变形较大的情况下钢板仍会出现平面外失稳，此类剪力墙称为部分加劲钢板剪力墙［图 4-21(b) 和 (c)］。加劲钢板剪力墙焊接加劲肋的费用会使钢板剪力墙的造价显著提高。

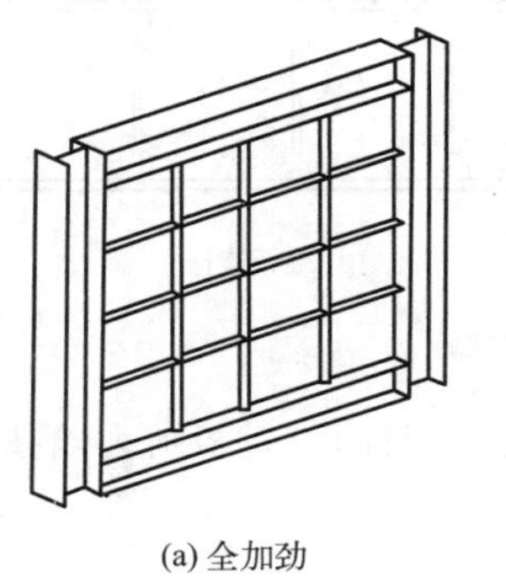
(a) 全加劲

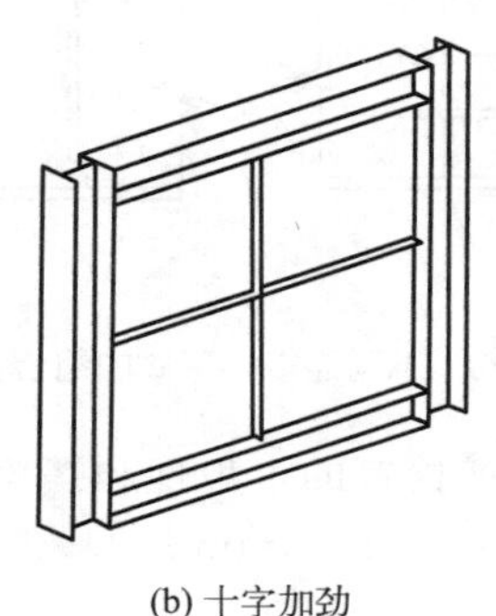
(b) 十字加劲

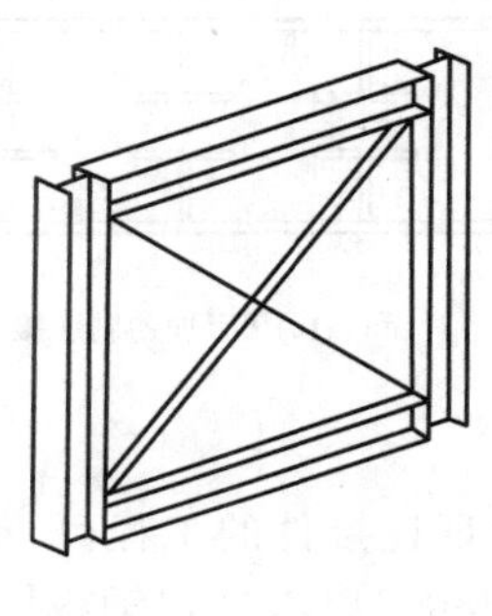
(c) 交叉加劲

图 4-21　加劲钢板剪力墙

为改善薄钢板剪力墙产生较大面外变形的情况，可在钢板上开设竖缝，改变其屈曲状况和受力机理。根据是否会在钢板上开缝，钢板剪力墙分为开缝钢板剪力墙（图 4-22）和不开缝钢板剪力墙。开缝钢板剪力墙具有良好的延性和耗能能力，在水平风荷载和地震作用下，适当开缝的钢板剪力墙由原来的钢板整体受剪变为由竖缝分割的“钢板柱”受弯，将原来的由钢板整体剪切屈曲转变为与“钢板柱”弯曲屈曲相结合的状态，减小了钢板整体发生面外变形的程度；通过对钢板上的竖缝尺寸加以调整，使开缝钢板剪力墙在水平力作用下的刚度、承载力、延性和滞回性能可调。

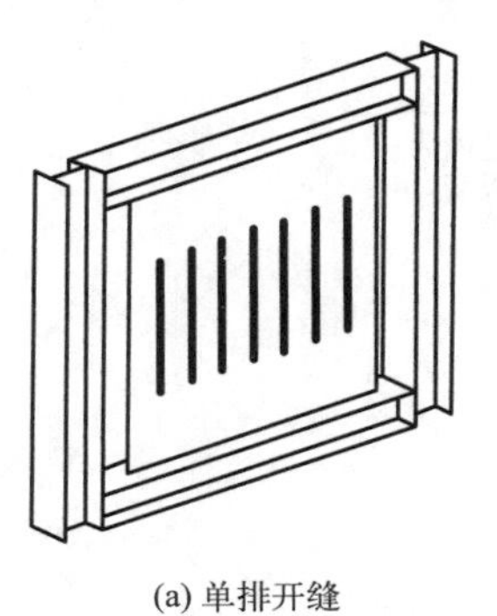
(a) 单排开缝

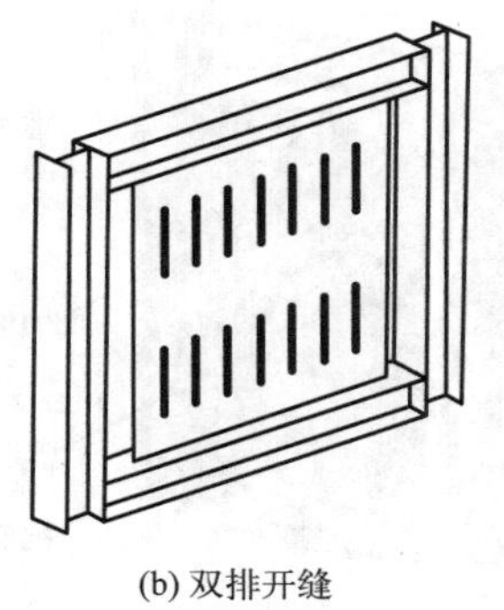
(b) 双排开缝

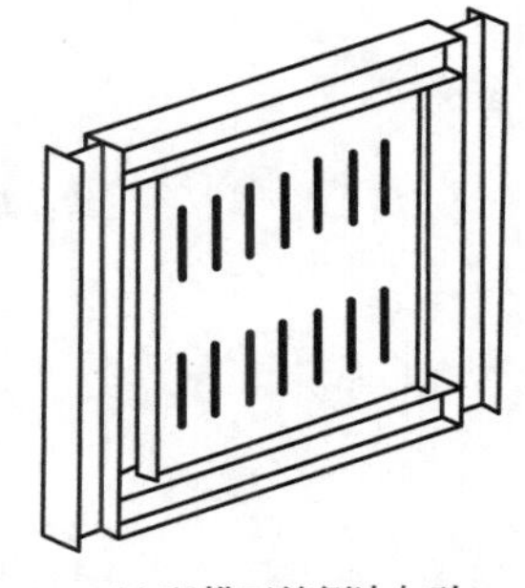
(c) 双排开缝侧边加劲

图 4-22　开缝钢板剪力墙

(2) 组合剪力墙

组合剪力墙由两侧外包钢板、中间内填混凝土和连接件组成，共同承担水平及竖向荷载。钢板内混凝土的填充和连接件的拉结能有效约束钢板的屈曲，同时钢板和连接件对内填混凝土的约束又能增强混凝土的强度和延性。组合剪力墙中连接件的设置对保证外包钢板与内填混凝土的协同工作和组合墙的受力性能具有至关重要的作用。依据国内外研究成果，我国现行行业标准《钢板剪力墙技术规程》（JGJ/T 380）针对组合剪力墙，推荐采用的连接件主要有对拉螺栓、栓钉、T形加劲肋、缀板以及几种连接件混用等，如图 4-23 所示。

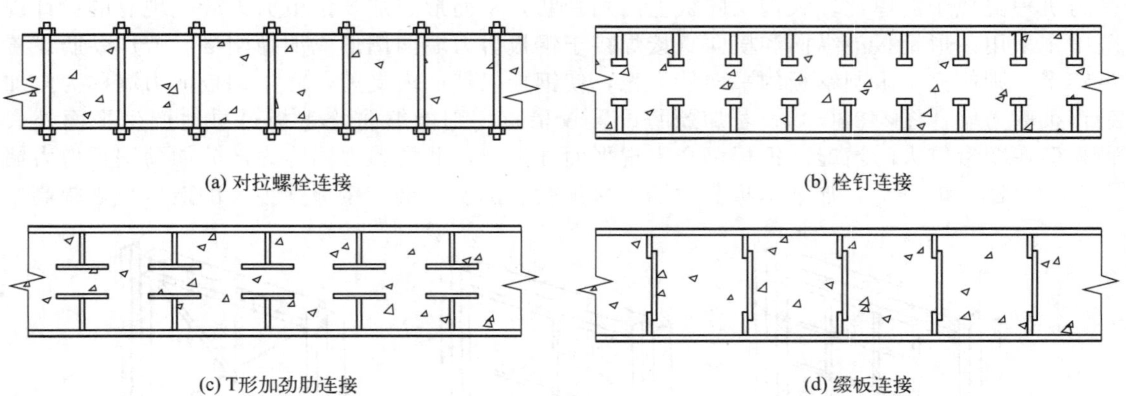

图 4-23　不同连接件形式的组合剪力墙

为保证连接件的工程可行性，如栓钉的可焊性和螺栓的紧固性，《钢板剪力墙技术规程》（JGJ/T 380）要求外包钢板厚度不宜小于 10mm。

（3）屈曲约束钢板剪力墙

屈曲约束钢板剪力墙构造如图 4-24 所示。屈曲约束钢板剪力墙的约束构件可采用混凝土盖板，也可采用型钢。屈曲约束钢板剪力墙设计中，不应考虑混凝土盖板或型钢与钢板剪力墙的黏结作用，且不应考虑其对钢板抗侧刚度和承载力的贡献。防止钢板屈曲的构件应能向钢板提供持续的面外约束。屈曲约束钢板剪力墙与周边框架可采用四边连接或两边连接。单侧混凝土盖板的厚度不宜小于 100mm，且应双层双向配筋，每个方向的单侧配筋率均不应小于 0.2%，钢筋最大间距不宜大于 200mm。内嵌钢板与两侧预制混凝土盖板可采用螺栓连接，内嵌钢板的螺栓孔直径宜比连接螺栓直径大 2.0～2.5mm，混凝土盖板螺栓孔不应小于内嵌钢板的螺栓孔直径。相邻螺栓中心距离与内嵌钢板厚度的比值不宜大于 100。

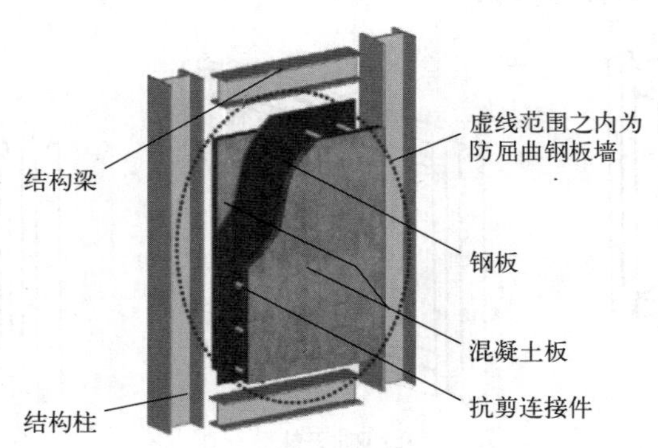

图 4-24　屈曲约束钢板剪力墙

4.2.2.2　装配式钢框架与钢板剪力墙的连接

钢板剪力墙与钢框架的连接，宜保证钢板剪力墙仅参与承担水平剪力，而不参与承担重力荷载及柱压缩变形引起的压力。钢板剪力墙连接节点的极限承载力，应不小于钢板剪力墙屈服承载力的 1.2 倍，以避免大震作用下连接节点先于支撑杆件破坏。

为了便于与框架连接，通常在框架梁、柱上焊接鱼尾板或者角钢来连接框架内的钢板剪力墙，鱼尾板或角钢在工厂内事先焊接在框架上，在施工现场采用高强螺栓或焊接的方式连接钢板剪力墙。采用高强螺栓连接时，应按摩擦型高强螺栓连接设计，在受力过程中要避免连接钢板与周边框架之间的滑移。若出现滑移，会使钢板剪力墙上的拉力带不能充分开展，从而降低钢板剪力墙的承载力和耗能能力。钢板剪力墙可以用在钢框架结构体系中，也可以用在组合框架结构体系中。图 4-25～图 4-28 给出型钢和钢板剪力墙以及圆钢管混凝土组合柱与钢板剪力墙的连接方式示意图（d_0 为螺栓的孔径）。

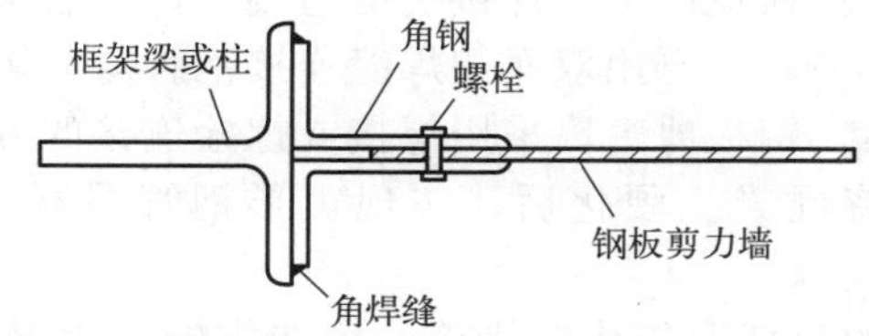

图 4-25　角钢连接时型钢与钢板剪力墙的节点连接形式

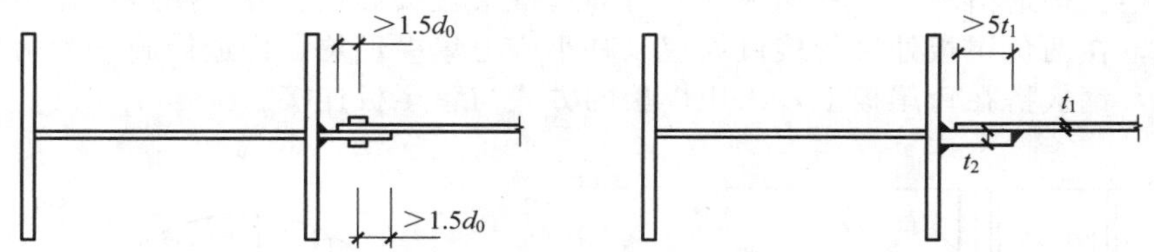

图 4-26　焊接连接时型钢与钢板剪力墙的节点连接形式

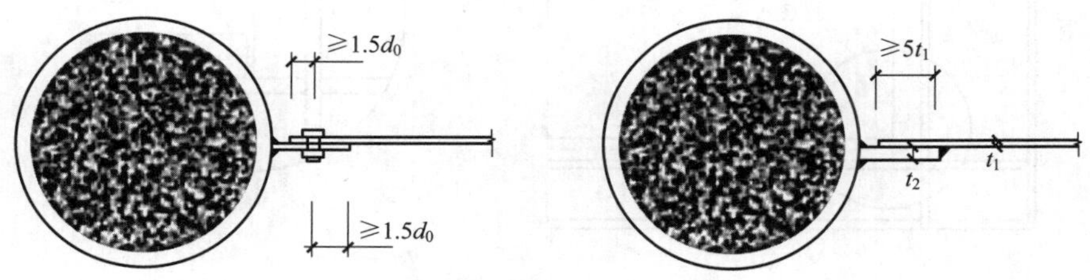

图 4-27　钢管混凝土组合柱与钢板剪力墙的节点连接形式

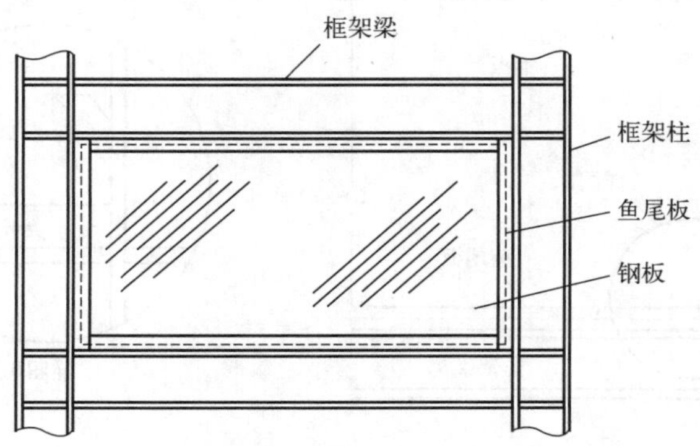

图 4-28　鱼尾板连接钢板剪力墙与周边框架

鱼尾板的厚度通常比钢板的厚度大，建议鱼尾板的厚度取钢板剪力墙厚度的 1.5～2 倍。当采用螺栓连接时，角钢肢长和鱼尾板宽度应根据其上开孔的构造要求来确定。角钢、鱼尾板和钢板上开设螺栓孔的大小和间距应满足现行国家标准《钢结构设计标准》(GB 50017) 的规定。若一排螺栓不能满足要求，可通过设置多排螺栓来提高连接的承载力，防止连接早于构件破坏降低构件的承载力和耗能能力。采用焊接方式与鱼尾板连接时，根据焊缝所提供的强度大于对应板带达到屈服强度的承载力来设计焊脚尺寸，同时焊缝尺寸满足《钢结构设计标准》(GB 50017) 的有关规定。

若框架柱为方钢管混凝土组合柱，角部可采用如图 4-30 所示的连接方式，此时鱼尾板的锚固作用对结构体系的受力尤为重要。鱼尾板与矩形钢管混凝土柱的钢管焊接时，将钢管在鱼尾板的焊接位置断开，并在鱼尾板上焊接抗剪连接件，而后将带有抗剪连接件的鱼尾板插入开有竖缝的矩形空钢管中心，再用双面侧焊缝连接钢管与鱼尾板。在施工现场，将焊有鱼尾板的空钢管安装定位后，钢板剪力墙采用焊接或螺栓连接的方式与鱼尾板相连，而后在矩形钢管内浇筑混凝土，待混凝土硬化后，实现矩形钢管混凝土柱与钢板剪力墙的有效连接。

图 4-29 给出几种不同的角部连接构造措施。构造措施一为梁上鱼尾板贯通，柱上鱼尾板在与梁上鱼尾板连接处断开，两者之间留有小缝隙，钢板搭在鱼尾板上，采用焊接的方式与鱼尾板相连。构造措施二为将钢板一面与周边框架直接焊接、另一侧搭在鱼尾板上与鱼尾板焊接连接，在两鱼尾板处进行接口处理以减小应力集中现象。构造措施三为两鱼尾板相交处留有缝隙，钢板搭在鱼尾板上，采用焊接的方式与鱼尾板连接。

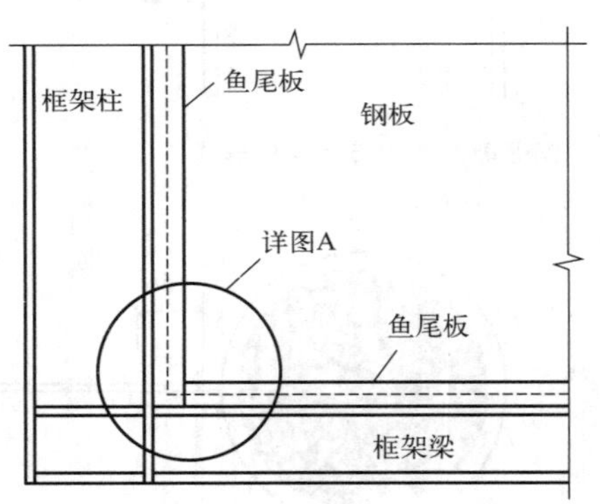

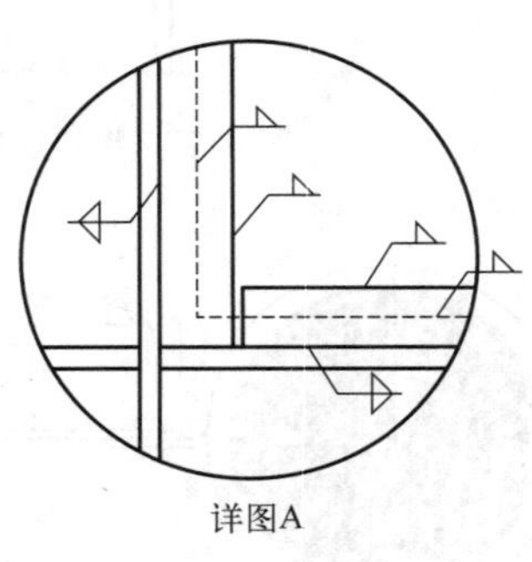

(a) 构造措施一

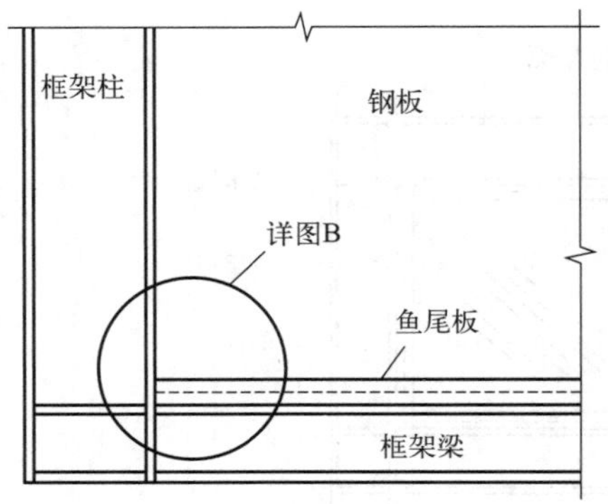

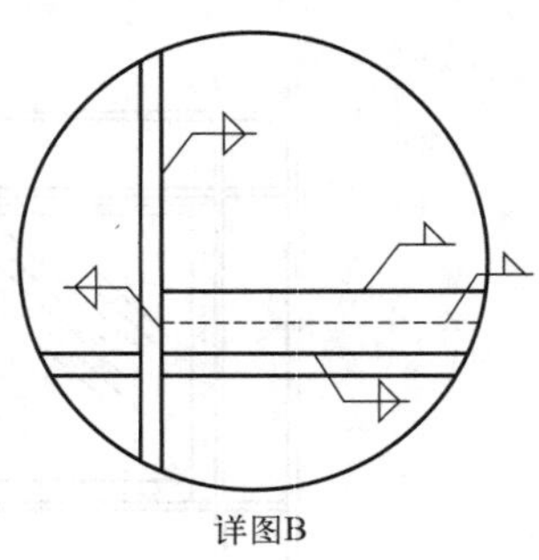

(b) 构造措施二

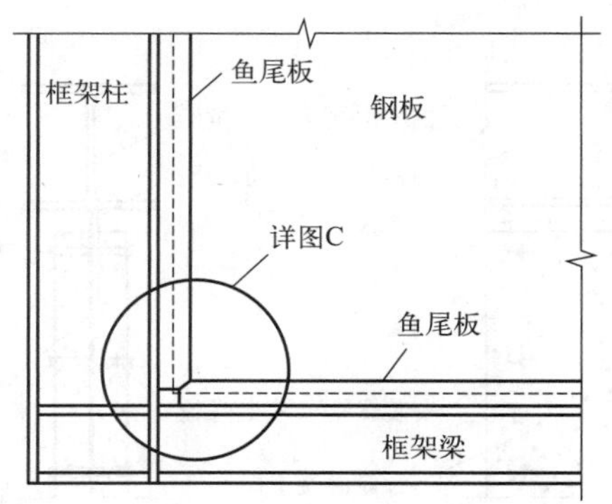

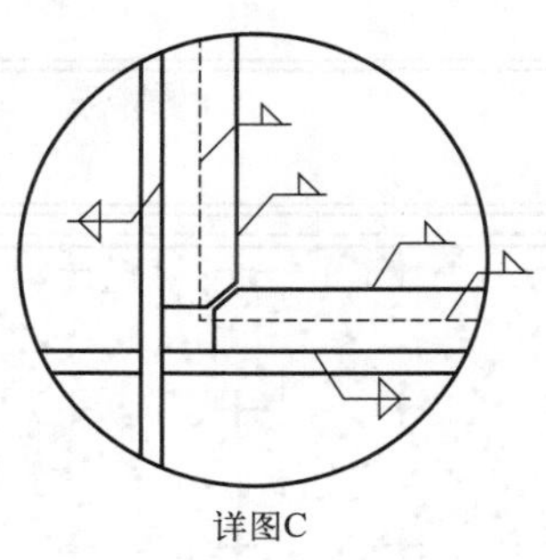

(c) 构造措施三

图 4-29　角部连接构造措施

4.2.2.3　装配式钢框架与组合剪力墙的连接

组合剪力墙往往在端部设置钢管混凝土柱作为边缘约束构件，钢管混凝土柱边缘构件与钢梁连接可采用刚性连接节点或铰接连接节点。钢梁与组合剪力墙刚性连接节点的受弯承载力设计值不应小于钢梁的受弯承载力设计值，极限受弯承载力应大于梁的塑性受弯承载力。组合钢板剪力墙与钢梁的连接可采用内隔板式刚性连接或侧板式刚性连接。钢梁与组合钢板剪力墙铰接连接时，钢梁腹板连接板宜与组合钢板剪力墙竖向肋板对齐。

《钢板剪力墙技术规程》（JGJ/T 380）中提出组合剪力墙的钢板与边缘钢构件之间宜采用焊接连接。随着近年来组合剪力墙的不断发展与应用，组合剪力墙的类型较多，其连接方式也有所区别。每种组合剪力墙的形式及其连接方式都有适用的场景和优缺点，设计和施工时需要综合考虑结构的要求、经济性和可行性，选择合适的组合剪力墙的形式和连接方式。

4.2.2.4　装配式钢框架与屈曲约束钢板剪力墙的连接

屈曲约束钢板剪力墙与钢框架的连接采用端部连接方式，即将鱼尾板与周边框架相连，然后将核心相对较薄钢板与较厚鱼尾板焊接，最后将混凝土板通过螺栓与鱼尾板和核心钢板分别连接。这样混凝土板除与内侧钢板直接接触外，还与较厚的鱼尾板连接。因此外露部位转换为较厚的鱼尾板，即使在核心板屈服的情况下，鱼尾板也不会发生屈曲，使组合剪力墙能充分发挥承载能力。钢板与周边框架的连接方式可分为两边连接和四边连接。

图 4-30 中给出了高强螺栓连接剪力墙与鱼尾板和焊接连接剪力墙与鱼尾板两种连接方式，这两种连接方式不仅适用于框架梁与剪力墙的连接，也适用于框架柱与剪力墙的连接。

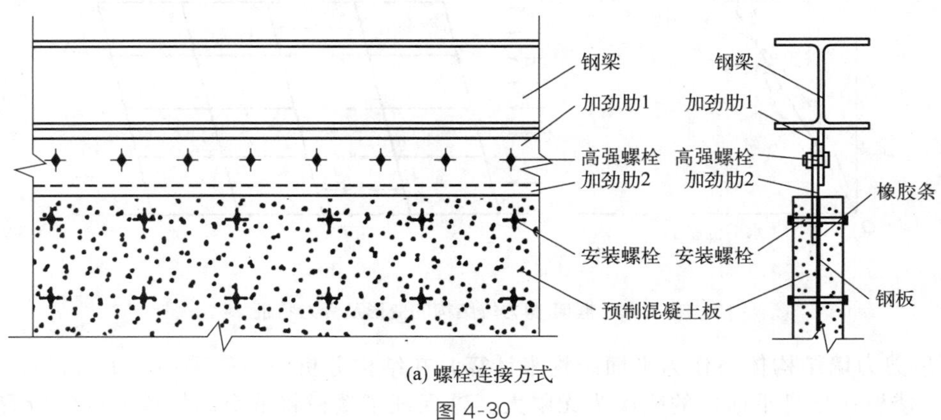

(a) 螺栓连接方式

图 4-30

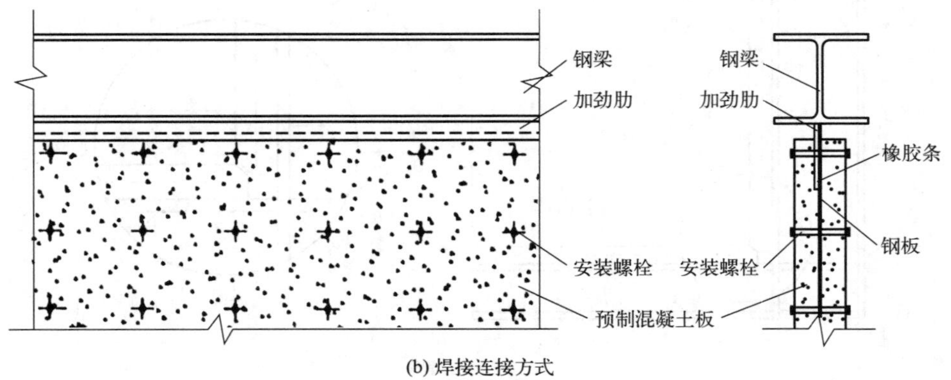

(b) 焊接连接方式

图 4-30 钢框架与屈曲约束钢板剪力墙的连接

屈曲约束钢板剪力墙中鱼尾板与周边框架的连接方式和钢板剪力墙中鱼尾板和周边框架的连接方式相同。为了避免端部的钢板过早破坏，两侧自由端可以设置短加劲肋，可有效避免端部钢板的过早破坏。

屈曲约束钢板剪力墙安装完毕后，混凝土盖板与框架之间的间隙宜采用隔声的弹性材料填充，并宜用轻型金属架及耐火材料覆盖。

4.2.3 设计要点

4.2.3.1 钢框架-剪力墙结构的受力特点及计算基本假定

框架-剪力墙结构同时包括框架和剪力墙，并通过具有无限刚度的楼板在平面内连接在一起。在水平力作用下，框架和剪力墙的水平位移必须协调一致，不能各自自由变形。在不考虑扭转影响的情况下，同一楼层的水平位移必须相等。在下部楼层，剪力墙的位移较小，剪力墙牵引框架按弯曲型曲线变形，剪力墙承担了大部分水平力。而在上部楼层，剪力墙的位移逐渐增大，框架的位移相对较小，框架牵引剪力墙按剪切型曲线变形。图 4-31(a) 中虚线表示其各自的变形曲线，实线表示共同变形曲线。框架除了承担外荷载产生的水平力外，还要承担将剪力墙拉回来的附加水平力，因此，即使上部楼层外荷载产生的楼层剪力较小，框架中也要出现相当大的水平剪力。图 4-31(b) 反映了框架与剪力墙之间的相互作用关系。

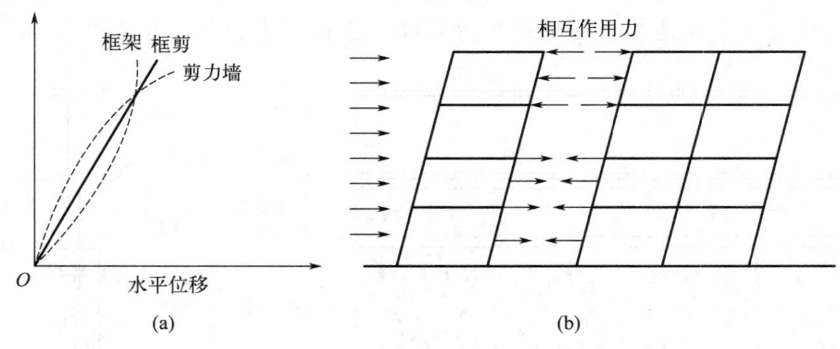

图 4-31 框架-剪力墙结构的变形及受力特征

框架-剪力墙结构体系作为平面结构来计算，在结构分析中一般采用如下假设：

(1) 楼板在自身平面内的刚度为无限大。这保证了楼板将整个结构单元内的所有框架和剪力墙连为整体，不产生相对变形。现浇楼板和装配整体式楼板均可采用刚性楼板的假定。此外，横向剪力墙的间距满足一定要求时，假定当结构体系沿主轴方向产生平移变形时，同一层楼面上各点的水平位移相同。

(2) 房屋的刚度中心与作用在结构上的水平荷载（风荷载或水平地震作用）的合力作用点重合，在水平荷载作用下房屋不产生绕竖轴的扭转。当结构体型规整、剪力墙布置对称均匀时，结构在水平荷载作用下可不计扭转的影响。

(3) 不考虑剪力墙和框架柱的轴向变形及基础转动的影响。

(4) 假定所有结构参数沿建筑物高度不变。如有不大的改变，则参数可取沿高度的加权平均值，仍近似地按参数沿高度不变来计算。

4.2.3.2 结构层间位移角限制及剪力分布

在钢框架-剪力墙结构体系中，在风荷载和多遇地震作用下，非加劲钢板剪力墙、加劲钢板剪力墙、屈曲约束钢板剪力墙的弹性层间位移角不宜大于1/250，采用钢管混凝土柱时不宜大于1/300；组合剪力墙弹性层间位移角不宜大于1/400。在罕遇地震作用下，非加劲钢板剪力墙、加劲钢板剪力墙、屈曲约束钢板剪力墙的弹塑性层间位移角不宜大于1/50；组合剪力墙弹塑性层间位移角不宜大于1/80。

在均布水平荷载作用下，钢框架-剪力墙结构楼层的总剪力是按三角形分布的。剪力墙在下部承受大部分剪力，往上迅速减小，到上部可能出现负剪力；而框架的剪力在下部很小，向上层剪力增大，在结构的中部大约距结构底部 $0.4H \sim 0.8H$ 处（H 为结构总高）达到最大值，然后又逐渐减小，但上部的层剪力仍然相对较大，见图4-32。

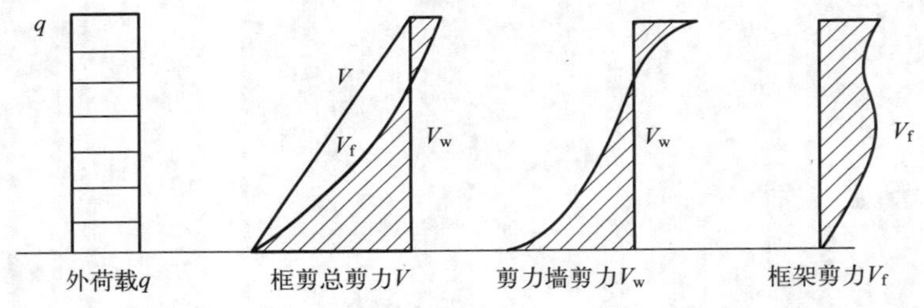

图4-32 框架-剪力墙结构受力特点

框架剪力 V_f 与剪力墙剪力 V_w 的分配比例随截面所在位置的不同而不断变化。其中，剪力墙在下部受力较大，而框架在中部受力较大，所以设计框架-剪力墙结构时应着重于结构底部和中部的设计。

尽管外荷载所产生的总剪力应该等于零，但框架和剪力墙的顶部剪力均不为零。它们大小相等、方向相反，这是由于两者相互间在顶部有集中力作用的缘故。

在框架结构中，各层剪力按柱的抗侧刚度在各柱间分配。在剪力墙结构中，层剪力按各片墙的等效抗弯刚度在各片墙间分配。但在框架-剪力墙结构中，水平力却要按协同工作（变形协调）进行分配。此外，框架和剪力墙之间的协同工作是借助楼盖结构平面内的剪力传递实现的，这就要求楼板应能传递剪力。因此，在框架-剪力墙结构中，楼盖结构的整体性和平面内刚度必须得到保证，尤其是在顶层，还要传递框架结构和剪力墙结构相互作用的集中剪力，从而发挥框架结构和剪力墙结构协同工作的作用。

4.2.3.3 剪力墙布置及厚度要求

通常情况下，剪力墙应设置在平面形状改变的地方，或角、端角、凹角部分，可以有效地增强扭转阻力。高层建筑楼梯、电梯室和管道井的楼板开口会严重削弱楼板的刚度，这对框架-剪力墙结构的协调有不利影响。针对这一现象，为了加强薄弱部位，工程设计时会在相应部位布置钢板剪力墙，如在楼梯、电梯竖井、竖井管轴等部位布置剪力墙都起到了很好的效果。适用于现浇钢筋混凝土楼板时，剪力墙间距取 $L/B=2\sim4$；适用于装配式整体钢筋混凝土楼板时，剪力墙间距取 $L/B=1\sim2.5$。原则上，建筑物的高度越高，其取值就要越小。

在框架-剪力墙结构中，剪力墙的边界应由梁（或侧梁）和端柱组成。在抗震设计中，通常一级、二级剪力墙底部加固部分的厚度都不得小于 1/16 的层高，且不得小于 200mm；其他小于 160mm，不应低于 1/20 层的高度。隐蔽梁的宽度应与墙体一样厚，其高度可以是墙体厚度或框架梁截面的 2 倍。框架-剪力墙结构中框架柱的截面应与同层其余框架柱的截面相同，并满足框架柱的设计要求。

4.2.4 设计实例

4.2.4.1 工程概况

某项目为高层住宅项目，地上 16 层，地下 1 层，地上总建筑面积 4300m^2。层高为 3.0m，结构高度为 48.15m，宽度为 14.40m，结构高宽比为 3.34，装配率为 93.5%。其主体结构采用以装配式框架-剪力墙结构系统，楼面系统采用装配式预应力混凝土钢管桁架叠合板，楼梯采用装配式混凝土预制楼梯，外墙采用“外挂内嵌”装配式混凝土外墙，内隔墙采用蒸压加气混凝土轻质隔墙。图 4-33 为项目建筑效果图。

图 4-33 项目概况及建筑效果图

4.2.4.2 建筑与结构设计

(1) 建筑设计

本项目采用一种标准套型基本模块。基本模块满足大空间布置方案，具有改造的可变性、组合的灵活性、部件部品的通用性。标准化程度高，平面简单规整，整体形体和部件布置较规则，可以实现减少预制构件的类型，达到经济合理的要求。图 4-34 和图 4-35 分别为项目标准层平面图和建筑平面标准化设计图。

本项目的安全等级为二级，地基基础设计等级为甲级，结构设计使用年限 50 年，建筑物的耐火等级为一级，抗震设防烈度 6 度，基本地震加速度：0.05g，设计地震分组为第一组，建筑场地类别为Ⅳ类。多遇地震作用下弹性层间位移角按照 1/600 进行控制，大震作用下弹塑性层间位移角按照 1/100 进行控制。

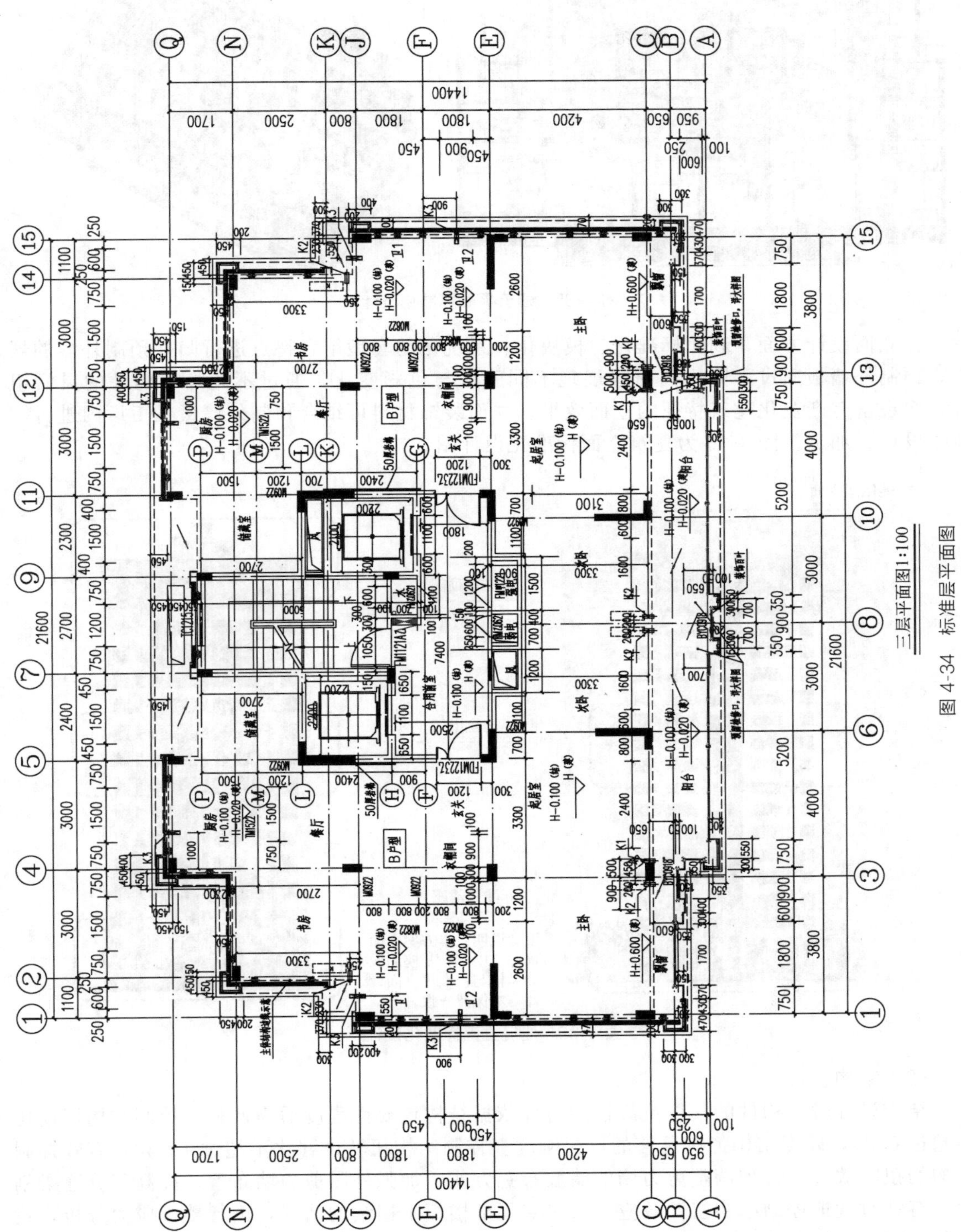

三层平面图1:100

图 4-34　标准层平面图

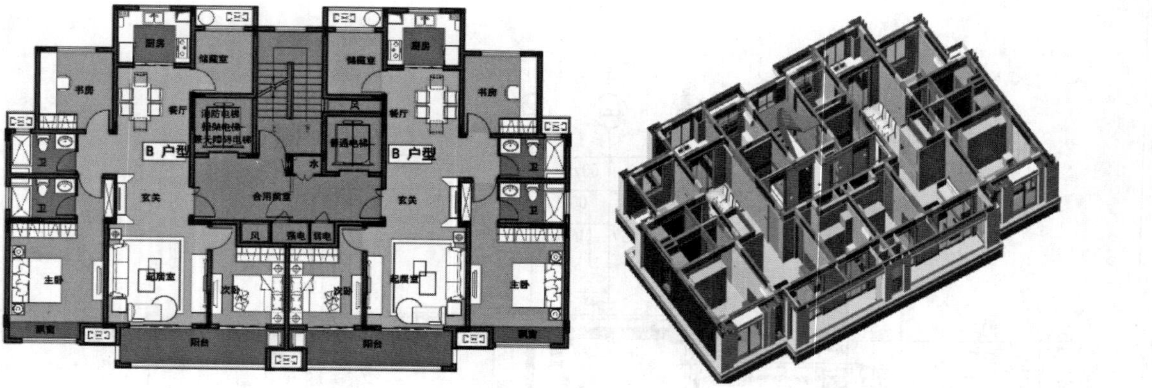

图 4-35　建筑平面标准化设计

在立面设计方面，利用标准化、模块化、系统化的套型组合特点进行归并预制外墙的规格，预制外墙板通过不同饰面材料展现不同肌理与色彩变化，通过不同外墙构件的灵活组合，实现富有产业化建筑特征的立面效果。立面装饰材料可结合预制外墙板在工厂内进行一体化设计、加工。图 4-36 为建筑立面标准化设计图。

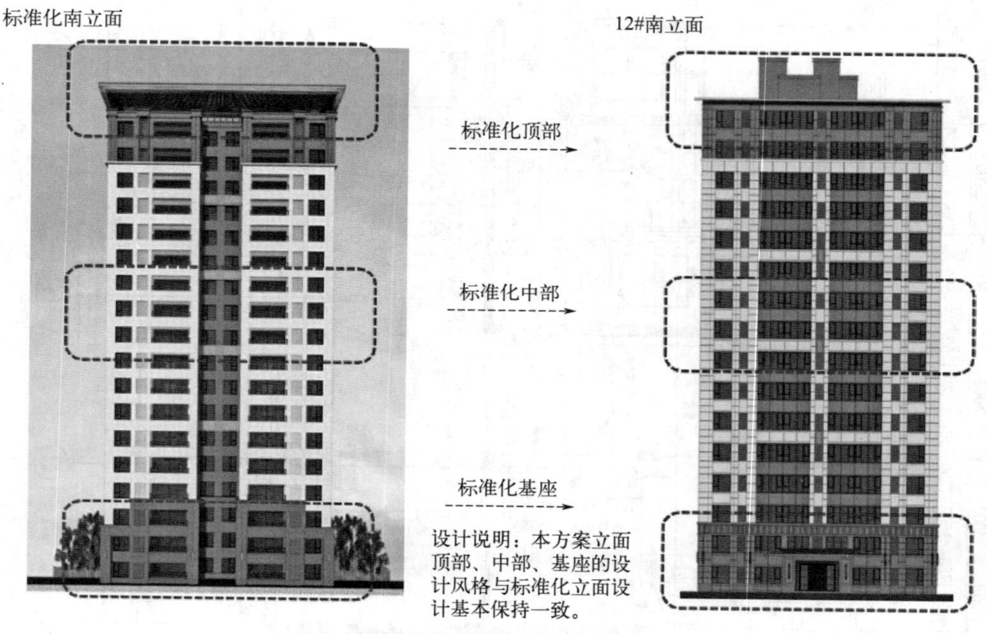

图 4-36　建筑立面标准化设计

（2）结构设计

结构设计时，构件的具体抗震性能目标依据结构重要性程度适当调整，控制结构周期比不超过 0.85，确保结构拥有足够的抗扭刚度。控制结构扭转位移比不超过 1∶40，有效抑制结构的扭转效应。合理调整剪力墙的墙肢布置方式，加强外围剪力墙布置，提高部分连梁刚度，有针对性地控制结构扭转效应。对二层局部楼板不连续的情况，进行楼板应力分析，找出薄弱区域，针对性地提出措施。

采用 YJK、ETABS 软件分别建立结构整体模型并进行动力分析。结果显示：在罕遇地震作用下，结构 X 方向最大顶点位移为结构总高的 1/159，结构 Y 方向最大顶点位移为结构总高的 1/214。结构在整个地震作用过程中未发生倒塌。

装配式混凝土外墙板通过多个焊接于主体结构的挂点连接，上挂点位于钢梁下翼缘，主要起拉结作用；下挂点位于钢梁上翼缘，主要承受墙板重力。待墙板安装调试完成后，下挂点部位会连同楼板叠合层一起浇筑，连接更加稳定可靠。墙板各个挂点协同受力，形成安全可靠的连接节点，见图 4-37。

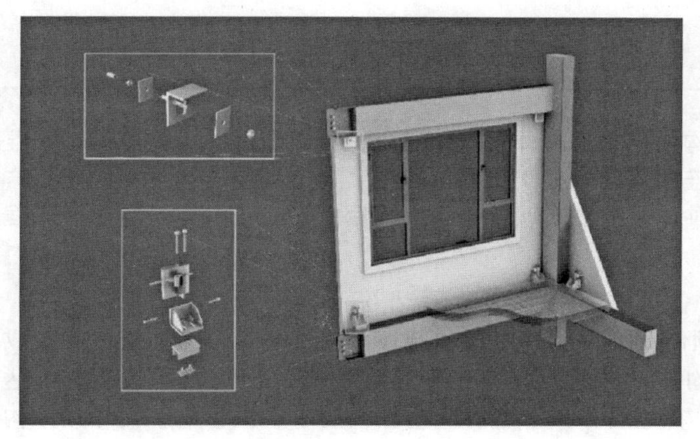

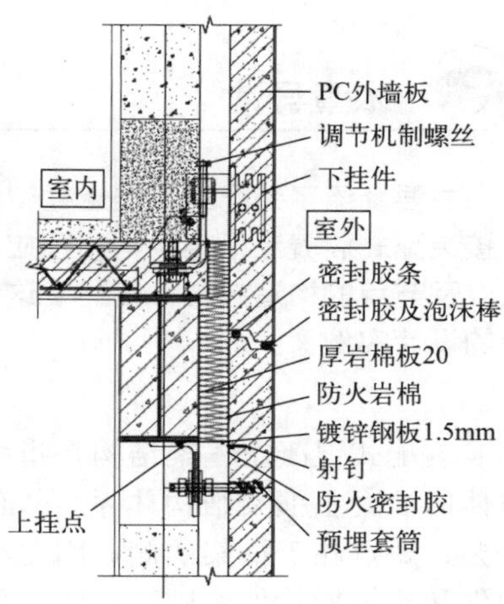

图 4-37 外挂墙板连接

本结构构件类型简单，构件拆分合理，构件模具重复使用率高，遵循少规格、多组合的原则，符合标准化设计。

思考题

1. 装配式钢框架-侧向支撑结构体系相比普通装配式钢框架结构的优点体现在哪？
2. 装配式钢框架-支撑结构中，支撑有哪些类型，有什么优缺点？
3. 装配式钢框架-支撑结构中，支撑的连接方式有哪些？请选一种画出简图。
4. 屈曲约束钢板剪力墙主要由哪几部分组成？
5. 请简述装配式钢框架-剪力墙结构体系的受力特点。

第5章 装配式混凝土框架结构

本章导读

主要介绍了装配式混凝土框架结构常用的三种体系，即装配整体式混凝土框架结构、螺栓连接装配式混凝土框架结构和预应力连接装配式框架结构；概括了这三种结构体系中的施工方法以及节点的构造方法；阐述了这三种体系的基本设计要点；最后针对这三种体系给出了工程中的设计实例。

装配式混凝土框架结构是指由预制梁、预制柱以及预制板等构件通过可靠连接方式形成整体的混凝土框架结构体系。该结构体系的优点在于工业化程度高，预制构件的比例可达80%；缺点在于框架的侧向刚度小，在地震作用下容易产生较大的水平位移，从而导致结构构件和非结构构件的破坏，因此采用装配式混凝土框架结构体系一般楼层不宜过高，在抗震设防烈度6～8度时，房屋最大适用高度分别为60m、50m、40m以及30m。

装配式混凝土框架结构根据连接方式的不同可分为全装配式混凝土框架结构和装配整体式混凝土框架结构。其中，装配整体式混凝土框架结构的预制构件采用灌浆套筒、后浇混凝土等“湿式连接”方式进行连接。这种结构的抗震性能与现浇混凝土框架结构接近，被称为“等同现浇”装配式混凝土框架结构。全装配式框架结构的预制构件则通过螺栓、焊接、预应力等“干式连接”方式进行连接。这种结构具有预制率高、施工速度快的优点，其抗震性能往往与现浇混凝土框架结构有较大差别，属于“非等同现浇”装配式混凝土框架结构。本章主要介绍工程中常见的装配整体式混凝土框架结构，以及两种采用不同干连接方式的全装配式混凝土框架结构，即螺栓连接装配式混凝土框架结构和预应力连接装配式混凝土框架结构。

5.1 装配整体式框架结构

5.1.1 结构体系简介

装配整体式框架结构发展较早，属于典型的“湿连接”范畴，经过多年的实践积累和技术改进，已经相对成熟。目前，该技术已广泛应用于各类装配式框架结构，特别是在装配式住宅楼和办公楼等领域取得了显著的成果。

装配整体式框架结构主要分为三种形式，第一种形式为梁柱构件均预制，柱与柱采用套筒灌浆方式进行连接［图5-1(a)］，梁柱节点核心区采用后浇段的方式进行连接，这种形式的装配整体式框架制作、运输等较为方便，但缺点在于节点核心区采用后浇形式，其施工质量不易保证，也容易使得该区域成为受力薄弱环节。第二种形式为梁柱节点与构件一同预制，在梁、柱构件上设置后浇段进行连接［图5-1(b)］；第三种形式为基于三维构件形式，采用双T形或双十字形构件［图5-1(c)］，采用这两种形式可以较好地保证节点核心区的受力性能，且施工现场布筋、浇筑混凝土数量较少，但缺点在于构件重量较大，不便于生产、运输以及安装。

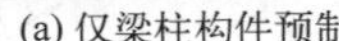

(a) 仅梁柱构件预制

(b) 节点与构件一同预制

(c) 三维构件形式

图 5-1　装配整体式框架结构典型形式

5.1.2　节点连接与构造

5.1.2.1　柱-柱连接

（1）连接概述

在装配整体式框架结构中，上下层框架柱间常采用钢筋套筒灌浆连接。在该连接方式中，通常为上柱下端预埋套筒［图 5-2(a)］，安装时将下柱预埋钢筋插入上部预埋套筒中，并灌入水泥基灌浆料［图 5-2(b)］。根据套筒连接方式的不同，钢筋套筒灌浆连接一般分为全灌浆式套筒［图 5-3(a)］和半灌浆式套筒［图 5-3(b)］两种方式。在全灌浆式套筒中，套筒两端均采用灌浆方式与钢筋连接；而在半灌浆式套筒中，套筒一端采用灌浆方式进行连接，另一端则采用螺纹连接等非灌浆方式与钢筋连接。

(a) 上柱预埋套筒

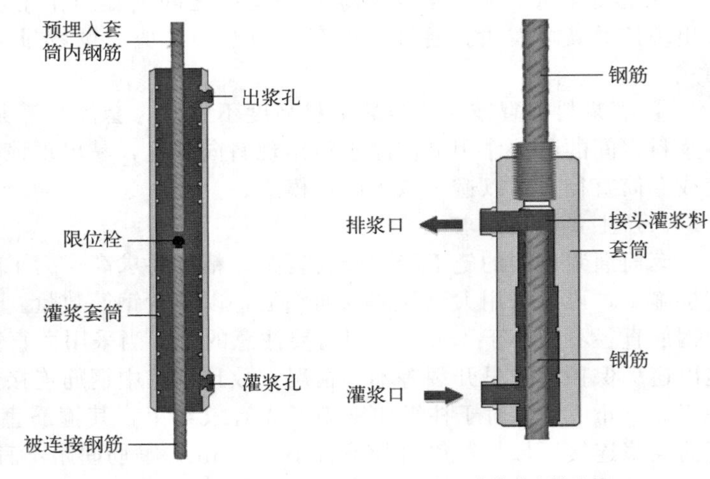

(b) 全灌浆套筒连接　　(c) 半灌浆套筒连接

图 5-2　预制柱套筒灌浆连接

（2）连接原理

钢筋与套筒的传力主要以内部灌浆料为介质进行传递。其传力原理主要由三部分构成：①钢筋（套筒内壁）与灌浆料之间的化学黏结作用，如图 5-3(a) 中 f_1；②钢筋（套筒内壁）与灌浆料表面的摩擦力，如图 5-3(a) 中 f_2；③钢筋（套筒内壁）表面肋与灌浆料之间的机械咬合力，如图 5-3(a) 中 f_3。

钢筋套筒灌浆连接中所用灌浆料应当具备一定的微膨胀性。灌浆料注入套筒内部并硬化后，由于体积的微膨胀，对于内部钢筋以及套筒筒壁均会形成径向的挤压力，如图 5-3(b)

中的 F_{n1} 与 F_{n2}，上述径向的挤压力会增强钢筋（套筒内壁）与灌浆料表面的摩擦力，以此进一步强化套筒与钢筋之间的锚固能力。

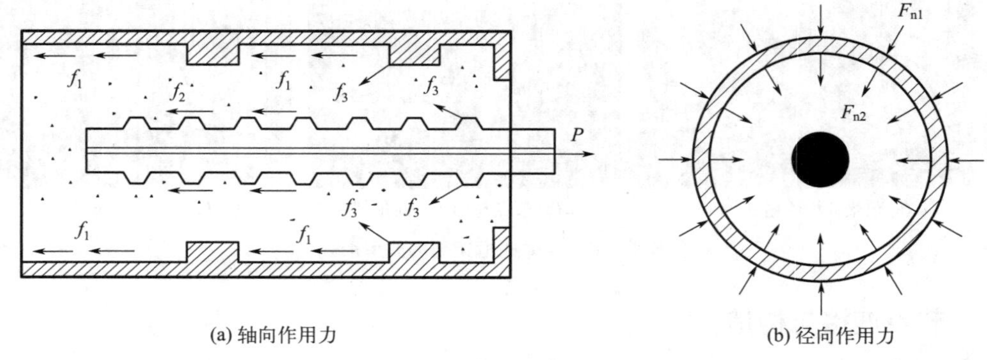

(a) 轴向作用力　　(b) 径向作用力

图 5-3　套筒连接作用力

（3）破坏形式

通常，套筒灌浆连接的破坏模式主要包含以下几种：

① 钢筋拔出破坏：当钢筋与灌浆料之间的黏结作用不足以提供钢筋所受的拉力，则容易出现该类破坏模式。通过增大钢筋锚固长度可以避免该类破坏模式。

② 套筒被拉断：当套筒强度不足时，套筒的抗拉强度不足以提供钢筋所受拉力，则易出现该类破坏模式。通过减小钢筋强度等级和直径，以削弱每根钢筋所受拉力，可以避免该类破坏模式。

③ 灌浆料拔出破坏：当灌浆料与套筒之间的黏结作用不足以提供钢筋所受拉力时，则易出现该类破坏模式。通过增加套筒内壁中的剪力键数量增强咬合力，可以避免该类破坏模式。

④ 灌浆料劈裂破坏：当灌浆料强度不足时，套筒与灌浆料之间的黏结作用以及钢筋与灌浆料之间的黏结作用易使灌浆料出现斜向裂缝，易出现该类破坏模式。通过增大灌浆料强度或套筒直径，可以避免该类破坏模式。

（4）主要构造要求

套筒灌浆连接的施工步骤较为复杂，精度要求高。为了便于节点区域钢筋布置以及钢筋连接施工，可以采用大直径的纵向钢筋，以减少钢筋数量。因此，根据规范规定，柱纵向受力钢筋直径不应小于 16mm。但需要注意的是，当采用大直径钢筋时，应当采取一定保护措施以避免保护层过早开裂等不利情况，故预制柱中钢筋连接套筒外侧箍筋的保护层厚度不应小于 20mm。为了对于柱纵向钢筋形成有效约束，其箍筋直径不宜过小，且间距不宜过大，套筒灌浆连接区域柱箍筋直径不宜小于 8mm，箍筋间距不宜大于 100mm。另外，需要指出的是，灌浆料的强度大小对于灌浆套筒连接的受力性能有较为重要的影响，因此，灌浆料强度应当满足现行规范要求。

由于套筒灌浆连接区域截面钢部件较多，其柱截面刚度和强度偏大，其余部位则相对偏小，这会使得柱底的塑性铰区域可能会上移至套筒灌浆连接区域顶部位置，需要对其进行箍筋加密，柱箍筋加密区不应小于纵向受力钢筋连接区域长度和 500mm 之和。但研究发现，当套筒上端第一道箍筋距离套筒顶部过大时，柱底部受压侧套筒顶部钢筋屈曲变形明显，易导致套筒顶部箍筋逐渐变形并最终崩开失效，因此套筒上端第一道箍筋距离套筒顶部不应大于 50mm［图 5-4(a)］，且采用半灌浆套筒时，套筒上端第一道箍筋距离套筒顶的距离不宜大于 30mm［图 5-4(b)］。

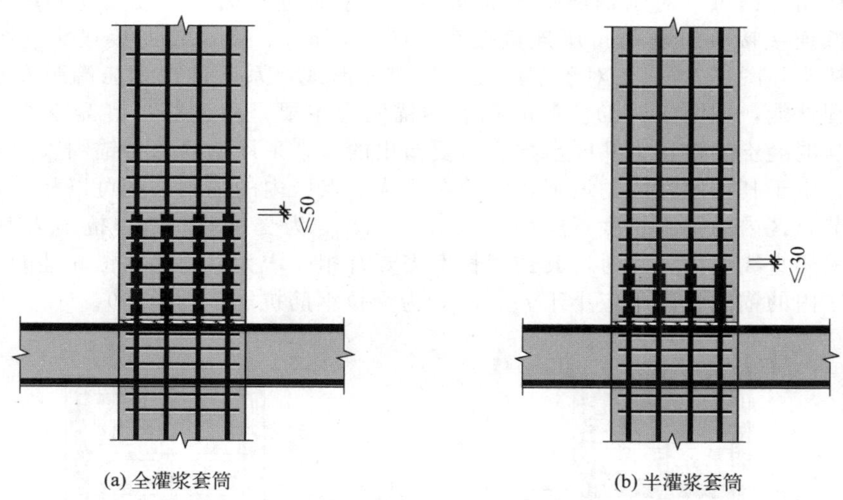

图 5-4　柱灌浆套筒节点区域构造示意图

5.1.2.2　梁-柱连接

（1）连接概述

当前，典型的梁-柱连接方式为整浇式连接，其特点是将柱-柱连接节点与梁-梁连接节点交会在一起，通过后浇混凝土形成刚性节点（图 5-5），这是一种典型的节点区现浇的“湿连接”形式。这种节点的优势是梁柱构件外形简单，制作和吊装方便，节点整体性好。在现场施工时，先将梁与下柱安装完毕，在节点处浇筑混凝土，后安装上柱，以此保证节点核心区混凝土的施工质量。节点核心区的箍筋可以采用预制焊接骨架或螺旋箍筋，梁吊装后即可放入，便于施工又能满足抗震箍筋的要求；梁底纵筋伸入柱内后采用搭接或焊接，保证了梁下部钢筋可靠锚固。

图 5-5　梁-柱灌浆套筒整浇式连接节点区域构造

（2）构造要求

在采用预制柱与叠合梁的整浇式核心区框架节点区域中，锚固方式主要包含钢筋弯折锚固［图 5-6(a)］、钢筋机械锚固［图 5-6(b)］、钢筋锚固板锚固［图 5-6(c)］和钢筋直线锚固［图 5-6(d)］。对于钢筋弯折锚固的形式，系将梁下部的纵向受力钢筋锚固在后浇节点区域内部，钢筋锚固段有 90°弯折，此时钢筋锚固力主要由钢筋与混凝土之间的黏结力以及弯起钢筋的销栓作用力提供。对于钢筋机械锚固形式，系通过机械连接接头将两端钢筋紧密咬合，常见机械连接接头有套筒挤压连接接头［图 5-7(a)］、锥螺纹连接接头［图 5-7(b)］、直螺纹连接接头［图 5-7(c)］。对于钢筋锚固板锚固形式，系通过在钢筋端头安装锚固板的方式增强锚固性能，如图 5-7(d)。此时钢筋的锚固力主要是由钢筋与混凝土之间的黏结力以及锚固板与混凝土的挤压力共同承担。需要指出的是，采用钢筋弯折锚固以及钢筋锚固板锚固形式时，由于其锚固性能的增强，钢筋在后浇节点区内的锚固长度可以相应减少，此时钢筋在后浇节点区内的锚固长度不应小于 $0.4l_{abE}$（l_{abE} 为受拉钢筋基本抗震锚固长度）；纵向受力钢筋采用直线锚固方式时，其锚固长度需要有相应增大以确保其锚固性能，此时钢筋在后浇节点区内的锚固长度不应小于 l_{aE}（l_{aE} 为受拉钢筋抗震锚固长度）。

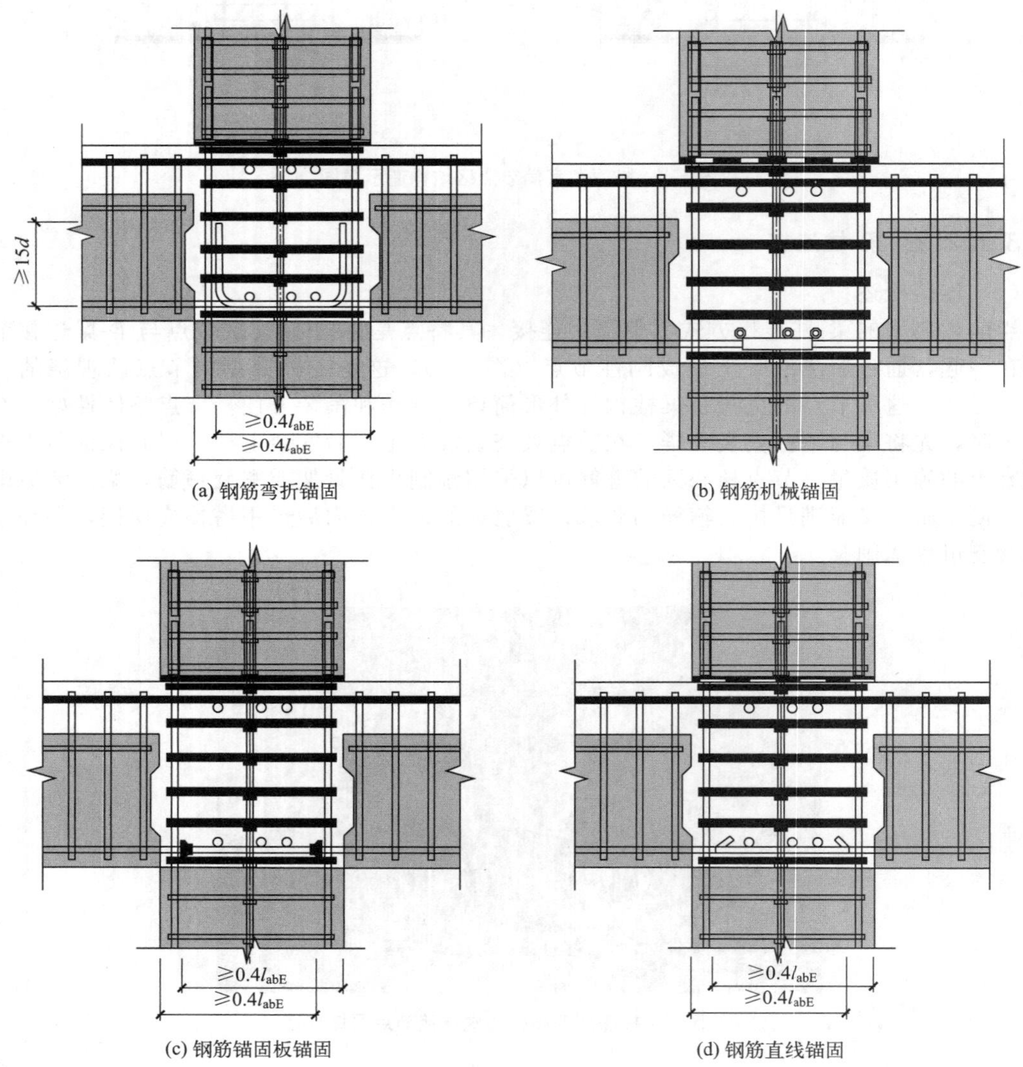

图 5-6　采用整浇式核心区框架中柱节点构造示意图

当整浇式核心区框架节点位于框架中间层边柱时，可采用的连接方式包含钢筋锚固板锚固、钢筋直线锚固和钢筋弯折锚固三种形式（见图 5-8）。与框架中间层中柱相同，对于钢筋锚固板锚固和钢筋弯折锚固，除了有钢筋与混凝土黏结力，还有锚固板与混凝土的挤压

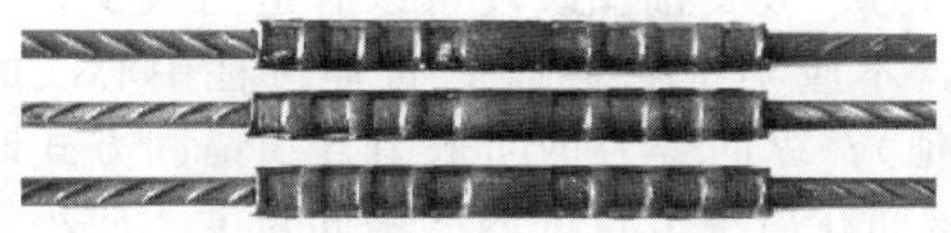

(a) 套筒挤压连接接头

(b) 锥螺纹连接接头

(c) 直螺纹连接接头

(d) 钢筋锚固板

图 5-7　机械连接接头与钢筋锚固板

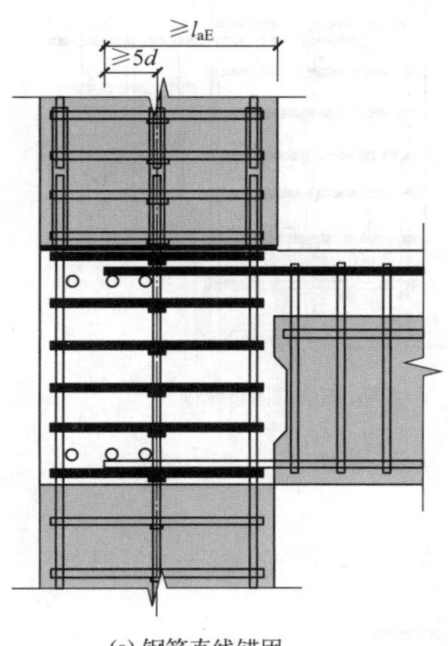

(a) 钢筋直线锚固

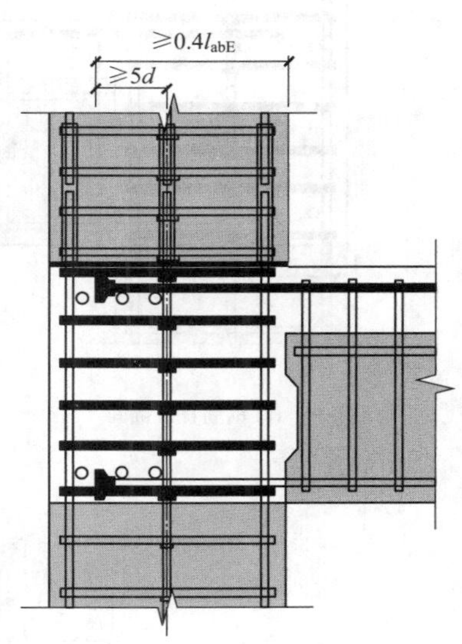

(b) 钢筋锚固板锚固

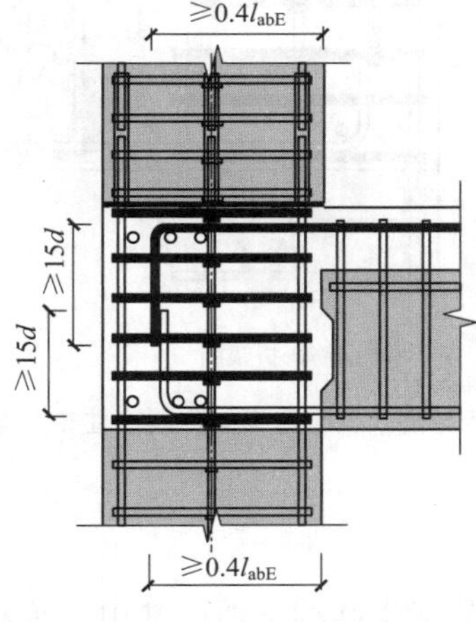

(c) 钢筋弯折锚固

图 5-8　采用整浇式核心区框架边柱节点构造示意图

力，以及弯起钢筋的销栓作用力提供其锚固作用力，故其锚固长度可以有适当减少，其锚固长度不应小于钢筋在后浇节点区内的锚固长度，不应小于 $0.4l_{abE}$；且伸过柱中心线的长度不应小于 $5d$（d 为梁纵向受力钢筋直径的最大值）；纵向受力钢筋采用直线锚固方式时，其锚固长度需要有相应增大以确保其锚固性能，钢筋在后浇节点区内的锚固长度不应小于 l_{aE}，同时伸过柱中心线的长度不应小于 $5d$。

采用预制柱及叠合梁的整浇式核心区框架节点位于框架顶层边柱时，梁端钢筋锚固做法同上。柱应当伸出屋面并将柱纵向受力钢筋锚固在伸出段内。需要指出的是，此时锚固长度不应小于 $0.6l_{abE}$，且不应小于 500mm（图 5-9）。

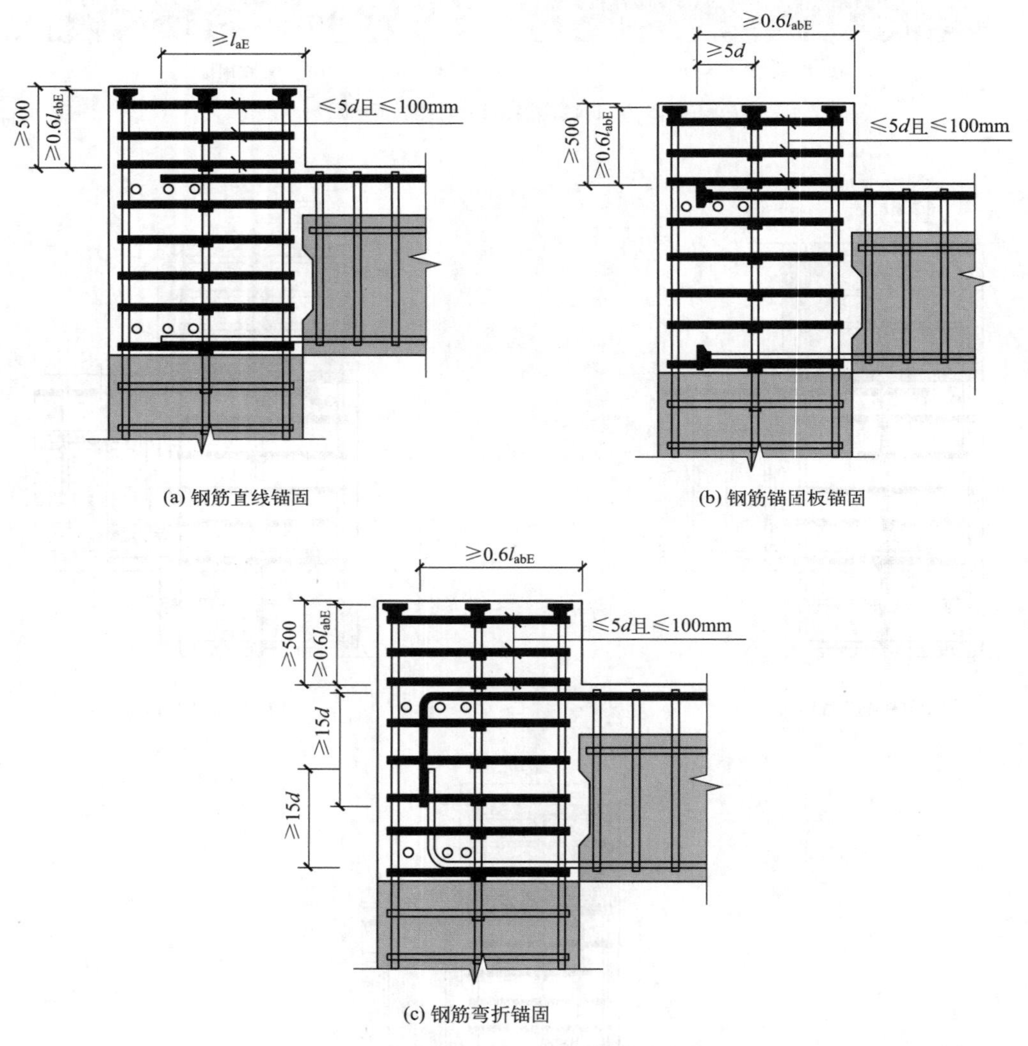

图 5-9 采用整浇式核心区框架顶层边柱节点构造示意图

5.1.3 设计要点

装配式结构的设计要点总体与现浇结构类似。其中，承载能力极限状态的设计中，构件正截面承载力应当符合现行国家标准《混凝土结构设计规范》（GB 50010）的规定。对一、二、三级抗震等级的装配整体式框架，应当进行梁柱节点核心区抗震受剪承载力验算，对四级抗震等级可不进行验算。梁柱节点核心区抗震受剪承载力验算和构造应当符合现行国家标准《混凝土结构设计规范》(GB 50010) 和《建筑抗震设计规范》(GB 50011) 中的有关规定。

叠合梁的设计应当符合国家现行标准《装配式混凝土结构技术规程》(JGJ 1) 以及《混凝土结构设计规范》(GB 50010) 的规定。需要指出的是，叠合梁梁端剪力传递机制不同于现浇结构。其中，叠合梁端竖向接缝的受剪承载力主要由四部分构成：①新旧混凝土结合面的黏结力；②预制键槽的咬合作用力；③后浇混凝土叠合层的抗剪能力；④垂直穿过结合面钢筋的销栓作用力。这里，混凝土的自然黏结作用影响因素较多，且环境、服役期限的变化对其有较大影响，故在计算中不予考虑。因此，对于持久设计状况，叠合面两端竖向接缝的受剪承载力设计值取其余三项之和，按照下列公式进行计算：

$$V_{u}=0.07f_{c}A_{c1}+0.10f_{c}A_{k}+1.65A_{sd}\sqrt{f_{c}f_{y}} \tag{5-1}$$

式中　A_{c1}——叠合梁端截面后浇混凝土叠合层截面面积，mm^2；

f_c——预制构件混凝土轴心抗压强度设计值，MPa；

f_y——垂直穿过结合面钢筋抗拉强度设计值，MPa；

A_k——各键槽的根部截面面积之和，mm^2；

A_{sd}——垂直穿过结合面所有钢筋的面积，包括叠合层内的纵向钢筋，mm^2。

在地震设计情况下，由于地震作用的往复性，对于预制键槽的咬合作用力、后浇混凝土叠合层的抗剪能力需要作相应折减。这里参考混凝土斜截面受剪承载力设计方法，折减系数取为 0.6。故在地震设计状况下，叠合面两端竖向接缝的受剪承载力设计值应当按照下列公式进行计算：

$$V_{uE}=0.04f_{c}A_{c1}+0.06f_{c}A_{k}+1.65A_{sd}\sqrt{f_{c}f_{y}} \tag{5-2}$$

对于预制柱接缝，其底部结合面的受剪承载力组成主要包括：①新旧混凝土结合面的黏结力；②粗糙面或者抗剪键槽的抗剪能力；③轴压产生的摩擦力；④纵向钢筋的销栓作用力。其中③、④是其受剪承载力的主要组成部分。在非抗震设计时，柱底剪力通常较小，不需要验算。在地震往复作用下，新旧混凝土结合面的黏结力以及粗糙面或者抗剪键槽的抗剪能力在较小的变形下即会完全丧失，故受剪承载力验算时不考虑其影响。当柱受压时，混凝土接触面摩擦系数取值为 0.8。柱底水平接缝的受剪承载力设计值应按下列公式计算：

$$V_{uE}=0.8N+1.65A_{sd}\sqrt{f_{c}f_{y}} \tag{5-3}$$

式中　N——与剪力设计值对应的接缝结合面的轴力设计值，kN。

当预制柱受拉时，没有轴压产生的摩擦力，且钢筋处于受拉状态，故需要对于其销栓作用力进行相应折减，其受剪承载力设计值应按照下式进行计算：

$$V_{uE}=1.65A_{sd}\sqrt{f_{c}f_{y}\left[1-\left(\frac{N}{A_{sd}-f_{y}}\right)^{2}\right]} \tag{5-4}$$

5.1.4　设计实例

某医院项目，建筑面积 $1.30\times10^{4}m^{2}$，占地面积 $1.44\times10^{4}m^{2}$。地下室层高为 4.8m。门、医技部分一层层高 5.1m，二至三层层高 4.5m，四层手术及设备层层高 6.5m，五至七层住院部分层高 3.9m，建筑总高度 37.9m。该工程的设计基准期为 50 年，设计使用年限为 50 年。抗震设防烈度为 7 度 (0.10g)，设计地震分组为第一组，场地土类别为Ⅳ类，设计特征周期为 0.90s，设计基本风压为 $0.55kN/m^2$，地面粗糙度类别为 A 类。建筑主体结构采用装配式整体式套筒灌浆连接框架结构，框架结构的抗震等级为二级。

(1) 建筑设计

为了解决医院建筑的复杂性和设备多样性的问题，本项目采用了功能模块化、平面标准化、户型标准化和立面标准化等设计策略。预制框架柱、预制叠合梁和预制叠合板等构件的运用大幅减少了构件开槽，集中处理降板区域用以协调建筑功能与预制率，旨在最大程度优化设计和生产流程，降低预制构件的综合工程造价。本项目建筑效果图如图 5-10 所示，建筑剖面图如图 5-11 所示。

图 5-10 某医院项目建筑效果图

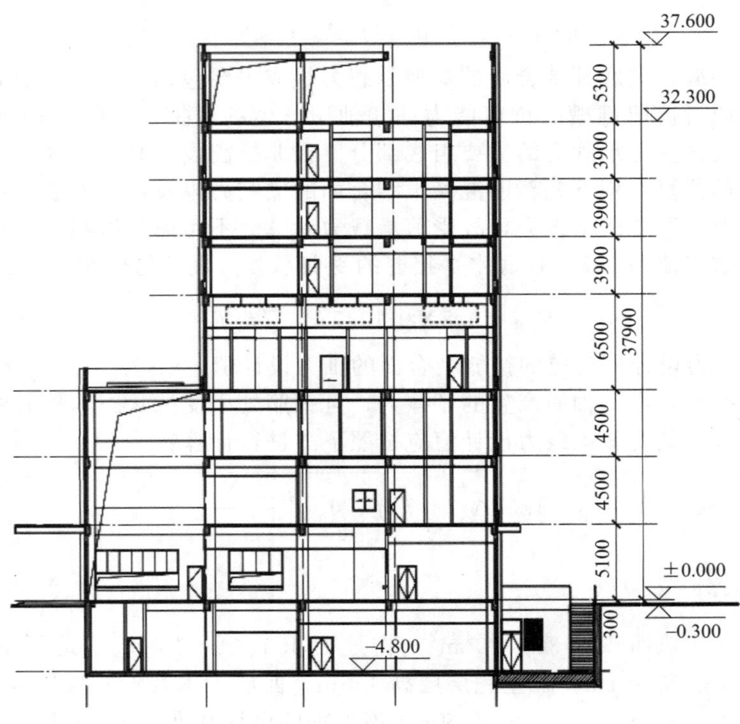

图 5-11 某医院项目建筑剖面图

(2) 结构设计

在本项目中，采用了装配整体式套筒灌浆连接结构体系。主要的预制构件包括预制框架柱、预制叠合梁和预制叠合楼板。预制框架柱使用灌浆套筒连接，为方便连接施工，采用两种预制截面尺寸，分别是 600mm×600mm 及 500mm×500mm。周围连接的横向框架梁截面尺寸为 350mm×550mm，纵向框架梁为 350mm×650mm。这样的设计旨在避免梁钢筋干涉碰撞，外圈预制框架梁外边线在预制混凝土柱外边线基础上向内偏离 50～100mm，以满足主梁钢筋在柱钢筋内侧的要求。

为了达到偏心不能大于 1/4 柱界面宽度的要求，预制框架梁取消了水平加腋，而采用了加宽梁截面的方式。这样的设计不仅满足了结构的要求，也方便了预制构件的吊装和安装施工。次梁截面尺寸为 250mm×500mm，采用少梁及单向布置，减少了主次梁接头，便于次梁的装配施工，并且更便于预制板的布置。这种结构设计和构件选择的方案，旨在最大程度地优化连接和安装施工，保证结构的稳固性和可靠性，同时提高了施工效率和质量。

在该结构中，需要进行结构降板的区域包括二层和三层中庭周围以及交通核心筒周围的楼板。为应对此需求，本项目采用了 130mm 厚的楼板，尤其是在四层高 6.5m 的区域，因设备及管线集中，设置了钢结构设备夹层，避免了在预制楼板上进行大量开洞。这样的设计确保了结构的整体性，同时有效地传递水平荷载，提高了建筑的稳定性和可靠性。本项目针对不同区域的结构需求进行细致设计，在确保结构安全的同时，也提高了建筑的功能性和适用性。本建筑的典型结构平面图如图 5-12 所示。

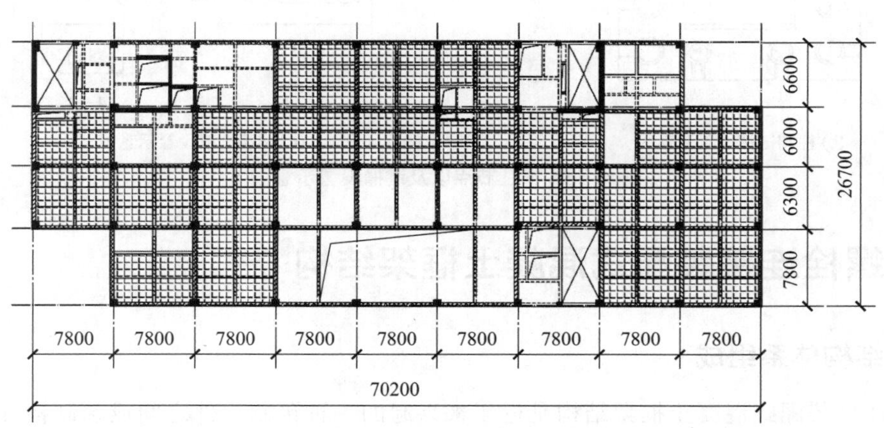

图 5-12　典型结构平面图

为确保在吊装时下柱钢筋能够顺利插入上柱的预埋套筒，对每根预制柱的钢筋进行了绑扎并预先嵌入了套筒。为稳固这些钢筋，设置了套筒钢模板，此举旨在确保吊装过程的顺畅进行，使钢筋准确插入对应的预埋套筒中。另外，根据结构计算要求，预制梁的梁底第二排钢筋并未延伸至支座内部，而是利用锚板将梁端伸出的钢筋进行锚固。这一设计减少了梁柱节点处弯折钢筋的数量，同时也便于吊装施工的进行。通过这些措施，确保了吊装过程中钢筋的位置准确，并简化了节点处理，提升了施工的便利性和效率。梁柱节点构造图如图 5-13(a) 所示。

为确保结构连接构造的整体性设计，在预制柱和预制梁的端部设置了端头键槽。此外，预制板表面采用了拉毛粗糙处理，确保其粗糙面凹凸深度不少于 4mm，且面积覆盖结合面的 80%以上。这些设计要求旨在提高结构构件之间的黏结力，确保结构连接牢固可靠，从而保证整体结构的稳定性和完整性。柱端、梁端键槽设置如图 5-13(b)、图 5-13(c) 所示。

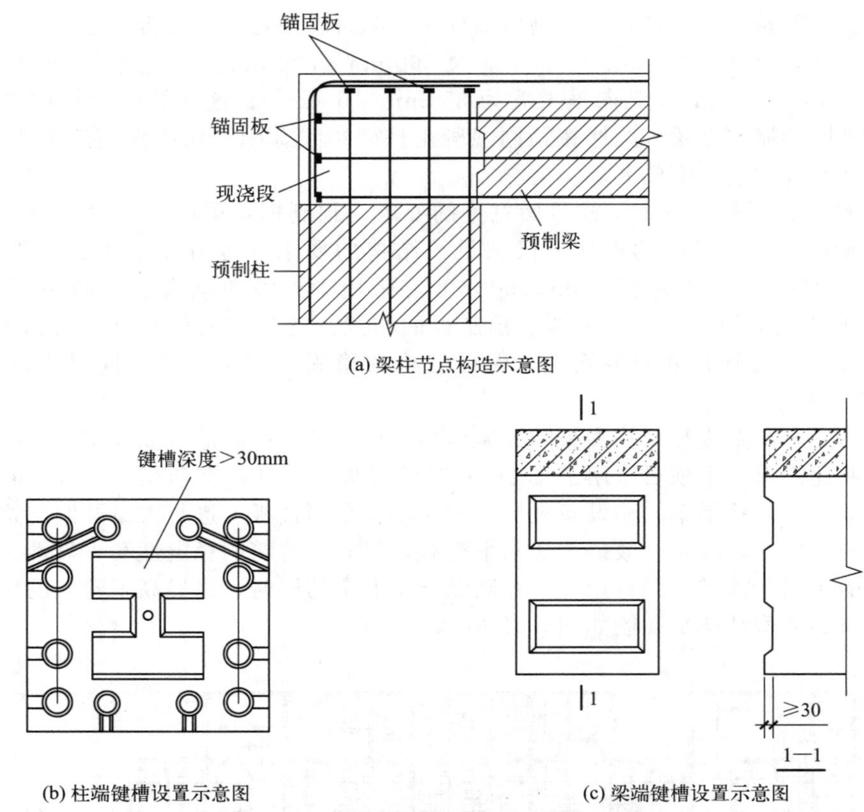

图 5-13 梁柱节点以及键槽设置示意图

5.2 螺栓连接装配式混凝土框架结构

5.2.1 结构体系组成

螺栓连接装配式混凝土框架结构是近年来兴起的一种预制构件之间或预制构件与主体结构之间的连接方式，是一种典型的“干连接”形式，其在工程理论、理论研究和规范支持方面仍处于研究发展阶段，需要更多的实践积累和深入研究。

在使用螺栓连接的装配式混凝土框架结构中（图 5-14），柱可以每一层分段预制，再通过螺栓连接器连接在一起，当建筑的结构层数较少时，预制柱可采用一柱到顶的形式，以避免分段预制并提高施工效率，增强结构整体性。梁可以采用全预制混凝土梁或叠合预制混凝土梁。预制梁与预制柱采用螺栓连接时，节点核心区可以与柱一起预制，此时预制混凝土梁在施工阶段的支撑可以采用临时性钢牛腿或永久性钢筋混凝土牛腿构造。楼板可采用全预制楼板，并采用螺栓连接器将楼板与梁进行连接。柱-柱连接和梁-柱连接均是通过预埋的螺栓连接器与构件伸出的预埋螺栓连接，故螺帽应采取紧固措施以保证连接的可靠。

5.2.2 节点连接与构造

5.2.2.1 柱-柱连接

（1）连接概述

在装配式混凝土框架结构中，螺栓连接是一种高效便捷的重要连接方式。这种连接方式

图 5-14　典型螺栓连接装配式混凝土框架结构

通常在上柱的下端角部预埋螺栓连接器［见图 5-15(a)］，同时在下柱的上端相应位置预埋锚固螺栓［见图 5-15(b)］。在安装过程中，需将上柱的螺栓连接器与下柱预埋的锚固螺栓对准并进行紧固［见图 5-15(c)］。随后，当螺栓达到设计所需的预紧力后，将水泥基灌浆料注入连接节点处［见图 5-15(d)］。柱与基础的连接方式与柱与柱的连接方法相似。

(a) 上柱预埋柱脚连接座　(b) 下柱预埋锚固螺栓

(c) 螺栓连接　(d) 节点处灌浆

图 5-15　预制柱螺栓连接

(2) 连接原理

柱-柱螺栓连接在安装阶段和使用阶段中，其受力形式存在一定差异。在安装阶段，作用在连接节点上的力是由柱自重、风荷载等引起的弯矩和剪力组成，分别如图 5-16(a) 中 $N_{\mathrm{Ed},0}$、$M_{\mathrm{Ed},0}$ 和 $V_{\mathrm{Ed},0}$。柱-柱螺栓连接在安装阶段和使用阶段的特性有所不同。在安装时，由于螺栓拧紧即可参与受力传递，但此时灌浆料尚未形成足够的强度，上下柱的内力传递主要依赖螺栓。因此，螺栓必须经过屈曲和弯曲验证，确保在安装阶段能够有效传递内力。

在使用阶段，灌浆料已达到设计强度，可以参与节点处的内力传递。此时，灌浆料和螺栓共同承担构件柱自重、风荷载等引起的弯矩和剪力［见图 5-16(b)］。这时，连接节点处的受力传递由螺栓和灌浆料共同完成。需要指出的是，为了保证在内力传递过程中灌浆料不会率先出现破坏，灌浆料的设计抗压强度必须不低于连接构件中使用的最高等级混凝土的强度，一般宜采用高强度水泥基灌浆料或超高性能混凝土（UHPC），从而确保连接的安全性。

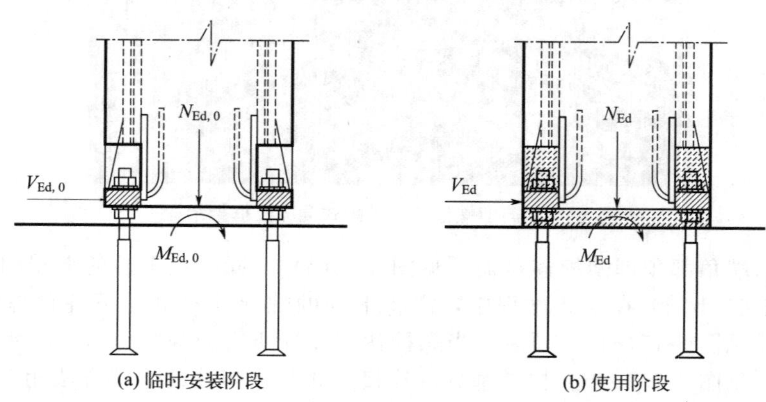

(a) 临时安装阶段　　(b) 使用阶段

图 5-16　不同阶段螺栓连接受力形式

通常，螺栓连接的破坏模式主要包含以下几种（图 5-17）：

① 螺栓拔出破坏：当预埋螺栓与混凝土之间的黏结力不足以承受螺栓的拉力时，可能发生螺栓拔出破坏［图 5-17(a)］。这种情况下，螺栓很容易从混凝土中脱落。增加螺栓的锚固长度可以避免这种破坏。

② 螺栓拉断破坏：当螺栓自身的强度不足以抵抗所承受的拉力时，可能会导致螺栓本身发生拉断破坏［图 5-17(b)］。为了避免这种情况，可以考虑增加螺栓的强度等级和直径。

③ 混凝土锥形破坏：在混凝土强度不足或者螺栓锚固长度不够的情况下，周围混凝土受到拉力时可能会出现倒锥形的拔出破坏［图 5-17(c)］。增加混凝土的强度和增加锚固长度可以防止这种破坏模式。

④ 混凝土劈裂破坏：当混凝土强度不足或者保护层厚度不够时，螺栓拔出时对周围混凝土施加的挤压力可能导致混凝土产生竖向裂缝，从而引发混凝土劈裂破坏［图 5-17(d)］。增加混凝土的强度或增加保护层厚度可以减少这种破坏模式的发生。

考虑到这些潜在破坏模式，在设计和施工阶段考虑螺栓连接需要充分考虑材料强度、尺寸、混凝土质量以及保护层等因素，以确保连接的稳固和安全。

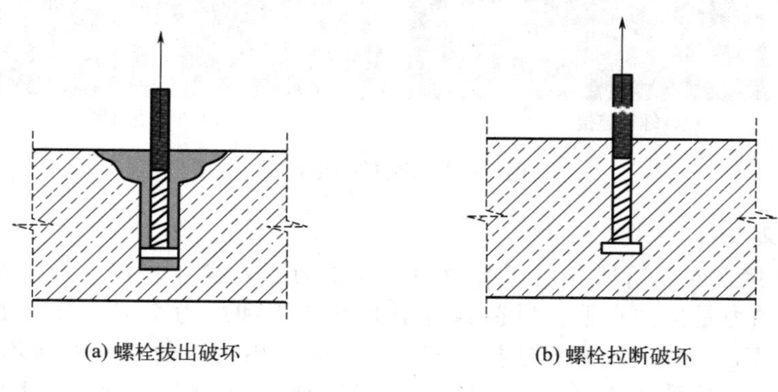

(a) 螺栓拔出破坏　　(b) 螺栓拉断破坏

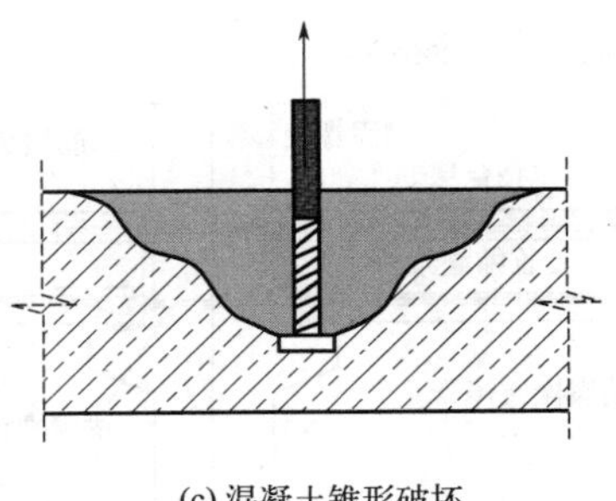
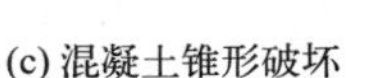
(c) 混凝土锥形破坏

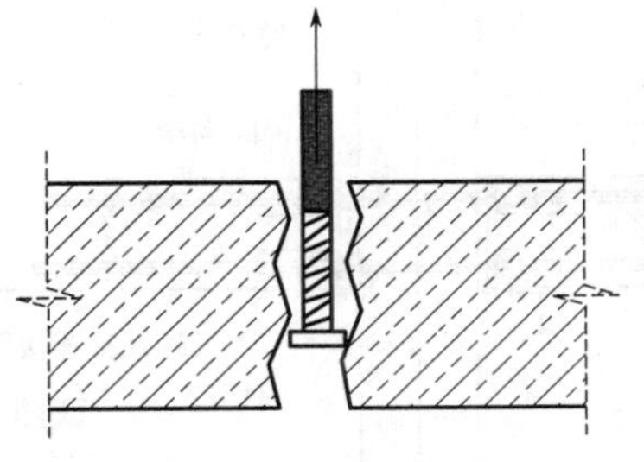
(d) 混凝土劈裂破坏

图 5-17 螺栓连接破坏模式

(3) 主要构造要求

对采用螺栓连接的装配整体式框架结构，在预制柱水平接缝处的安装过程中，需控制施工精度，因为吊装不当则容易使得螺栓出现拉力，进而影响螺栓的性能充分发挥。为增强拼缝处的抗剪承载力，拼缝处混凝土表面需要设计成粗糙面。为了方便预制柱的安装施工，柱端接缝的宽度不宜小于 50mm，并应采用灌浆料填实接缝，确保结构的稳固连接。

螺栓连接的便捷安装很大程度上依赖预埋柱脚螺栓连接器和锚固螺栓的安装精度。为保证连接的准确性和稳固性，需要控制单个螺栓和预埋柱脚螺栓连接器的定位误差在±3mm 内，以确保螺栓能够顺利安装。

为了在预制混凝土构件中实现螺栓连接节点的有效内力传递，并保证预埋柱脚螺栓连接器具备可靠的锚固性能，附近需要配置额外的附加钢筋，并将其焊接到相应的预埋柱脚螺栓连接器上。在浇筑之前，必须进行附加钢筋的检查流程，确保没有少放或漏放的情况发生。柱脚附加钢筋示意图如图 5-18 所示。

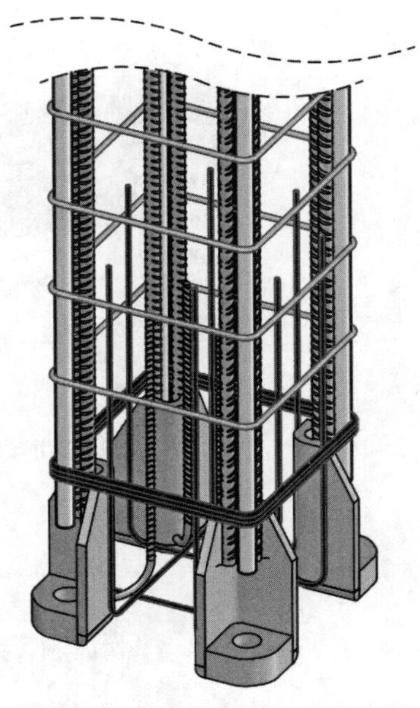
图 5-18 螺栓连接器附加钢筋示意

5.2.2.2 梁-柱连接

(1) 连接概述

全预制混凝土梁端节点连接和叠合预制混凝土梁端节点连接是梁与柱连接的两种常见方式［图 5-19(a) 和图 5-19(b)］。采用螺栓连接预制梁与预制柱时，节点核心区宜在预制阶段完成。在施工阶段，预制混凝土梁的支撑可以采用临时性钢牛腿或者永久性钢筋混凝土牛腿结构。这些支撑结构有助于在安装过程中保持梁端节点的稳定性和正确位置，确保连接的准确性和安全性。相对于核心区后浇的方式，采用螺栓连接的梁-柱节点中，预制柱无须每层分节，可以设计成多层一节，这样可以更好地满足吊装能力的要求。同时，预制梁的纵筋也不需要伸出，只需要和梁端连接座在梁内搭接连接即可，这有效提高了构件的生产、运输和安装效率。

全预制混凝土梁端节点与柱-柱连接类似，其安装方法如图 5-20 所示。首先，在柱的上端预埋带有内螺纹的套筒，并在柱内部预留牛腿，同时预埋梁端螺栓连接器［见图 5-20(a)］。安装过程中，需要将梁端螺栓连接器的孔与柱上端螺栓套筒的孔对准，然后用全螺纹杆将其拧入并进行紧固［见图 5-20(b)、(c)］。最后，在节点接缝处注入水泥基灌浆料，旨在形成稳固可靠的连接节点［见图 5-20(d)］。

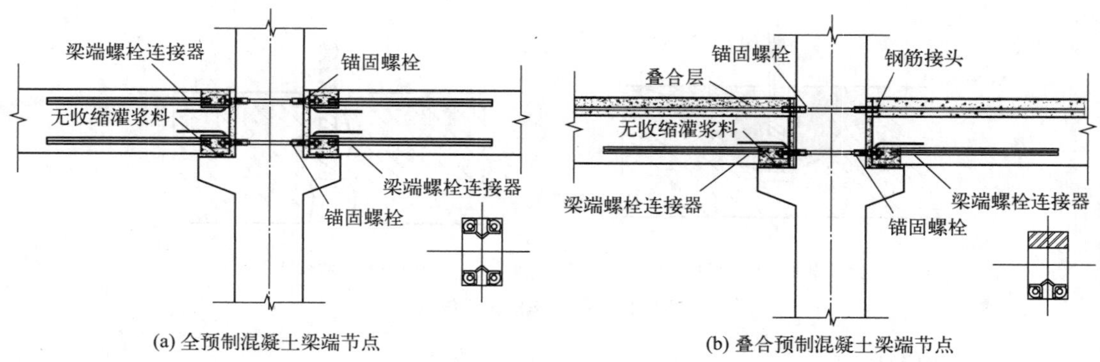

(a) 全预制混凝土梁端节点　　(b) 叠合预制混凝土梁端节点

图 5-19　采用螺栓连接的预制混凝土梁-柱节点

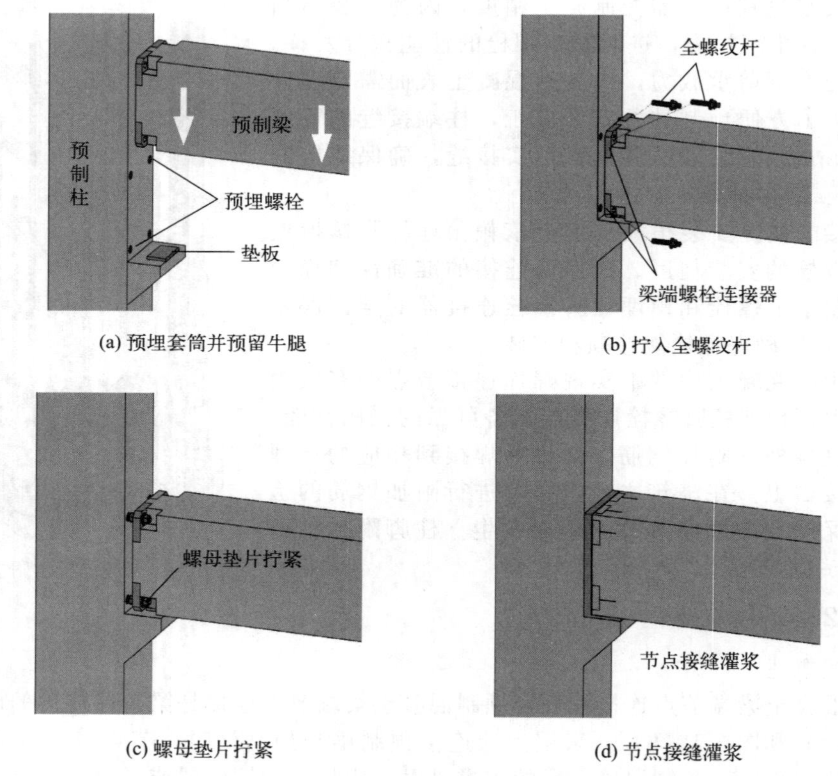

(a) 预埋套筒并预留牛腿　　(b) 拧入全螺纹杆

(c) 螺母垫片拧紧　　(d) 节点接缝灌浆

图 5-20　螺栓连接预制梁安装流程

叠合预制混凝土梁端节点与全预制节点不同，它在预制梁的下层预埋螺栓连接器并采用螺栓连接，而梁的上层后浇部分的纵筋可以采用钢筋机械接头连接预埋在柱身的螺栓。

(2) 主要构造要求

预制梁的设计应符合现行国家标准《混凝土结构设计规范》(GB 50010) 的要求，竖向接缝宜设置在梁柱交界面处，而预制梁与预制节点核心区中伸出的预埋螺栓连接，确保节点连接的可靠性，需要采取紧固措施来确保螺帽紧固。为防止螺栓拔出破坏，预制节点核心区的螺杆锚固应具备可靠性，边节点和中间节点可采用不同的连接构造。边节点可采用弯折锚固构造，中间节点可采用贯穿式连接螺栓构造（图 5-21、图 5-22）。连接座的连接方式可以通过焊接锚筋与预制梁纵筋搭接连接，或者直接将预制梁纵筋焊接在连接座上。然而，采用搭接连接时，搭接区域钢筋较多，其刚度和强度可能与其他部位不一致，可能导致梁端塑性铰区域偏移。因此，在预制梁端螺栓连接座手孔盒的上部区域需要进行箍筋加密，确保其强度和刚度的均衡，箍筋加密区长度应符合连接座与预制梁纵向钢筋搭接长度和 300mm 的较大值。为确保手孔盒处不发生破坏，预制梁端螺栓连接座手孔盒内侧端部 50mm 范围内宜设置不少于三道连续叠放的加强箍筋。这些设计和施工要求旨在确保预制梁和节点连接处的稳固性和安全性，以满足结构设计规范，并最大程度减少潜在的结构问题。

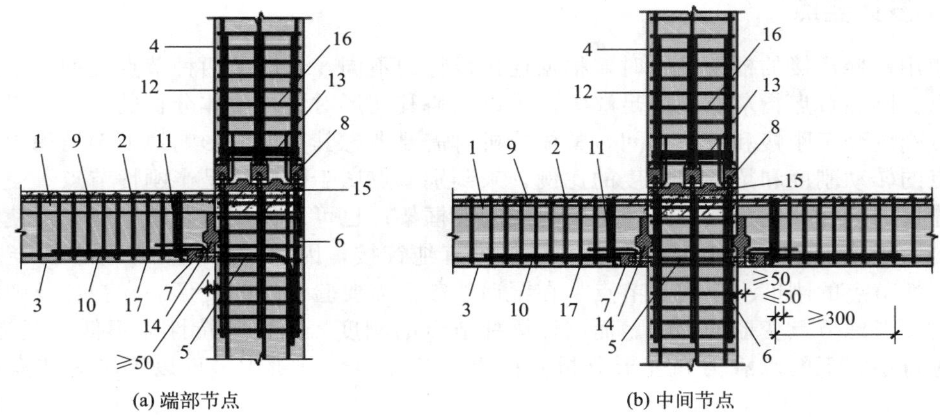

图 5-21　预制梁和预制柱螺栓连接节点示意（采用临时性钢牛腿）

1—预制板；2—现浇板；3—预制梁；4—预制柱；5—梁端连接螺栓；6—柱端连接螺栓；7—梁端螺栓连接座手孔盒；8—柱端螺栓连接座手孔盒；9—梁上端纵筋；10—梁下端纵筋；11—梁端手孔加强箍筋；12—柱纵筋；13—柱端手孔加强箍筋；14—梁端剪力键；15—柱端剪力键；16—柱加密区箍筋；17—梁加密区箍筋

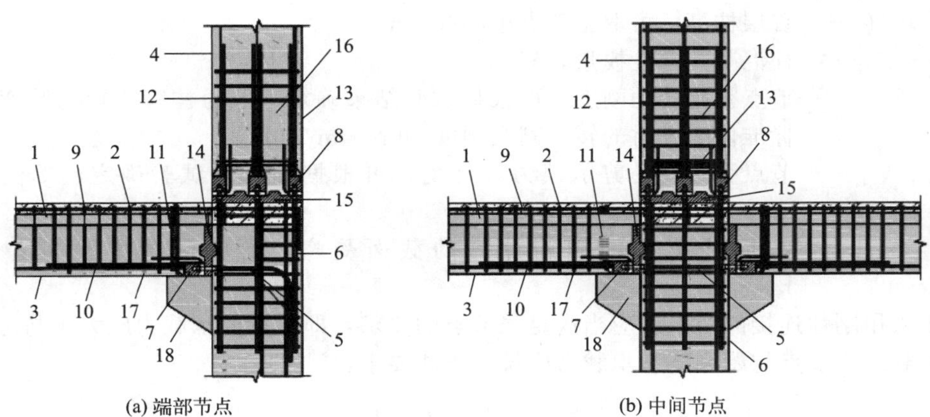

图 5-22　预制梁和预制柱螺栓连接节点示意（采用混凝土牛腿）

1—预制板；2—现浇板；3—预制梁；4—预制柱；5—梁端连接螺栓；6—柱端连接螺栓；7—梁端螺栓连接座手孔盒；8—柱端螺栓连接座手孔盒；9—梁上端纵筋；10—梁下端纵筋；11—梁端手孔加强箍筋；12—柱纵筋；13—柱端手孔加强箍筋；14—梁端剪力键；15—柱端剪力键；16—柱加密区箍筋；17—梁加密区箍筋；18—牛腿

为防止螺栓被拉断，在设计螺栓连接座及螺栓数量时需要进行计算确认。遵循强节点弱构件的原则，螺栓的抗拉承载力不应小于被连接钢筋抗拉承载力的 1.1 倍。为确保梁端受力性能，在连接座处的手孔尺寸应尽量减小，通常手孔宽度不宜超过 110mm，高度不宜超过 150mm。此外，为便于梁柱节点的安装，预制梁和预制柱的接缝宽度不宜小于 50mm，接缝及手孔盒区域应使用高强水泥基灌浆料或超高性能混凝土（UHPC）进行灌浆。为提高接缝处的抗剪承载力，预制梁和预制柱的接缝处应设置抗剪键槽和粗糙面，以符合国家标准《装配式混凝土建筑技术标准》（GB/T 51231）和行业标准《装配式混凝土结构技术规程》（JGJ 1）的相关规定。

5.2.3 设计要点

当使用螺栓连接的框架结构时，根据连接设计的不同，形成了两种节点类型：半刚性和刚性节点。刚性节点指节点刚度足够大，可以忽略其变形对结构整体分析的影响。半刚性节点指节点刚度介于刚接和铰接之间，整体分析时需要考虑其变形的影响。框架结构中，一般依据节点的转动刚度和梁的线刚度的比例，来判别节点属于刚性还是半刚性节点。使用梁端连接座连接的梁柱节点连接方式，可装配成刚性框架；也可以使用钢制暗牛腿，可使梁柱形成铰接，由于施工等不可控因素，现实中很难有纯铰接，因此，此类节点通常为半刚性节点。半刚性节点的刚度小于现浇节点，在罕遇地震下需要验证层间变形。在弹性及弹塑性分析中，需要考虑节点变形的影响。而刚性梁柱节点的刚度、延性等特性需不低于现浇节点，仅需要进行小震下的承载力和变形分析。在弹性及弹塑性分析中，可以不考虑节点变形的影响。

对于采用半刚性连接的节点，不必达到强节点的要求。节点初始刚度和承载力分别符合下列要求：

$$\begin{gathered} S_{j,ini} < 25E_c I_c / H_c \text{ 且 } S_{j,ini} \geqslant 5E_c I_c / H_c \\ M_{jR} \geqslant M_{bua} \text{ 且 } V_{jR} \geqslant \eta_{bua} \end{gathered} \tag{5-5}$$

式中 I_c——首层柱截面抗弯惯性矩，m^4；

H_c——首层柱高，可取至节点中心线，m；

E_c——柱混凝土弹性模量，MPa；

$S_{j,ini}$——节点初始转动刚度，可根据试验结果确定，取为柱脚弯矩为受弯承载力标准值 2/3 时的转动割线刚度，kN·m/rad；

M_{jR}、V_{jR}——节点受弯、受剪承载力设计值，可根据计算或试验确定，单位分别为 kN·m、kN；

M_{bua}、η_{bua}——首层柱按实配钢筋计算的截面受弯、受剪承载力，单位分别为 kN·m、kN。

对于采用刚性连接的节点，应当满足强节点的要求，即节点的承载力应大于与之相连的梁截面承载力。节点初始刚度和承载力应符合下式要求：

$$\begin{gathered} S_{j,ini} \geqslant 25E_c I_c / H_c \\ M_{jR} \geqslant nM_{bua} \text{ 且 } V_{jR} \geqslant \eta V_{bua} \end{gathered} \tag{5-6}$$

式中 η——强节点系数，抗震等级为二、三、四级时分别取 1.3、1.2、1.1。

在持久设计和地震设计状况下，在进行连接节点正截面受弯承载力计算时，可以把连接螺栓看作受拉钢筋，按照国家标准《混凝土结构设计规范》（GB 50010）的相关规定进行计算。混凝土强度取梁、柱以及接缝灌浆材料受压强度的较小值。在施工阶段，当灌浆料尚未达到强度时，节点只能依靠连接螺栓来承受弯矩和柱轴力。因此，在施工验算时，可以通过连接螺栓的拉压力和轴向间距来确定正截面受弯承载力。这种方式有助于在不同施工阶段有效评估节点的承载能力。

对于预制柱及柱脚的水平接缝，其受剪承载力主要包括以下部分：①新旧混凝土结合面的黏结力；②粗糙面的抗剪能力；③轴向压力产生的摩擦力；④连接螺栓的销栓作用力。在地震往复作用下，新旧混凝土结合面的黏结力和粗糙面的抗剪能力会较快丧失。因此，在设计受剪承载力时，仅考虑轴向压力产生的摩擦力和连接螺栓的销栓作用力，并按照下列公式进行计算：

$$V_{Ed}=nV_{Ed}^{1}+\mu N_{Ed} \tag{5-7}$$

式中　V_{Ed}——采用螺栓连接的抗剪承载力，kN；

n——螺栓数量；

V_{Ed}^{1}——单个螺栓的抗剪承载力设计值，kN；

N_{Ed}——柱轴力，压力时取正，拉力时取负，kN。

预制梁与预制柱纵向钢筋采用螺栓连接时，叠合梁端竖向接缝的受剪承载力设计值主要由 5 部分构成：①新旧混凝土结合面的黏结力；②预制键槽的咬合作用力；③后浇混凝土叠合层的抗剪能力；④垂直穿过结合面的钢筋的销栓作用力；⑤螺栓的抗剪承载力。这里，混凝土的自然黏结作用影响因素较多，且环境、服役期限的变化对其有较大影响，故在计算中不予考虑。因此，对于持久设计状况，叠合面两端竖向接缝的受剪承载力设计值取其余四项之和，按照下列公式进行计算：

$$V_{u}=0.07f_{c}A_{c1}+0.10f_{c}A_{k}+1.65A_{sd}\sqrt{f_{c}f_{y}}+nV_{Ed}^{1} \tag{5-8}$$

式中　A_{c1}——叠合梁端截面后浇混凝土叠合层截面面积，m^2；

f_c——预制构件和后浇混凝土轴心抗压强度设计值的较小值，kN/m^2；

f_y——垂直穿过结合面钢筋的抗拉强度设计值，kN/m^2；

A_k——各键槽根部的截面面积之和，按后浇键槽根部截面和预制键槽根部截面分别计算，并取二者的较小值，m^2；

A_{sd}——垂直穿过结合面所有钢筋的面积，包括叠合层内的纵向钢筋，m^2；

n——垂直穿过结合面所有螺栓的数量；

V_{Ed}^{1}——单个螺栓抗剪承载力设计值，kN。

在地震设计情况下，由于地震荷载的往复作用，对于预制键槽的咬合作用力、后浇混凝土叠合层的抗剪能力需要作相应折减，这里参考混凝土斜截面受剪承载力设计方法，折减系数取为 0.6。故在地震设计状况下，叠合面两端竖向接缝的受剪承载力设计值应当按照下列公式进行计算：

$$V_{u}=0.04f_{c}A_{c1}+0.06f_{c}A_{k}+1.65A_{sd}\sqrt{f_{c}f_{y}}+nV_{Ed}^{1} \tag{5-9}$$

对于采用永久性钢筋混凝土牛腿构造的螺栓连接梁柱节点，节点弯矩由螺栓承受，剪力由牛腿承受。应根据现行国家标准《混凝土结构设计规范》（GB 50010）或《钢结构设计规范》（GB 50017）计算牛腿受剪承载力。

5.2.4　工程实例

5.2.4.1　工程概况

某海外三栋三层酒店式公寓工程，总高度 15.6m，占地总面积达 8000m^2（见图 5-23）。然而，当地面临着劳动力匮乏、建材供应紧缺和施工水平不足等问题。如果采用传统的现浇混凝土结构，不仅造价高昂，耗时长，还将严重影响酒店运营计划。为了应对这些挑战并提高施工效率，建设方决定采用全装配式混凝土框架结构。这样构件可以在国内进行生产，并通过海运运送至现场进行组装，可以最大程度减少现场湿作业、提高施工效率、节约建设成本、缩短建设周期。

图 5-23 项目设计图

5.2.4.2 结构设计

项目位于国外某海沟地震带附近，相当于中国的 8 度半设防烈度地区，并且处于海边地带，基本风速可高达 175mph（约合 280km/h）。因此，结构需具备较好受力性能和抗震性能。综合考虑当地实际情况以及建设方需求，该项目基础采用现浇混凝土基础，主体结构采用螺栓连接装配式混凝土框架结构，楼板则采用全预制楼板。项目主体结构如图 5-24(a) 所示。

项目中，预制构件种类繁多，包括预制柱、预制梁、全预制楼板、预制楼梯和预制墙。为了减少现场作业量，隔墙也采用了预制墙的形式。多数预制构件通过螺栓连接并在接缝处进行灌浆，其中主要采用螺栓连接的节点包括柱与基础的连接节点、柱与柱连接节点以及柱与梁的连接节点。

柱与基础、柱与柱连接节点的形式详见图 5-24(b)，其中预制柱底部预埋螺栓连接座，基础或下柱柱顶预埋螺杆。在构件吊装到位后，将预埋螺杆与螺栓连接座连接并进行接缝灌浆填实。与传统核心区采用后浇混凝土的装配整体式混凝土框架结构相比，该体系的梁、柱节点核心区与柱一同预制，现场仅需进行螺栓连接和接缝灌浆，安装便捷快速。此外，由于本项目结构层数较少，部分预制柱可采用一柱到顶的形式，避免了分段预制，进一步简化了施工流程，如图 5-25 所示。柱高度为 15～35m，截面尺寸为 550mm×550mm。东西向预制框架梁的尺寸为 350mm×500mm。南北向预制框架梁的尺寸为 380mm×700mm。在南、北侧阳台位置，梁与柱采用铰接，尺寸为 380mm×500mm。梁、柱节点设计采用了暗牛腿方案，预制柱根据位置多面出牛腿。

梁与柱连接节点形式如图 5-24(b) 所示，其中在预制柱中预埋带内螺纹套筒的连接件，在预制梁中预埋螺栓连接座，待预制梁安装就位后，使用全螺纹螺杆反拧进螺纹套筒内将螺栓连接座与螺纹套筒连接，并进行接缝灌浆填实。通过这样的连接方式，节点达到了设计强度，且后续施工过程中无须对预制柱与预制梁安装临时支撑即可抵抗安装阶段的风荷载及施工荷载。这种连接系统能确保梁柱节点的刚性，使整个结构更加稳固。需要指出的是，部分梁柱节点采用铰接连接，没有采用所述连接件。在此类节点中，预制梁企口直接放置在暗牛腿弹性支垫上，并安装限位装置以防止预制梁滑落。

(a) 主体结构图

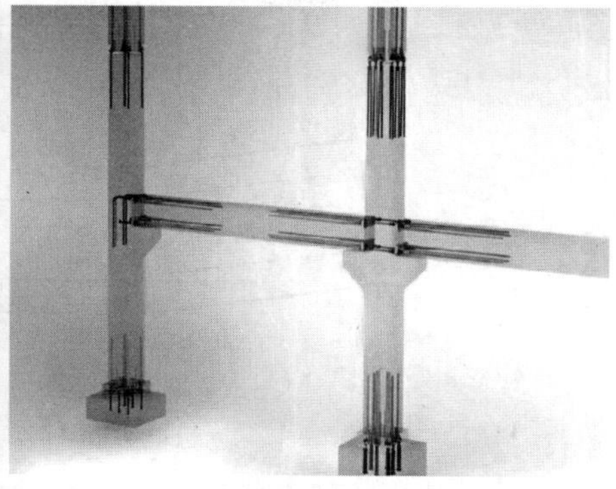

(b) 螺栓连接节点

图 5-24　主体结构图与螺栓连接节点

图 5-25　项目预制柱实景图

室内楼板的厚度为 140mm，阳台楼板的厚度为 100mm，均按单向板进行设计。这种结构设计和构件尺寸的选择旨在满足项目需求，并且在预制和现场安装过程中保持了一定的标准化，以便更有效地进行生产、运输和安装。项目的楼板采用单向板设计，板端设有钢筋环，并在节点后浇混凝土，同时预制梁顶部伸出 C 形钢筋，这样设计可以确保楼板水平力能够有效传递给预制梁。为了保证预制板板侧能够有效传递水平力并增强楼板的整体性，采用板侧预埋钢丝套绳，形成凹口。安装时，在钢筋环中放置钢筋，并进行无收缩灌浆，以确保连接牢固。

5.3　预应力连接装配式混凝土框架结构

5.3.1　结构体系组成

预应力连接装配式混凝土框架结构是一种由预制的钢筋混凝土梁和柱通过无粘结预应力筋连接成整体，同时配备特殊的耗能装置的结构体系。这种结构的典型梁-柱节点示意图如图 5-26 所示。首先，结构采用预制构件，梁和柱构件在工厂内进行支模浇筑［图 5-27(a)］以及养护，当构件强度达到设计规定后运输至施工现场进行组装和安装。

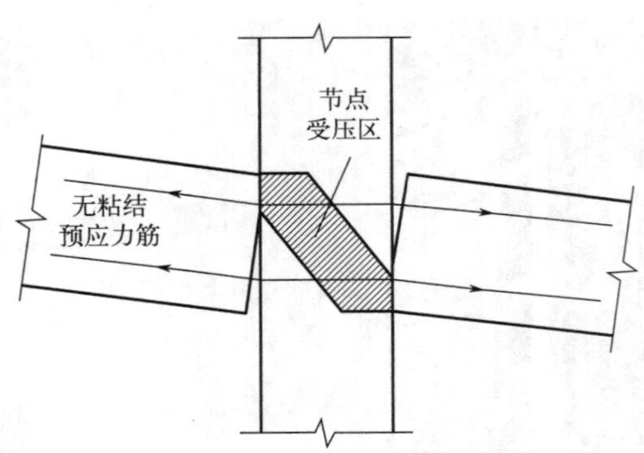

图 5-26 预应力连接装配式框架结构节点示意

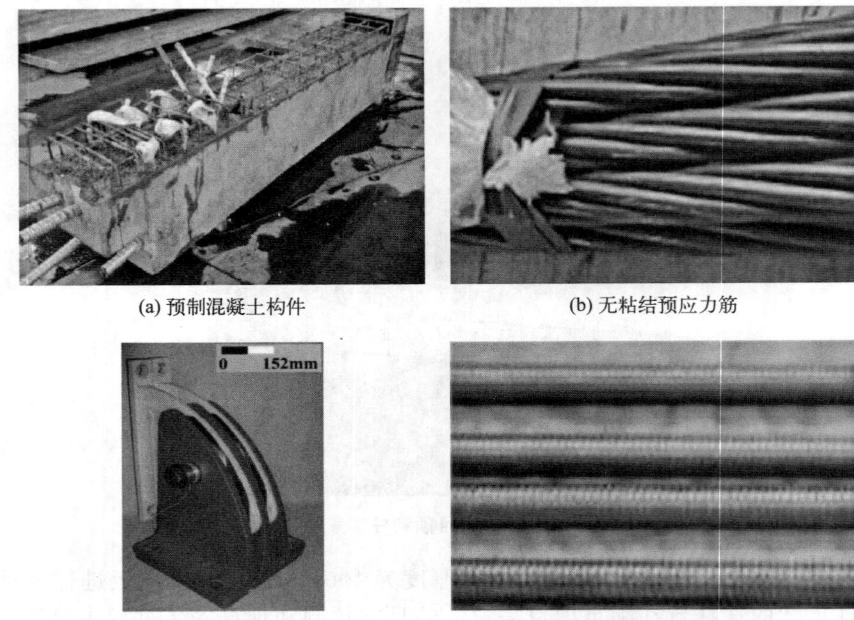

(a) 预制混凝土构件 (b) 无粘结预应力筋

(c) 摩擦型耗能装置 (d) 屈服型耗能装置

图 5-27 预应力连接装配式混凝土框架结构各组成元素

其次，结构中采用了无粘结预应力筋，这些预应力筋由钢束或钢丝构成，表面覆有无粘结材料［如图 5-27(b) 所示］。在施工过程中，通过专用张拉设备对这些筋施加预应力张拉力，使其处于受拉状态，然后将其锚固在梁柱节点的预制锚具中，起到加固和支撑作用。

最后，为了提高结构的抗震性能和减小地震对建筑物的影响，结构一般可设置附加的耗能装置（通常称作阻尼器）。耗能装置往往位于混凝土框架梁-柱节点区域，其主要功能是在地震等灾害情况下吸收和耗散能量，减小结构受到的地震荷载，从而提高建筑物的稳定性和安全性。通常有几种常见的耗能装置类型，其中摩擦型耗能装置利用摩擦片之间的滑动摩擦来吸收和耗散地震能量［图 5-27(c)］。屈服型耗能装置则利用金属塑性滞回变形来吸收和耗散地震能量［图 5-27(d)］。此外，还有黏滞型耗能装置，依靠流体通过节流孔时产生的节流阻力来吸收和耗散地震能量。

这些特点使得预应力连接装配式混凝土框架结构具备了优越的稳定性和抗震性能。在罕遇地震作用下，耗能装置可以有效地吸收和分散能量；由于有预应力筋连接，构件之间的整体性可以得到保障，使得结构能够在受力后自动恢复原状，大大减小地震对建筑结构的影响、减小结构的塑性变形、缩短修复时间、降低修复成本、提高结构的耐久性和安全性。

5.3.2　连接构造

5.3.2.1　梁-柱节点构造

鉴于建筑结构在地震发生时可能面临更大的作用力和变形，需要耗散地震中产生的能量，因此在节点设计中需要针对耗能装置的位置与设计进行考究。其中，《装配式混凝土框架节点与连接设计规程》（T/CECS 43）中设计了专用的耗能装置连接节点，适用于高度不超过 24m 的装配式框架结构的梁柱连接。这种连接节点采用了屈服型耗能装置，其设计构造可以参照图 5-28。设计要求耗能钢棒靠近结构的上下表面布置，且相对于梁截面中心上下对称，在设计中还需要保证上下耗能钢棒的横截面积相同。此外，预应力钢绞线可选集中成束布置在梁截面中心，或者直接紧贴梁截面中心。

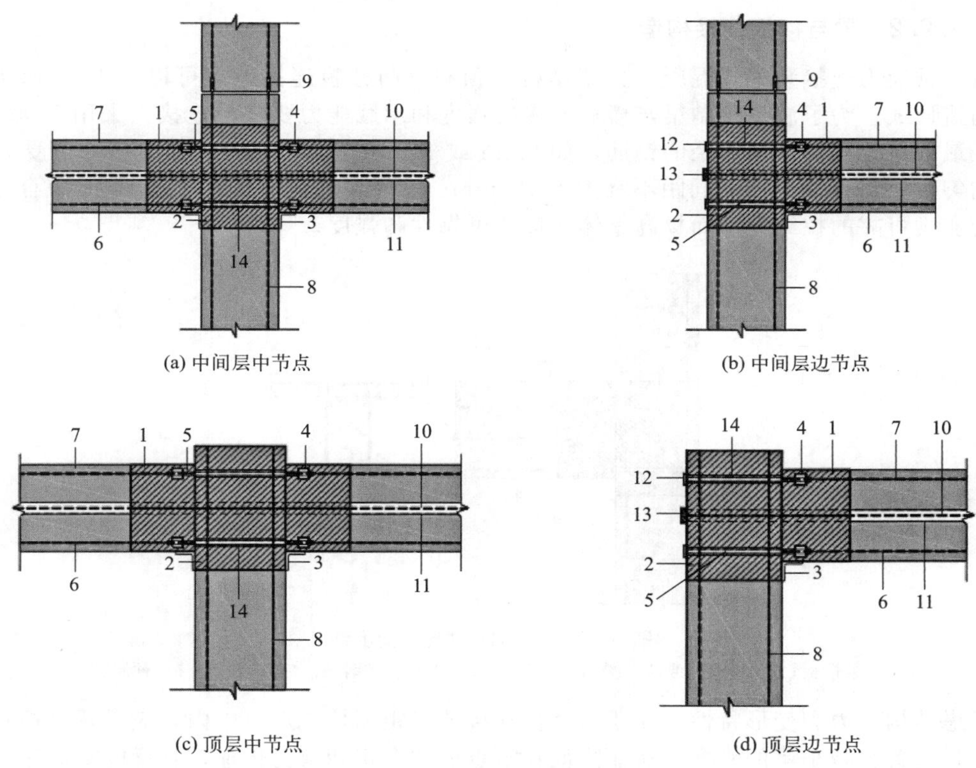

图 5-28　梁柱预应力连接耗能装置连接节点形式

1—梁钢套；2—柱钢套；3—抗剪角钢；4—焊接锚板；5—可更换无粘结耗能钢棒；6—梁下部纵筋；7—梁上部纵筋；8—柱纵筋；9—灌浆套筒；10—无粘结预应力钢绞线；11—预埋钢绞线套管；12—焊接锚板；13—预应力锚具；14—预埋耗能钢棒套管

为了保证梁柱节点在地震发生时，柱子能够提供足够的强度和刚度以保持整体结构的稳定性，柱的混凝土强度等级不宜低于梁。对于采用屈服型耗能装置的节点，考虑到钢筋混凝土结构需要具有一定延性，即在遭受地震等大幅度荷载时，结构能够以一种可控、逐渐发展的方式发生变形，不会发生突然的失稳或破坏；同时考虑到耗能装置需要具备良好的抗疲劳性以保证其长期有效地发挥作用，耗能钢棒宜采用低屈服点钢材。耗能钢棒应通过一级焊缝与梁钢套锚固，焊接承载力应大于耗能钢棒极限承载力以保障连接的强度和稳定性。耗能钢棒应在柱内约束范围内进行削弱，削弱为初始截面的内接多边形，削弱面积不小于耗能钢棒初始面积的 20%以进一步提高结构的耗能性能。为方便施工，柱内预留的耗能钢棒钢套管内径应大于耗能钢棒外径 1～2mm，壁厚应大于 2mm。

为了保证节点连接的整体强度和稳定性，建议使用薄钢板或掺加 0.1%钢纤维的高强无收缩灌浆料填充梁和柱的装配间隙。装配间隙宜保持在 20mm 至 30mm，过大或过小的间隙可能影响填充物的均匀性和性能，因此钢板或灌浆料应填充整个装配间隙。无粘结预应力筋应采用钢绞线，因其具有良好的延性和较高的强度。预应力筋的应力水平应符合国家标准《预应力混凝土用钢绞线》（GB/T 5224），极限强度标准值不应低于 1860MPa。为了有效保护钢绞线束，梁柱内预留的钢绞线钢套管应保证密封性，内径应至少大于钢绞线束外接圆直径 10mm 至 15mm。无粘结预应力筋锚固区的承载力、构造和锚具防护要求应符合行业标准《无粘结预应力混凝土结构技术规程》（JGJ 92）的规定。这些标准和要求的目的是确保节点在各种情况下都具备足够的强度和稳定性，以保障整体结构的安全性和可靠性。

5.3.2.2 梁与楼板连接构造

对于预应力连接装配式混凝土框架结构，预制梁与楼板连接节点可以采用图 5-29 中所示的构造形式。为了满足预制梁与楼板连接的强度和承载能力要求，连接宜采用 U 形钢筋，且直径最好选择楼板常用直径的钢筋，如 8mm 或 10mm。同时，为确保连接部位受力分布更加均匀，U 形连接钢筋的间距不宜大于 100mm。这样设计能够保证 U 形连接钢筋与楼板分布筋实现可靠的拉结，从而提高整体连接的可靠性和强度。

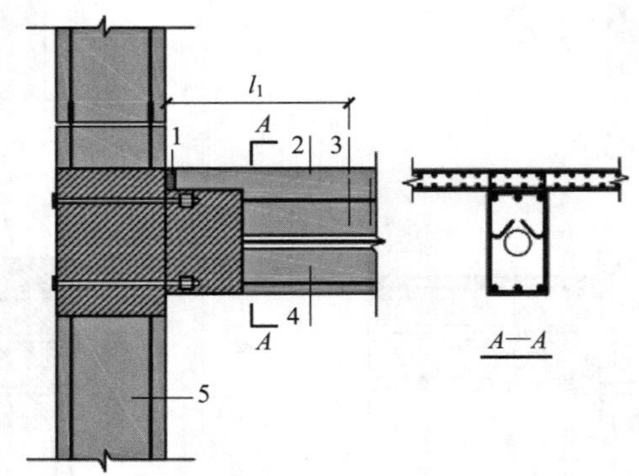

图 5-29 预制梁与楼板连接示意

1—柔性板；2—楼板（现浇或叠合式楼板）；3—U 形连接钢筋；4—预制梁；5—预制柱

考虑结构受力和变形特性，在梁与楼板连接节点距离柱一定范围内，应设置梁板脱开区域。这种设置会减小梁的刚度，从而降低在节点处的弯矩和剪力传递，且梁能在该区域内发生脱开变形，更好地适应整体结构的变形需求。为了减小节点处的局部剪力应力集中，在梁板的脱开区域内，梁与楼板交界面应设计为光滑面。另外，为了结构性能和连接稳定性的考虑，在梁板脱开区域之外，预制梁构件的顶部不仅应伸出 U 形连接钢筋，还应当设置粗糙面。这样的设计有助于提高梁板连接的牢固性和稳定性，同时改善整体结构的受力性能。楼板与梁之间无连接区段长度 l_1 应按照下列公式计算：

$$l_1=\frac{\theta_b(h+t)}{\varepsilon_y} \tag{5-10}$$

式中　l_1——不设置连接范围，mm；

t——楼板厚度，mm；

h——梁高，mm；

ε_y——楼板分布筋屈服强度标准值对应的应变。

5.3.3　设计要点

在预应力连接装配式混凝土框架结构中，多遇地震与罕遇地震作用下其连接节点表现不同。在多遇地震情况下，梁柱交界面会被全面压紧，节点保持在弹性状态；而在罕遇地震下，该交界面会反复开合，但梁柱构件不会受到严重损坏，预应力筋保持弹性，无须修复，此时耗能装置会因为随节点的变形起到消耗能量的作用。若地震超出罕遇程度 1.5 倍，梁钢套末端梁截面可能出现塑性铰，但预应力筋仍然应当保持弹性，旨在让结构不发生坍塌。

为确保结构整体性能和安全性，结构的平面布置应简单、规则，并具备良好的整体性。然而，若结构在某处的侧向刚度发生突变，可能导致该处出现较大变形并引发局部破坏。因此，结构侧向刚度在竖向应均匀变化，竖向抗侧力构件的截面尺寸和材料强度也应该自下而上均匀变化，以避免侧向刚度和承载力的突变。这些设计上的考虑能够有效减少结构在地震作用下的可能局部破坏，提高其整体的抗震性能和安全性。

在构件设计层面上，预应力连接装配式混凝土框架结构主要包含梁-柱节点设计以及梁、柱构件设计，具体如下。

5.3.3.1　梁-柱节点设计

(1) 梁-柱节点受弯承载力

预应力连接装配式混凝土框架结构在梁柱连接节点没有张开时，连接节点通常由钢绞线和耗能钢棒提供受弯承载力。具体来说，在节点处于弹性极限状态下，梁柱节点的受弯承载力与钢绞线的有效预拉力、钢棒的屈服承载力以及受压区高度有关，如公式(5-11) 以及式(5-12) 所示：

$$M_e=F_{pe}\left(\frac{h}{2}-x_e\right)+F_e(h_{ed}-x_e) \tag{5-11}$$

$$\begin{gathered} x_e=\frac{\alpha A_{ed}f_{yd}+F_{pe}}{f_y b} \\ F_{pe}=\sigma_{pe}A_p \\ F_e=A_{pe}f_{yd} \end{gathered} \tag{5-12}$$

式中　M_e——消能连接节点梁柱交界面的弹性极限受弯承载力，N·mm；

F_{pe}——钢绞线有效预拉力，N；

F_e——耗能钢棒屈服力，N；

h——梁高，mm；

x_e——梁柱交界面达到弹性极限受弯承载力时，梁钢套受压区高度，mm；

A_{ed}——节点区同一高度耗能钢棒削弱段横截面积之和，mm^2；

f_{yd}——耗能钢棒屈服强度，N/mm^2；

h_{ed}——梁上部耗能钢棒距梁底的距离，mm；

σ_{pe}——钢绞线有效预应力，N/mm^2；

第5章

A_p——钢绞线横截面积，mm^2；

f_y——梁钢套屈服强度，N/mm^2；

b——梁宽，mm。

在计算预应力连接装配式混凝土框架结构的梁柱连接节点张开角 θ_b 时，其受力简图如图 5-30 所示。由图可知，此时预应力连接装配式混凝土框架结构梁柱连接节点的受弯承载力虽然还由钢绞线以及耗能钢棒进行提供，但应考虑耗能钢棒此时已进入塑性阶段，耗能钢棒的承载力应根据钢棒的弹性模量、屈服承载力、屈服后刚度和此时的节点变形共同确定。钢绞线的承载力除本身的有效预拉力之外，还应考虑节点变形导致的钢绞线拉力。综上，其受弯承载力应按式(5-13) 以及式(5-14) 进行计算。

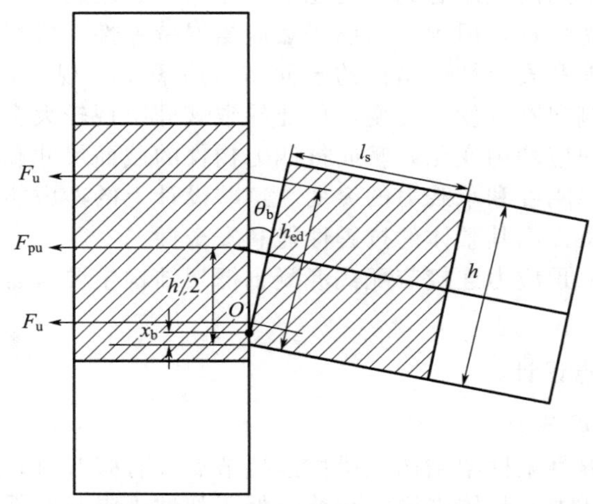

图 5-30 梁柱中节点交界面脱开θ_b后单侧抗弯承载力计算示意

$$M_u = M_{sc} + M_{ed}$$

$$M_{sc} = F_{pu}\left(\frac{h}{2} - x_b\right) \tag{5-13}$$

$$M_{ed} = F_u(h_{ed} - x_b)$$

$$x_b = \frac{\alpha F_u + F_{pu}}{f_y b}$$

$$F_u = \left[E_{ed}\varepsilon_{edy} + E_{edy}\left(\frac{h_{ed} - x_b}{l_{ed}}\theta_b - \varepsilon_{edy}\right)\right]A_{ed} \tag{5-14}$$

$$F_{pu} = F_{pe} + \frac{h - 2x_b}{l}\theta_b E_p A_p$$

式中 M_u——张开角 θ_b 时的梁柱交界面受弯承载力，N·mm；

M_{sc}——张开角 θ_b 时钢绞线提供的受弯承载力，N·mm；

M_{ed}——张开角 θ_b 时耗能钢棒提供的受弯承载力，N·mm；

F_{pu}——钢绞线在张开角 θ_b 时的拉力，N；

x_b——张开角 θ_b 时，钢套包裹的梁端受压区高度，mm；

F_u——耗能钢棒在张开角 θ_b 下产生的拉力，N；

α——节点类型系数，当节点为中节点时，$\alpha=2$，当节点为边节点时，$\alpha=1$；

ε_{edy}——耗能钢棒屈服应变；

E_{ed}——耗能钢棒弹性模量，N/mm^2；

E_{edy}——耗能钢棒屈服后刚度，N/mm^2；

l_{ed}——耗能钢棒屈服段长度，mm；

θ_b——现浇框架罕遇地震最大层间位移角，rad；

E_p——钢绞线弹性模量，N/mm^2；

A_p——钢绞线横截面积，mm^2；

l——梁跨度，单位为 mm。

考虑梁柱连接处的弯矩传递和结构稳定性，确保梁与柱之间的连接在受力时具有足够的承载能力。梁柱交界面屈服弯矩设计值（M_e）应满足下式：

$$M_e \geqslant M_m \tag{5-15}$$

式中　M_m——现浇框架节点多遇地震下的弯矩设计值，N·mm。

为确保结构能够承受并适应各种复杂的力学环境，保障其安全性和稳定性，同时考虑预应力连接装配式混凝土框架结构的梁截面几何特征和材料性能，并结合梁在其钢套末端框架区域的长度、极限屈服弯矩，梁钢套末端框架梁截面的极限弯矩标准值及屈服弯矩标准值应满足下式：

$$\begin{gathered} M_U > \frac{l}{l-2l_s} M_{bu} \\ \frac{l}{l-2l_s} M_{be} \geqslant M_u \end{gathered} \tag{5-16}$$

式中　l_s——梁钢套长度，取梁高，mm；

M_{bu}——梁钢套末端框架梁截面极限弯矩标准值，N·mm；

M_{be}——梁钢套末端框架梁截面屈服弯矩标准值，N·mm。

（2）梁-柱节点受剪承载力

梁柱交界面的抗剪性能是确保梁柱连接节点在受到外部荷载时能够有效地承担和传递剪力、维持结构整体稳定性的关键。这里，在预应力连接装配式混凝土框架结构的梁柱交界面张开前，其受剪承载力仅考虑钢绞线有效预拉力影响下带来的摩擦力，且按下列公式计算：

$$V_e = F_{pe}\mu \tag{5-17}$$

式中　V_e——梁柱交界面在未张开时的受剪承载力，N；

μ——梁柱钢套交界面摩擦系数，取0.3。

梁柱交界面张开后，其极限受剪承载力受到耗能钢棒和钢绞线共同作用的影响，应按下列公式综合评估梁柱交界面在张开后的抗剪性能，且相关材料参数取标准值：

$$V_u = (\alpha F_u + F_{pu})\mu \tag{5-18}$$

式中　V_u——梁柱交界面极限受剪承载力，N。

为确保预应力连接装配式混凝土框架结构梁柱连接的抗剪角钢在结构受力时能够稳定可靠地承担和传递剪切力，以保障整体结构的安全性和性能。梁柱交界面抗剪角钢受剪承载力应按下列公式计算，且应大于未张开时的受剪承载力 V_e：

$$V_s = \tau_f h_w \sum l_w \tag{5-19}$$

式中　V_s——梁柱交界面抗剪承载力，N；

τ_f——抗剪角钢焊缝抗剪强度设计值，N/mm^2；

h_w——抗剪角钢焊缝计算厚度，mm；

$\sum l_w$——抗剪角钢焊缝总计算长度，mm。

5.3.3.2 梁、柱构件设计

在预应力连接装配式混凝土框架结构中，梁柱构件的承载能力计算应参考装配整体式框架中梁柱在不同荷载工况下的最不利组合内力，分别考虑施工和使用阶段的情况，选择较大值用于配筋。此外，其承载能力的计算和结构构造应符合国家标准《混凝土结构设计规范》（GB 50010）的相关规定。设计和构造需遵循国家标准的规范要求，以确保梁柱构件在各个工况下的承载性能和结构稳定性均能得到合理保证。

5.3.4 工程实例

预应力连接装配式框架结构在经历数十年的发展后，已从实验室研究迈向实际工程应用。其在多个地震高烈度的国家和地区已有实际工程应用案例，对于推广预应力连接装配式框架结构起到了重要的示范作用。以下是几个代表性的工程案例。

（1）惠灵顿维多利亚大学教学楼

新西兰在预应力连接装配式混凝土框架结构领域展开了一系列工程应用。以惠灵顿维多利亚大学教学楼为例，其短轴方向设有 6 榀预应力连接装配式混凝土框架。这些框架的梁柱连接采用了水平布置的后张预应力筋，框架柱与基础之间则采用竖向布置的后张预应力筋，图 5-31 为惠灵顿维多利亚大学教学楼实景图。同时，该建筑引入了可替换的外置耗能装置，通过螺栓与预制框架梁和柱连接，实现结构的耗能特性。预应力连接技术的成功应用，不仅提高了建筑结构的抗震性能，还为结构的损伤控制和维护提供了解决方案。

图 5-31 惠灵顿维多利亚大学教学楼

（2）新西兰南岛红十字医院

新西兰南岛红十字医院也是采用了预应力连接的装配式混凝土框架结构，总共 4 层，建于软土场地上，通过后张拉预应力筋连接框架梁柱。图 5-32 为新西兰南岛红十字医院实景图。除采用预应力筋连接外，框架梁顶部内置低碳钢筋耗能。该结构在经历过当地两次地震后并未遭受严重破坏，展现出了较好的抗震性能。该案例彰显了预应力连接装配式混凝土框架结构在医疗建筑中的成功应用，其在地震条件下的稳定性和安全性表现出色。

（3）武汉同心花苑幼儿园

2018 年 1 月建成的武汉同心花苑幼儿园项目（图 5-33）作为“高效施工”首个综合示范工程，采用了预应力连接装配混凝土框架结构体系。该建筑框架梁柱节点主要采用预应力筋连接装配混凝土梁柱连接节点，形成兼具竖向承载能力、抗侧能力和抗连续倒塌能力的装配式混凝土框架结构体系。其项目构件生产等诸多工作均在场外进行，依靠设计标准化、生产自动化、管理信息化等手段，全过程把控各类构件预制加工，大大提高了施工效率，创下了全国首个“10 天完工”的记录，并实现现场几乎“零垃圾”。

图 5-32　南岛红十字医院

图 5-33　武汉同心花苑幼儿园

（4）广州白云机场三期扩建工程周边临空经济产业园区养老院

2023 年 5 月封顶的广州白云机场三期扩建工程周边临空经济产业园区养老院项目同样采用了预应力连接装配式混凝土框架结构体系，图 5-34 为广州白云机场三期扩建工程周边临空经济产业园区养老院项目封顶图。该建筑统筹考虑结构整体性、安全性、建造效率和成本的一体化装配式结构体系，其布置灵活、适用性强，可以实现像钢框架一样的高效建造。其中框架梁采用叠合梁，其预制部分在施工现场与预制柱通过预应力钢绞线连接在一起，像安装钢框架摩擦型高强螺栓一样实现高效装配，同时依靠预压力来抵抗接触面的竖向剪力。项目整体装配率高达 85.4%，所需构件均在工厂完成生产，运到现场后直接拼装，现场无须支模、拆模等施工程序，最大程度提高现场施工效率。

图 5-34　广州白云机场三期扩建工程周边临空经济产业园区养老院

思考题

参考答案

1. 对于装配整体式框架结构，采用套筒灌浆连接时，其套筒灌浆连接的破坏模式主要有哪几种？

2. 采用预制柱与叠合梁的整浇式核心区的装配整体式框架节点区域中，钢筋的锚固方式主要有哪几种？各有什么特点？

3. 螺栓连接装配式混凝土框架结构中，柱-柱连接的施工步骤与方法是什么？

4. 对于螺栓连接装配式混凝土框架结构的预制柱及柱脚的水平接缝，其受剪承载力主要由几部分组成？在规范计算中考虑了几部分？为什么？

5. 预应力连接装配式混凝土框架结构在多遇地震与罕遇地震作用下，其节点接缝处的表现有何不同？

第6章
装配式混凝土剪力墙结构

本章导读

主要介绍了工程中常见的两种装配整体式剪力墙结构，即竖向钢筋采用套筒灌浆连接的剪力墙结构和叠合板式剪力墙结构以及一种全装配式混凝土剪力墙结构，即螺栓连接剪力墙结构；重点分析了这几种装配式混凝土剪力墙结构的节点连接与构造，并给出了结构体系的设计要点；最后通过设计实例，介绍了这几种装配式混凝土剪力墙结构体系在工程中的应用。

装配式混凝土剪力墙结构是指全部或部分剪力墙采用预制墙板构件，通过可靠的连接方式形成整体的混凝土剪力墙结构。这种结构具有无梁柱外露、楼板可以直接支撑在墙上、房间墙面和天花板平整等优势，因此在住宅、宾馆等建筑中得到广泛应用，并成为我国目前应用最广泛的一种装配式混凝土结构体系。

装配式混凝土剪力墙结构根据预制构件间连接方式不同可以分为装配整体式混凝土剪力墙结构和全装配式混凝土剪力墙。其中，装配整体式混凝土剪力墙结构是指预制混凝土墙板间采用后浇混凝土、水泥基灌浆料等湿连接方式形成整体的装配式剪力墙结构，其抗震性能与现浇混凝土剪力墙结构接近，属于“等同现浇”装配式混凝土结构。全装配式混凝土剪力墙结构则是指预制墙板间采用干连接方式形成整体的装配式剪力墙结构，属于“非等同现浇”结构，其抗震性能与现浇混凝土剪力墙结构存在一定差异。本章主要介绍工程中常见的两种装配整体式剪力墙结构，即竖向钢筋采用套筒灌浆连接的剪力墙结构（简称“套筒灌浆连接剪力墙结构”）和叠合板式剪力墙结构，以及一种全装配式混凝土剪力墙结构，即螺栓连接剪力墙结构。

6.1 套筒灌浆连接剪力墙结构

6.1.1 结构体系简介

套筒灌浆连接剪力墙是指全部或部分剪力墙采用预制墙板与叠合楼板、楼梯及阳台等预制构件，通过后浇混凝土、预埋套筒和水泥基灌浆料等方式连接形成整体的混凝土剪力墙结构体系，如图 6-1 所示。这一结构体系是近年来我国装配式住宅建筑中应用最多、发展最快的结构体系。

套筒灌浆连接剪力墙中，预制墙板常采用生产和运输较为方便的一字形墙板，如图 6-2 所示，也可结合建筑功能和结构平立面的要求采用 L 形、T 形或 U 形。建筑的外墙板通常采用图 6-2(a) 所示的预制混凝土夹心保温墙板。夹心保温外墙板由混凝土内、外叶板和中间的保温板通过保温拉结件连接而成。通常，内叶板为墙板的受力部分，外叶板仅作为保温板的保护层，不参与受力。

如图 6-3 所示，上、下层预制墙板之间拼缝处采用套筒灌浆技术进行连接。在上层预制墙板底部预埋套筒，下层预制墙板顶部预埋连接钢筋。上层墙板内的纵筋与预埋套筒间常采

图 6-1　套筒灌浆连接剪力墙结构示意图

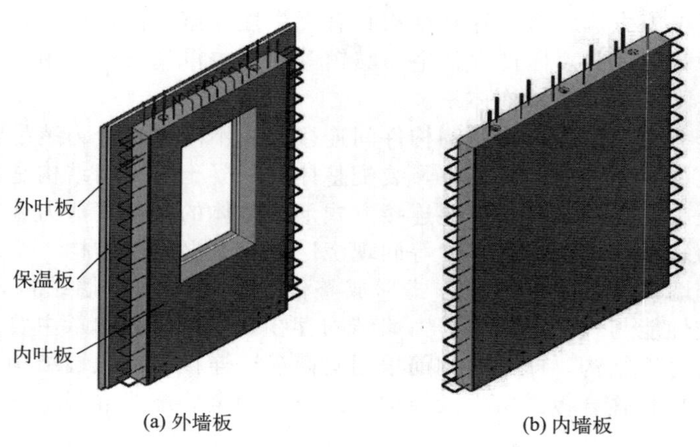

图 6-2　一字形预制剪力墙墙板

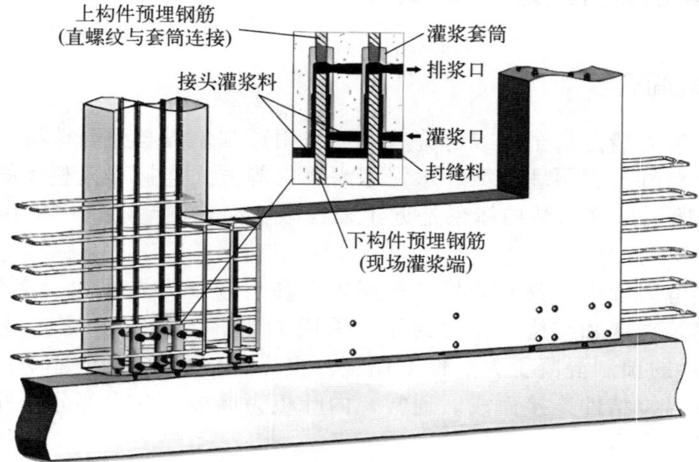

图 6-3　预制剪力墙构件间拼缝处套筒灌浆连接示意图

用直螺纹连接。墙板安装时将下层预制墙板顶部的钢筋插入上层墙板底部的套筒内，并对连接套筒予以灌浆处理，从而实现上下墙板钢筋的有效连接。楼层内相邻预制剪力墙之间则采用后浇混凝土整体式接缝连接。图 6-4 为预制剪力墙连接处施工过程照片。

(a) 剪力墙钢筋套筒灌浆连接

(b) 剪力墙后浇混凝土整体式接缝连接

图 6-4　预制剪力墙连接处施工

6.1.2　节点连接与构造

套筒灌浆连接剪力墙结构的预制墙板间的连接按照墙板所在位置可以分为预制墙板间的水平连接、竖向连接以及墙板与楼盖构件的连接等几种类型。

6.1.2.1　墙板间水平连接

墙板间水平连接是指楼层内相邻预制墙板之间的连接。为提高剪力墙结构的整体性，保证结构的承载力和变形能力，套筒灌浆连接剪力墙结构中的水平连接应采用强度不低于预制构件的后浇混凝土形成整体式连接，如图 6-5 所示。预制混凝土剪力墙与后浇混凝土的接触面需做成粗糙面或键槽面，或两者兼有，以提高混凝土的抗剪能力，如图 6-6 所示。键槽深度不宜小于 20mm，宽度不宜小于深度的 3 倍且不宜大于深度的 10 倍。键槽间距宜等于键槽宽度，键槽斜面倾角不宜大于 30°。粗糙面凸凹深度不应小于 6mm。位于同一平面内的相邻剪力墙拼接位置，后浇段的宽度不小于墙厚，且一般不小于 200mm。后浇段内应设置不少于 4 根竖向钢筋，钢筋直径不应小于墙体竖向分布筋直径，且不应小于 8mm。剪力墙水平钢筋在后浇段内可采用锚环的形式锚固（图 6-5）。对于层数不超过 6 层的多层剪力墙，后浇段内竖向

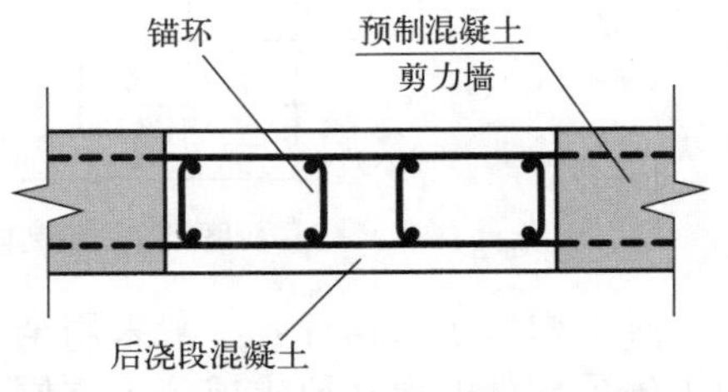

图 6-5　预制剪力墙间水平连接示意图

第 6 章

钢筋数量可以适当减少，不宜小于 2ϕ12，同时配筋率不应小于墙体竖向分布筋配筋率。

(a) 抗剪键槽

(b) 粗糙面

图 6-6 预制剪力墙与后浇混凝土间接触面

墙板间水平接缝常位于纵横墙交接处的边缘构件区域。钢筋混凝土剪力墙的边缘构件分为约束边缘构件和构造边缘构件两种。抗震等级为一、二级的剪力墙底部加强部位及相邻的上一层应设置约束边缘构件，抗震等级为一、二级剪力墙的其他部位以及三、四级和非抗震设计的剪力墙墙肢均应设置构造边缘构件。对于约束边缘构件，图 6-7 中阴影区域一般采用后浇混凝土。纵向钢筋主要配置在后浇段内，且在后浇段内应配置封闭箍筋及拉筋，如图 6-8 所示。预制墙板中的水平分布筋应伸入后浇段内足够的长度，以实现可靠的锚固。

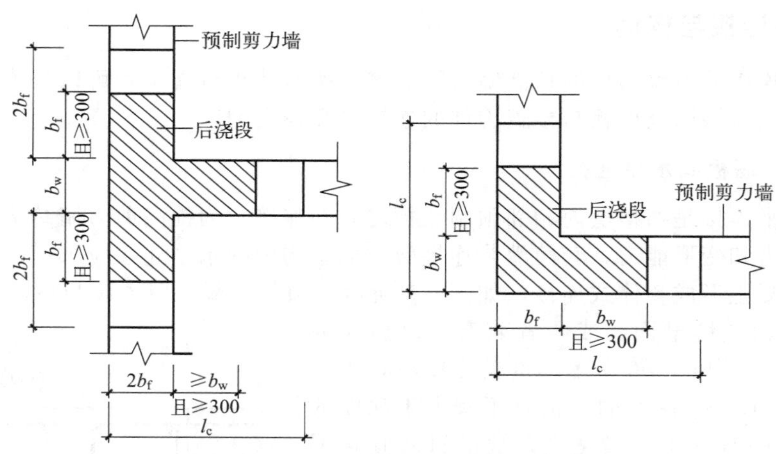

图 6-7 预制剪力墙约束边缘构件后浇范围示意图

对于构造边缘构件，一般采用全部后浇的方法，后浇范围如图 6-9(a) 中阴影部分所示。为了满足构件的设计要求或施工方便要求，构造边缘构件也可以部分后浇、部分预制。当仅在一面墙上设置后浇段时，后浇段的长度一般不小于 300mm，如图 6-9(b) 所示。此时，需要合理布置预制构件及后浇段中的钢筋，使边缘构件内形成封闭箍筋。边缘构件内的配筋及构造要求应符合现行国家标准《建筑抗震设计规范》(GB 50011) 的有关规定。

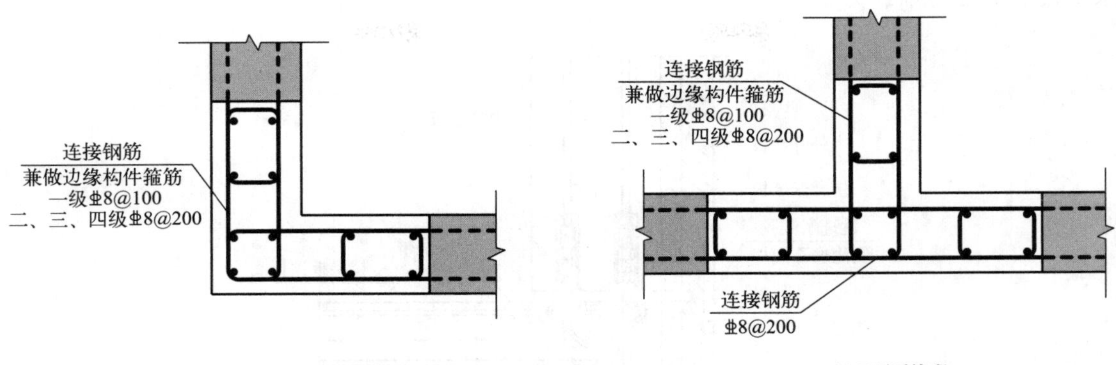

(a) L形后浇段 (b) T形后浇段

图 6-8 预制剪力墙后浇混凝土约束边缘构件配筋构造

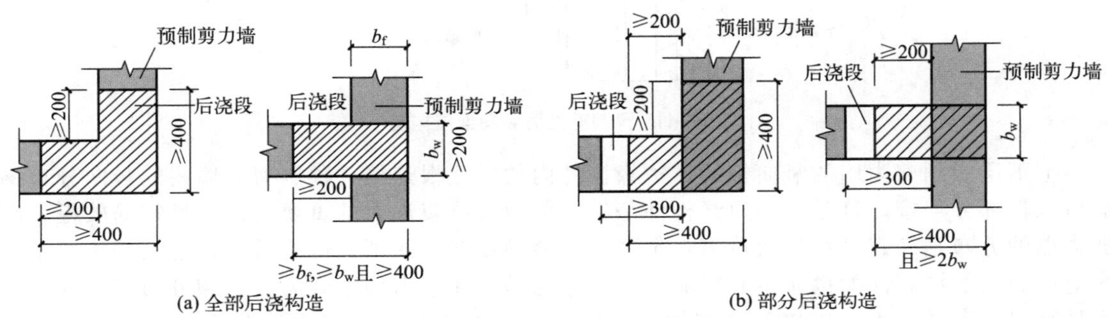

(a) 全部后浇构造 (b) 部分后浇构造

图 6-9 预制剪力墙的后浇混凝土约束边缘构件示意图

对于抗震等级为三级，6 层及 6 层以下的多层剪力墙，在预制剪力墙转角、纵横墙交接部位应设置后浇混凝土暗柱，其截面高度一般不小于墙厚，且不小于 250mm，截面宽度可取墙厚，如图 6-10 所示。后浇混凝土暗柱内应按墙肢截面承载力要求配置竖向钢筋和箍筋，且底层内纵筋不少于 4ϕ12，箍筋不少于 ϕ6@200；其他层纵筋不少于 4ϕ10，箍筋不少于 ϕ6@250。

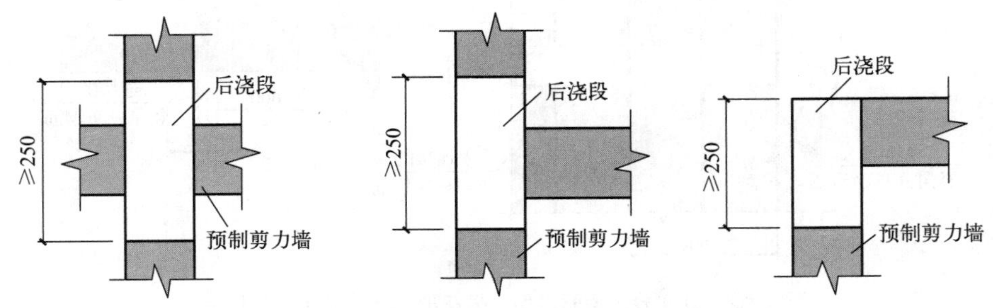

图 6-10 多层装配式剪力墙结构后浇混凝土暗柱示意图

6.1.2.2 墙板间竖向连接

预制剪力墙底部接缝一般设置在楼面标高处，墙内的竖向钢筋采用套筒灌浆连接（图 6-11）。水平接缝高度一般为 20mm，在灌浆时常用灌浆料将墙底水平接缝同时灌满，也可采用座浆的方式。由于灌浆料强度较高且流动性好，采用灌浆的方式更有利于保证接缝的承载力。此外，接缝处后浇混凝土的上下表面，即剪力墙的顶、底面需设置粗糙面，以提高水平接缝的受剪承载力。

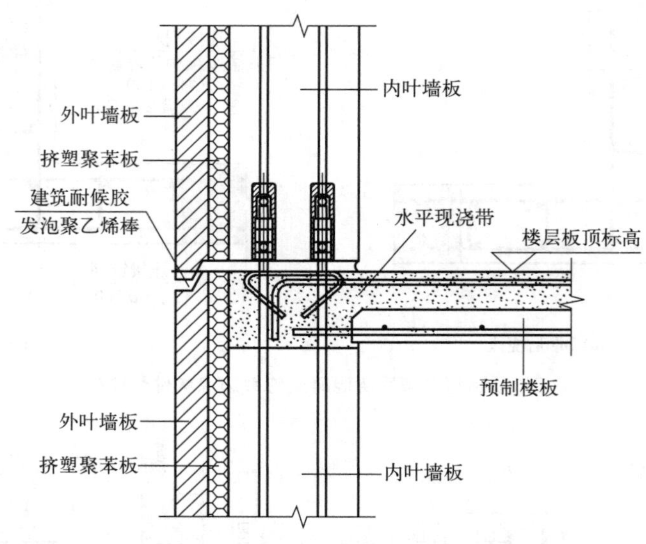

图 6-11 预制剪力墙竖向连接构造

上下层预制剪力墙的竖向钢筋，边缘构件内的需逐根连接，预制剪力墙内的竖向分布钢筋可以仅部分连接。这是因为边缘构件是保证剪力墙抗震性能的重要构件，且钢筋较粗，而剪力墙的分布钢筋直径小且数量多，全部连接会导致施工繁琐且造价较高，连接接头数量太多对剪力墙的抗震性能也有不利影响。需注意的是，在剪力墙承载力设计和分布钢筋的配筋率计算时，不能计入未连接的分布钢筋。因此，可在预制剪力墙中设置部分较粗的分布钢筋，并在接缝处仅连接这部分钢筋。预制剪力墙的竖向分布钢筋一般采用双排连接，部分连接的钢筋可采用“梅花形”方式，如图 6-12 所示。连接钢筋的直径不应小于 12mm，同侧间距不应大于 600mm。未连接的竖向分布钢筋直径也不应小于 6mm。

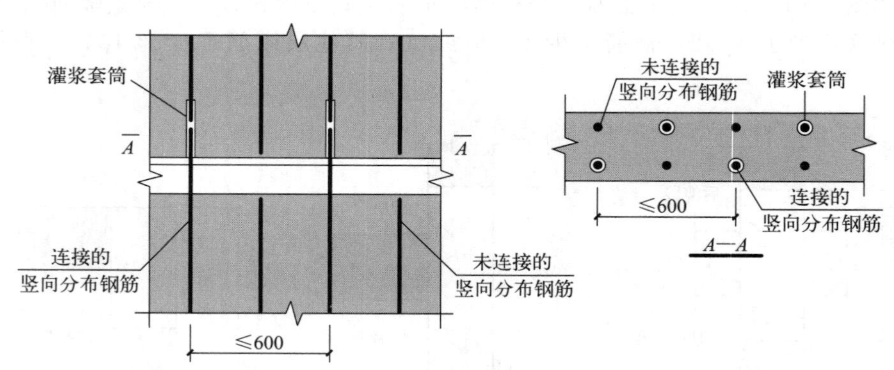

图 6-12 竖向分布钢筋采用“梅花形”套筒灌浆连接构造

为了进一步减少连接接头量，降低现场施工难度，对于墙体厚度不大于 200mm 且抗震设防类别为丙类的建筑，预制剪力墙的竖向分布钢筋也可以采用单排连接，如图 6-13 所示。这种情况下，剪力墙两侧竖向分布钢筋与位于墙体中部的连接钢筋通过搭接进行连接。为控制连接钢筋和竖向分布钢筋之间的间距，只能采用一根连接钢筋与两根竖向分布钢筋进行连接的方式，且连接钢筋应位于内、外侧竖向分布钢筋的中间位置。由于拼缝截面受力纵筋位于墙板中部，在计算分析时不应考虑剪力墙平面外刚度及承载力，且需要通过合理的结构布置，避免剪力墙平面外受力，并应有楼板约束。

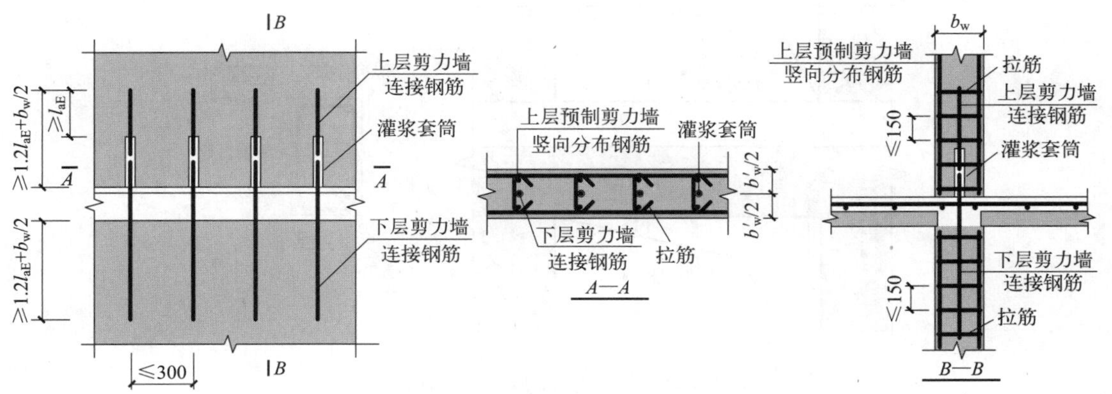

图 6-13　竖向分布钢筋单排套筒灌浆连接构造

由于地震作用下剪力墙底部竖向钢筋连接区域往往裂缝较多且较为集中，因此，对该区域的水平分布筋应加强，以提高墙板的抗剪能力和变形能力。预制剪力墙竖向钢筋采用套筒灌浆连接时，自套筒底部至套筒顶部并向上延伸 300mm 范围内，预制剪力墙的水平分布钢筋应加密，如图 6-14 所示。加密区水平分布钢筋的最小直径为 8mm，对于抗震等级为一、二级的装配式剪力墙结构，加密区水平分布钢筋的最大间距为 100mm。对于抗震等级为三、四级的装配式剪力墙结构，加密区水平分布钢筋的最大间距为 150mm。

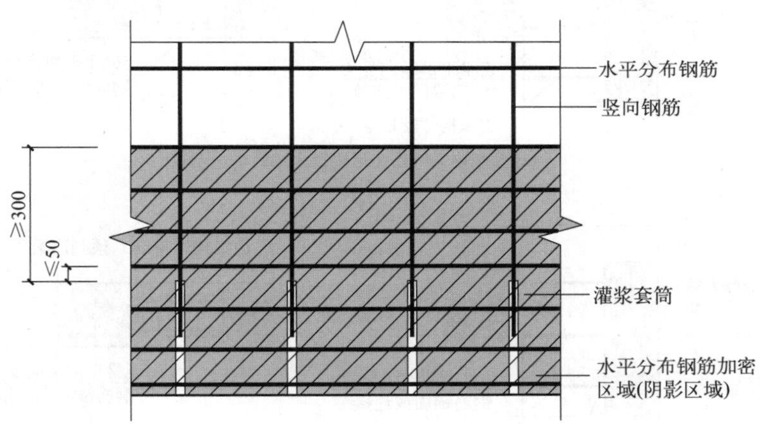

图 6-14　钢筋套筒灌浆连接部位水平分布钢筋加密构造

6.1.2.3　墙板与楼盖构件连接

(1) 墙板与梁连接

预制剪力墙结构中梁与预制剪力墙的连接可分为平面外和平面内连接两种形式。楼面梁不宜与预制剪力墙在剪力墙平面外单侧连接。当无法避免且剪力墙只有一侧有楼面梁与之在平面外连接时，为降低梁钢筋在墙板内的锚固要求，可以采用铰接连接。

由于预制梁端部钢筋与预制剪力墙连接时的锚固构造较为复杂，剪力墙洞口上方的连梁一般与墙体一起预制，并与后浇圈梁或水平后浇带形成叠合连梁，如图 6-15 所示。

当连梁未与预制剪力墙一起预制时，其端部需与预制剪力墙在平面内进行连接。若连接部位为后浇混凝土边缘构件，连梁纵向钢筋需伸入后浇段中足够的长度，从而进行可靠的锚固，如图 6-16(a) 所示。也可以在预制剪力墙端伸出预留纵向钢筋，并与连梁的纵向钢筋进

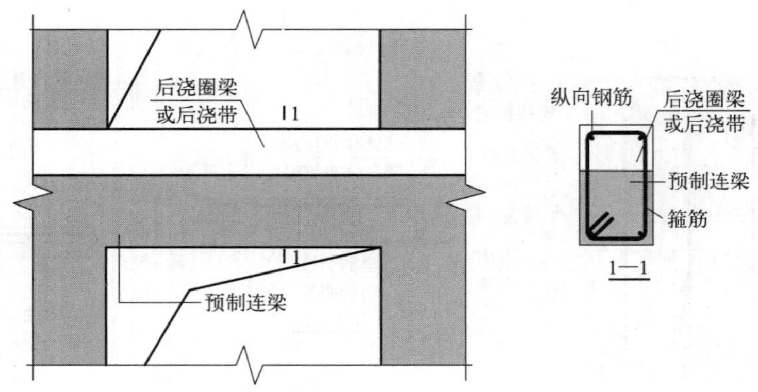

图 6-15 预制剪力墙叠合连梁构造

行可靠连接，如图 6-16(b) 所示。若连接部位为预制边缘构件，应在边缘构件端部上角预留局部后浇节点区，并将连梁的纵向钢筋在局部后浇节点区内进行可靠锚固［图 6-16(c)］或连接［图 6-16(d)］。

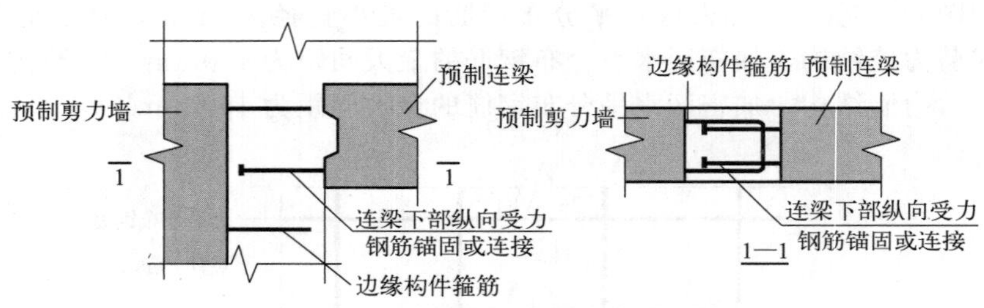

(a) 预制连梁钢筋在后浇段内锚固构造示意

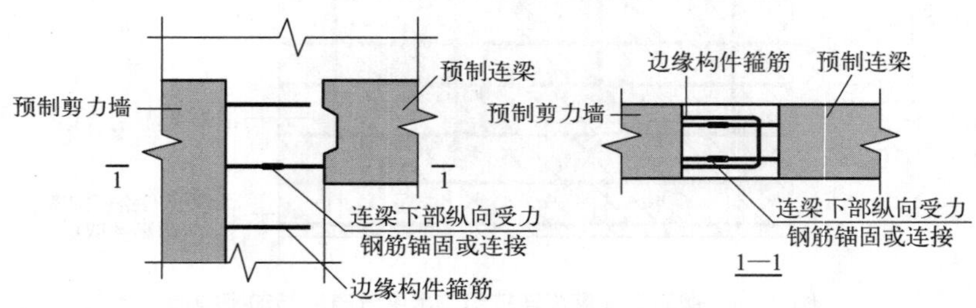

(b) 预制连梁钢筋在后浇段内与预制剪力墙预留钢筋连接构造示意

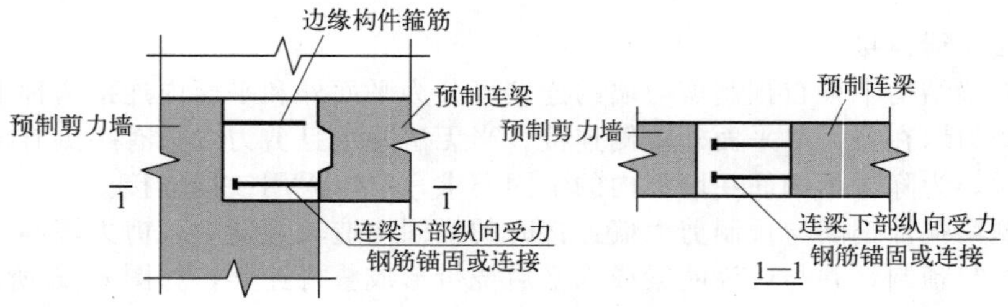

(c) 预制连梁钢筋在预制剪力墙局部后浇节点区锚固构造示意

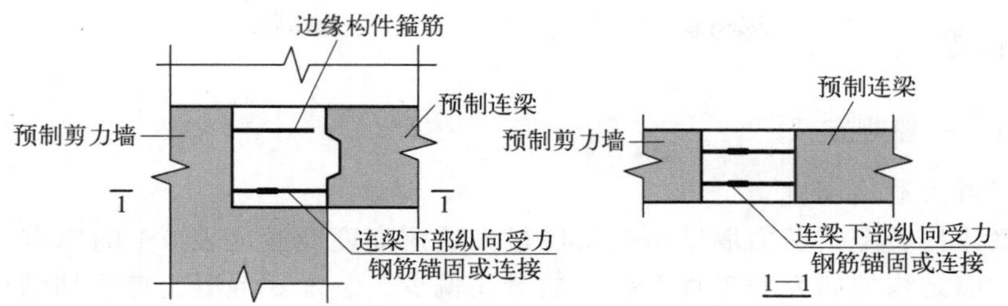

(d) 预制连梁钢筋在预制剪力墙局部后浇节点区内与墙板预留钢筋连接构造示意

图 6-16　同一平面内预制连梁与预制剪力墙连接构造

（2）墙板顶部圈梁或后浇带

如图 6-17 所示，在建筑屋面以及立面收进的楼层，需在预制剪力墙顶部设置封闭的后浇钢筋混凝土圈梁，以提高结构的整体性和稳定性。圈梁截面宽度不小于剪力墙的厚度，截面高度一般不小于楼板厚度，且不小于 250mm。圈梁需与现浇或者叠合楼、屋盖浇筑成整体。圈梁内需配置不少于 4 根直径 12mm 的纵向钢筋，圈梁高度方向的纵向钢筋间距不应大于 200mm，且按全截面计算的配筋率不应小于 0.5% 和水平分布筋配筋率的较大值。同时，圈梁内箍筋间距也不应大于 200mm，且直径不应小于 8mm。

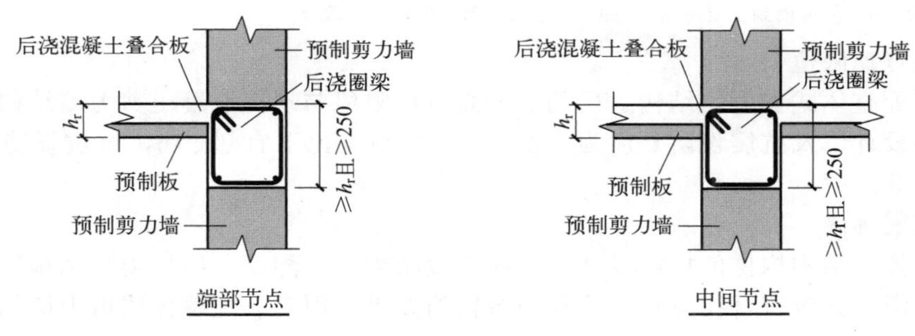

(a) 后浇钢筋混凝土圈梁

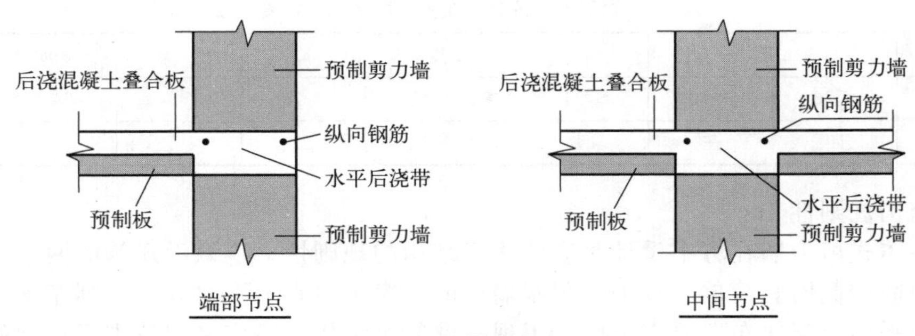

(b) 水平后浇带构造

图 6-17　圈梁和水平后浇带构造

在不设置圈梁的楼面处，水平后浇带及在其内设置的纵向钢筋也可起到保证结构整体性和稳定性、连接楼盖结构与预制剪力墙的作用。因此，在各层楼面位置，预制剪力墙顶部无后浇圈梁时，应设置连续的水平后浇带。水平后浇带宽度应取剪力墙的厚度，高度不应小于楼板厚度。水平后浇带与现浇或者叠合楼、屋盖浇筑成整体，且配置不少于 2 根连续纵向钢筋，其直径一般不小于 12mm。

6.1.3 设计要点

6.1.3.1 一般规定

（1）房屋最大适用高度

套筒灌浆连接装配式剪力墙结构的房屋最大适用高度应满足表6-1的要求。目前对装配式混凝土剪力墙结构的研究和工程实践的数量还偏少。装配式混凝土剪力墙结构中，墙体之间的接缝数量多且构造复杂，接缝的构造措施及施工质量对结构整体的抗震性能影响较大，使得装配整体式剪力墙结构的抗震性能可能与现浇混凝土结构存在一定差异。因此，我国现行标准中对装配式剪力墙结构采取从严要求的态度，与现浇结构相比适当降低其最大适用高度。当预制剪力墙构件底部承担的总剪力大于该层总剪力的50%时，最大适用高度较相同抗震设防烈度现浇结构降低10m。当预制剪力墙构件底部承担的总剪力大于该层总剪力的80%时，最大适用高度较现浇结构降低20m。

表6-1 套筒灌浆连接剪力墙结构房屋最大适用高度 单位：m

非抗震设计	抗震设防烈度			
	6度	7度	8度（0.2g）	8度（0.3g）
140(130)	130(120)	110(100)	90(80)	70(60)

注：房屋高度指室外地面到主要屋面的高度，不包括局部突出屋顶的部分。

（2）高宽比限值

高层装配整体式剪力墙结构适用的最大高宽比限值与现浇混凝土剪力墙结构相比也偏严格，非抗震设计以及抗震设防烈度为6度、7度时高宽比不宜超过6，抗震设防烈度为8度时不宜超过5。

（3）抗震等级

装配整体式结构构件的抗震设计，应根据设防类别、烈度、结构类型和房屋高度采用不同的抗震等级，并应符合相应的计算和构造措施要求。丙类装配整体式剪力墙结构的抗震等级应按表6-2确定。与现浇结构相比，对抗震等级的划分适当降低。

表6-2 丙类套筒灌浆连接剪力墙结构的抗震等级

抗震设防烈度	6度		7度			8度		
高度/m	≤70	>70	≤24	>24且≤70	>70	≤24	>24且≤70	>70
抗震等级	四	三	四	三	二	三	二	一

（4）结构规则性

装配整体式剪力墙在方案设计时应该注意结构的规则性。应该沿建筑的两个方向布置剪力墙，剪力墙的截面宜简单、规则，预制墙板的门窗洞口宜上下对齐、成列布置。装配式剪力墙结构的平面及竖向布置要求也应严于现浇混凝土结构，不应采用特别不规则的结构。

（5）宜采用现浇的部位

高层装配整体式剪力墙结构的底部加强部位建议采用现浇结构。这主要是因为底部加强区对结构整体的抗震性能很重要，尤其在高烈度区。结构底部或首层往往由于建筑功能的需求不太规则，不适合采用预制构件。底部加强区构件截面大且配筋较多，也不利于预制构件的连接。高层建筑中，电梯井筒往往承受很大的地震剪力及倾覆力矩，宜采用现浇结构，从而有利于保证结构的抗震性能。此外，为了保证结构的整体性，顶层楼盖应现浇。层数不超过6层的多层建筑，屋面可以采用叠合楼盖。

6.1.3.2　构件及连接设计

（1）剪力墙内力调整

各种设计状况下，套筒灌浆连接剪力墙结构可采用与现浇混凝土结构相同的方法进行结构分析。在进行抗震设计时，当同一层内既有现浇剪力墙也有预制剪力墙时，考虑到预制剪力墙的接缝对墙抗侧刚度有一定的削弱作用，应对弹性计算的内力进行调整，将现浇剪力墙的水平地震作用弯矩、剪力乘以不小于1.1的增大系数。同时，预制剪力墙的内力可以不减小，使得计算偏于安全。

（2）预制构件设计

预制构件应进行持久设计状况下承载力、变形、裂缝控制验算以及地震设计状况下的承载力验算，并应按照现行国家标准《混凝土结构工程施工规范》（GB 50666）的有关规定进行制作、运输和堆放、安装等短暂设计状况下的验算。

（3）连接设计

套筒灌浆连接剪力墙结构中，相邻楼层间的竖向接缝处钢筋采用套筒灌浆连接。由于穿过接缝的钢筋不少于构件内钢筋，灌浆料的强度也不低于构件混凝土的强度，接缝的正截面承载力一般不低于构件，可不必进行承载力验算。然而，连接接缝处的抗剪强度往往低于预制构件本身的抗剪强度。因此，为避免预制剪力墙在水平拼缝处出现剪切滑移破坏，需对这一位置的受剪承载力按式(6-1)的要求进行计算：

$$V_{\mathrm{jdE}} \leqslant V_{\mathrm{uE}}/\gamma_{\mathrm{RE}} \tag{6-1}$$

式中　V_{jdE}——地震设计状况下接缝剪力设计值；

γ_{RE}——地承载力抗震调整系数；

V_{uE}——剪力墙水平接缝受剪承载力设计值，按下式计算：

$$V_{\mathrm{uE}} = 0.6 f_{\mathrm{y}} A_{\mathrm{sd}} + 0.8N \tag{6-2}$$

式中　f_{y}——垂直穿过结合面的竖向钢筋抗拉强度设计值，$\mathrm{N/mm^2}$；

A_{sd}——垂直穿过结合面的竖向钢筋面积，$\mathrm{mm^2}$；

N——与剪力设计值V相应的垂直于结合面的轴向力设计值，压力时取正值，拉力时取负值，当N大于$0.6f_{\mathrm{c}}bh_0$时，取$0.6f_{\mathrm{c}}bh_0$，此处f_{c}为混凝土轴心抗压强度设计值，b为剪力墙厚度，h_0为剪力墙截面有效高度。

当剪力墙的轴力为拉力时，将严重削弱水平接缝承载力。因此，剪力墙应采取合理的结构布置、适宜的高宽比，避免墙肢出现较大的拉力。

此外，对于剪力墙底部加强部位，为保证接缝的安全，使得破坏不发生在接缝处，要求接缝的受剪承载力设计值要大于被连接构件的受剪承载力设计值，即：

$$\eta_{\mathrm{j}} V_{\mathrm{mua}} \leqslant V_{\mathrm{uE}} \tag{6-3}$$

式中　V_{mua}——被连接构件端部按实配钢筋面积计算的斜截面受剪承载力设计值；

η_{j}——接缝受剪承载力增大系数，抗震等级为一、二级取1.2，抗震等级为三、四级取1.1。

（4）洞口下墙设计

当预制剪力墙洞口下方有墙时，常在洞口下墙内设置纵筋和箍筋，也作为一个连梁进行设计（图6-18）。这一连梁和下层顶部的连梁并列布置，形成“双连梁”。洞口下墙与下层剪力墙之间连接少量的竖向构造钢筋，其作用是防止接缝开裂，并抵抗平面外荷载。此外，洞口下墙也可以采用轻质填充墙，或者采用混凝土墙，但与主体结构间采用柔性材料隔离。此时，在计算中仅将洞口下墙作为荷载，不考虑其对结构承载力和刚度的贡献。

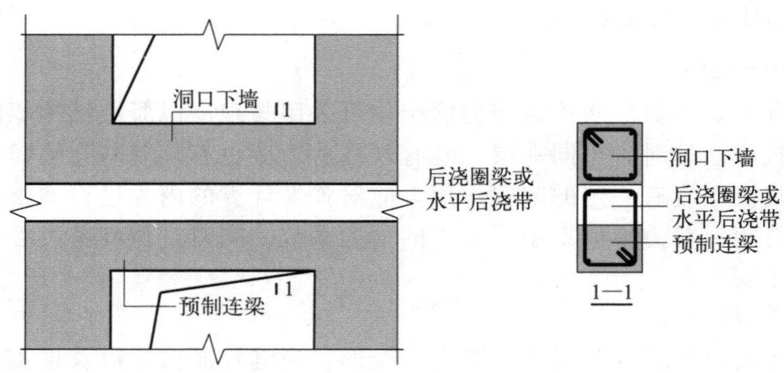

图 6-18　预制剪力墙洞口下墙与叠合连梁的关系

6.1.4　设计实例

6.1.4.1　工程概况

某住宅项目，如图 6-19 所示，建筑面积 18.16 万平方米，占地面积 6.63 万平方米。小区有 8 幢高层住宅，楼层数分别为 18 层、25 层、26 层和 27 层。此外还有 22 幢多层住宅，楼层数均为 6 层。标准层层高 3.1m。该工程的设计基准期为 50 年，设计使用年限为 50 年。抗震设防烈度为 7 度（0.10g），设计地震分组为第一组，场地土类别为Ⅱ类，设计特征周期 0.35s。设计基本风压为 0.35kN/m^2，地面粗糙度类别为 B 类。各建筑单体主体结构均采用套筒灌浆连接剪力墙结构，剪力墙的抗震等级为三级。

图 6-19　套筒灌浆连接剪力墙结构项目效果图

6.1.4.2　建筑与结构设计

（1）建筑设计

在装配式建筑中，标准化设计起到关键作用。通过标准化设计，可以有效提高部品部件的生产效率，以较低的成本实现部品部件的大批量、高质量供应。而采用“少规格、多组合”的方式，可以解决标准化与建筑形式个性化的矛盾。本项目首先从户型的标准化入手，将户型减少到 3 种，分别为 102m^2 的 A 户型，108m^2 的 B 户型和 118m^2 的 C 户型。通过不同户型的组合形成各个单体楼栋。图 6-20(a) 为典型单体建筑的标准层建筑平面图。在此基础上，进一步通过外墙板、门窗、阳台及色彩单元的模块化集成技术，实现建筑立面的多样化和个性化。典型单体建筑的立面效果图见图 6-20(b)。建筑立面造型风格简洁明快，没有复杂的装饰线条，具有工业化建筑的特点。

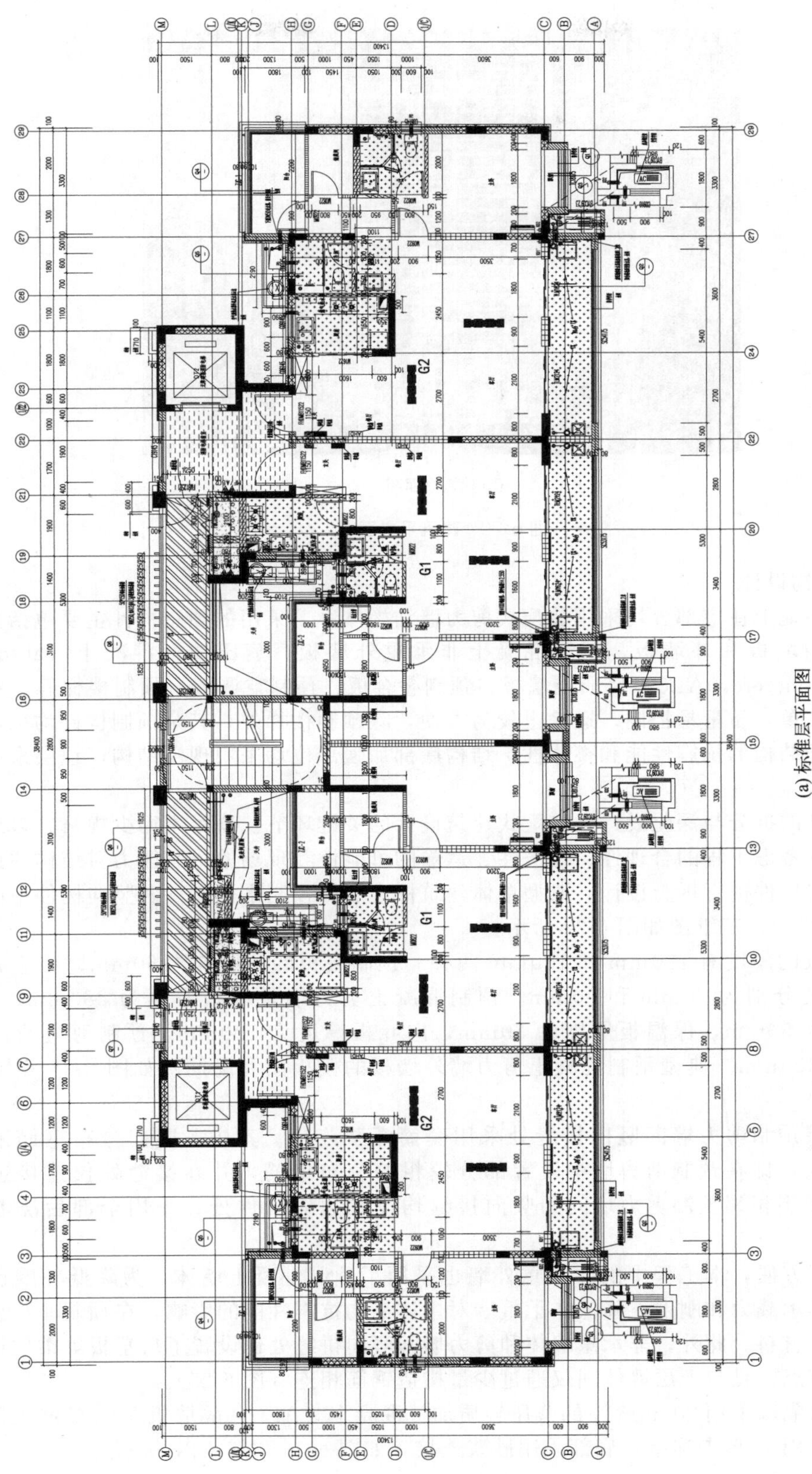

(a) 标准层平面图

图 6-20

(b) 建筑立面图

图 6-20 建筑平立面图

（2）结构设计

本工程中地上住宅部分均采用装配式剪力墙结构体系。采用的预制构件主要包括预制混凝土剪力墙内墙板和外墙板、预制混凝土非承重外墙板、蒸压加气混凝土（autoclaved lightweight concrete，ALC）轻质隔墙板、预制叠合板、预制空调板、预制楼梯等。由于平面构件生产简单，质量易控制，运输也较为方便，除预制楼梯外，其余预制构件均采用平面构件。为保证结构的抗震性能和整体性，结构底部加强部位均采用现浇结构，顶层采用现浇钢筋混凝土楼盖。

预制构件的拆分与深化设计是装配式建筑设计的关键环节。项目遵循少规格、多组合的设计原则，并考虑工程的合理性、经济性、运输的可能性和现场的吊装能力对结构的预制水平构件和竖向构件进行拆分设计。典型单体建筑标准层的预制水平构件和竖向构件平面布置图如图 6-21 所示，三维图如图 6-22 所示。

叠合楼板的厚度有 130mm 和 150mm 两种。预制底板的厚度均为 60mm，相应的现浇叠合层的厚度分别为 70mm 和 90mm。预制混凝土剪力墙外墙板厚度为 280mm，其中，外叶板厚度为 50mm，保温板厚度为 30mm，内叶板厚度为 200mm。预制剪力墙内墙板的厚度均为 200mm。典型预制混凝土剪力墙外墙板的模板图和配筋图如图 6-23 和图 6-24 所示。

相邻楼层预制剪力墙间竖向接缝处采用套筒灌浆连接。其中，竖向分布钢筋采用部分连接的方式，即在预制剪力墙中设置部分较粗的分布钢筋，并在接缝处仅连接这部分钢筋。同一楼层相邻预制剪力墙间的竖向接缝均设在边缘构件处，采用全部后浇混凝土整体式连接。

为了施工方便，本工程中的非承重外墙也采用了预制混凝土墙体。为降低外围护墙自重，并减小其承载力和刚度，降低非承重墙对主体结构抗震性能的影响，在预制非承重外墙内设置了减重材料。此外，非承重墙体和剪力墙间竖向拼缝处也设置了挤塑板等柔性材料形成柔性连接节点，且与下层墙体间仅通过少量构造钢筋相连（图 6-25）。

本工程内隔墙采用 200mm 厚的蒸压轻质加气混凝土（ALC）隔墙板。ALC 墙板顶部与主体结构间采用 U 形卡连接，底部采用砂浆连接，如图 6-26 和图 6-27 所示。

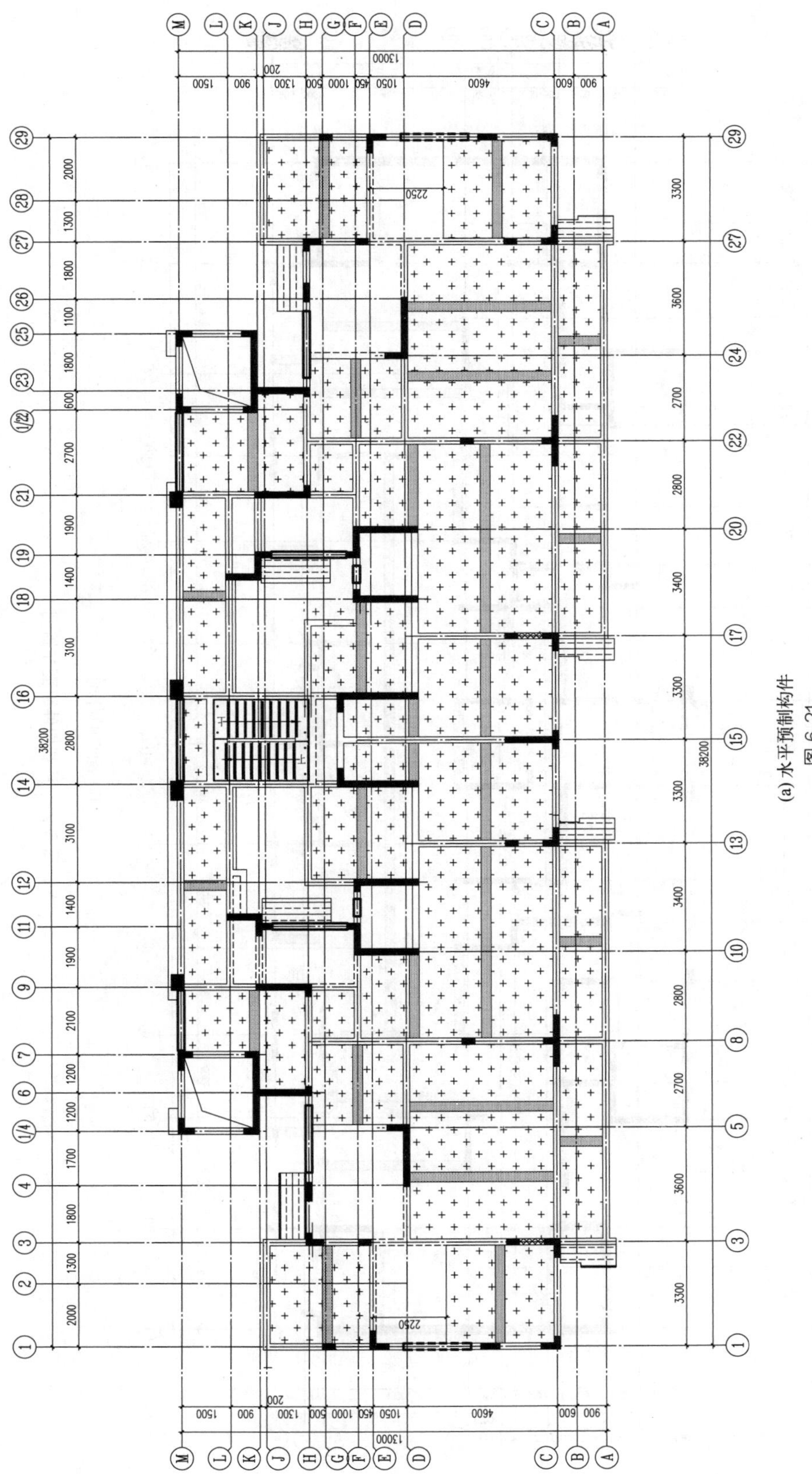

(a) 水平预制构件

图 6-21

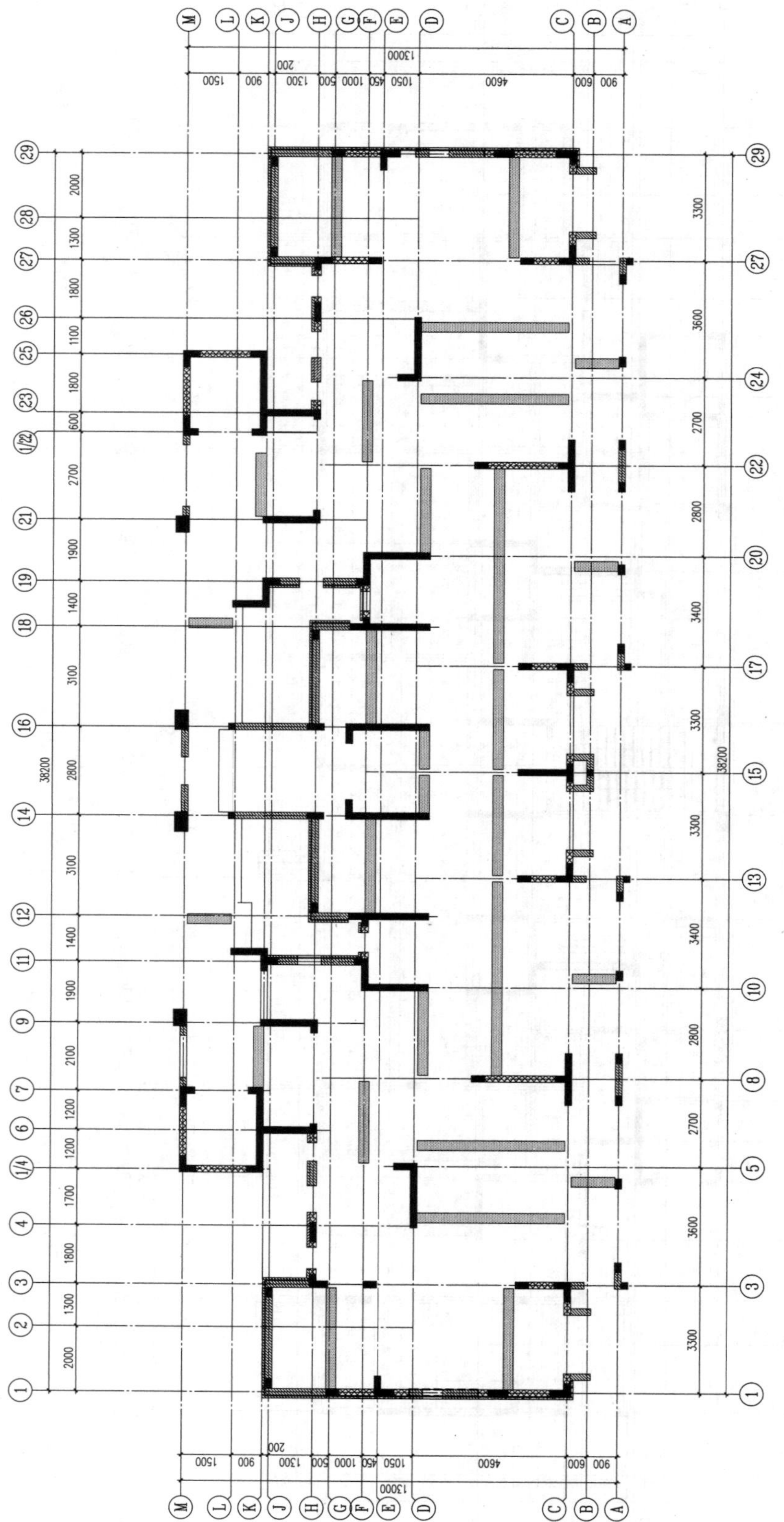

(b) 竖向预制构件

图 6-21　预制构件平面布置图

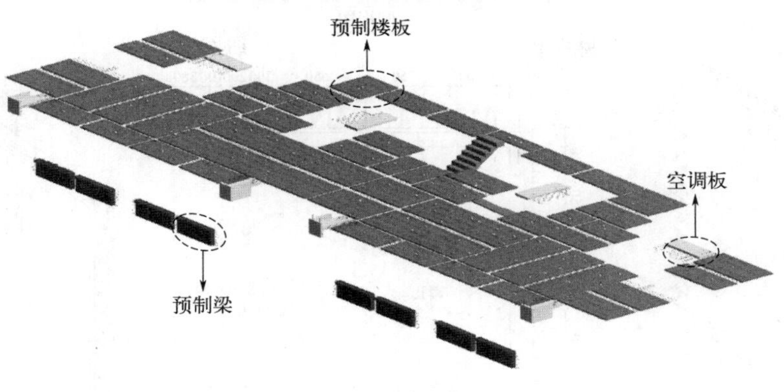

(a) 水平预制构件

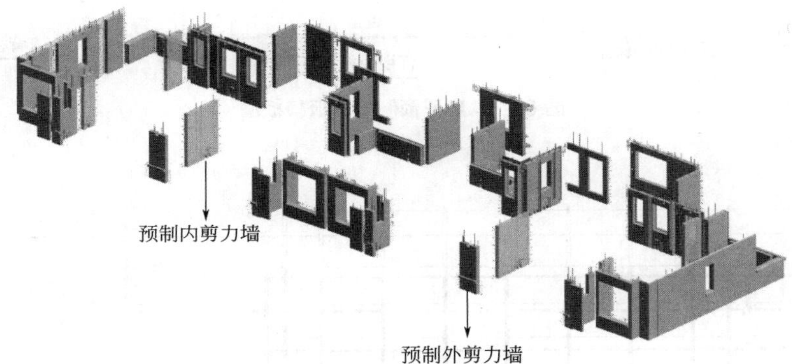

(b) 竖向预制构件

图 6-22　预制竖向构件平面布置三维图

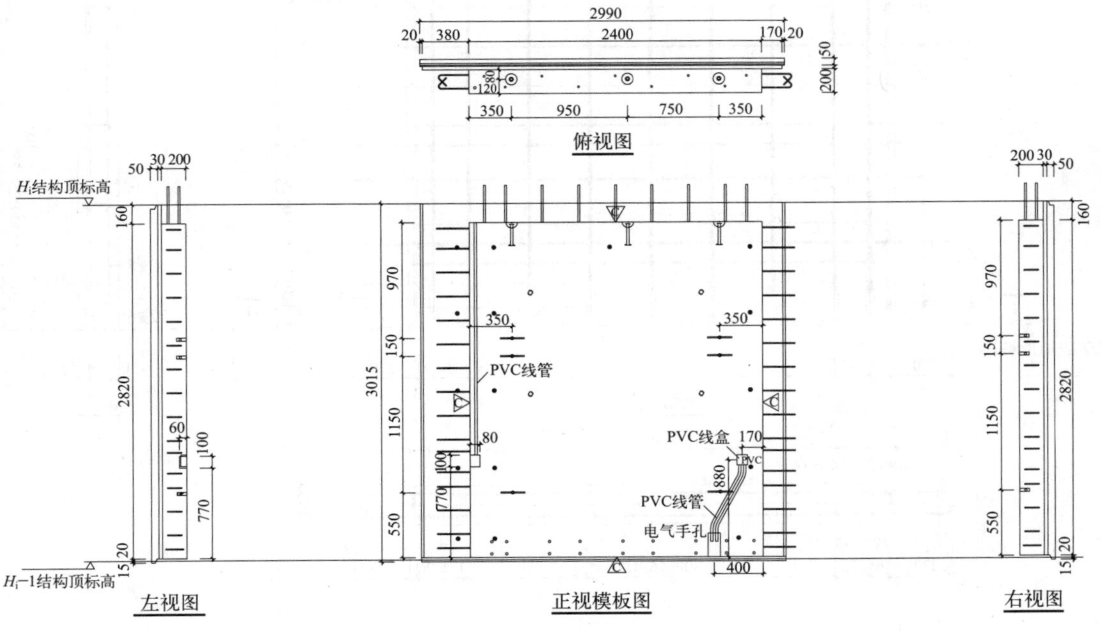

图 6-23

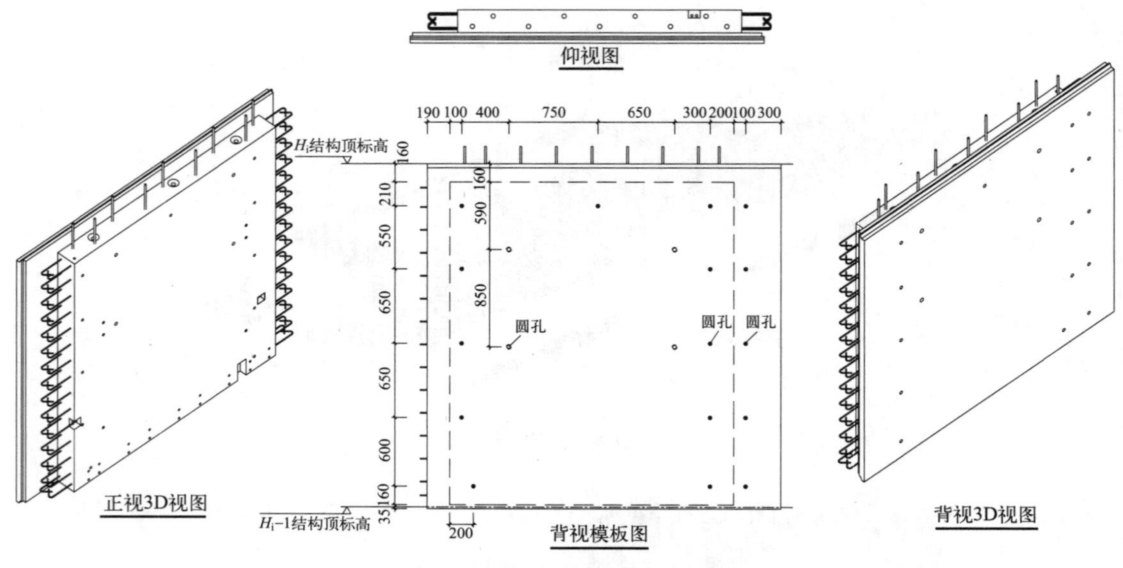

图 6-23 典型预制外墙板模板图

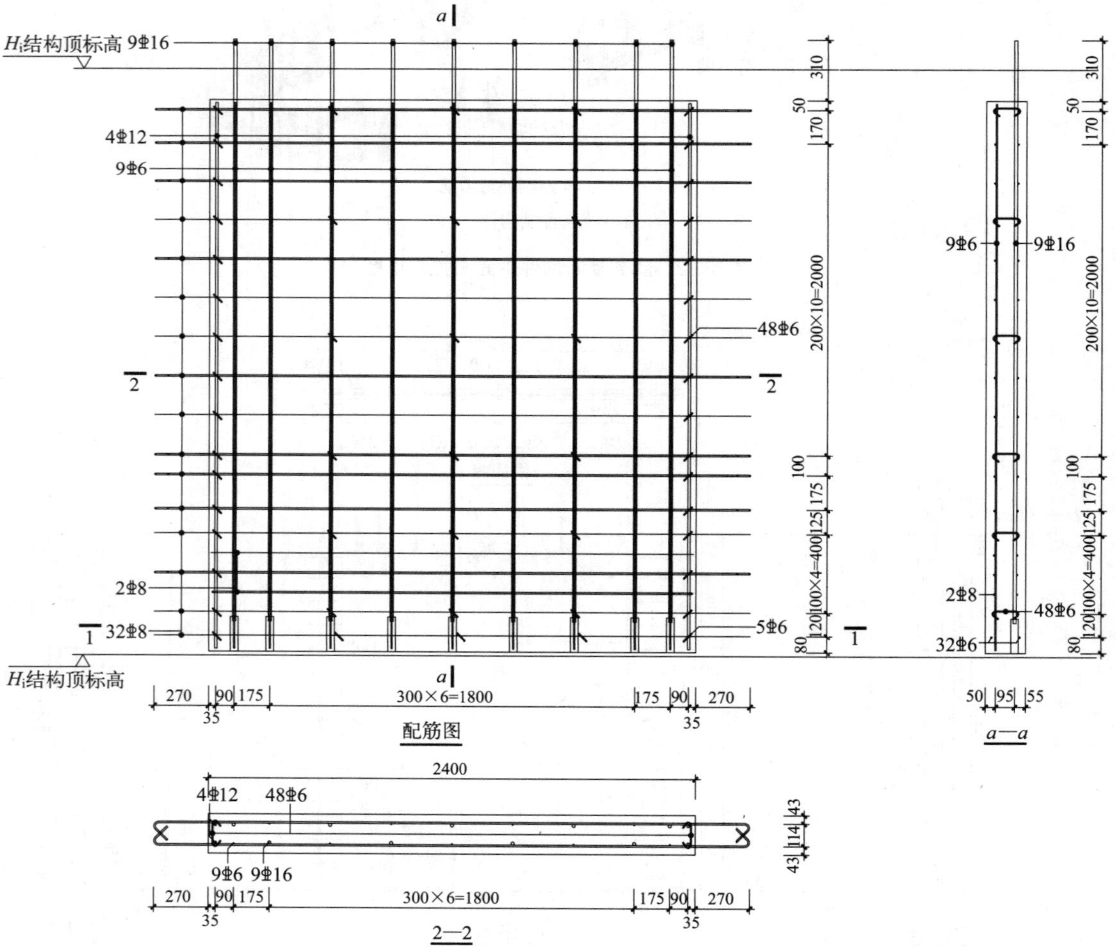

配筋图

a—a

2—2

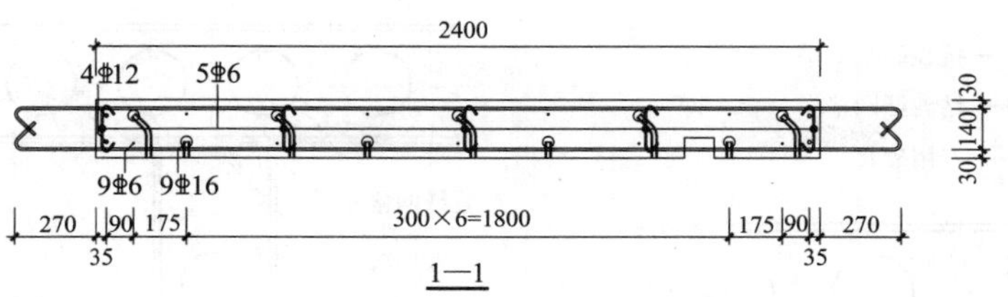

图 6-24　典型预制外墙板配筋图

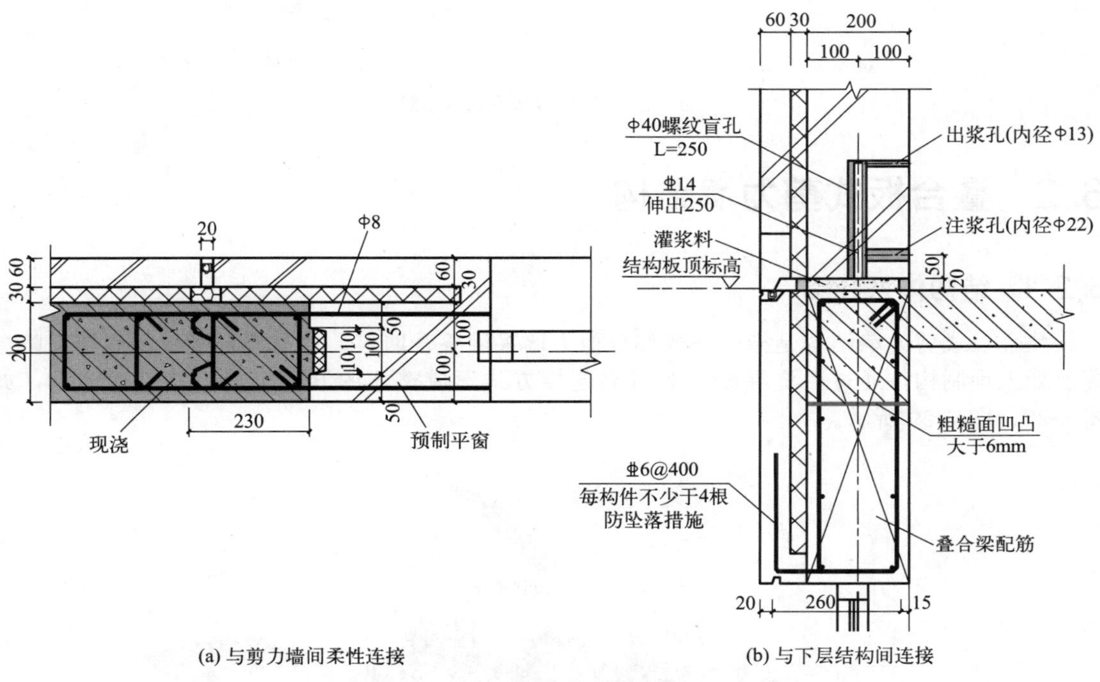

(a) 与剪力墙间柔性连接

(b) 与下层结构间连接

图 6-25　预制混凝土非承重外墙与主体结构间连接构造

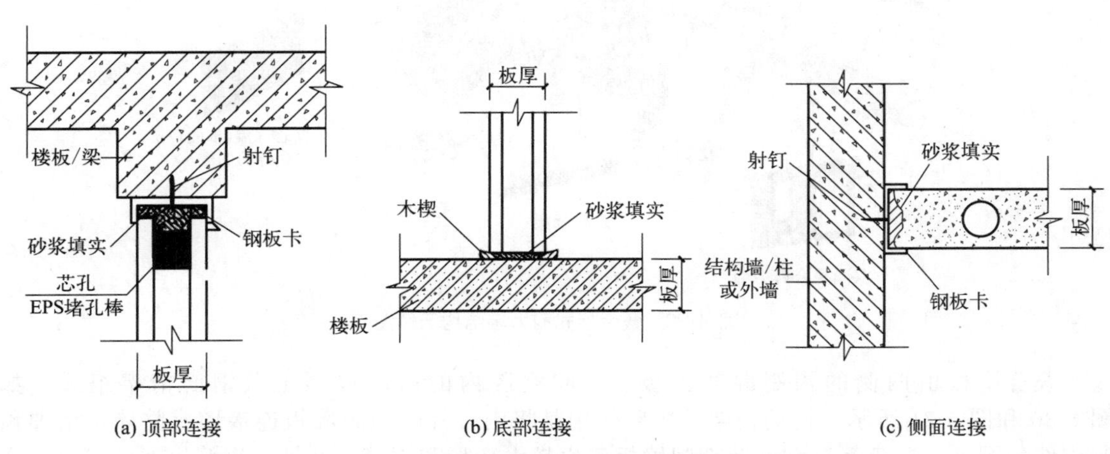

(a) 顶部连接

(b) 底部连接

(c) 侧面连接

图 6-26　ALC 墙板与主体结构间连接构造示意图

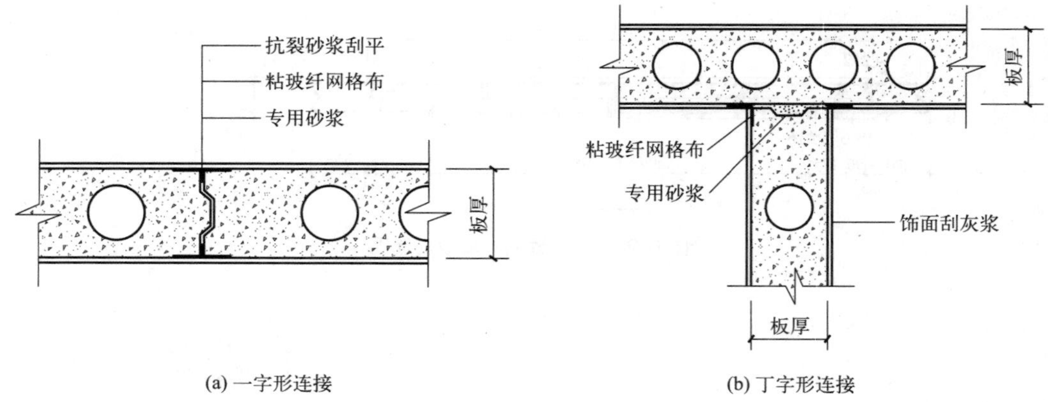

图 6-27　ALC 墙板间连接示意

6.2　叠合板式剪力墙结构

6.2.1　结构体系介绍

叠合板式剪力墙结构是指全部或部分剪力墙采用叠合墙板，并与叠合楼板、楼梯及阳台等混凝土预制构件通过后浇混凝土等可靠连接方式形成整体的混凝土剪力墙结构体系，如图 6-28、图 6-29 所示。

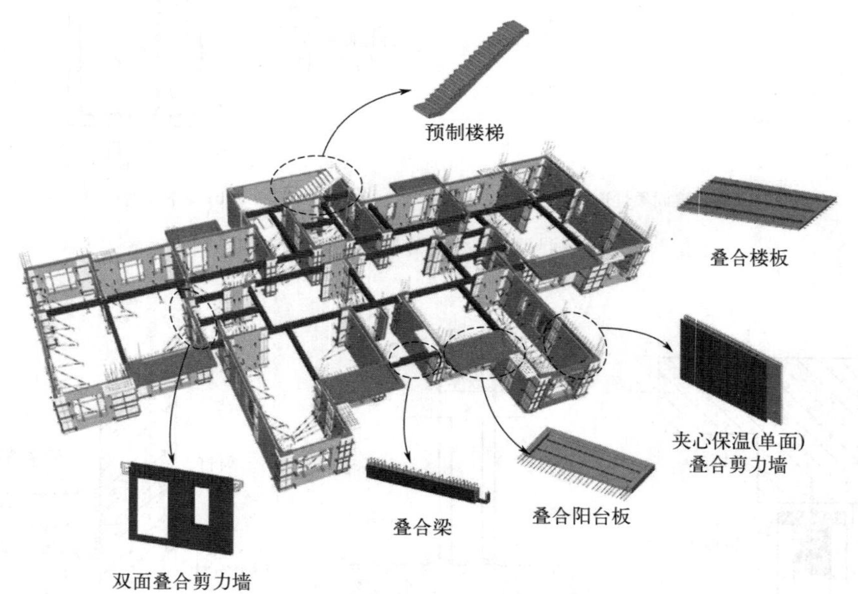

图 6-28　叠合板式剪力墙结构示意图

叠合墙板由两侧的预制混凝土板、中间空腔内的后浇混凝土及钢筋桁架组成，如图 6-30 和图 6-31 所示。钢筋桁架的主要作用是将内、外叶预制墙板连接形成整体，增加预制构件的刚度，避免运输和安装期间墙板产生较大变形和裂缝。此外，钢筋桁架还可以在浇筑空腔内的混凝土时承受混凝土的侧压力，并保证预制墙板内钢筋位置。

图 6-29　叠合板式剪力墙结构施工过程

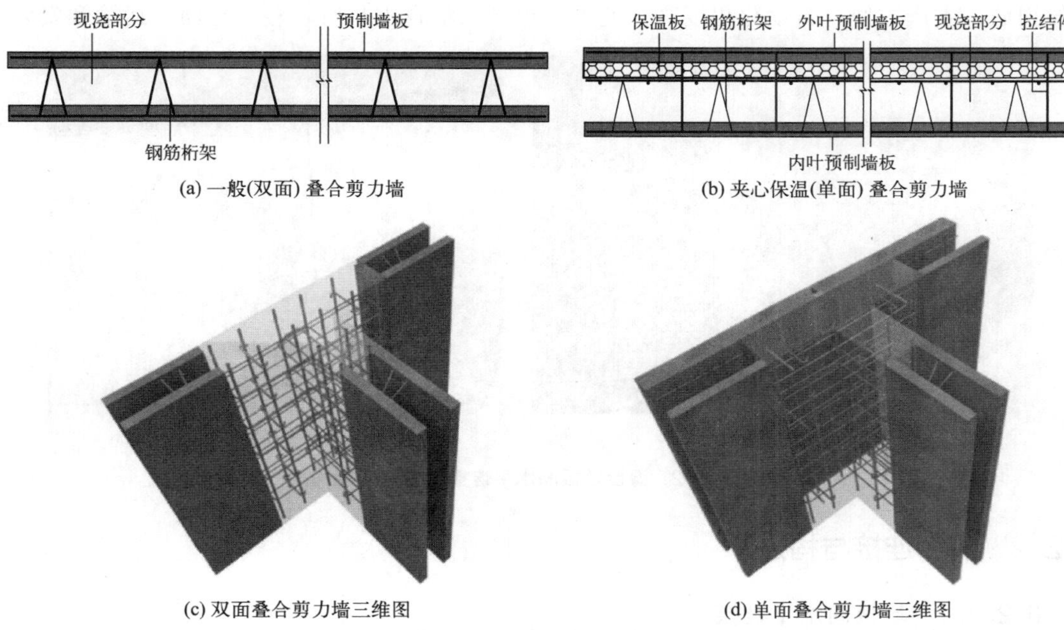

(a) 一般(双面) 叠合剪力墙　(b) 夹心保温(单面) 叠合剪力墙

(c) 双面叠合剪力墙三维图　(d) 单面叠合剪力墙三维图

图 6-30　叠合剪力墙构造

图 6-31　叠合墙板内钢筋桁架

叠合墙板的空腔内可根据需要集成保温材料，通过保温连接件等将预制外叶板、保温层和后浇混凝土进行连接，从而形成夹心保温叠合剪力墙，如图 6-30 所示。夹心保温叠合剪力墙中，外叶板不参与结构受力，仅对保温层起保护作用，墙板承重部分由内叶板和空腔内后浇混凝土组成，仅存在一个叠合面，因此又被称为“单面叠合剪力墙”。相应的不含有保温材料的叠合墙板被称为“双面叠合剪力墙”。双面叠合墙板的两侧预制墙板和单面叠合墙板内叶板的内表面应设置粗糙面，以提高接触面的抗剪承载力。

叠合板式剪力墙同一楼层相邻墙板间的水平连接一般位于结构边缘构件部位，相邻楼层墙板间的竖向连接一般位于楼面标高处。水平和竖向连接均通过设置于墙板空腔内的连接钢筋以及后浇混凝土进行整体式连接，如图 6-32 所示。当叠合剪力墙结构用于低、多层结构时，连接构造措施及对边缘构件的设置等方面的要求可以有所降低。叠合剪力墙结构属于一种“半预制半现浇”的结构体系，空腔内及边缘构件等现浇部位的后浇混凝土连接形成整体，结构的整体性和防水性能均较好。这一结构中预制构件间受力钢筋主要通过与空腔内连接钢筋搭接的方式进行连接，钢筋连接质量易保证。预制构件内预埋件少，且端部无须预留外伸钢筋，生产方便，自动化程度高。此外，预制墙板自重相对较轻，也便于运输和安装。

(a) 水平连接

(b) 竖向连接

图 6-32 叠合墙板间水平连接和竖向连接

6.2.2 节点连接与构造

6.2.2.1 墙板间水平连接

(1) 双面叠合剪力墙

在叠合墙板的两端和洞口两侧应设置边缘构件，对于抗震等级为一、二、三级的叠合板式剪力墙结构底部加强部位和相邻的上一层应设置约束边缘构件，其他部位可设置构造边缘构件。叠合墙板中，位于纵横墙交接的接缝部位的约束边缘构件均需采用后浇混凝土，如图 6-33 所示，其中 l_c 为约束边缘构件沿墙肢的长度。如图 6-34 所示，在后浇段内需设置封闭箍筋，后浇段内的水平连接钢筋的直径一般不小于叠合墙板内水平分布钢筋的直径，水平连接钢筋应伸入叠合墙板的空腔内足够的锚固长度，且连接钢筋的间距与叠合墙板内的水平分布钢筋间距相同。构造边缘构件一般也全部采用后浇混凝土，后浇段长度相比约束边缘构件较小，但边缘构件内仍需设置封闭箍筋。

在非边缘构件位置，相邻叠合墙板之间的竖缝可采用图 6-35(a) 所示的后浇段连接构造形式，也可采用图 6-35(b) 所示的部分预制、部分现浇的方式。叠合墙板与后浇段通过预制墙板内预留的水平钢筋连接成一体。叠合墙板的后浇段宽度不应小于墙厚且一般不小于 200mm。后浇段内应配置不少于 4 根竖向钢筋，其直径不应小于预制墙板的竖向分布钢筋直径，且不应小于 8mm。后浇混凝土与叠合墙板内的水平连接钢筋的直径不小于叠合墙板预制板中水平分布钢筋的直径，且间距一般与墙板中水平分布钢筋的间距相同。

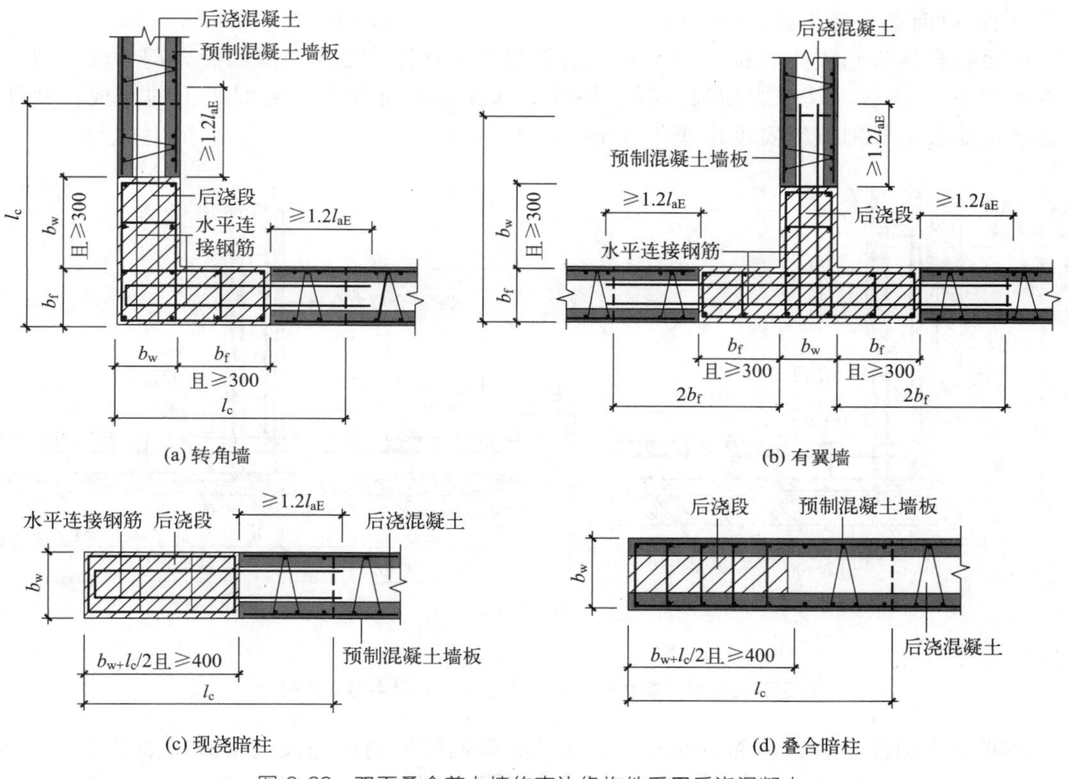

(a) 转角墙　(b) 有翼墙

(c) 现浇暗柱　(d) 叠合暗柱

图 6-33　双面叠合剪力墙约束边缘构件采用后浇混凝土

(a) 转角墙　(b) 现浇暗柱

图 6-34　叠合剪力墙后浇混凝土边缘构件施工过程

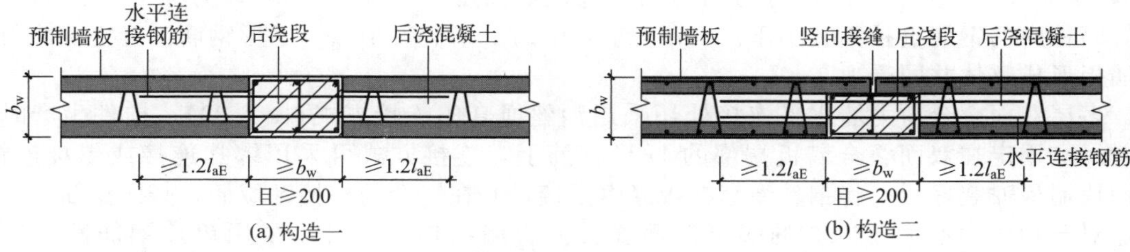

(a) 构造一　(b) 构造二

图 6-35　双面叠合墙板竖向连接构造

（2）单面叠合剪力墙

单面叠合墙板约束边缘构件的尺寸、钢筋数量和直径等要求与双面叠合剪力墙一致，其构造如图 6-36 所示。其中，预制混凝土外叶板和保温板可作为后浇混凝土的模板。外叶预制混凝土墙板的竖向接缝宽度应小于 30mm，大于 15mm。

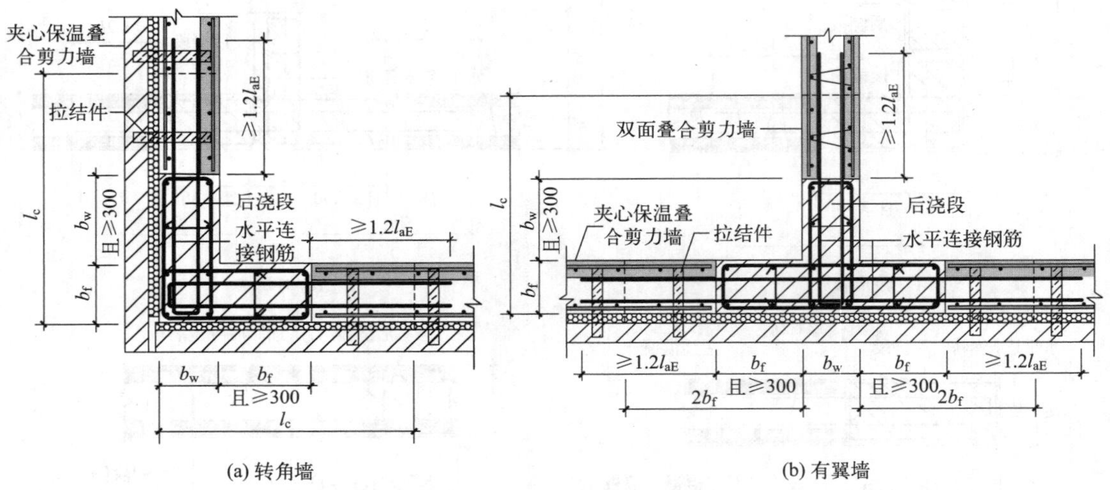

图 6-36 单面叠合剪力墙约束边缘构件采用后浇混凝土

在非边缘构件位置，相邻单面叠合墙板的竖缝同样采用后浇段的形式，如图 6-37 所示，且宽度不应小于墙厚或 200mm。后浇段内钢筋数量和直径要求与双面叠合墙板一致。

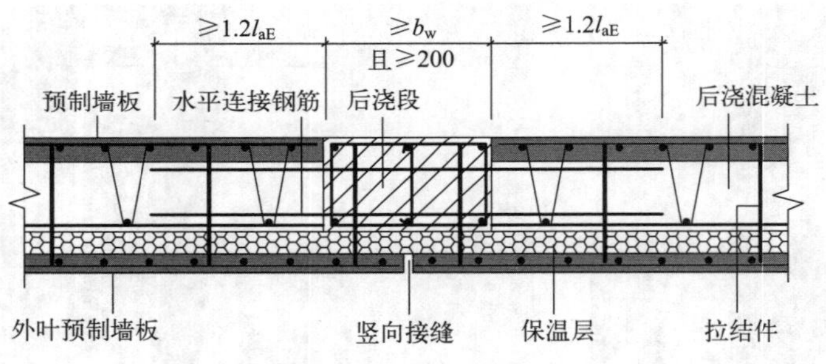

图 6-37 单面叠合剪力墙竖向连接构造

（3）多层双面叠合剪力墙

对于 6 层和 6 层以下，高度不超过 24m 的多层叠合板式剪力墙结构，其水平连接节点可以设计得比高层叠合剪力墙结构简单，从而使得施工更为方便。多层双面叠合剪力墙结构纵横墙交接处和楼层内相邻墙板之间的连接可以采用预制墙板和后浇暗柱连接的构造，如图 6-38 所示。在暗柱内应设置封闭箍筋，且截面高度不少于 250mm。为保证连接的可靠性，暗柱内的钢筋直径不宜小于 10mm。空腔中的 L 形、T 形或一字形钢筋混凝土截面与叠合墙板形成整体共同受力。

多层双面叠合剪力墙水平连接处还采用钢丝绳套的连接方式（图 6-39）。构件生产时将钢丝绳套固定在双面叠合墙板端部的 U 形钢筋上，连接方式可采用绑扎连接或焊接连接。待两块墙板安装好后，将钢丝绳套在接缝内搭接，并在绳套的搭接区域插入竖向钢筋。

对于轴压比不大于 0.3 的多层双面叠合剪力墙结构，还可以采用单片钢筋网片连接（图 6-40），但需要满足连接钢筋间距和直径的要求。

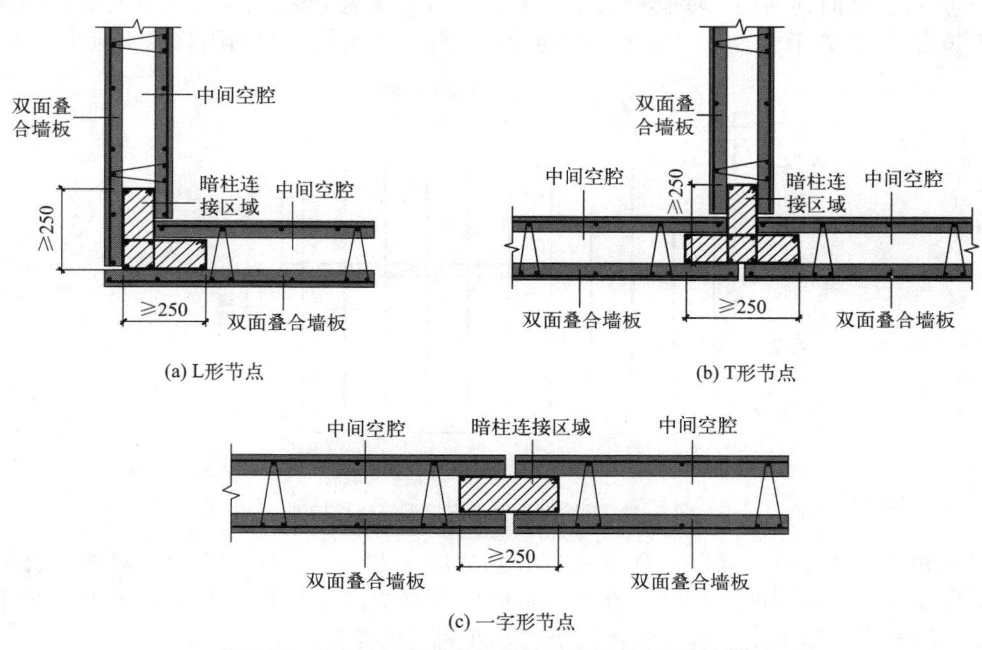

图 6-38　多层双面叠合剪力墙后浇混凝土暗柱连接构造

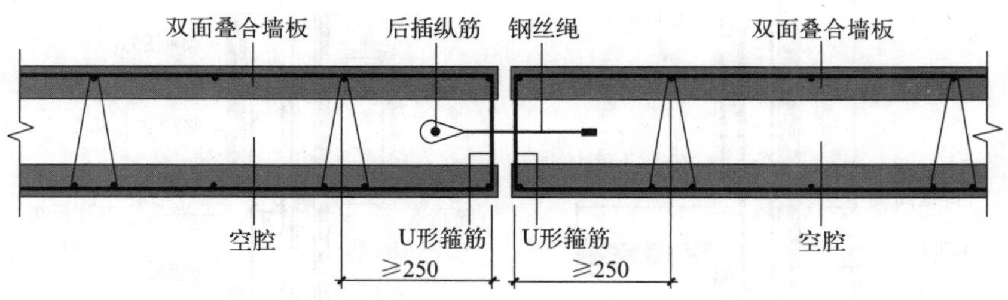

图 6-39　多层双面叠合剪力墙后浇混凝土钢丝绳连接构造

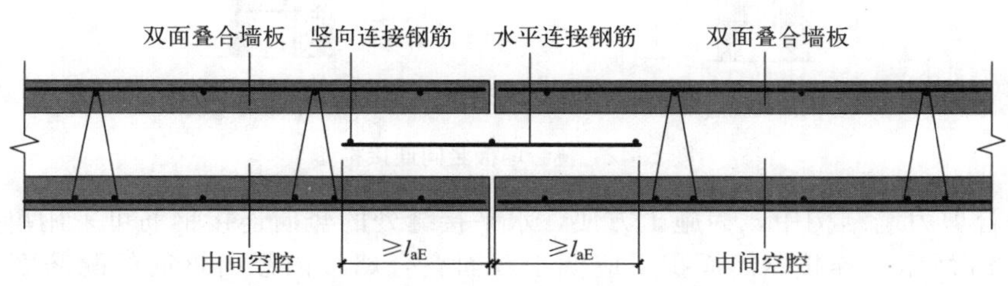

图 6-40　多层双面叠合剪力墙后浇混凝土单片钢筋网片连接构造

6.2.2.2　墙板间竖向连接

上下层叠合板式剪力墙的连接接缝处，纵筋一般采用竖向连接钢筋与预制墙板内竖向钢筋搭接连接。

为保证墙板接缝有足够的抗剪强度，连接钢筋的间距需小于或等于预制叠合墙板中竖向分布钢筋的间距，且直径不应小于预制墙板中钢筋的直径。此外，由于叠合墙板的空腔中二次浇筑的芯板厚度有限，无法给连接钢筋提供足够有效的搭接，因此锚固长度从严要求，如

图 6-41 所示。竖向钢筋的锚固长度通常不小于 $1.2l_{aE}$（l_{aE} 为抗震设计时纵向受拉钢筋的最小锚固长度），当处于叠合暗柱或与基础连接时，竖向连接钢筋的锚固长度不应小于 $1.6l_{aE}$。

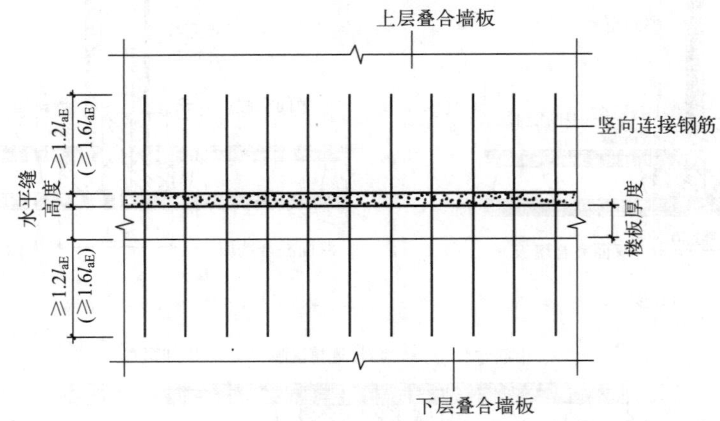

图 6-41　叠合墙板竖向连接钢筋搭接构造

双面和单面叠合剪力墙竖向连接构造分别如图 6-42(a)、(b) 所示。双面叠合剪力墙上、下层墙板间接缝高度以及单面叠合墙板内叶板接缝高度往往在 50mm 左右，采用后浇混凝土浇筑密实。单面叠合墙外叶板处于建筑外侧，接缝高度可取 20mm。

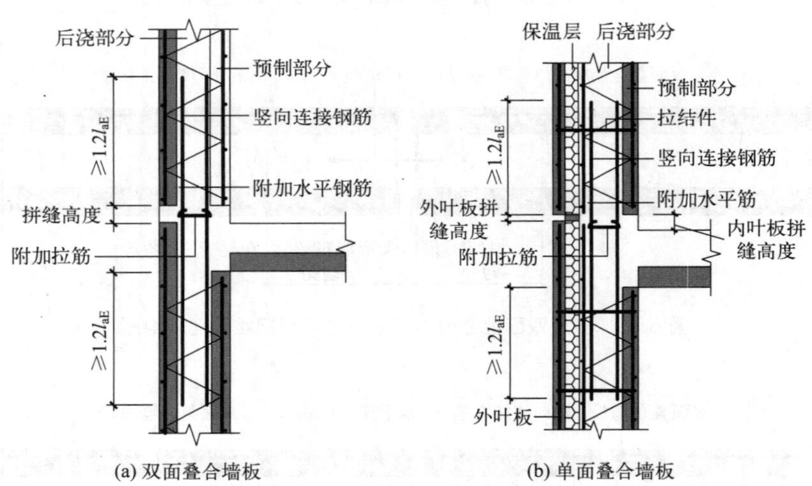

图 6-42　叠合墙板竖向连接构造

多层叠合剪力墙结构中，为施工方便，水平接缝处的竖向连接钢筋可采用单排布置的形式，如图 6-43 所示。连接钢筋面积不应低于双面叠合墙板内竖向钢筋的配筋面积，钢筋直径不宜小于 12mm，间距不宜大于 400mm。此外，在计算时不应考虑剪力墙平面外刚度及承载力。但对于轴压比较大、抗震要求较高的多层双面叠合剪力墙结构，以及一侧没有楼板作为侧向支承的剪力墙，竖向连接钢筋仍应该采用双排布置的形式。

6.2.2.3　墙板与楼盖构件连接

(1) 墙板与梁连接

叠合剪力墙的连梁一般采用与叠合墙板相似的叠合连梁的形式。在工厂预制连梁两侧混凝土，待安装完成之后在中间空腔浇筑混凝土形成连梁，如图 6-44 所示。叠合连梁的纵向钢筋需与现浇混凝土暗柱、边缘构件进行可靠连接。

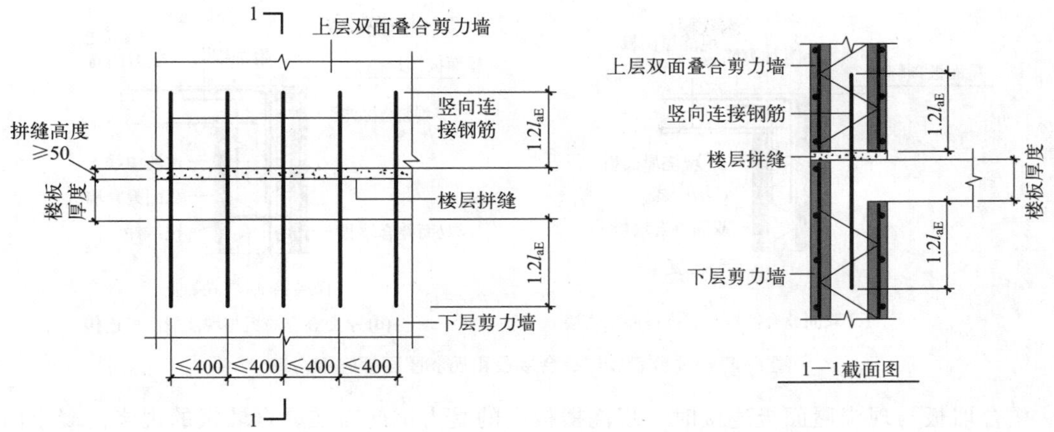

图 6-43　多层双面叠合剪力墙结构竖向连接钢筋搭接构造

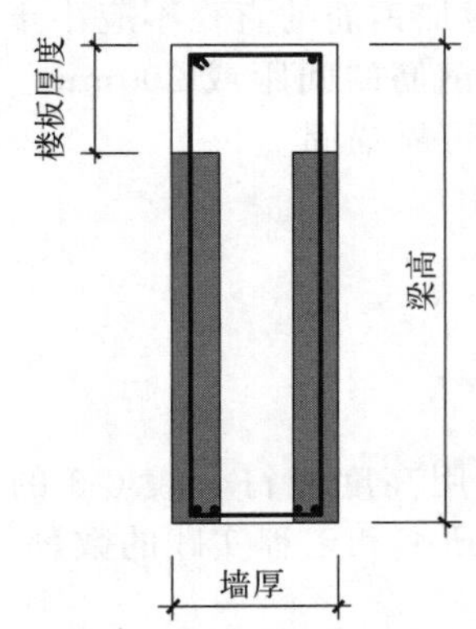

图 6-44　叠合剪力墙的连梁构造

（2）墙板与现浇楼板连接

叠合墙板与叠合楼板连接时，预制板内的受力钢筋（底部纵筋）宜伸入支座并可靠锚固，当预制板内的受力钢筋不伸入支座时，应在预制板端部顶面布置附加钢筋，如图 6-45(a) 和（b）所示。此时为了保证连接的可靠性，附加钢筋的直径不应小于预制板内同向钢筋的直径，间距不应大于 300mm，伸入叠合墙板的长度一般超过墙板中线。

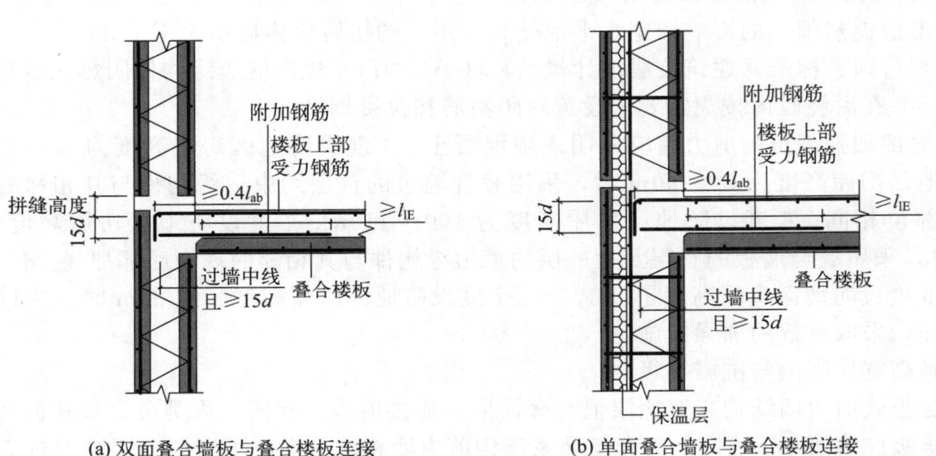

(a) 双面叠合墙板与叠合楼板连接　(b) 单面叠合墙板与叠合楼板连接

图 6-45

第6章

(c) 双面叠合墙板与现浇屋面板连接

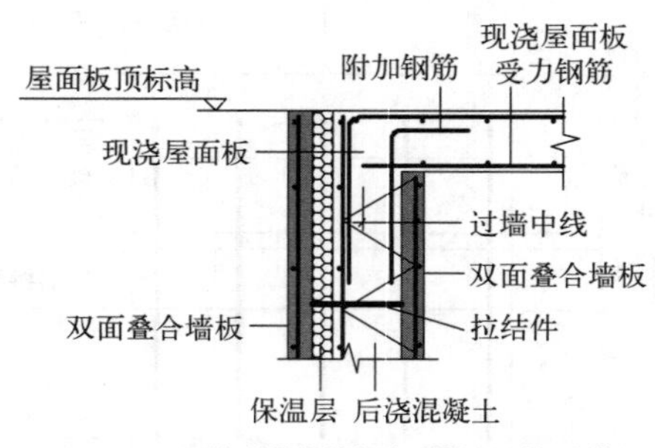

(d) 单面叠合墙板与现浇屋面板连接

图 6-45 叠合墙板与叠合楼板和现浇屋面板连接构造

叠合墙板与现浇屋面板连接时，现浇楼板内的受力钢筋需在叠合墙板的现浇混凝土内进行可靠连接，钢筋伸入叠合墙板的长度一般超过墙板中线，且节点的支座处需设置附加钢筋，如图 6-45(c) 和 (d) 所示。附加钢筋的直径不应小于叠合墙板中竖向分布钢筋的直径，间距不应大于叠合墙板中竖向分布钢筋的间距或 200mm。附加钢筋伸入叠合墙板空腔以及现浇楼板的长度需足够长，以保证可靠锚固。

6.2.3 设计要点

6.2.3.1 一般规定

(1) 房屋最大适用高度

叠合板式剪力墙结构的最大适用高度应符合表 6-3 的规定。与套筒灌浆连接剪力墙相比，目前对叠合板式剪力墙结构的研究和工程实践的数量更少，因此房屋最大适用高度进一步降低。

表 6-3 叠合板式剪力墙结构房屋的最大适用高度 单位：m

抗震设防烈度	6 度	7 度	8 度(0.20g)
最大适用高度	90	80	60

注：房屋高度指室外地面到主要屋面的高度，不包括局部突出屋顶的部分。

当同时满足下列条件时，叠合板式剪力墙结构房屋的最大适用高度在 6 度设防地区可增大至 110m，在 7 度设防地区可增大至 100m。

① 考虑偶然偏心的影响规定水平地震力作用下的扭转位移比不大于 1.35。

② 现行国家标准《建筑抗震设计规范》(GB 50011) 规定的边缘构件阴影区域采用现浇混凝土，并在后浇段内按规定要求设置封闭箍筋和拉接钢筋。

③ 底部加强部位的剪力墙应采用现浇混凝土。6 度设防地区房屋高度为 90～100m、7 度设防地区房屋高度为 80～90m 时，采用叠合墙板的首层约束边缘构件与其相邻的现浇底部加强部位相同；6 度设防地区房屋高度为 100～110m、7 度设防地区房屋高度为 90～100m 时，采用叠合墙板的首层及上一层约束边缘构件与其相邻的现浇底部加强部位相同。

④ 6 度设防地区房屋高度超过 100m、7 度设防地区房屋高度超过 90m 时，应进行专门技术论证，采取有效的加强措施。

(2) 高宽比限值与抗震等级

叠合板式剪力墙结构高宽比限值与套筒灌浆连接剪力墙相同。丙类叠合板式剪力墙结构的抗震等级应按表 6-4 确定。与套筒灌浆连接剪力墙相比，提高了对 8 度区结构抗震等级的要求。

表 6-4　丙类叠合板式剪力墙结构的抗震等级

抗震设防烈度	6 度		7 度			8 度	
高度/m	≤70	>70	≤24	25～70	>70	≤24	>24
抗震等级	四	三	四	三	二	二	一

（3）宜采用现浇的部位

为保证结构的抗震性能，高度较大的叠合板式剪力墙结构（6 度和 7 度抗震设防的叠合板式剪力墙结构高度大于 60m 时，8 度抗震设防的叠合板式剪力墙结构高度大于 24m 时），底部加强部位宜采用现浇混凝土。此外，为了避免采用现浇的底部加强区楼层与采用叠合板式剪力墙结构的楼层存在结构刚度突变而形成薄弱层，宜将现浇底部加强区的约束边缘构件延伸至采用叠合墙板的首层（如图 6-46 所示），并保持约束边缘构件几何尺寸、混凝土强度等级、纵筋直径及配筋率、箍筋直径及体积配箍率不变。

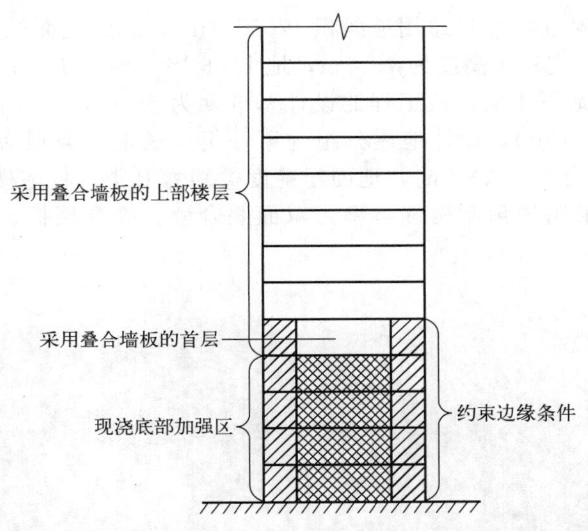

图 6-46　约束边缘构件延伸至采用叠合墙板的首层示意图

高层装配整体式剪力墙结构的底部加强部位建议采用现浇结构。这主要是因为底部加强区对结构整体的抗震性能很重要，尤其在高烈度区。结构底部或首层往往由于建筑功能的需求而不太规则，不适合采用预制构件。底部加强区构件截面大且配筋较多，也不利于预制构件的连接。高层建筑中，电梯井筒往往承受很大的地震剪力及倾覆力矩，宜采用现浇结构，从而有利于保证结构的抗震性能。此外，为了保证结构的整体性，顶层楼盖应采用现浇楼盖。

6.2.3.2　构件及连接设计

叠合板式剪力墙结构构件及节点应进行承载能力极限状态及正常使用极限状态设计，并应符合现行国家标准《混凝土结构设计规范》（GB 50010）、《建筑抗震设计规范》（GB 50011）和《混凝土结构工程施工规范》（GB 50666）等的有关规定。

（1）剪力墙内力调整

在各种设计状况下，叠合板式剪力墙结构可采用与现浇混凝土结构相同的方法进行结构分析。当同一层内既有叠合墙板又有现浇墙肢时，现浇墙肢水平地震作用弯矩、剪力宜乘以不小于 1.1 的增大系数。

(2) 预制构件设计

预制构件应进行持久设计状况下承载力、变形、裂缝控制验算以及地震设计状况下的承载力验算，并应按照现行国家标准《混凝土结构工程施工规范》(GB 50666) 的有关规定进行制作、运输和堆放、安装等短暂设计状况下的验算。进行剪力墙平面外承载力验算时，双面叠合剪力墙截面的计算宽度取双面叠合剪力墙全截面厚度，单面叠合剪力墙截面宽度取内叶板与空腔后浇混凝土厚度之和。当验算剪力墙平面外的抗弯承载力时，截面有效高度应从连接钢筋形心算起。

叠合墙板水平接缝的受剪承载力计算方法与套筒灌浆连接剪力墙相同，采用式(6-1) 进行计算。

6.2.4 设计实例

6.2.4.1 工程概况

如图 6-47 所示，某住宅项目总用地面积 17655.4m^2，总建筑面积 57629.17m^2。小区有五栋住宅，其中三栋住宅建筑高度为 75.7m，地上 26 层，地下 1 层；两栋住宅建筑高度为 52.5m，地上 18 层，地下 1 层。该工程的设计基准期为 50 年，设计使用年限为 50 年。抗震设防烈度为 7 度 (0.10g)，设计地震分组为第一组，场地土类别为Ⅱ类，设计特征周期 0.35s。设计基本风压为 0.35kN/m^2，地面粗糙度类别为 B 类。住宅楼均采用装配整体式叠合剪力墙结构体系，采用的预制构件类型为双面叠合墙、叠合楼板、预制空调板、预制楼梯、ALC 条板。

图 6-47　叠合板式剪力墙结构项目鸟瞰图

6.2.4.2 建筑与结构设计

(1) 建筑设计

在满足装配率的前提下，首先项目构件尽量标准化、模块化，其次，构件尽量平面化、便于生产、运输和安装。本项目核心筒、厨房和卫生间部位作为固定模块，不同户型作为可变模块，与固定模块进行组合，形成一种标准单元楼型，实现模块化设计。在此基础上，采用建筑平面模块化设计，采用了标准化规划与设计，平面标准化、户型标准化、立面标准化等设计手法，最大限度地提高效率、降低成本，充分发挥工业化建造的优势。本项目主要以平面构件为主（预制双面叠合墙、预制楼板、预制空调板、预制 ALC 条板)，少量三维构件（预制楼梯)，平面构件生产简单、质量易控制。本项目建筑平面图和立面图如图 6-48 所示。

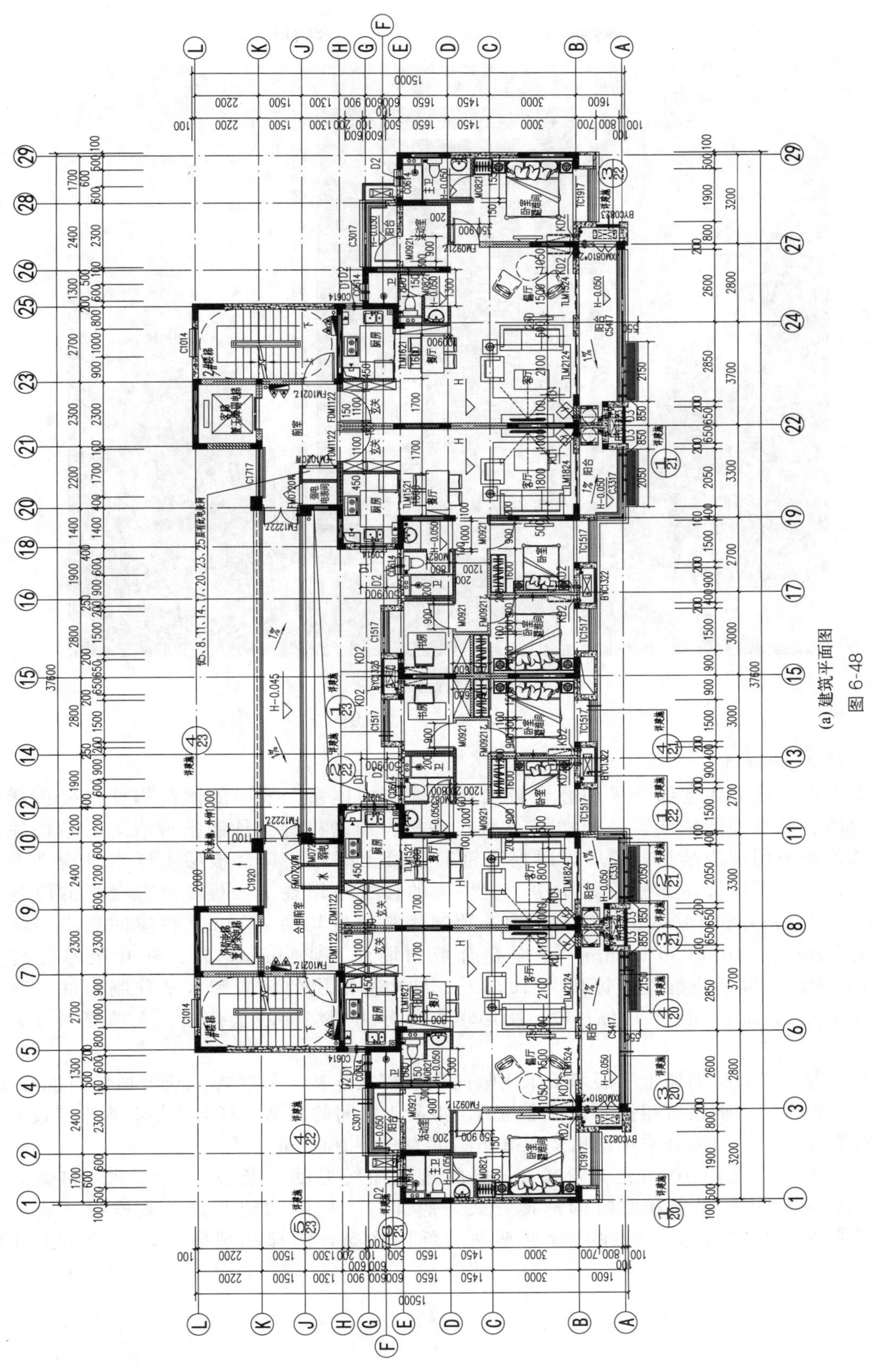

(a) 建筑平面图

图 6-48

(b) 建筑立面图

图 6-48 建筑平、立面图

(2) 结构设计

本工程中地上住宅部分采用叠合板式剪力墙结构体系。采用的预制构件主要包括叠合剪力墙、叠合外围护墙、叠合楼板、ALC 条板、预制楼梯、预制空调板等。结构底部加强部位均采用现浇结构，顶层采用现浇钢筋混凝土楼盖，其余楼层主要水平构件采用预制构件。为了保证防水性能，厨房、卫生间的楼板采用现浇楼板。叠合楼板的厚度有 130mm、140mm 和 150mm 三种。其中，预制底板厚度均为 60mm，相应的后浇层厚度分别为 70mm、80mm 和 90mm。双面叠合剪力墙厚度 200mm，内、外叶板厚度均为 50mm，中间空腔后浇混凝土厚度为 100mm。结构标准层的竖向和水平预制构件平面布置图如图 6-49 所示。图 6-49(a) 中，阴影填充部分为现浇混凝土楼板，无填充部分为叠合楼板。

双面叠合板式剪力墙上下层墙板采用竖向钢筋搭接连接。空腔内浇筑普通细石混凝土，预制墙板内外叶表面设置粗糙面，保证与后浇混凝土之间的黏结。竖向连接时水平缝设置于楼面标高处，水平接缝处采用的后浇混凝土高度为 50～100mm。

内、外隔墙采用 100mm 或 200mm 厚的蒸压加气混凝土条板。墙板顶部和侧面与主体结构间采用 U 形卡和射钉的连接方式，底部与下层结构间通过砂浆连接。墙板与墙板之间采用砂浆连接，并在接缝处粘贴玻纤网格布，涂抹抗裂砂浆，以防止拼缝处开裂。

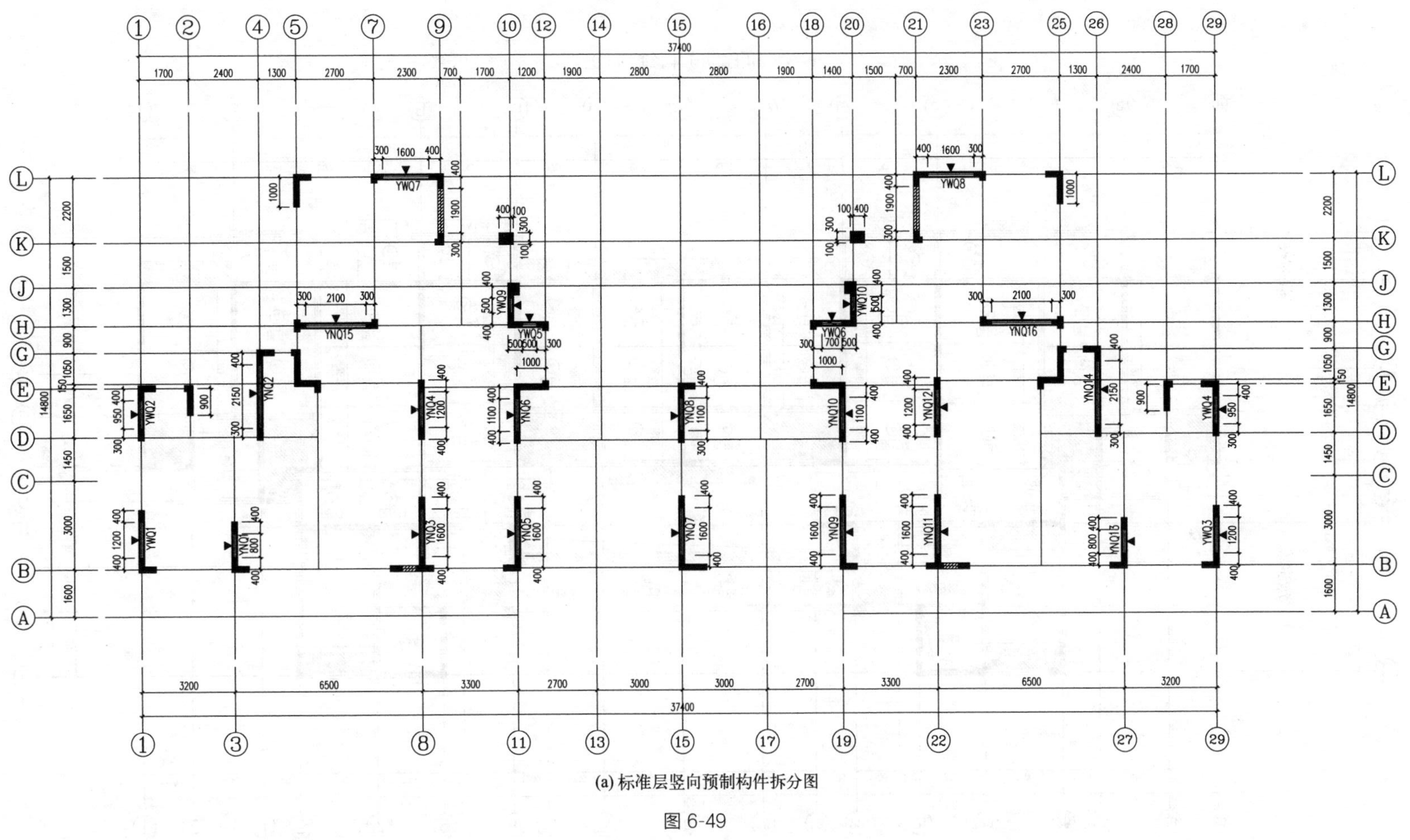

(a) 标准层竖向预制构件拆分图

图 6-49

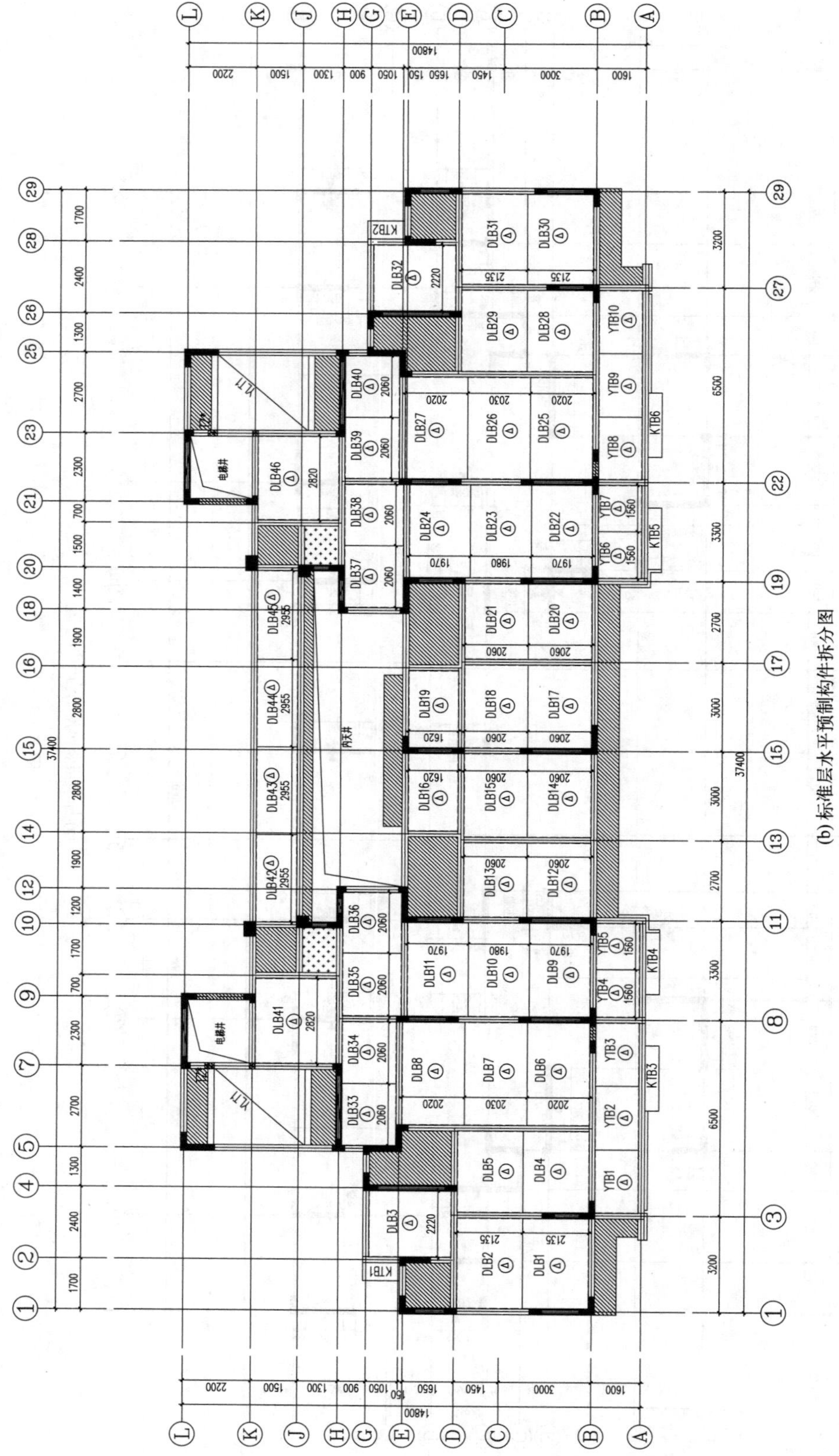

(b) 标准层水平预制构件拆分图

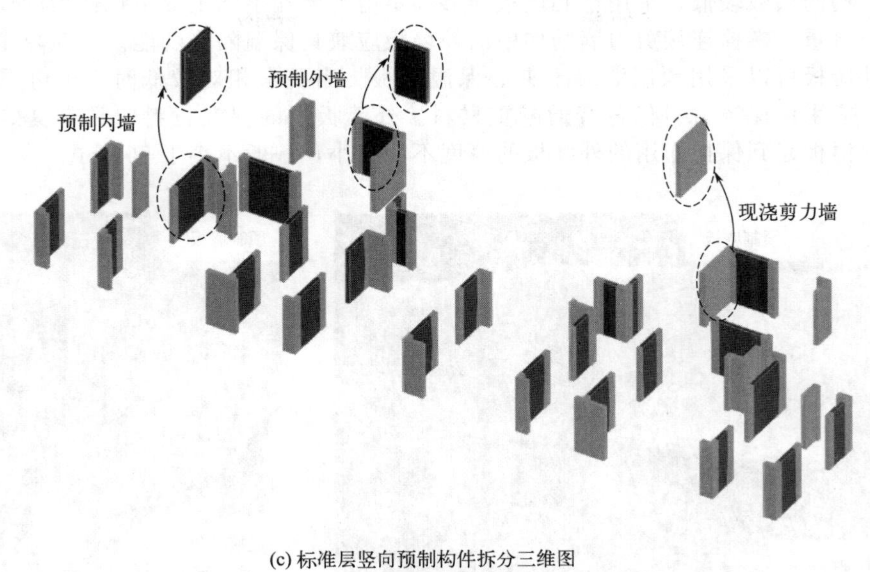

(c) 标准层竖向预制构件拆分三维图

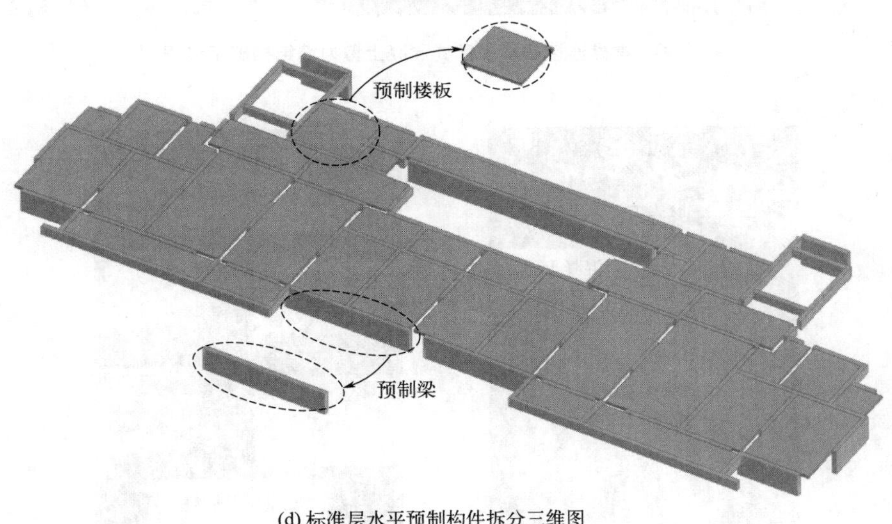

(d) 标准层水平预制构件拆分三维图

图 6-49　标准层预制构件

6.3　螺栓连接多层装配式混凝土剪力墙结构

6.3.1　结构体系简介

螺栓连接多层装配式混凝土剪力墙结构（下文简称“螺栓连接剪力墙结构”）是指由预制墙板作为竖向承重及抗侧力构件，墙板之间主要通过螺栓连接形成的多层墙板结构，如图 6-50 所示。螺栓连接是一种典型的预制构件间的“干式连接”方式，具有传力有效、减少现场湿作业、施工便捷等优点。

螺栓连接剪力墙结构中的内墙可采用实心墙或空心墙板。空心墙板通过在墙板内设置减重或保温材料形成空腔，相邻空腔之间设置竖向的混凝土肋，如图 6-51 所示。由于螺栓连接剪力墙结构的层数较低，采用空心墙板能够满足剪力墙在不同工况下承载力的要求，且可以减轻墙板自重。螺栓连接剪力墙结构中的外墙板应兼具保温隔热功能。当对热工性能要求较高时，外墙板可以采用预制混凝土夹心保温墙板。当要求相对较低时，也可采用空心墙板。此时，应采用保温材料代替普通减重材料。外墙板中的保温材料应具有良好的防火性能，且对保温板起到保护作用的外叶板的厚度不能过小，一般不小于 50mm。

图 6-50 螺栓连接多层装配式混凝土剪力墙结构施工过程

(a) 空心墙板

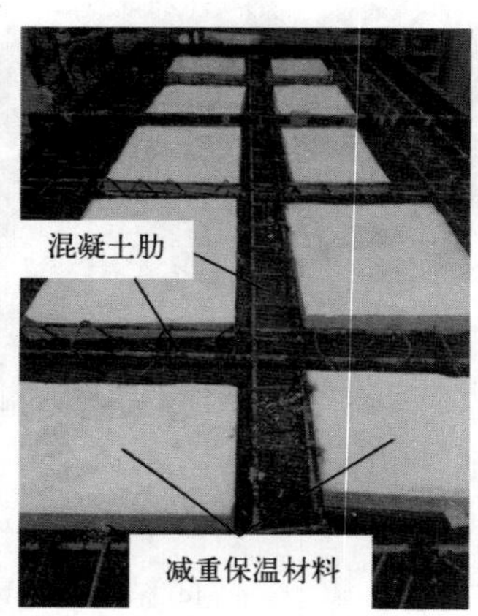

(b) 空心楼板

图 6-51 预制混凝土空心墙板和空心楼板的生产

螺栓连接剪力墙结构中，楼板常采用预制空心楼板，避免了楼盖梁的设置，且可进一步减少现场湿作业，提高结构装配效率。当对空心楼板有保温隔热需求时，楼板内的空心部分可采用保温材料代替普通的减重材料。螺栓连接剪力墙结构的楼板也可采用叠合楼板等其他形式楼板。

6.3.2 构件与节点连接构造

6.3.2.1 墙板间竖向连接构造

相邻楼层螺栓连接剪力墙间的连接拼缝一般位于楼层标高处。连接一侧预制构件内预埋连接螺栓，在另一侧构件内对应位置设置手孔或者预埋连接盒，将螺栓插入手孔或连接盒内进行连接，如图 6-52(a)、(b) 所示。连接盒是预埋在预制构件中用于实现构件之间螺栓连接的金属部件，由底板、侧壁板、顶板及锚筋组成，如图 6-53 所示。为避免预制构件端部有螺杆伸出，从而使试件制作、运输更为方便，也可在预制构件内预埋钢套筒，将螺杆拧入钢套筒内。当螺栓受拉时，螺栓与其所在一侧的预制构件间的传力主要依靠预埋螺栓与混凝土的黏结作用，或螺栓与钢套筒间的机械咬合力。与另一侧预制构件间的传力则主要依靠螺母传递至预留手孔底部的混凝土，或通过螺母传递至连接盒底板，再通过连接盒传递给混凝土。

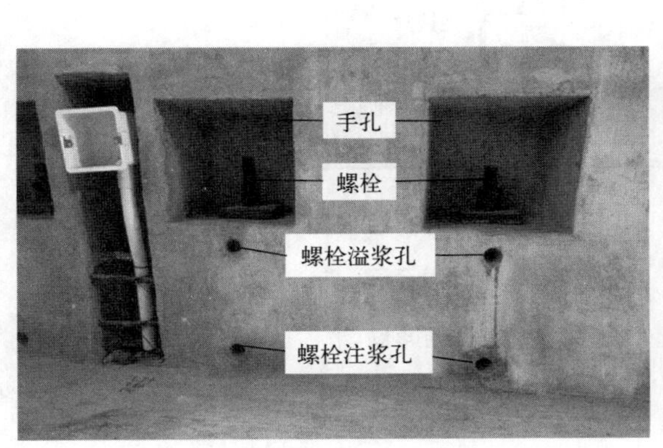

(a) 预留手孔　　(b) 预埋连接盒

图 6-52　螺栓连接方式

当采用螺栓预留手孔方式时，为避免螺栓受拉时手孔下方混凝土的冲切破坏，往往在手孔下设置高度不小于 200mm 的暗梁，如图 6-54 所示。暗梁中配置的纵向钢筋不少于 4 根，直径不小于 12mm。为避免对剪力墙截面产生过大的削弱，安装手孔的尺寸不宜过大，高度不应大于 200mm，宽度也不应大于 150mm。在暗梁高度范围内，需预留螺栓孔，并将螺栓从孔中穿过。安装螺栓后，需将手孔及螺栓孔采用细石混凝土、灌浆料或砂浆等填实，以对螺栓及连接件起到防护和封堵作用。在螺栓孔内灌浆，还可以实现螺栓抵抗接触面水平剪力的功能。

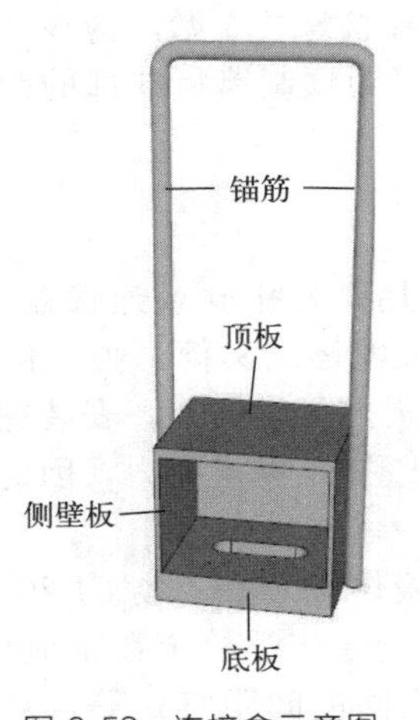

图 6-53　连接盒示意图

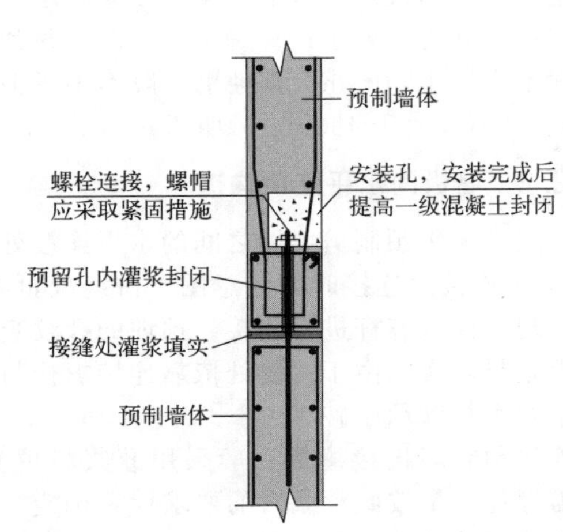

图 6-54　手孔下暗梁设置图

采用连接盒连接方式如图 6-55 所示。连接盒一般设置在上层墙板的底部，由连接盒底板承担螺栓传来的拉力，因此无须预留螺栓孔。螺栓安装完毕后，需在连接盒内进行灌浆。预埋钢连接盒应在预制墙板中可靠锚固，锚固区域宜设置横向加强筋，以提高连接盒锚固钢筋与混凝土间的黏结强度，如图 6-56 所示。

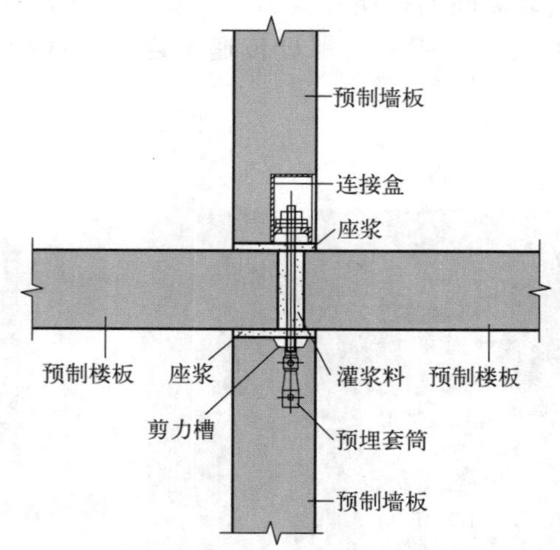

图 6-55　连接盒连接墙板节点

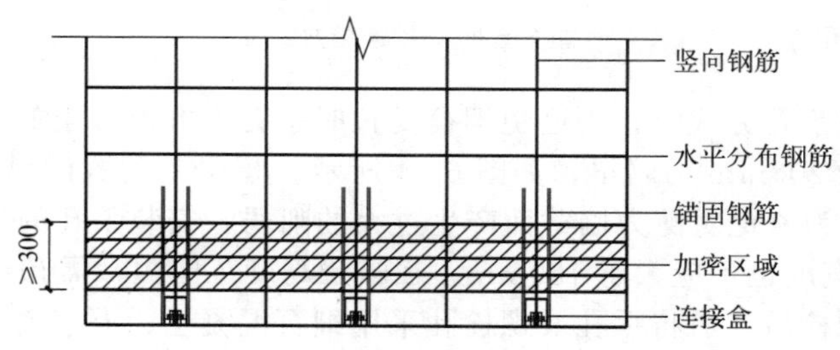

图 6-56　锚固区域横向加强筋

螺栓连接预制墙板水平接缝处采用座浆料填实，座浆层厚度一般为 20mm。接缝处所需螺栓数量按照承载力的要求计算确定。同时，每片预制墙板连接螺栓个数不应少于 2 个，螺栓间距一般不大于 1000mm，直径也一般不小于 16mm。螺栓距预制墙板端部的距离不宜小于 150mm，且不宜大于 450mm，如图 6-57 所示。

6.3.2.2　墙板间水平连接构造

同一楼层内相邻预制剪力墙之间的水平连接处同样可采用螺栓手孔或连接盒两种形式。图 6-58 为采用连接盒连接时的示意图。拼缝处可采用一侧预埋螺纹套筒、另一侧预留连接盒的方式，现场插入螺杆进行连接。预埋的螺纹套筒应在墙板内可靠锚固，安装完毕后连接盒应采用灌浆料填实。由于接缝处依靠连接螺栓与连接盒孔壁挤压提供剪力，因此孔壁不能过薄以至于发生孔壁承压破坏。

螺栓连接预制墙板接缝处一般采用灌浆料填实，预制墙体间预留空隙为 20mm 左右。接缝处所需螺栓数量按照承载力的要求计算确定，同时，接缝连接螺栓个数不应少于 3 个，螺栓距预制墙板顶部和底部的距离不宜大于 500mm，螺栓之间的间距宜相等，且不宜大于 1000mm，直径不宜小于 16mm，如图 6-59 所示。

预制墙板
连接盒
座浆层
≥150
且≤450
≤1000
≤1000
≥150
且≤450
预制墙板

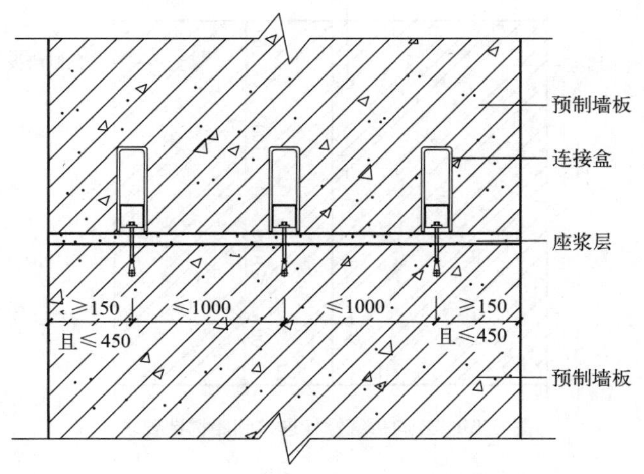

图 6-57　水平接缝螺栓连接间距构造要求

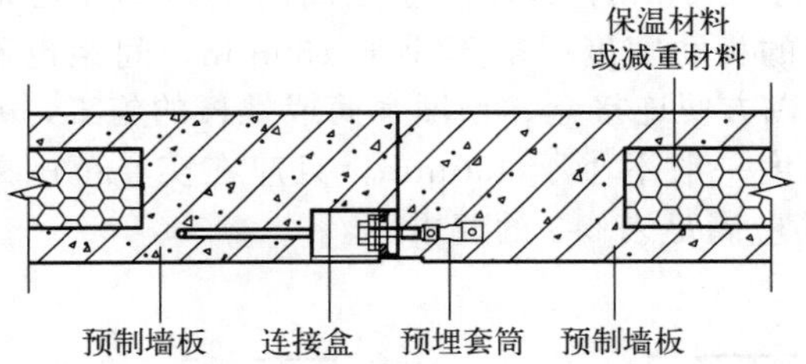

保温材料
或减重材料
预制墙板
连接盒
预埋套筒
预制墙板

(a) 一字形连接

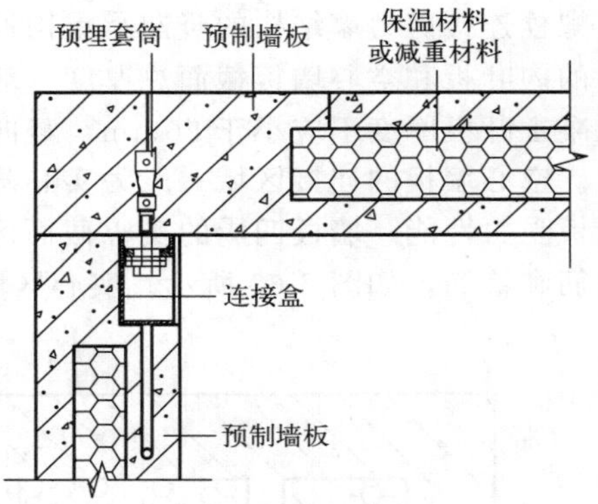

预埋套筒
预制墙板
保温材料
或减重材料
连接盒
预制墙板

(b) L形连接

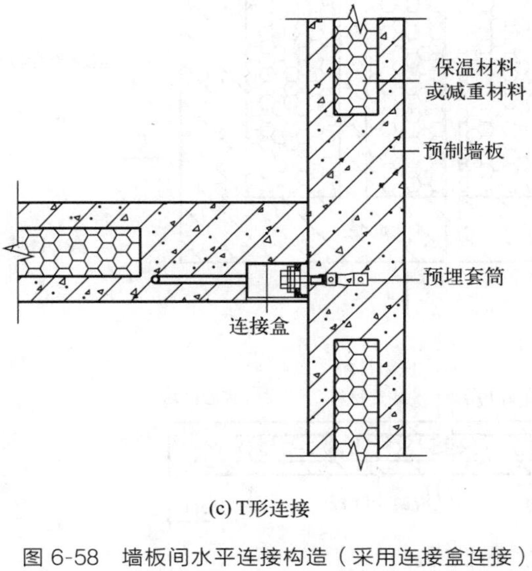

保温材料
或减重材料
预制墙板
预埋套筒
连接盒

(c) T形连接

图 6-58　墙板间水平连接构造（采用连接盒连接）

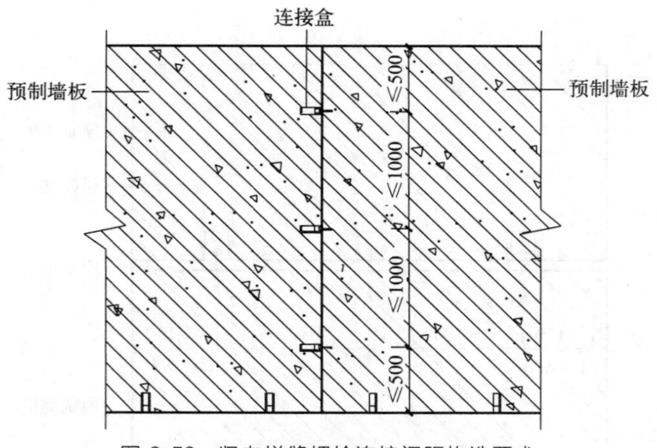

图 6-59 竖向拼缝螺栓连接间距构造要求

6.3.2.3 夹心保温墙板与空心墙板构造

螺栓连接剪力墙结构的竖向承重构件可采用预制夹心保温墙板或空心墙板。夹心保温外墙板的内叶板和空心墙板截面总厚度一般不小于 140mm，也不小于层高的 1/25。空心墙板的混凝土叶板厚度不应小于 50mm，竖向布置的板肋宽度一般不小于 150mm，间距也不宜过大。空心墙板的连接区域一般为实心截面，以方便连接盒、预埋套筒或螺杆的施工，并提高墙板受力性能。墙板四周的实心截面区域高度一般不小于 400mm，且应在实心范围内设置纵筋和箍筋，如图 6-60 所示。实心区域配筋应满足表 6-5 的要求。

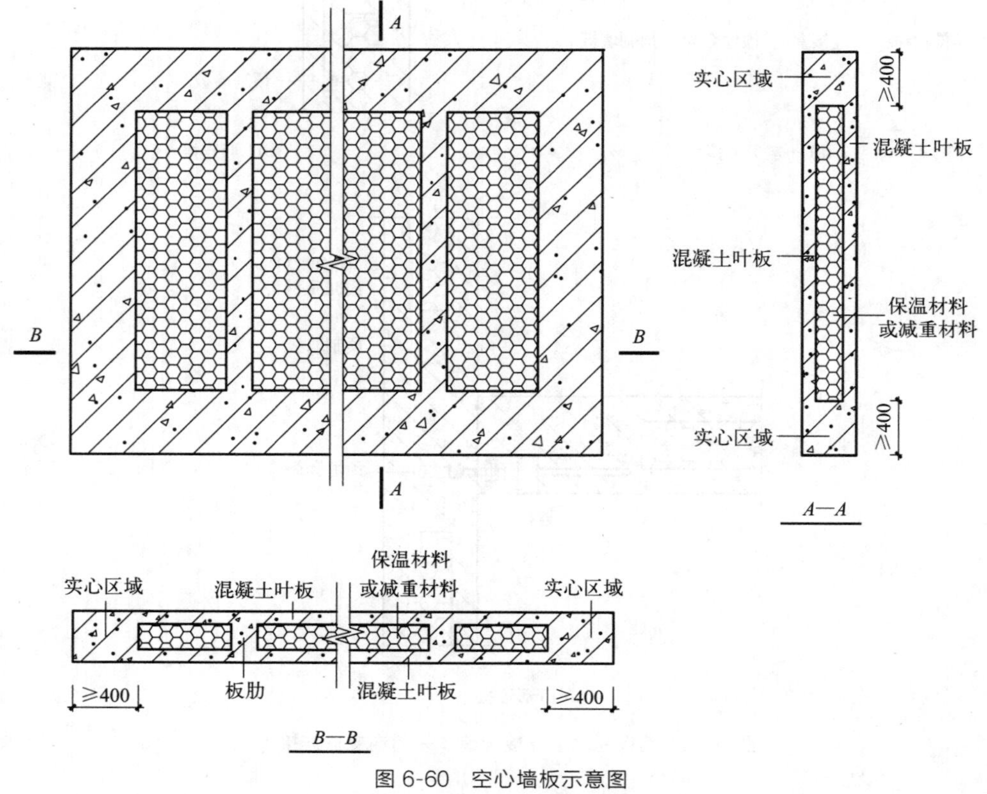

图 6-60 空心墙板示意图

表 6-5　空心墙板四周实心区域配筋要求

配筋	抗震设防烈度		
	6	7	8
最小竖向、水平钢筋	4φ12	4φ12	4φ14
箍筋最小直径/mm	6	8	8
箍筋最大间距/mm	250	200	200

夹心保温外墙板的内叶板和空心墙板均配置双层双向分布钢筋网，水平及竖向分布钢筋的最小配筋率不应小于 0.20%，钢筋直径不应小于 6mm，间距不应大于 300mm。夹心墙板的外叶板内则一般配置单层钢筋网片或冷拔低碳钢丝网片，也可采用冷轧带肋钢筋，直径不宜小于 4mm，钢筋间距不宜大于 150mm。

夹心保温外墙板上开有边长不大于 800mm 的小洞口且在结构整体计算中不考虑其影响时，应在洞口四周配置直径不小于 12mm 的补强钢筋，以防止洞口角部开裂。空心墙板则应在洞口四周设置宽度不小于 150mm 的肋，并在肋内配置补强钢筋，如图 6-61 所示。

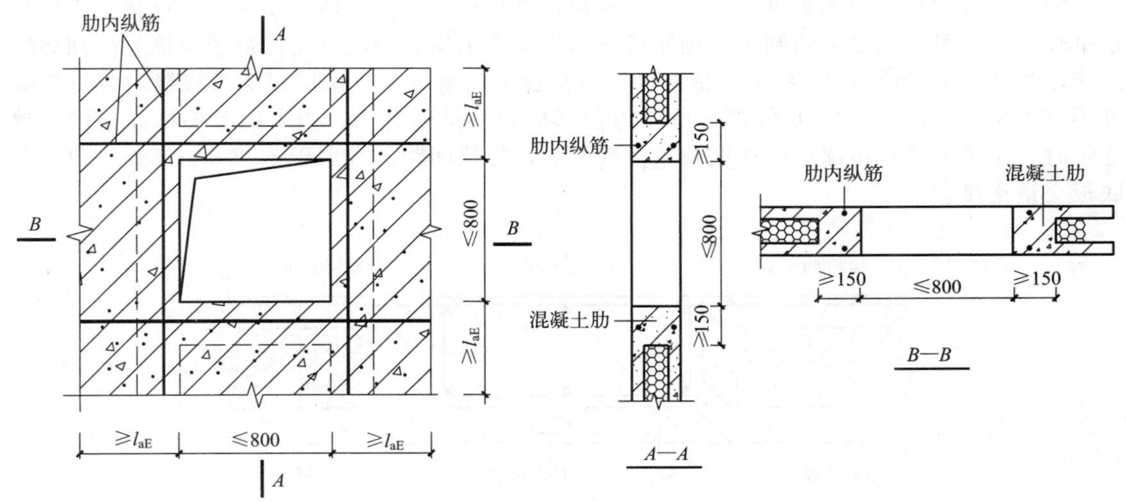

图 6-61　空心墙板洞口肋示意

6.3.2.4　空心楼板及楼板间连接构造

螺栓连接剪力墙结构的水平承重构件可采用空心楼板。空心楼板总厚度宜按跨度的 1/30 取值，且顶板和底板厚度均不应小于 50mm；在墙上的搁置长度应根据承重墙体的厚度确定，最小搁置长度不应小于 100mm，当墙厚不能满足搁置长度要求时可设置牛腿；连接区域宜采用实心截面，楼板四周的实心截面区域宽度不小于 250mm，实心区域内宜配置不少于 4 根直径 10mm 的钢筋，箍筋直径不宜小于 6mm，间距不宜大于 200mm；空心楼板受力肋宽不宜小于 150mm，肋间距不宜大于 750mm，如图 6-62 所示。

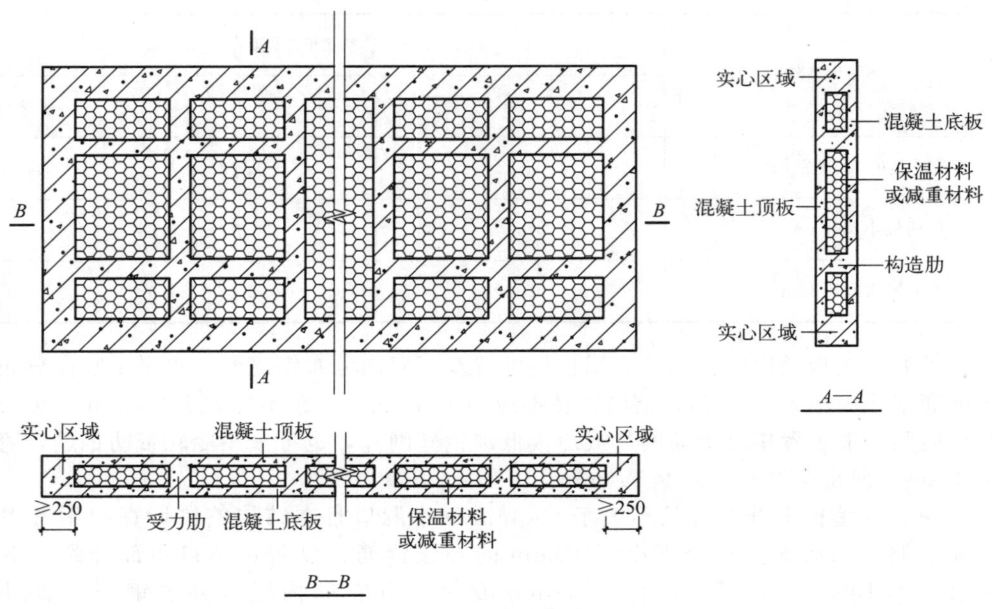

图 6-62 空心楼板示意图

空心楼板和预制屋面板可按每个房间一块预制板设计，并与四周墙体可靠连接。当构件重量较大时，可采用多块预制板，预制板之间连接应采用后浇混凝土接缝或摩擦型高强螺栓连接，如图 6-63 和图 6-64 所示。拼缝设置应符合下列要求：当采用现浇带接缝时，拼缝宽度不宜小于 200mm，拼缝后浇部分可作为预制板的一道受力肋；当采用摩擦型高强度螺栓连接时，应满足楼板传递地震作用及风荷载要求，螺栓间距不宜大于 1500mm，并在顶板和底板交错连接。

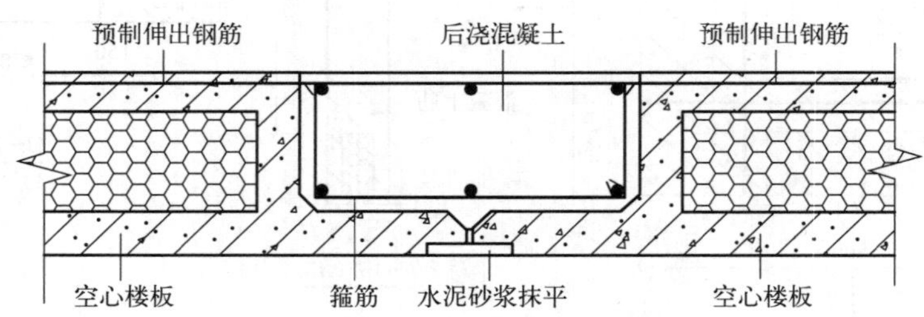

图 6-63 空心楼板现浇带接缝示意图

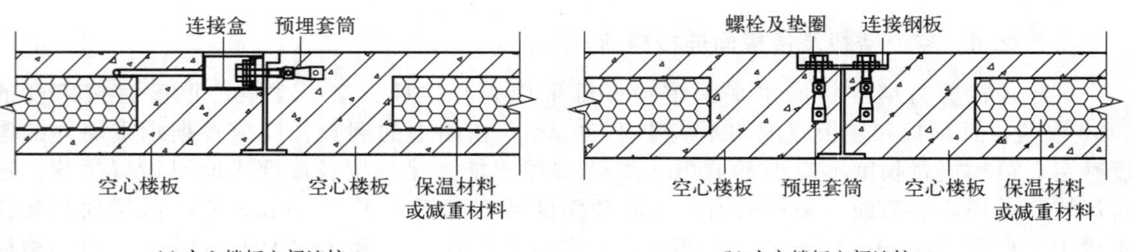

图 6-64 空心楼板螺栓连接示意图（顶板连接）

6.3.3　设计要点

（1）结构适用高度、高宽比及抗震等级

螺栓连接剪力墙结构适用于层数不大于 6 层且房屋高度不超过 24m 的低、多层建筑。抗震设防烈度为 6、7 和 8 度时，结构的高宽比分别不宜超过 3.5、3.0 和 2.5。结构的抗震等级在抗震设防烈度为 6、7 度时取四级，在抗震设防烈度为 8 度时取三级。

（2）墙体布置

螺栓连接剪力墙结构的承重墙体一般需均匀对称布置，沿平面内宜对齐，沿竖向应上下连续。纵横向墙体的数量不宜相差过大，以使得结构两个方向刚度较为均匀。此外，为防止楼板平面出现过大的变形而不能使各层的地震作用传递到抗震墙上，房屋抗震横墙的间距不应过大。当采用全预制楼盖时，抗震设防烈度为 6 度或 7 度时，房屋抗震横墙的间距不应大于 11m。抗震设防烈度为 8 度时，房屋抗震横墙的间距不应大于 9m。当采用叠合楼盖时，抗震设防烈度为 6 度或 7 度时，房屋抗震横墙的间距不应大于 15m。抗震设防烈度为 8 度时，房屋抗震横墙的间距不应大于 11m。当墙体布置不满足上述要求时，还需采用静力弹塑性分析等方法，进行结构罕遇地震下的弹塑性变形验算，以防止结构发生倒塌破坏。

（3）结构设计和分析

螺栓连接多层剪力墙结构应进行小震作用下的内力和变形验算，墙板构件、水平和竖向连接接缝应满足承载力要求。由于连接螺栓为韧性较差的高强螺栓，螺栓连接多层剪力墙应采用“强连接”的原则进行设计，即连接拼缝截面的承载力大于墙板构件，从而避免破坏发生在连接部位。我国现行协会标准《装配式多层混凝土结构技术规程》（CECS 604）规定应对上下层墙板间接缝截面进行设防烈度地震作用下的承载力验算，满足中震不屈服的要求。

由于螺栓连接剪力墙结构层数不多，且质量和刚度沿高度分布比较均匀，结构的水平地震作用可以采用底部剪力法计算。进行抗震验算时，结构的计算简图为嵌固于基础上的悬臂结构。为了简化设计，可仅对纵、横向的不利墙段进行抗震验算。不利墙段包括承担地震作用较大的墙段、竖向压应力较小的墙段以及局部截面较小的墙段等。其中，当结构承重墙厚度一致，且横墙间距分布均匀时，可以近似地取从属面积最大的墙段为地震作用最大的墙段。

（4）接缝受弯和受剪承载力设计

螺栓连接剪力墙结构中，进行持久设计状况和地震设计状况下上下层墙板间拼缝的受弯承载力设计时，可将螺栓视为受拉钢筋，按照现浇钢筋混凝土结构受弯构件正截面受弯承载力的方法进行计算。

在地震设计状况下，上下层墙板间拼缝截面的受剪承载力按式(6-4) 进行计算。预制墙板接缝抗剪承载力由螺栓的抗剪承载力和接缝受剪时的摩擦力决定。由于预制墙板水平接缝中采用座浆材料而非灌浆填充，接缝受剪时静摩擦系数较低，取为 0.6。具体公式如下：

$$V_{\mathrm{uE}}=nV_{\mathrm{uE}}^{1}+0.6N \tag{6-4}$$

式中　n——螺栓数量；

V_{uE}^{1}——单个高强度螺栓的抗剪承载力设计值；

N——与墙肢水平剪力设计值 V 相应的垂直于结合面的轴向力设计值，压力时取正，拉力时取负，竖向接缝计算时，轴向力设计值 N 可取零。

根据图 6-65，相邻墙板间接缝的剪力设计值可按公式(6-5) 计算，其中 1.2 为增大系数。

$$V_{jdE}=1.2\frac{h}{b}V \tag{6-5}$$

式中 V——墙肢水平剪力设计值；

h——墙肢层高；

b——墙肢宽度。

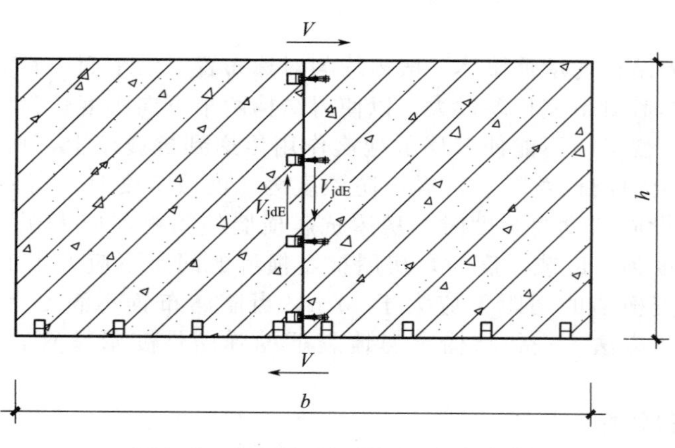

图 6-65 相邻墙板间接缝剪力计算简图

6.3.4 设计实例

6.3.4.1 工程概况

某别墅项目，如图 6-66 所示。别墅建筑面积约 200m^2，共 2 层。剪力墙的抗震等级为四级，抗震设防烈度为 6 度（0.05g），设计地震分组为第三组。场地类别为Ⅱ类，设计特征周期 0.45s。设计基本风压为 0.35kN/m^2，地面粗糙度类别为 B 类。建筑采用螺栓连接混凝土墙-板结构体系，预制混凝土墙板、楼板间均通过盒式螺栓进行连接。

图 6-66 螺栓连接剪力墙结构项目实景照片

6.3.4.2 建筑与结构设计

该建筑平、立面设计均较简单规则。建筑平面图如图 6-67 所示。底层为客厅、餐厅、厨房和洗衣房，二层为卧室、卫生间和阳台。

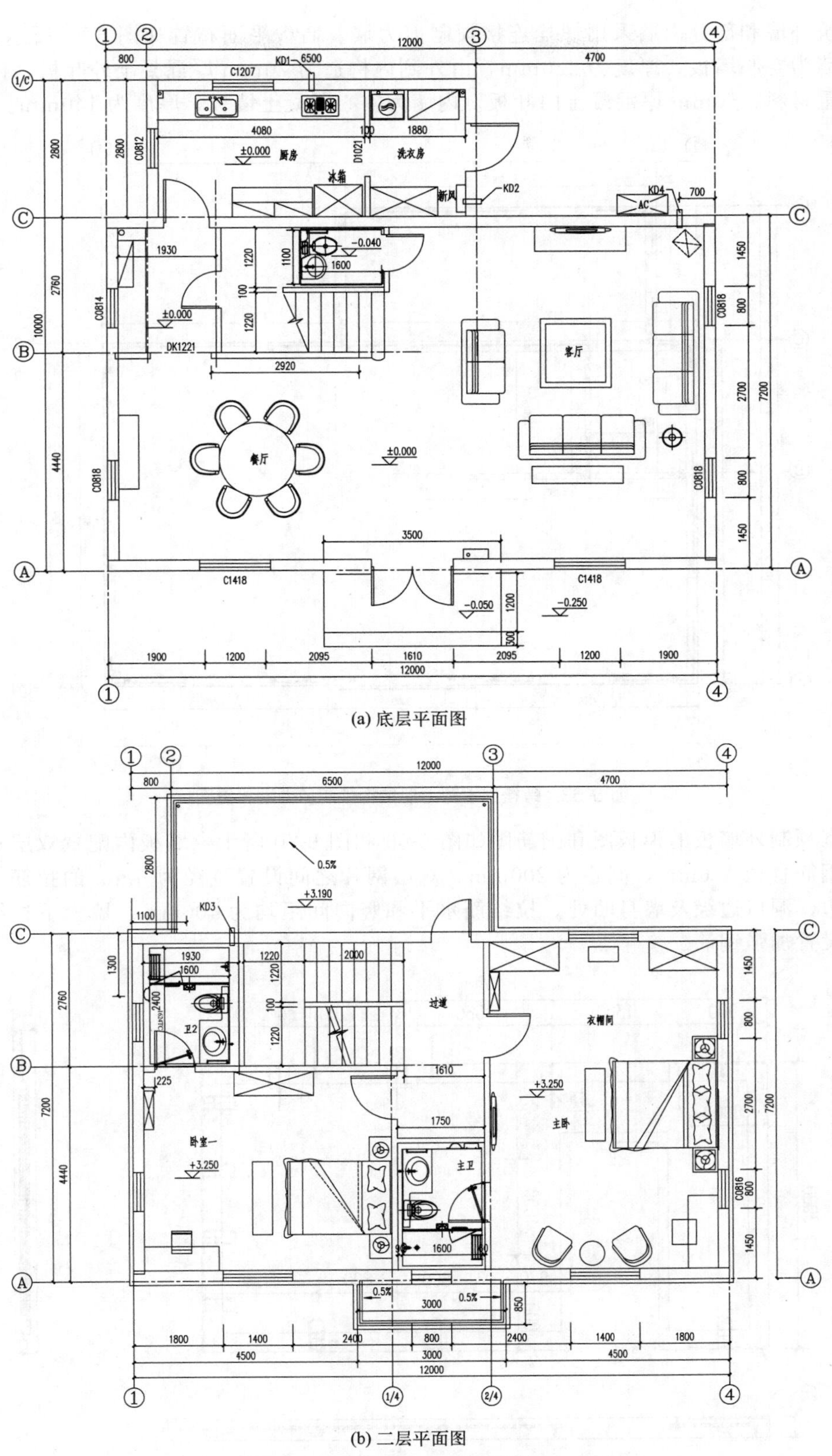

(a) 底层平面图

(b) 二层平面图

图 6-67　螺栓连接剪力墙结构建筑平面图

建筑外墙和部分内墙采用螺栓连接预制剪力墙。墙板平面布置如图 6-68 所示。预制剪力墙外墙为空心墙板，厚度为 220mm，由外到内构造为 70mm 厚混凝土外叶板，100mm 厚保温减重材料，50mm 厚混凝土内叶板。内墙为实心混凝土墙板，厚度为 140mm。

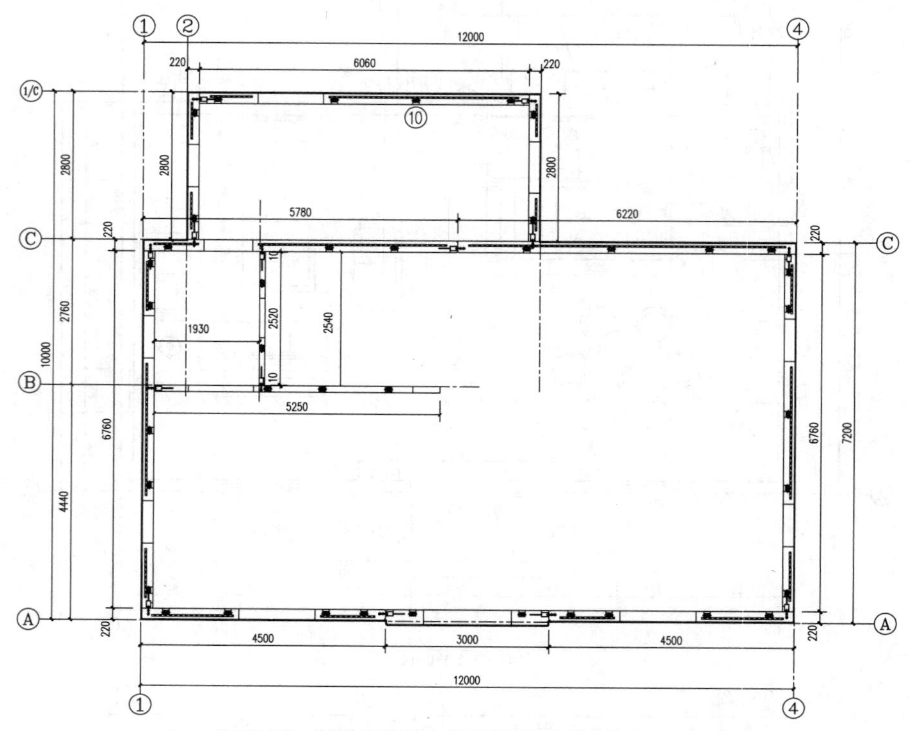

图 6-68 螺栓连接剪力墙结构预制剪力墙布置图

典型预制外墙板的模板图和配筋图如图 6-69 和图 6-70 所示。墙板内配置双层双向钢筋网片，钢筋直径为 6mm，间距为 200mm。双层网片之间设置直径为 6mm 的拉筋，布置位置为墙边、洞口边缘及墙身肋处。拉结筋水平和竖向间距均为 400mm。墙上下边缘和洞口四周均设置加强钢筋。

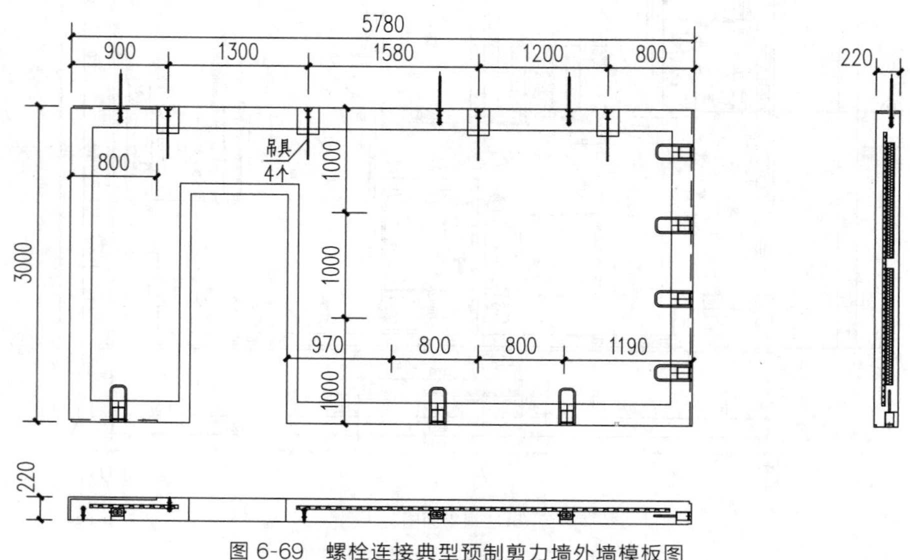

图 6-69 螺栓连接典型预制剪力墙外墙模板图

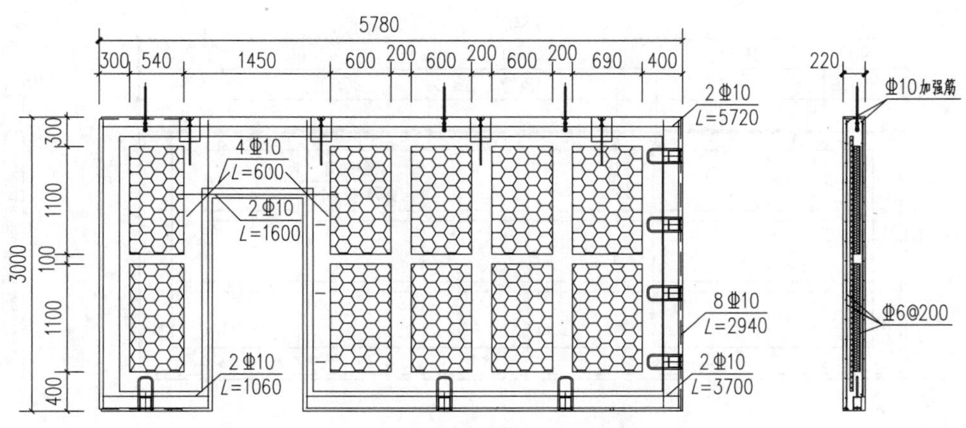

图 6-70　螺栓连接典型预制剪力墙外墙配筋图

一层空心楼板布置图如图 6-71 所示。除阳台和卫生间板厚分别为 230mm 和 220mm 外，其余板厚均为 250mm。从上到下分别为 50mm 厚混凝土叶板、130mm 厚减重材料、70mm 厚混凝土叶板。典型空心楼板模板图和配筋图分别如图 6-72 和图 6-73 所示。

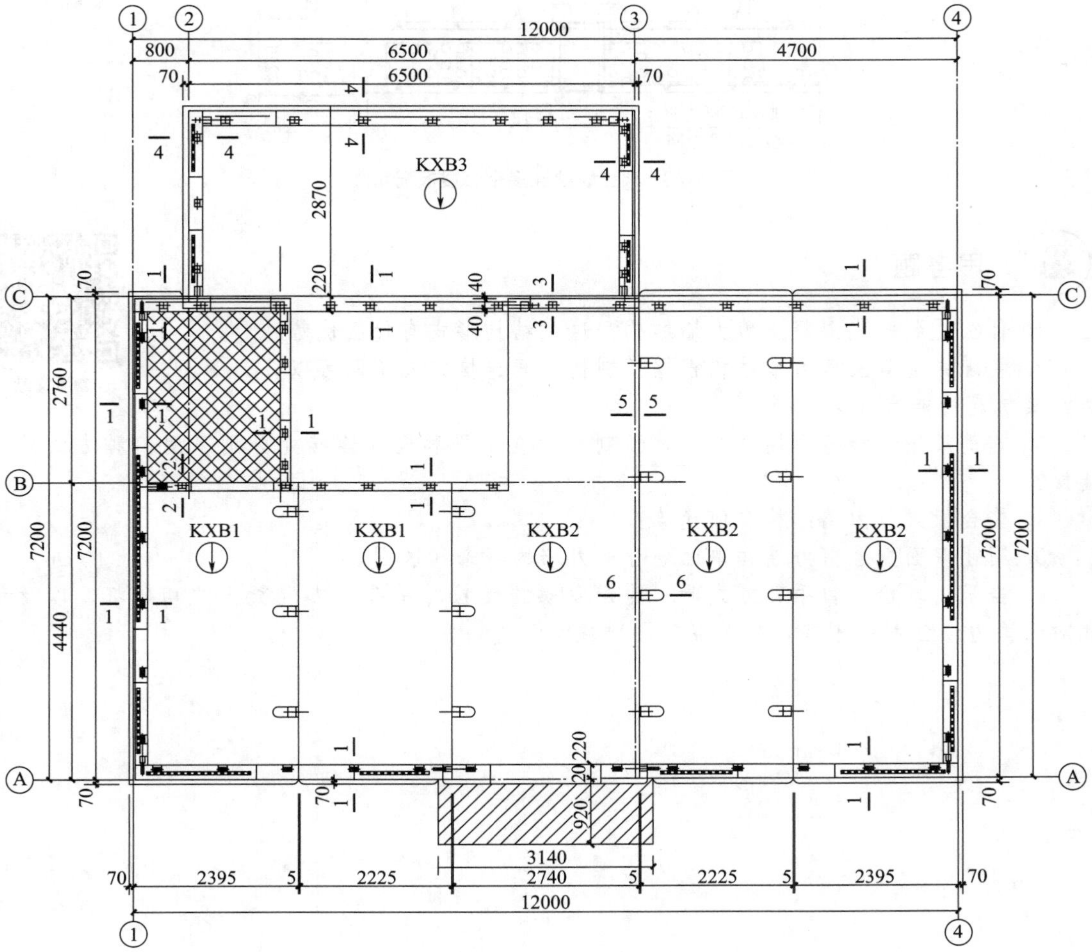

图 6-71　螺栓连接预制空心楼板布置图

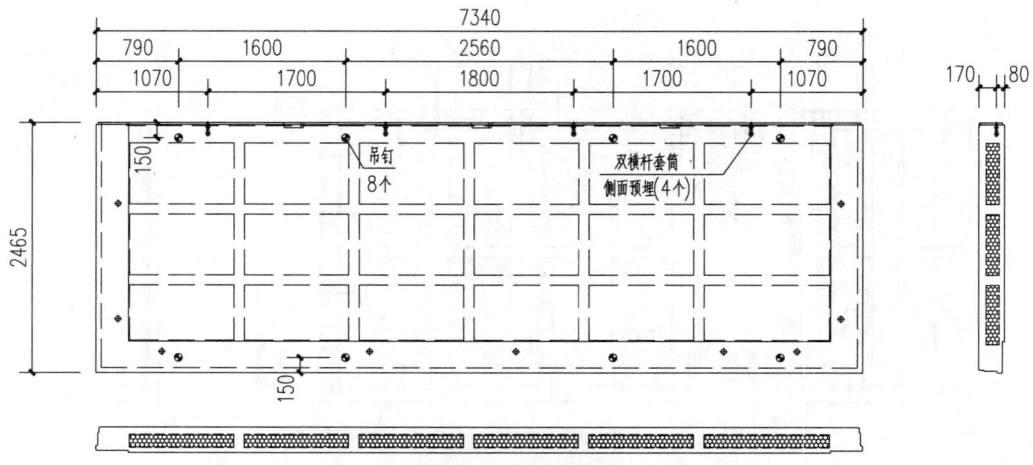

图 6-72 螺栓连接预制空心楼板模板图

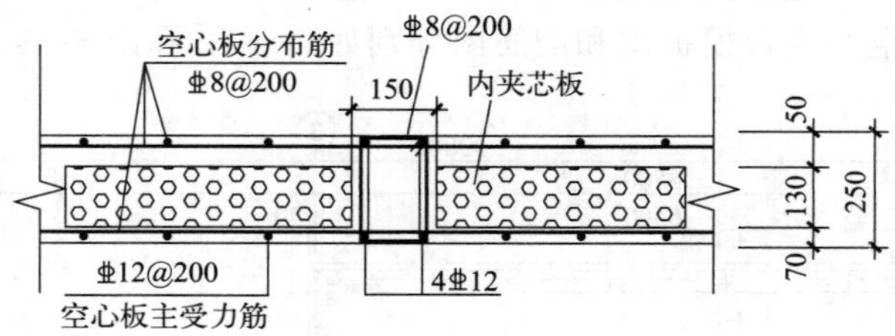

图 6-73 典型螺栓连接空心楼板配筋图

思考题

1. 什么是装配式混凝土剪力墙结构？这一结构形式有什么优势？

2. 装配式混凝土剪力墙结构根据预制构件间连接方式不同可以分为哪两类？其抗震性能有什么差别？

3. 套筒灌浆连接剪力墙结构中，预制构件在水平和竖向连接处分别采用何种方式进行连接？

4. 叠合板式剪力墙结构有何优势？

5. 简述双面叠合剪力墙和单面叠合剪力墙的概念和区别。

6. 当采用螺栓预留手孔方式时，为避免螺栓受拉时手孔下方混凝土冲切破坏，以及手孔对于剪力墙截面的削弱，应采取哪些措施？

第7章 装配式混凝土模块化建筑

本章导读

概述了模块化建筑概念、体系分类和优势；介绍了框架式模块单元和隔墙式模块单元的构造、制作与集成、运输与安装；介绍了模块单元干式连接和湿式连接的构造；给出了装配式混凝土模块化建筑结构设计要点和工程实例。

7.1 概述

模块化建筑是装配式建筑的高级阶段，是建筑工业化的重要表现形式。如图7-1所示，模块化建筑将自身划分为多个功能单元模块，这些模块单元在工厂内完成构件加工，包括墙面、顶面、地面设备管线的高度集成，以及建筑部品、窗户幕墙等的工厂内安装。完成后，模块化建筑被运输至施工现场，利用起重机吊装后直接连接到永久基础上或进行模块间堆叠，类似于搭积木一样进行组装。与传统装配式建筑相比，模块化建筑集成程度更高，装配精度要求更高，装配效率更快，且模块化建筑具有类型多元、拆分自由及空间灵活多变的特点，符合各类功能空间要求，能够满足多样化的居住需求，可以与其他结构相结合，能够适用于更丰富多元的应用场景。

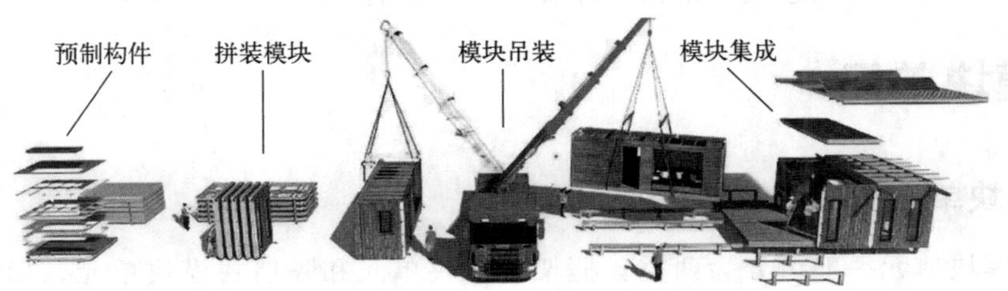

图7-1 模块化建筑示意图

根据不同的分类标准，模块化建筑可分为多个体系种类。例如：按建筑性质分类，可分为永久建筑、临时建筑、应急建筑。按空间构造分类，可分为箱式模块和板式模块。其中，箱式模块是指采用工厂预制的箱式结构集成模块在施工现场组合而成的装配式建筑，具有高集成度、高装配率、高标准化、高工厂化、快速施工等优势，但在运输和吊装方面，存在一定的局限性。板式模块是指为解决箱式模块建筑单元箱体体积较大，运输条件受限等问题，将组成模块箱体的6个面拆成片状构件以便运输，保留箱式模块高集成度及标准化等特点，还解决了运输问题，以适用更多的应用场景。此外，还可以按箱体构造分类，可分为钢密柱箱体、钢框架箱体、集装箱箱体、钢-木箱体、钢-混凝土箱体和混凝土箱体等。或者按结构体系分类，可分为纯模块结构、模块-钢框架结构、模块-钢框架支撑结构、模块-混凝土核心筒混合结构、板式钢框架结构。按建筑结构材料分类，可分为混凝土模块体系和钢结构模块体系，如图 7-2 和图 7-3 所示。

图 7-2　混凝土模块体系

图 7-3　钢结构模块体系

混凝土模块化建筑作为一种新兴建筑，采用创新的建筑模式，巧妙地利用了装配式技术及模块化理念，从本质上能够克服传统建造方式的缺点，具有传统建造方式所不具备的优势。首先，其施工速度快：在工厂内部实现流水作业，自动化、机械化程度高；水电管线、装修一体化，现场组装完成即可交付使用；现场施工工作量少，且施工进度受天气影响较小。第二，混凝土模块化建筑质量较优：通过自动化流水生产线，将高空立体作业变为平面作业，更易于控制质量；可以按照工业化生产的方式进行组织管理和质量控制，模块与构件加工精度高，工程质量更有保障。第三，其绿色环保性显著：工厂内生产有助于提高建筑材料回收率；现场施工对环境影响较小；模块建筑拆除过程损坏小，可实现再利用，周转使用率高。第四，经济优势：短时间内完成现场施工，降低了人工及管理成本；建造速度快，缩短了投资回报周期；模块批量化生产有助于节约成本。第五，施工安全有保障：工厂生产环境可控，能够减少人工数量，同时保障工人安全。本章主要以混凝土模块化建筑体系为例，介绍模块单元、模块单元连接、结构设计要点和工程实例。

7.2　模块单元

7.2.1　模块单元构造

混凝土模块单元一般可分为两类：框架式模块单元和隔墙式模块单元，如图 7-4 所示。框架式模块单元指由混凝土框架梁和框架柱，模块顶板和模块底板，以及多元化材质的轻质隔墙或外围护墙共同组成的六面体模块单元。隔墙式模块单元指由混凝土模块底板、模块顶板和轻质隔墙或外围护墙组成的六面体模块单元。一般来说，一座混凝土模块化建筑通常仅采用其中一种类型的模块单元。这样的分类有助于在实际建造中更好地选择和应用模块单元，以满足特定建筑的结构和设计需求。

模块单元设计应遵循通用化、模块化、工业化和优化集成的原则，涵盖建筑、结构、机电设备、装饰装修的一体化设计。单个模块长度不宜超过 12m，宽度不宜超过 3.5m，高度不宜超过 3.2m。模块内部空间应根据功能需求进行合理分隔。当模块化建筑开门洞、窗洞时，洞口位置应避开板肋、暗梁、暗柱等。当模块楼板需要开洞时，洞口总面积不宜超过楼面面积的 30%。当洞口尺寸达到一定限值时，要采取相应构造措施保证建筑设计安全可靠。当结构平面采用“L”或“Z”形等平面形式时，可设置分隔缝，将结构拆分成多个规则独立的矩形平面，对规则平面结构进行结构设计。

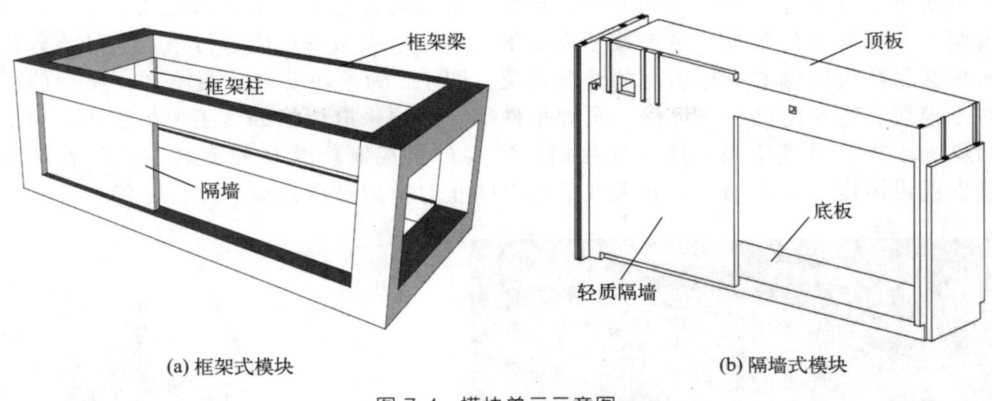

(a) 框架式模块　　(b) 隔墙式模块

图 7-4 模块单元示意图

7.2.2 模块制作与集成

为保证现场安装质量，模块制作前必须进行深化设计，设计深度应满足生产、运输和安装等技术要求。在制作过程中应采取防止破损或污染的保障措施。模块的主体制作应符合现行国家标准《混凝土结构工程施工规范》(GB 50666) 和现行地方标准的有关规定。模具安装前应按要求涂抹隔离剂，确保模具安装牢固、尺寸准确、接缝严密、不漏浆。模具是专门用来生产预制构件的各种模板系统，可采用固定在生产场地的固定模具或移动模具，也可对于形状复杂、数量较少的构件采用木模或其他材料制作。钢筋制品的尺寸应准确，钢筋下料及成型宜采用自动化设备进行加工。在钢筋制品吊运入模前，必须对其质量进行检查，并应在检查合格后方可入模。模块脱模后，如果需要对其表面进行修整，应在专门的修整场地进行，包括清理、质量检查和修补。对于有缺陷的模块，应制订相应的修补方案，提供相应的修补材料和工具。模块在修补合格后驳运至合格品堆放场地。

为提高施工效率，模块在工厂完成隔墙安装、设备管线敷设以及装饰装修。模块内的电气系统施工和安装应按现行国家标准《建筑电气工程施工质量验收规范》(GB 50303) 和《智能建筑工程施工规范》(GB 50606) 等的有关规定执行。管道设备的安装及调试应在建筑装饰装修工程施工前完成。所有弱电线路应进行点对点测试，合格后方可进行墙面装饰。

7.2.3 模块运输与安装

模块在运输过程中要进行可靠的固定，并采取措施防止模块损坏。在面对复杂的运输工况时，需提前制订专项运输方案。在进行模块堆放时，场地要求坚实、平整，并且不能有积水。此外，需要对模块采取防雨和防污染的措施。在进行模块堆放时，底部必须设置临时垫块，以确保平整堆放。这些垫块需要与模块墙板上下对齐，且高度不应小于 100mm。在进行重叠堆放时，每层的垫块应该上下对齐。如果堆放时间超过 3 个月，必须采取通风和防震等有效措施。对于模块单元在翻转、运输、吊运、安装等短暂设计状况下的施工验算，需要将构件自重标准值乘以动力系数后，以此作为等效静力荷载标准值。在运输、吊运过程中，动力系数取 1.5；而在翻转及安装过程中就位、临时固定时，动力系数取 1.2。

在模块安装前要复核模块连接节点构造和装配位置，根据模块形状、尺寸及重量要求选择吊具，如设置分配梁或分配桁架等专用吊具。同时，应确保吊车主钩位置、吊具及构件重心在竖直方向上重合。模块吊点布置应满足以下原则：吊点设置前应通过模块构件拆分法计算找出模块重心点坐标；模块顶部吊点宜布置于重心周边的竖向承重构件墙或柱上，尽量避开门窗洞口顶部薄弱处布置，吊点数量应多于三个；吊点布置后应进行吊点力计算，以避免吊点出现起吊阶段因偏心弯矩出现的受压状况。图 7-5 为模块安装示意图。在整个施工过程中，对于模块、建筑附件、预埋件、预埋吊件等，必须采取严格的施工保护措施，以防止破损或污染的出现。当模块采用座浆连接时，需要严格控制座浆料的流动性、附着性和配合比，确保铺设厚度尽可能均匀，并采取措施以防止对室内造成污染。

图 7-5 模块安装示意图

7.3 模块单元连接

7.3.1 连接概述

模块化建筑的关键环节在于将工厂预制好的模块在现场通过模块间节点连接，形成一个整体建筑。模块化建筑结构往往容易从模块间节点连接处发生破坏，因此模块间节点连接质量将决定整个建筑的承载力；另一方面，模块化建筑最显著的特点和意义在于其能够快速构建，而模块化节点构造是施工速度的决定性因素。因此，模块单元间连接节点的设计成为模块建筑设计的至关重要的一环。

模块化单元连接按照施工方式可分为湿式连接和干式连接两大类。湿式连接指相邻模块间通过后浇混凝土墙板或者后浇混凝土楼板带的连接。干式连接指相邻模块梁间、柱间或者单元边角处通过螺栓或预应力筋、焊接或者键槽凸键连接。图 7-6 为连接节点构造示意图。

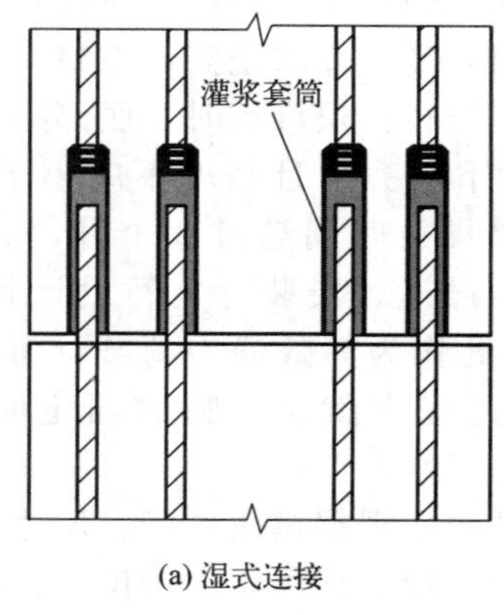

(a) 湿式连接

螺栓

(b) 干式连接

图 7-6 连接节点示意图

模块建筑的连接节点在设计时应确保构造合理，传力可靠，且具有必要的延性，同时避免产生应力集中。模块间连接的设计应追求高强度和良好的可靠性，确保预埋件的锚固不会先于连接件破坏，从而保障构件的连续性和整体结构的稳定性。这有助于确保整个结构具备必要的承载能力、刚性、延性，以及良好的抗风、抗震和抗偶然荷载的性能，以免发生结构体系的连续倒塌。设计原则上应遵循“强节点弱构件”。此外，考虑到模块化建筑的特点，连接节点的设计还应充分考虑可拆卸的要求。连接布置应合理，以便在施工和安装过程中更加便利。

7.3.2　湿式连接

实际工程中，采用湿式连接的混凝土模块化建筑较为常见。本节主要介绍混凝土模块化现浇框架建筑和混凝土模块化现浇剪力墙建筑。模块化现浇框架结构是指框架式模块中的隔墙在施工现场作为承重框架梁、柱的模板，模块顶板作为上层叠合楼板的预制底板，通过在施工现场后浇的承重框架梁、柱，以及楼板后浇叠合层形成完整的结构传力体系。模块化现浇剪力墙结构是指隔墙式模块中的隔墙在施工现场作为承重剪力墙的模板，模块顶板作为上层叠合楼板的预制底板，通过在施工现场后浇的承重剪力墙，以及楼板后浇叠合层形成完整的结构传力体系。通过现场浇灌混凝土所形成的结构，其工作性能与现浇框架结构和现浇剪力墙结构完全相同，是现浇混凝土结构在现场施工过程中免拆建筑内部模板的一种新型的建造方式。

在进行这两种现浇模块化结构体系的连接设计时，都要考虑地震作用，要遵循加强整体性、强节点区域、强锚固、防止脆性破坏、加强模块间连接的抗震概念设计基本原则进行抗震设计。

在进行模块化现浇框架结构设计时，为保证结构受力合理以及施工方便，边柱、角柱、中柱和隔墙式模块隔墙的构造宜简单、规则。此外，柱的截面形式与传统现浇柱保持一致，图 7-7 展示了预制混凝土模块与柱水平布置的示意图。

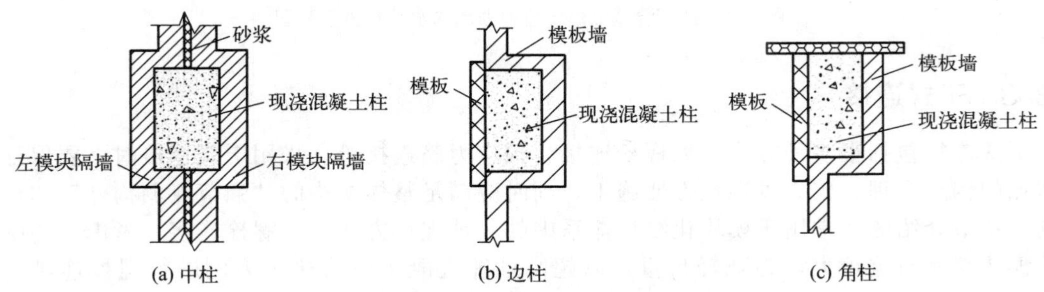

图 7-7　预制混凝土模块与柱的水平布置示意图

在模块化现浇框架结构中，混凝土模块单元与现浇梁、柱、楼板的连接构造如图 7-8 所示，而隔墙式模块现浇结构的连接构造与此一致。为了防止浇筑过程中混凝土进入模块与模块之间的缝隙导致梁浇筑不密实，建议在梁浇筑前在梁底部设置一层可压缩泡沫板，厚度不宜大于 10mm。为了在模块安装时方便调节模块标高，上下模块之间应预留 20mm 的调节间隙。在进行模块安装前，应先对该间隙进行座浆填充，确保填充饱满，以避免在模块安装完成后底板出现空腔的情况。

模块化现浇剪力墙结构在设计时，剪力墙截面形式与传统现浇剪力墙一致，一般主要采用一字形、L 形、T 形等截面。为了方便设计和施工，并保证结构受力合理，模块和剪力墙的平面布置应尽量简单、规则。图 7-9 为预制混凝土模块与剪力墙的水平布置示意图。

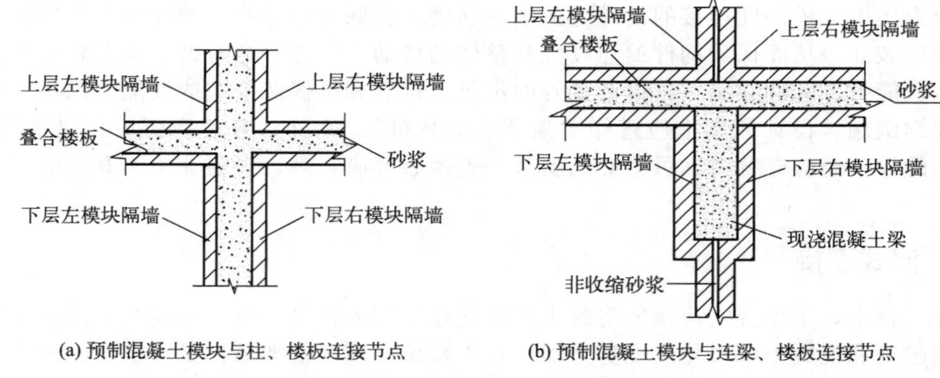

图 7-8　结构体系竖向布置和连接示意图

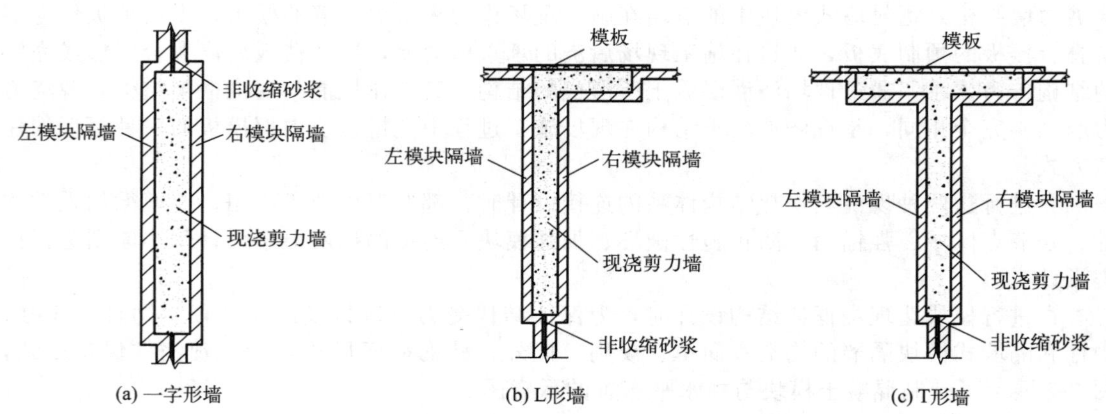

图 7-9　预制混凝土模块与剪力墙的水平布置示意图

7.3.3　干式连接

干式连接包括很多种方式，如螺栓连接、预应力筋连接等。采用干式连接时，要保证连接节点的构造合理、传力可靠且方便施工，同时应满足整体结构的“强节点弱构件”的设计原则。本节介绍的是常用于模块化结构体系中的一种连接方式——螺栓连接。考虑到传统混凝土模块单元自重较大，为减轻自重，以超高性能混凝土模块建筑为例进行螺栓连接的介绍。螺栓连接的特点是在施工现场容易组装与拆卸，图 7-6(b) 在第 7.3.1 节中展示了螺栓连接的示意图。

当采用螺栓连接时，螺栓直径不宜小于 14mm，并对螺栓承载力有一定要求。螺栓的承载力应符合现行国家标准《钢结构设计标准》(GB 50017) 的有关规定。模块建筑的连接包括模块与基础的连接和模块连接。当模块与基础相连时，要保证基础表面平整洁净，模块与基础的连接示意图见图 7-10。在模块之间的连接中，为了确保模块间的紧密接触和传力的可靠性，应保证各特征点位对齐，并采用座浆或设置钢垫片。采用螺栓连接时，会在结构接缝处布置连接孔。为了防止连接孔处混凝土的应力过大而破坏，应在连接孔周围设置构造加强措施，模块与模块间连接示意图如图 7-11。

在模块化建筑的安装过程中，既要保证模块单元的竖向连接可靠，又要保证水平连接稳固。当墙板进行竖向连接时，螺栓中心沿墙长方向的间距不宜大于 2500mm。当墙板进行水

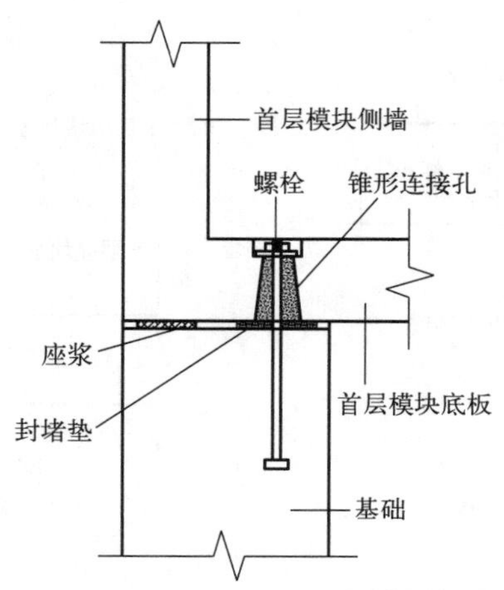

图 7-10　模块墙板与基础连接

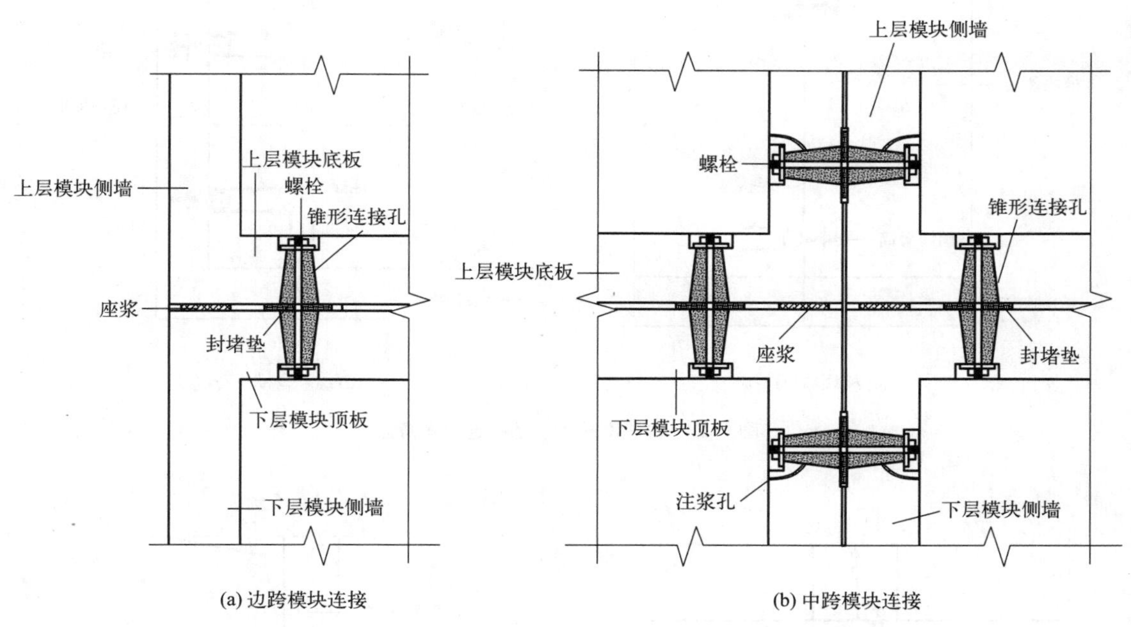

图 7-11　模块间连接示意图

平连接时，墙板平面内连接采用预埋连接盒与螺杆组件相连，螺杆中心间距不宜大于 1000mm，而墙板平面外连接则直接采用螺栓连接。考虑到纵墙可能后装，此时，水平及竖向连接螺栓中心间距不宜大于 1200mm，后装纵墙与模块连接示意图见图 7-12。在一般情况下，模块间连接要进行座浆处理，上下层模块间座浆时，座浆宜设置在上下层墙体对应位置。但当建筑处于 6、7 度区且层数分别不超过四、三层时，上下层模块间可不进行座浆，连接孔内可不采用灌浆措施。

模块与框架结构、走道模块、电梯井等连接应根据建筑功能进行合理设计，既要满足安全使用要求，同时还要便于安装施工及维护。模块单元与走道模块连接示意图如图 7-13 所示。模块与屋架可采用预埋件连接，其节点构造如图 7-14。

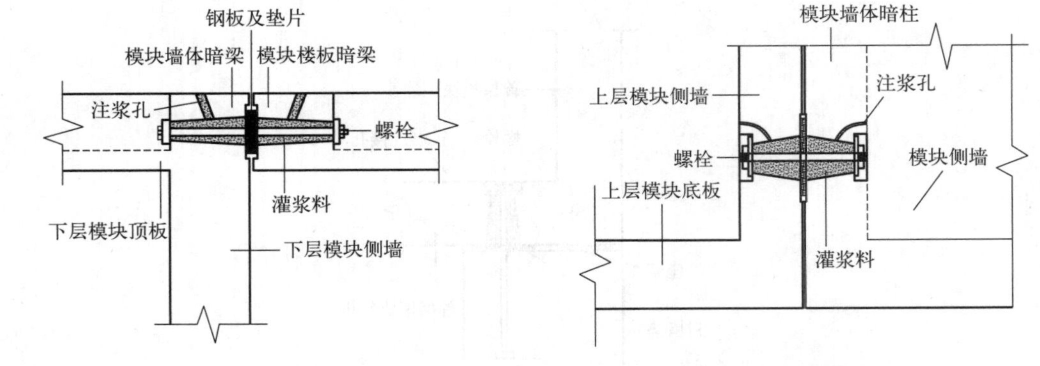

(a) 模块楼板纵横连接

(b) 模块外侧墙与模块墙体纵横连接

(c) 模块墙板连接

(d) 纵墙与模块连接

图 7-12 模块间楼板、墙板连接示意图

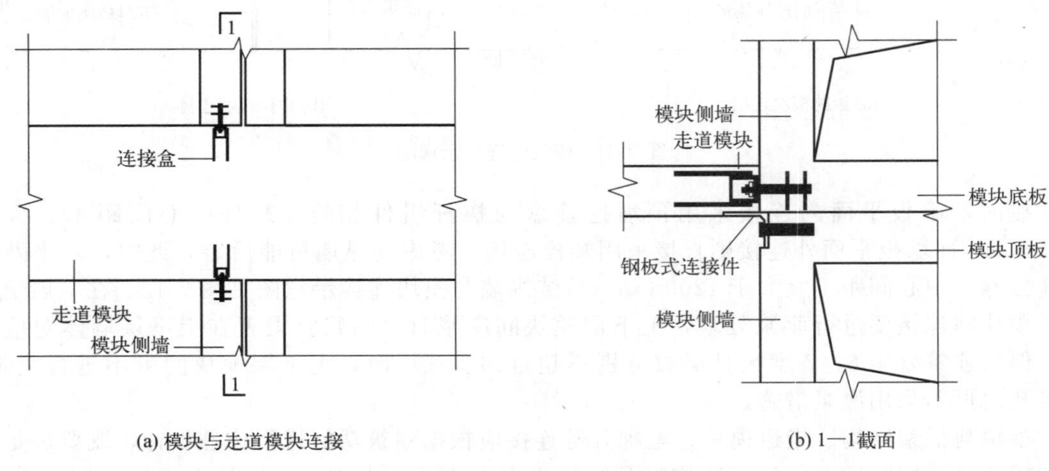

(a) 模块与走道模块连接

(b) 1—1截面

图 7-13 模块与走道模块连接示意图

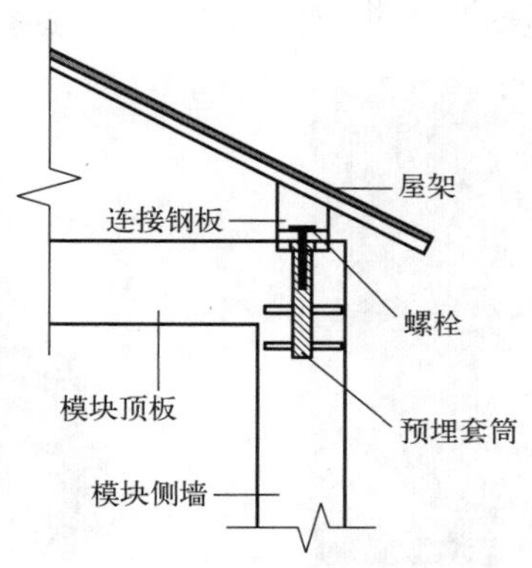

图 7-14　模块与屋架连接示意图

7.4　设计要点

模块建筑设计首先对标准模块进行构造和配筋设计，从而确定适用于不同作用条件下的多种模块类型。随后，将设计参数代入整体计算模型中进行验算，核对内力是否小于标准模块的承载力，并确保结构的变形符合要求。

模块建筑设计方法分两步进行。首先，确定设计荷载下单个模块的承载能力，基于模块不同的截面构造和配筋，来确定单个模块的承载能力。其次，进行模块建筑整体验算，主要在荷载基本组合和地震组合下，进行模块之间的连接设计以及整体结构的受力性能验算与分析。在抗震设计方面，应遵循加强空间整体性、防止脆性破坏、加强模块间连接等抗震概念设计基本原则。最后，根据验算结果，进行模块组合调整以及刚度调整。

模块建筑中不同模块间的竖向及水平连接件应具有足够的强度和刚度，同时需要满足相应计算假定的要求。在采用干式连接的模块化建筑中，进行结构分析时可采用平面模型或空间模型，假定各模块间脱开，模块之间的螺栓连接在整体分析中可简化成弹性连接，在模型中可采用弹簧单元进行设置，并考虑连接螺栓刚度的影响。利用底部剪力法计算楼层剪力，可不考虑模块之间的摩擦。通过抗剪和整体抗倾覆验算，确定各层螺栓数目和螺栓直径大小。在设计中，应尽量避免模块的竖向不规则布置或刚度、质量的突变，以防止连接受力过大导致失效。因此，外挑距离不宜设置过大。

对于湿式连接模块化建筑，设计时可直接按照现浇结构进行设计，因此在计算时，模块和模块间、模块和基础间使用刚接节点。模块化现浇框架结构的受力方式与传统框架结构一致，模块化现浇剪力墙结构的受力方式与传统剪力墙结构一致，均由现浇竖向构件与楼盖承担水平荷载，而模块通过有效连接嵌固在现浇竖向构件所形成的框架与剪力墙结构体系内部。模块在这里仅作为建筑空间划分的要素，不参与主体结构的受力，被视为非结构构件。因此，混凝土模块化现浇结构体系的受力分析和设计应按照传统现浇结构的相关要求考虑。

7.5　工程实例

（1）Clement Canopy 大楼

2019 年竣工的 Clement Canopy 大楼是新加坡的一个住宅项目，是新加坡第一座全混凝土预制构造的模块化体系建筑。其由两座约 140m 的大楼、1899 个建筑模块组成，共 40 层，包含 505 套豪华住宅公寓，是迄今为止世界上最高的混凝土模块化塔楼之一。图 7-15 为新加坡 Clement Canopy 大楼实景及吊装图。

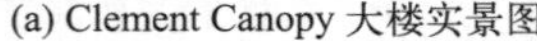

(a) Clement Canopy 大楼实景图

(b) 施工吊装图

图 7-15 新加坡 Clement Canopy 大楼

该建筑的“制作”分为两个步骤，首先是在马来西亚预制模块结构，而后是在新加坡进行建筑装修，包括管道、电力、瓷砖、油漆和防水。接着，预制模块被运送到项目现场，并根据精心编排的顺序进行堆叠，形成结构。通过模块式建筑技术，该大楼的施工周期缩短了半年，同时建筑施工现场的废物减少了近 70%。

(2) Habitat 67 住宅

Habitat 67 住宅（图 7-16）于 1967 年建成，位于加拿大蒙特利尔的圣伦斯河畔。该建筑共 12 层，利用预制的方式将建筑居住单元体盒子进行制造，然后再进行拼接建造。整个建筑大量使用预制模块构件，大大降低了建造成本，有利于提高施工速度。

图 7-16 Habitat 67 住宅

不同于一般的塔式高层建筑，在该项目中建筑模块的建构方式不受独立的垂直结构的制约，建筑由不同方向的长方体预制混凝土盒子按照一定的逻辑相互叠加和拼接，像搭积木一样组合成整体结构，并在相应的位置有垂直交通筒与之连接和相互支持。在不同高度有横向的连廊从水平方向上将各个单元进行连接，同时连廊底部还设计成了可以让管线设备集中布置的通道。

建筑由数百个模块化的居住方盒子搭接而成，可根据户型需求来决定搭接方式，也可根据户型大小需求决定搭接方盒子的数量。与一般塔式建筑不同的是，在该建筑中预制模块在水平方向上也可以进行灵活的布置，不受限于垂直交通系统的约束。错落有致的模块组合方式，使得大部分户型都能获得较好的采光和视野，同时也创造出很多平台和交往性空间。建筑采用由独立的单元空间模块相互交接的建造方式，这种建造方式在一定程度上与日本的中银舱体大厦有一定的类似，然而，两个项目在场地状况上存在显著差异，这使得 Habitat 67 住宅可以在水平方向上实现更多的扩展，并实现了中银舱体大厦没有实现的由多个独立的单元空间模块组合成大小不一的套间。

(3) 中银舱体大厦

中银舱体大厦是位于日本东京银座区的集合住宅，如图7-17所示。建筑大量采用在工厂预制建筑部件并在现场组建的方法，所有的家具和设备都单元化，收纳在2.3m×3.8m×2.1m的居住舱体内。作为服务中核的双塔内设有电梯、机械设备和楼梯等。该建筑由140个舱构成。楼体上部的舱利用起重机安装而成。每个舱下面有两个托架支撑着，而上面仅由两个螺丝固定。每个舱的内部装修力求新颖奇特，墙、床、天花板集成一体化，屋内的墙角为圆角。每个舱体虽然空间有限，但是五脏俱全，预制厨卫、床柜等家具一应俱全。这些设施都预留了相应的水、电等接入口，组装时与核心筒中的水、电等管道相连即可正常使用。这些标准化定制的舱体单元全部为钢骨架结构，高度精细化的设计和统一定制使得舱体内设施精简但功能齐全，具有很强的设计整体性。

图7-17　中银舱体大厦实景图

建筑中心的主体结构为预制加强混凝土建造的方形核心筒，如图7-18所示，主体结构的设计使用年限是60年，而预制舱体则为25～35年。核心筒中集中了建筑竖向交通设施与各类机电设备，并在每一层的每个方向上都预留了两个开口，用于与预制舱体连通，模块与核心筒相连接后设备可实现连通。建筑的裙楼部分没有与舱体连接，主要是作为大厦的服务空间使用。

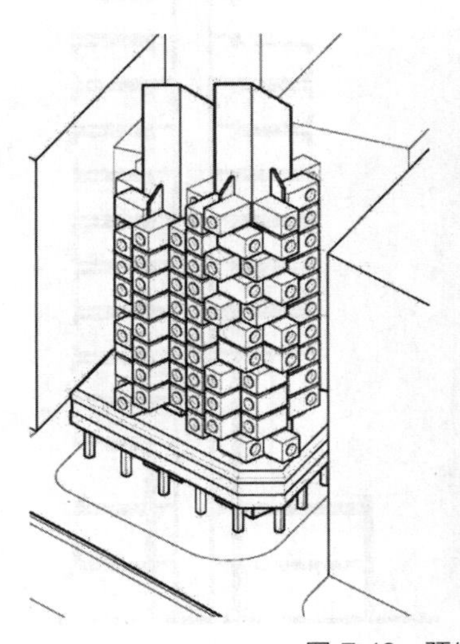

图7-18　预制舱体与结构的关系

预制舱体模块通过螺栓与核心筒相连接，并通过汽车运输到现场进行吊装，可根据需求决定连接方向。每个模块唯一的圆形窗都位于长方体的端部，因此模块与核心筒只有两种连接方式，如图 7-19 所示。每个预制舱体都是直接在工厂生产加工好，整体运到工地组装。预制模块会预留连接点与筒体上的连接点对接，舱体上方的两个连接点各采用 2 个高强螺栓连接，下方两个连接点由两个托架支撑采取插接连接。这种连接方式有效提高了施工速度，大厦封顶仅花费一年时间。

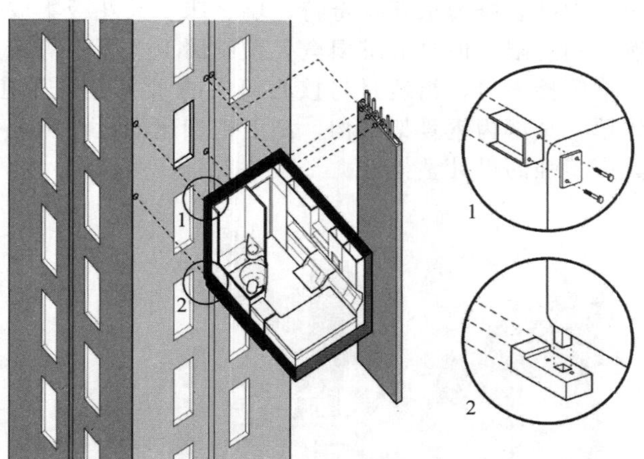

图 7-19　舱体与核心筒的连接关系图

舱体单元在 5m 边长的正方形平面上环绕核心筒布置，核心筒中心设置电梯井，电梯井围绕有 1.2m 宽的走道，核心筒之间每 3 层移除一个舱体单元形成相连的开放平台舱体模块的基本组合方式，如并置、错位及旋转，这些基本操作手法在单元的竖向叠加中组合运用，形成了一个竖向层次丰富的舱体群组，如图 7-20 所示。

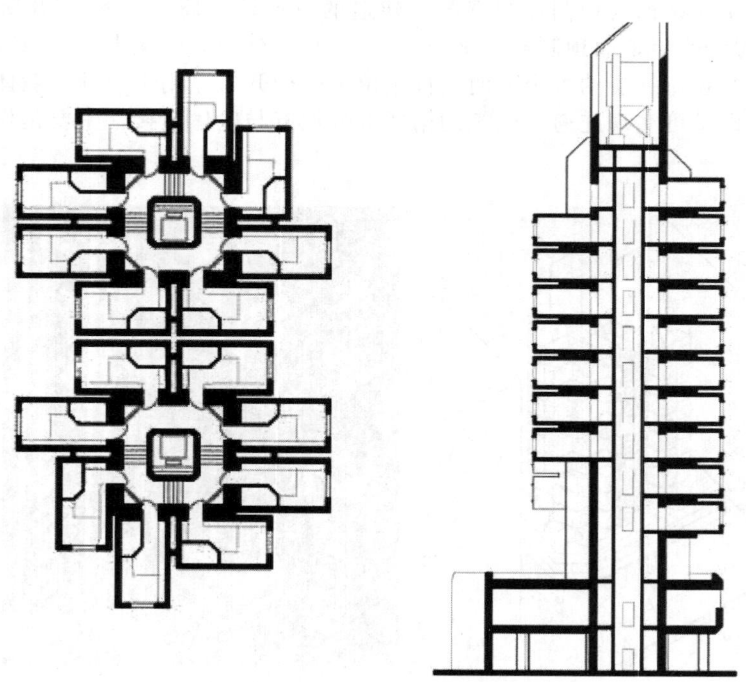

图 7-20　中银舱体大厦平面与剖面图

该建筑建成以后并没有实现模块的更换与移动，更没有实现大规模的制造与复制，主要原因是建筑在实用层面并不突出。单元模块的造价昂贵，模块空间狭小压抑不适合长时间居住，虽然模块内部设备一应俱全，但紧凑的设计中除了必要的功能部分没有任何的多余空间，有种类似太空舱的居住体验。同时建筑整体的土地利用率很低，在地价昂贵的市区难以进行大规模的推广。

（4）安徽科创城实验学校

科创城实验学校项目（图 7-21）是安徽省首个混凝土模块化建筑，该项目占地面积约 6 万平方米，总建筑面积约 4.4 万平方米，配备行政综合楼、中小学教学楼、实验楼、学生宿舍及设备房等 10 个单体建筑。学校拟建设 24 个小学教学班和 24 个初中教学班，建成后能满足超过 2200 人的教育需求，可有效改善和提升教学环境，推动当地教育事业发展。

为打造建造速度与质量并重的优质校园，在设计阶段对各个功能空间进行分类汇总，针对不同的功能定制模数，同一功能空间采用标准模数进行设计，实现标准化、模块化设计生产建造。施工阶段，通过智慧工地平台，可对现场交通运输、施工进度、吊装工序等进行跟踪、整合、分析，确保项目建设的高效高质量管理，实现全流程数字化管理和全生命周期数字化交付。

图 7-21　安徽科创城实验学校

在广德建成的科创城实验学校，作为国内首个混凝土模块化建设项目，聚焦新型建筑工业化变革，采用混凝土模块化集成技术建造，将施工地点从工地搬进工厂，实现工厂与现场“并行施工”，可节省 70%以上现场用工量、减少超过 75%的建筑废弃物，建设周期仅需 150 天，成为目前国内建造速度最快的学校项目。为打造建造速度与质量并重的优质校园，承建方在设计、施工阶段进行标准化、模块化设计与生产建造，实现全流程数字化管理和全生命周期数字化交付，项目施工图如图 7-22 所示。

图 7-22　项目施工图

（5）深圳龙华樟坑径地块项目

龙华樟坑径地块项目（图 7-23）是国内率先采用混凝土模块化建筑技术全过程智能建

造的高层建筑，是国内首个百米高层混凝土模块化保障性住房项目。该项目总建筑面积17.3万平方米，规划建造5栋28层、99.7m高的建筑，于2022年6月28日开工建设。建成后预计提供2740套保障性租赁住房，是打造保障性住房领域“深圳质量”“深圳标准”“深圳速度”的核心试点项目，是助力深圳建筑业高质量发展的标杆性项目。

项目充分发挥混凝土模块化结构特性，房间的保温、隔热、隔声、防震等舒适性功能大大优于常规建筑，运用外窗反打等工业化手段杜绝漏水隐患；隔墙采用轻质量陶粒混凝土，有效改善房间保温隔热性能，降低噪声8～10分贝；在废弃物、材料损耗、碳排放、能耗、水耗、污水、扬尘、噪声8个指标上取得低碳、环保的显著成效。与传统建造方式相比，建造阶段减少碳排放约4190t，相当于约22万棵树一年吸收的碳排放量。同时，项目还可节省70%以上现场用工量，减少超过75%的建筑废弃物与25%的材料浪费，成为助力建筑业加速实现“双碳”目标的一个典型案例。

图7-23 深圳龙华樟坑径地块实景图

龙华樟坑径地块项目“像造汽车一样造房子”，将建筑整体拆分为6028个独立空间单元，建设周期仅为传统建造方式的三分之一，可实现1年快速交付，节省70%以上现场用工量，减少超过75%的建筑废弃物。项目采用全过程智慧建造方式，融合了混凝土模块化建筑技术体系、屋顶机电房快建体系、装配式地下室等技术体系，采用数字技术打通项目的设计、生产、施工以及数字交付等各环节。基于混凝土模块化技术+全生命周期数字化交付技术，项目总工期仅365天，相比于传统方式节省了2/3的建造时间。项目建成后将实现多个“全国首创”：全国第一个混凝土模块化高层建筑；全国建造速度最快的高层保障性住房项目；全国第一个BIM全生命周期数字化交付模块化建筑项目。龙华樟坑径地块项目是智能建造与建筑工业化的一个缩影，全面应用装配式建筑、绿色建筑、BIM技术、智慧工地、海绵城市等，项目施工图如图7-24所示。

图7-24 项目施工图

思考题

1. 简述模块化建筑建造方式和优势，列举模块化建筑的体系种类。

2. 什么是框架式模块单元和隔墙式模块单元？模块单元在制作与集成、运输与安装过程中，需要注意哪些事项？

3. 简述混凝土模块化现浇框架结构和混凝土模块化现浇剪力墙结构中水平和竖向连接节点的形式和构造。

4. 简述混凝土模块化现浇框架结构和混凝土模块化现浇剪力墙结构中水平和竖向连接节点的形式和构造。

5. 简述混凝土模块化建筑结构的螺栓连接形式和构造。

6. 简述装配式混凝土模块化建筑结构的设计要点。

7. 列举国内外常见的装配式混凝土模块化建筑工程实例。

第 8 章
预制混凝土构件与部品部件

本章导读

概述了装配式混凝土结构预制构件种类；介绍了叠合楼板的形式，重点给出了钢筋桁架叠合楼板自身构造、连接构造和设计要点；介绍了预制混凝土夹心保温墙板概念，重点给出了其墙板与拉结件形式、墙板与主体结构间连接构造及其设计要点；介绍了蒸压加气混凝土墙板形式、连接构造和设计要点；最后，介绍了预制混凝土楼梯和阳台板的形式和构造。

预制混凝土构件根据构件位置的不同，可分为水平预制混凝土构件和竖向预制混凝土构件。水平预制混凝土构件主要有预制混凝土梁、板、楼梯、阳台、空调板等，竖向预制混凝土构件主要有预制混凝土柱、支撑、墙板等。图 8-1 是装配式混凝土结构中常见预制构件示意图。考虑不同的拆分方案和施工工艺，预制混凝土构件会采用不同的空间维度。依据其空间维度的不同，可分为一维、二维和三维构件，即一维杆系构件、二维平面 T 形和十字形构件、三维空间双 T 形和双十字形构件等。根据对建筑结构承载力的贡献不同，预制混凝土构件可分为主体结构构件和围护结构构件。本章重点介绍了预制混凝土叠合楼板、预制混凝土夹心保温墙板、蒸压加气混凝土墙板、预制混凝土楼梯和阳台板。

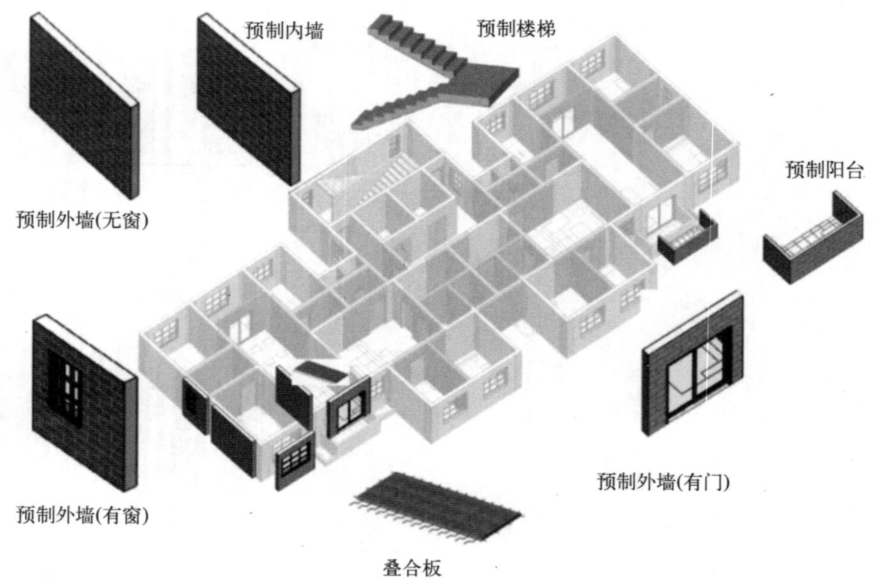

图 8-1　装配式混凝土结构中常见预制构件示意图

8.1 预制混凝土叠合楼板

8.1.1 叠合楼板及其构造

8.1.1.1 叠合楼板形式

叠合楼板是指在预制钢筋混凝土板上架立受力负筋后，在其上部浇筑一定高度混凝土形成的整体楼板，如图 8-2 所示，通常分为普通叠合楼板和预应力叠合楼板两类，其中普通叠合楼板在整体式建筑中应用广泛，也是本节介绍的重点。

普通叠合楼板的预制底板包括钢筋桁架混凝土叠合板［图 8-3(a)］、钢管桁架混凝土叠合板［图 8-3(b)］等。为增加预制板整体刚度和水平界面抗剪性能，在预制板内设置钢筋桁架形成钢筋桁架混凝土叠合板。该板组成了一个在施工阶段无须模板、能承受后浇混凝土和施工荷载的结构体系，显著减少了模板使用量和脚手架搭设。腹杆钢筋的存在使其具有更好的整体工作性能，施工阶段刚度显著提高。对于楼板较厚及整体性要求较高的楼盖或屋盖结构，建议采用钢筋桁架叠合楼板。钢管桁架混凝土叠合板相较于钢筋桁架混凝土叠合板，主要区别在于将上弦钢筋替换为刚度较大的钢管构件，能为结构提供较大的抗弯刚度，主要适用于大跨度结构和对结构刚度有较高要求的场合。

预制底板既是楼板结构的组成部分，又是现浇钢筋混凝土叠合层的永久性模板，可在叠合层内水平铺设设备管线。预制底板安装后，绑扎叠合层钢筋，浇筑混凝土，形成整体叠合楼板（图 8-2）。预制底板跨度一般为 4～6m，最大跨度可达 9m；宽度不能超过运输限宽和工厂生产线台车宽度的限制，一般可做到 3.2m 左右。

由于钢筋桁架混凝土叠合板具有整体刚度大、施工便捷、质量可控、产能高等优势，降低了施工现场机械、材料及人工等消耗，减少了建筑垃圾，因此成为目前国内最为流行的预制混凝土楼板。

图 8-2　混凝土叠合楼板

与普通叠合楼板不同的是，预应力叠合楼板是采用预制先张法预应力板为底板，在板面现浇混凝土叠合而形成的装配整体式楼板，适用于抗震设防烈度为 6～8 度的地区、混凝土环境类别为一类、二 a 类的楼板和屋面板。常见断面形状为预制带肋底板（图 8-4），即在混凝土叠合板的预制底板上设有板肋，并在板肋上预留孔洞，通过这些孔洞布置横向穿孔钢筋和管线。根据设计的需要，可制成单向板或双向板。由于板肋的存在，增大了新、老混凝土接触面，而板肋预留孔洞内的后浇混凝土与横向穿孔钢筋形成的抗剪销栓能够确保叠合层混凝土与预制带肋底板整体协调受力，共同承担荷载，从而加强了叠合面的抗剪性能。

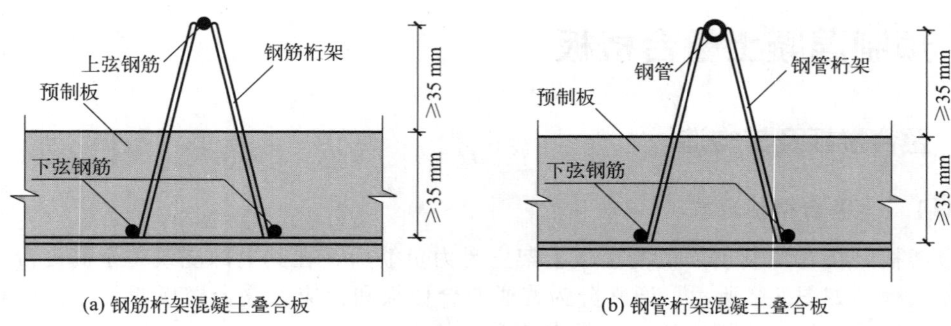

图 8-3　普通叠合楼板的预制底板

在进行钢筋预应力施加时，宜采用长线台座先张法或模外张拉先张法制作。同时，预应力放张时的混凝土立方体抗压强度必须符合设计要求。在未明确设计要求的情况下，抗压强度不得低于设计混凝土立方体抗压强度标准值的 75%。

图 8-4　预制预应力叠合楼板带肋底板

8.1.1.2　钢筋桁架叠合楼板构造

钢筋桁架混凝土叠合板的底板厚度不宜小于 60mm，且不应低于 50mm。后浇混凝土叠合层的厚度应不小于 60mm。此外，钢筋保护层的厚度应符合现行国家标准《混凝土结构设计规范》(GB 50010) 的规定。在钢筋桁架混凝土预制底板上，板边第一道纵向钢筋中线至板边的距离不应超过 50mm。

制作钢筋桁架建议采用专用自动化机械设备，以确保高效生产。在焊接腹杆钢筋与上、下弦钢筋的焊点时，应采用电阻点焊方式。腹杆钢筋在上、下弦钢筋焊点处的弯弧内直径 D 不得小于 $4d_3$，其中 d_3 为腹杆钢筋的直径（图 8-5）。

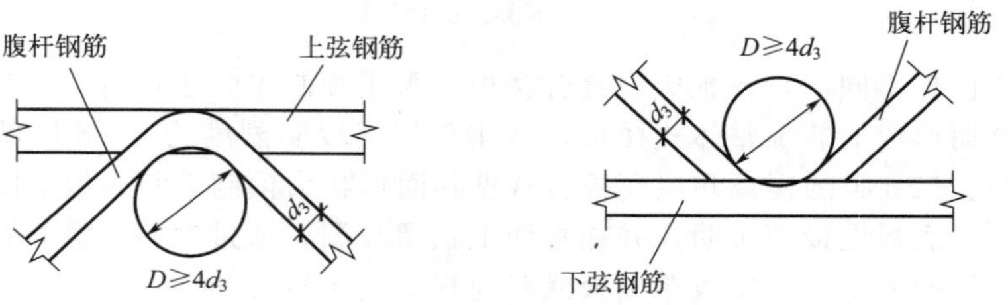

图 8-5　腹杆钢筋弯弧示意图

钢筋桁架的尺寸（图 8-6）应满足以下规定：

① 钢筋桁架的设计高度 H_1 应保持在 70mm 至 400mm 之间，并且宜以 10mm 为模数。

② 钢筋桁架的设计宽度 B 不应小于 60mm，不应超过 110mm，且建议以 10mm 为模数。

③ 腹杆钢筋与上、下弦钢筋相邻焊点的中心间距 P_s 宜取为 200mm，且不宜大于 200mm。

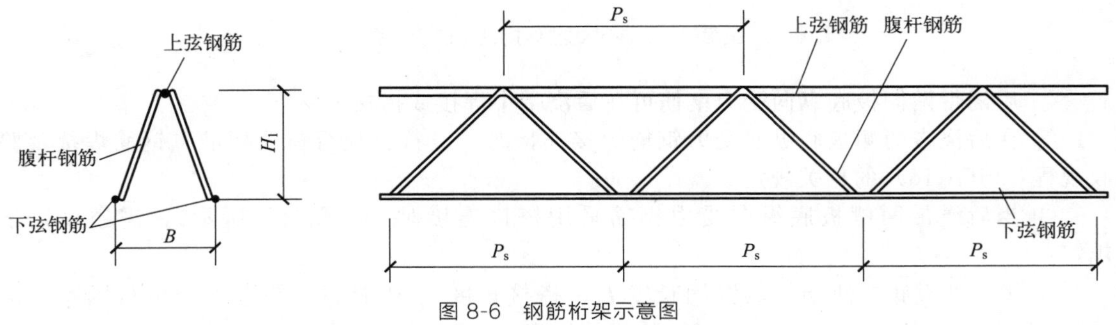

图 8-6　钢筋桁架示意图

钢筋桁架的布置应遵循以下规定：

① 钢筋桁架宜沿着叠合板的长边方向进行布置。

② 钢筋桁架上弦钢筋至预制底板板边的水平距离不应超过 300mm，相邻钢筋桁架上弦钢筋的间距不应大于 600mm（图 8-7）。

③ 钢筋桁架下弦钢筋下表面至预制底板上表面的距离不得小于 35mm。同时，钢筋桁架上弦钢筋上表面至预制底板上表面的距离也应保持不小于 35mm（图 8-3）。

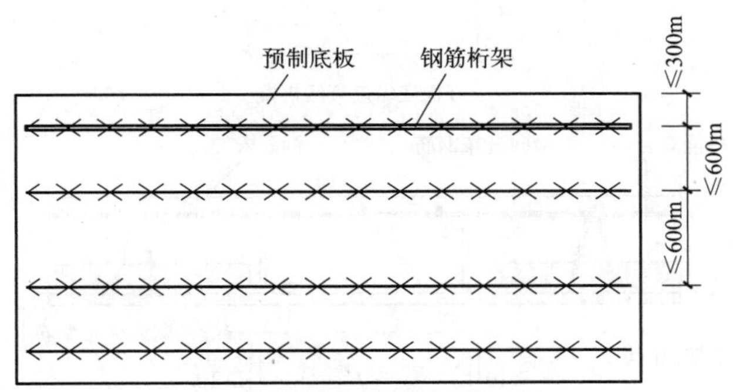

图 8-7　钢筋桁架边距与间距

8.1.2　叠合楼板连接构造

8.1.2.1　板缝节点构造

“叠合楼板板缝节点”指的是在叠合楼板结构中，两块楼板之间的接缝处所设计的连接节点。这个节点的设计需要考虑板缝的类型、形式、连接方式等因素，以保证整体建筑结构的完整性、稳定性和安全性。装配整体式建筑施工中钢筋桁架混凝土叠合板之间常采用后浇带式整体接缝连接、密拼式整体接缝连接、密拼式分离接缝连接。

（1）后浇带式整体接缝连接

钢筋桁架混凝土叠合板之间采用后浇带式整体接缝连接（图 8-8）时，后浇带宽度不宜小于 200mm，并应符合下列规定：

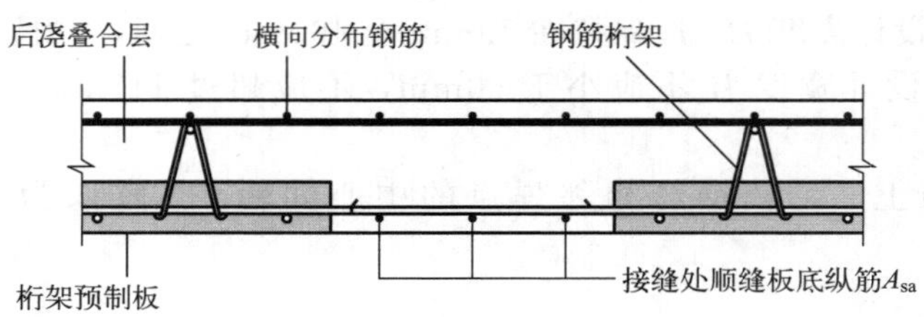

图 8-8 后浇带式整体接缝构造示意图

① 后浇带两侧板底纵向受力钢筋可在后浇带中焊接或搭接连接。

② 在后浇带两侧板底纵向受力钢筋焊接连接时，应符合现行行业标准《钢筋焊接及验收规程》(JGJ 18）的相关规定。

③ 当后浇带两侧板底纵向受力钢筋采用搭接连接时（如图 8-9 所示），需遵循以下规定：

a. 接缝处板底外伸钢筋的锚固长度 l_a、搭接长度 l_1 和端部弯钩应符合现行国家标准《混凝土结构设计规范》(GB 50010）的相关规定。

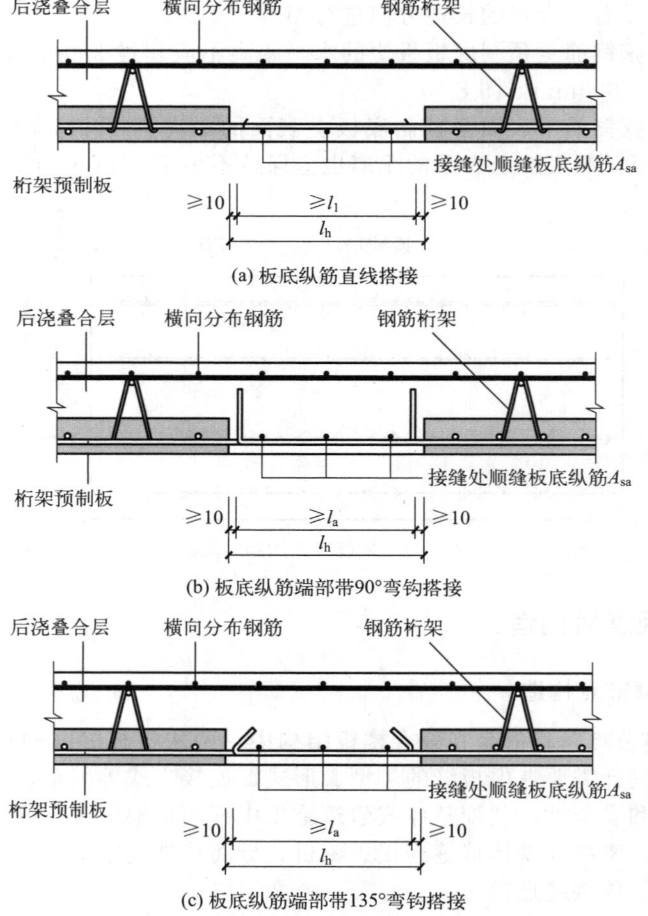

图 8-9 桁架叠合板受力钢筋搭接连接时后浇带接缝构造示意

b. 钢筋桁架混凝土叠合板板底外伸钢筋可采用直线形式［如图 8-9(a) 所示］，也可选择端部带 90°或 135°弯钩的锚固形式［如图 8-9(b)、图 8-9(c) 所示］。当外伸钢筋端部带弯钩时，接缝处的直线段钢筋搭接长度可取为钢筋的锚固长度 l_a。

c. 设计后浇带宽度 l_h 时，应考虑钢筋下料长度、构件安装位置等施工偏差的影响，每侧预留的施工偏差不应小于 10mm。

d. 接缝处板底纵筋 A_{sa} 的配筋率不应小于板缝两侧预制板板底配筋率的较大值。

（2）密拼式整体接缝连接

钢筋桁架混凝土叠合板之间采用密拼式整体接缝连接时（图 8-10），应符合下列规定：

① 后浇混凝土叠合层厚度不宜小于钢筋桁架混凝土叠合板厚度的 1.3 倍，且不应小于 75mm。当后浇层厚度较大（大于 75mm），可将其作为整体接缝，几块预制板通过接缝和后浇层组成的叠合板可按照整体双向板进行设计。

② 接缝处应设置垂直于接缝的搭接钢筋，搭接钢筋总受拉承载力设计值不应小于钢筋桁架混凝土叠合板底纵向钢筋总受拉承载力设计值，直径不应小于 8mm，且不应大于 14mm；接缝处搭接钢筋与钢筋桁架混凝土叠合板底板纵向钢筋对应布置，搭接长度不应小于 $1.6l_a$（l_a 为按较小直径钢筋计算的受拉钢筋锚固长度），且搭接长度应从距离接缝最近一道钢筋桁架的腹杆钢筋与下弦钢筋交点起算。

③ 垂直于搭接钢筋的方向应布置横向分布钢筋，在搭接范围内不宜少于 2 根，且钢筋直径不宜小于 6mm，间距不宜大于 250mm。

④ 接缝处的钢筋桁架应平行于接缝布置，在一侧纵向钢筋的搭接范围内，应设置不少于 2 道钢筋桁架，上弦钢筋的间距不宜大于桁架叠合板板厚的 2 倍，且不宜大于 400mm；靠近接缝的桁架上弦钢筋到钢筋桁架混凝土叠合板接缝边的距离不宜大于桁架叠合板板厚，且不宜大于 200mm，可以保证接缝处的有效传力，并可控制接缝处的裂缝开展。

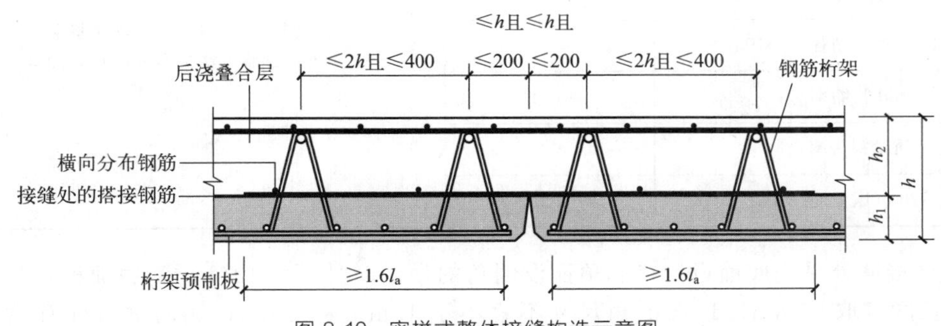

图 8-10　密拼式整体接缝构造示意图

（3）密拼式分离接缝连接

钢筋桁架混凝土叠合板之间采用密拼式分离接缝连接时（图 8-11），应符合下列规定：

① 在接缝处，紧贴钢筋桁架混凝土叠合板顶面宜设置垂直于接缝的附加钢筋，附加钢筋伸入两侧后浇混凝土叠合板的锚固长度不得小于附加钢筋直径的 15 倍。

② 附加钢筋截面面积不应小于钢筋桁架混凝土叠合板中与附加钢筋同方向的钢筋面积，附加钢筋直径不得小于 6mm，间距不宜大于 250mm。

③ 垂直于附加钢筋的方向应布置横向分布钢筋，在搭接范围内不宜少于 3 根，横向分布钢筋直径不得小于 6mm，间距不宜大于 250mm。

（4）密拼式接缝相关要求

钢筋桁架混凝土叠合板的密拼式接缝（整体接缝、分离接缝），可采用底面倒角和倾斜

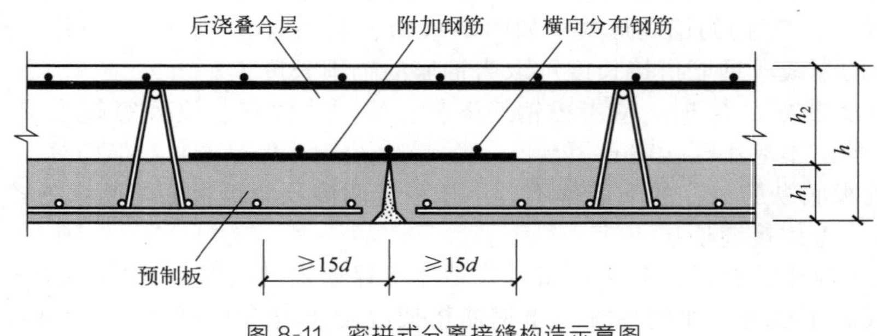

图 8-11　密拼式分离接缝构造示意图

面形成连续斜坡、底面设槽口和顶面设倒角、底面和顶面均设倒角等做法，并应符合下列规定：

① 当接缝处采用底面倒角和侧面倾斜面形成两道连续斜坡的做法时［图 8-12(a)］，底面倒角尺寸不宜小于 10mm×10mm，倾斜面的坡度不宜小于 1∶8；接缝应采用无机材料嵌填封闭，无机材料宜采用聚合物改性水泥砂浆（因砂浆具有一定的变形能力，可有效防止接缝下表面开裂，且嵌填砂浆可保证接缝处搭接钢筋的耐久性），聚合物改性水泥砂浆的性能应符合表 8-1 规定。

表 8-1　聚合物改性水泥砂浆物理力学性能要求

项目	技术指标	试验方法标准
保水率/%	≥92	现行行业标准《建筑砂浆基本性能试验方法标准》(JGJ/T 70)
凝结时间/h	≤5	
2h 稠度损失率/%	≤20	
14d 拉伸黏结强度/MPa	≥0.6	
28d 收缩率/%	≤0.12	
质量损失率/%	≤2	
28d 抗压强度/MPa	≥20	

② 当接缝处采用底面设槽口和顶面设倒角的做法时［图 8-12(b)］，底面槽口深度宜取 5mm、长度宜取 30mm，顶面倒角尺寸不宜小于 15mm×15mm；底面槽口处宜粘贴网格布；为使接缝处搭接钢筋具有足够的保护层厚度，桁架预制板顶面边缘处需设置倒角或者直接做成正“V”字形接口。

③ 当接缝处采用底面和顶面均设倒角的做法时［图 8-12(c)］，底面倒角尺寸不宜小于 10mm×10mm，顶面倒角尺寸不宜小于 15mm×15mm。若板底有吊顶或者无须装修处理时，接缝可外露不嵌填。

8.1.2.2　支座节点构造

“叠合楼板支座节点”是指叠合楼板与支撑结构（通常是楼层主梁或支撑墙等）连接的部位。这个节点是结构体系中的关键部分，负责传递楼板的荷载到支撑结构上，并确保整个结构的稳定性和安全性。在支座节点的设计中，需要考虑材料的选择、连接方式、荷载传递机制以及节点的刚度等因素。

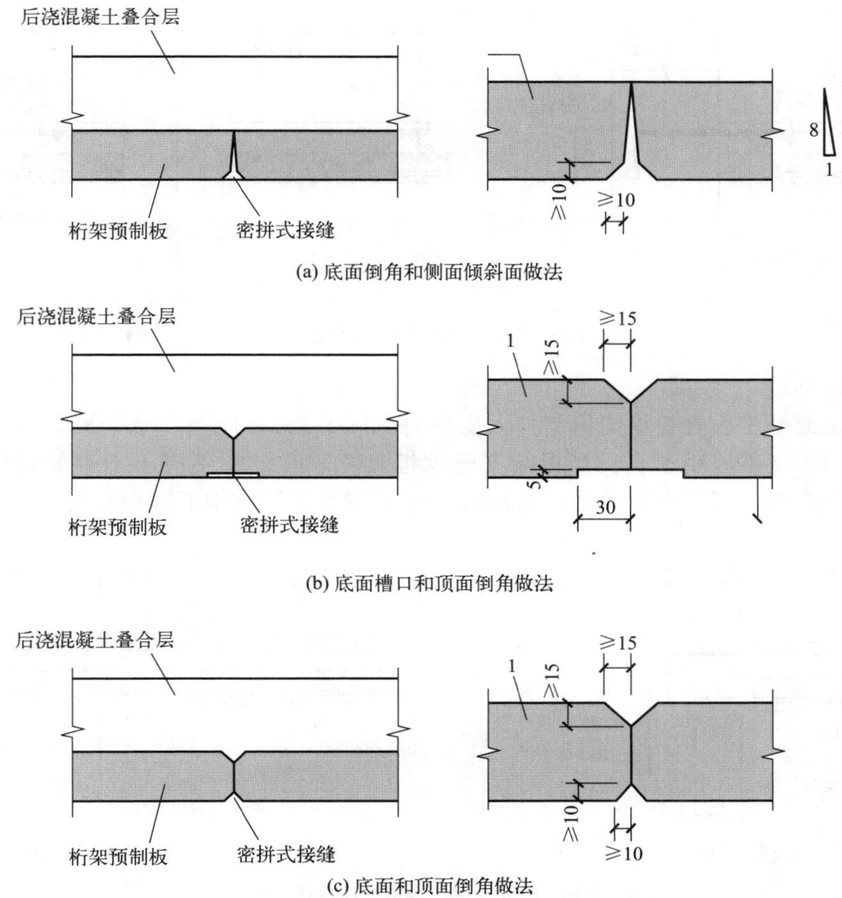

图 8-12　桁架混凝土叠合板密拼式接缝构造示意

(1) 上弦钢筋

当钢筋桁架上弦钢筋参与截面受弯承载力计算时，应在上弦钢筋设置支座处桁架上弦筋搭接钢筋（图 8-13），并应伸入板端支座。搭接钢筋应按与同向板面纵向钢筋受拉承载力相等的原则布置，且搭接钢筋与钢筋桁架上弦钢筋在叠合层中搭接长度不应小于受拉钢筋的搭接长度 l_l，受拉钢筋的搭接长度 l_l 应符合现行国家标准《混凝土结构设计规范》（GB 50010）的有关规定。如按照受力钢筋间距 200mm、钢筋桁架间距 600mm 计算，搭接率约为 33%。根据现行国家标准《混凝土结构设计规范》（GB 50010），受拉钢筋搭接长度修正系数取为 1.4，即 l_l 为 $1.4l_a$。

钢筋桁架混凝土叠合板上弦搭接钢筋在支座内的构造应符合下列规定：

① 对于中节点支座，板面钢筋应贯通。

② 对于端节点支座，应符合下列规定：

a. 钢筋伸入支座长度不应小于受拉钢筋的锚固长度（l_a）；当截面尺寸不满足直线锚固要求时，可采用 90°弯折锚固措施，此时，包括弯弧在内的钢筋平直段长度不应小于 $\zeta_a l_{ab}$（l_{ab} 为受拉钢筋的基本锚固长度），弯折平面内包含弯弧的钢筋平直段长度不应小于钢筋直径的 15 倍。

b. 当支座为梁或顶层剪力墙时，ζ_a 应取为 0.6；当支座为中间层剪力墙时，ζ_a 应取为 0.4。

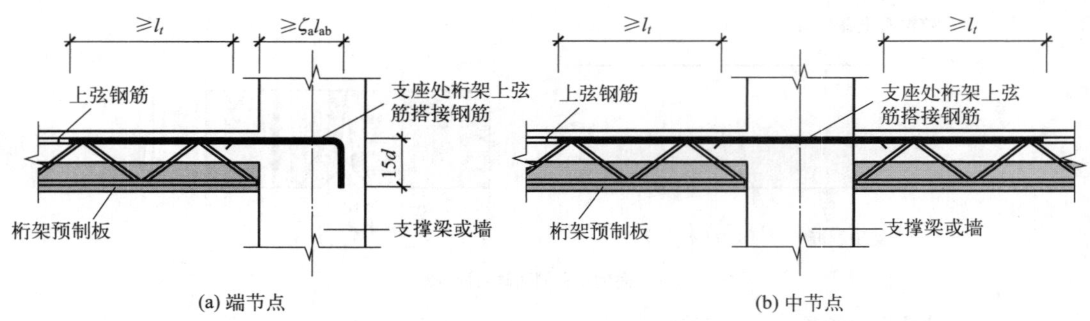

(a) 端节点　　(b) 中节点

图 8-13　桁架上弦钢筋搭接构造示意图

（2）纵向钢筋

钢筋桁架混凝土叠合板纵向钢筋伸入支座时（图 8-14），应在支承梁或墙的后浇混凝土中锚固，锚固长度不应小于 l_s。当板端支座承担负弯矩时，l_s 不应小于钢筋直径的 5 倍且宜伸至支座中心线；当节点区承受正弯矩时，l_s 不应小于受拉钢筋锚固长度 l_a。

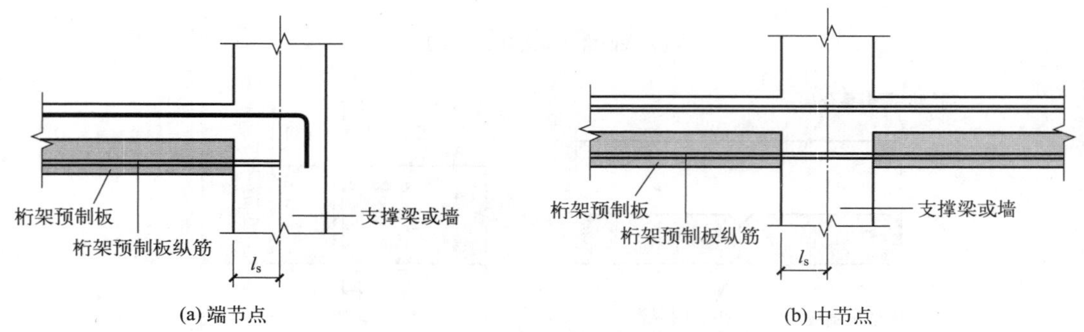

(a) 端节点　　(b) 中节点

图 8-14　纵筋外伸的板端支座构造示意图

钢筋桁架混凝土叠合板纵向钢筋不伸入支座并设置搭接钢筋时，在负弯矩作用下，桁架叠合板端下部受压，搭接钢筋为受拉状态并能达到屈服，可提高桁架叠合板的受弯承载力；在正弯矩作用下，桁架预制板内纵向钢筋受拉，支座接缝处混凝土开裂后承载力下降，此后搭接钢筋开始受拉，截面有效高度变化为搭接钢筋形心至桁架叠合板上表面距离（图 8-15 中 h_{20}）。在地震作用下，当结构层间侧移角很大时（如 1/50），设置了搭接钢筋的支座节点即使发生了屈服，仍具有足够的变形能力和一定的承载力，可承担竖向荷载而不发生倒塌破坏。

钢筋桁架混凝土叠合板纵向钢筋不伸入支座时（图 8-15），应符合下列规定：

① 后浇混凝土叠合层厚度不应小于桁架预制板厚度的 1.3 倍，且不应小于 75mm。

② 支座处应设置垂直于板端的桁架预制板纵筋搭接钢筋，搭接钢筋截面积应按 8.2.3.2 节的要求计算确定，且不应小于桁架预制板内跨中同方向受力钢筋面积的 1/3，搭接钢筋直径不宜小于 8mm，间距不宜大于 250mm；搭接钢筋强度等级不应低于与搭接钢筋平行的桁架预制板内同向受力钢筋的强度等级。

③ 对于端节点支座，搭接钢筋伸入后浇叠合层锚固长度 l_s 不应小于 $1.2l_a$，并应在支承梁或墙的后浇混凝土中锚固，锚固长度不应小于 l'_s；当板端支座承担负弯矩时，支座内锚固长度 l'_s 不应小于 15d 且宜伸至支座中心线；当节点区承受正弯矩时，支座内锚固长度 l'_s 不应小于受拉钢筋锚固长度 l_a [图 8-15(a)]。对于中节点支座，搭接钢筋在节点区应贯

通，且每侧伸入后浇叠合层锚固长度 l_s 不应小于 $1.2l_a$［图 8-15(b)］。

④ 垂直于搭接钢筋的方向应布置横向分布钢筋，在一侧纵向钢筋的搭接范围内应设置不少于 2 道横向分布钢筋，且钢筋直径不宜小于 6mm。

⑤ 当搭接钢筋紧贴叠合面时，板端顶面应设置倒角，倒角尺寸不宜小于 15mm×15mm。

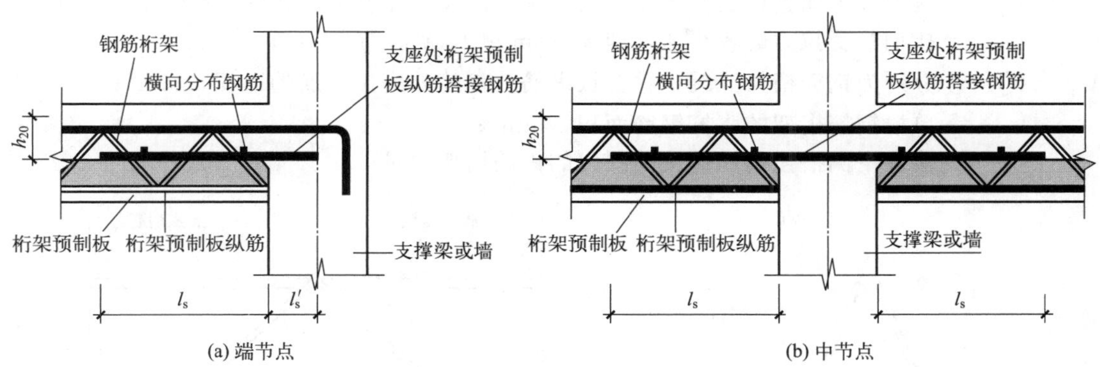

图 8-15　无外伸纵筋的板端支座构造示意图

8.1.3　叠合板设计要点

8.1.3.1　密拼式整体接缝连接型拼缝节点

当接缝平行于钢筋桁架，桁架叠合板受弯时从接缝到第一道钢筋桁架之间的叠合面上易出现混凝土开裂，钢筋的锚固作用不可靠，因此规定搭接钢筋的搭接长度从距离接缝最近一道钢筋桁架的腹杆钢筋与下弦钢筋交点起算。在承载能力极限状态下接缝附近桁架预制板与叠合层之间的结合面易发生撕裂，导致接缝附近两侧叠合面产生剪切破坏，搭接钢筋搭接范围内钢筋桁架的腹杆钢筋可以有效提供受剪承载力，起到防止叠合面撕裂的作用。

同时，搭接钢筋与桁架预制板内纵向钢筋为间接搭接，通过“混凝土斜压杆”方式传力（图 8-16），搭接钢筋承担水平拉力 F_a。由于搭接钢筋的肋挤压混凝土，产生了径向的作用力 F_t 作用于叠合面上，两者之间关系为：

$$F_t = F_a \tan\varphi \tag{8-1}$$

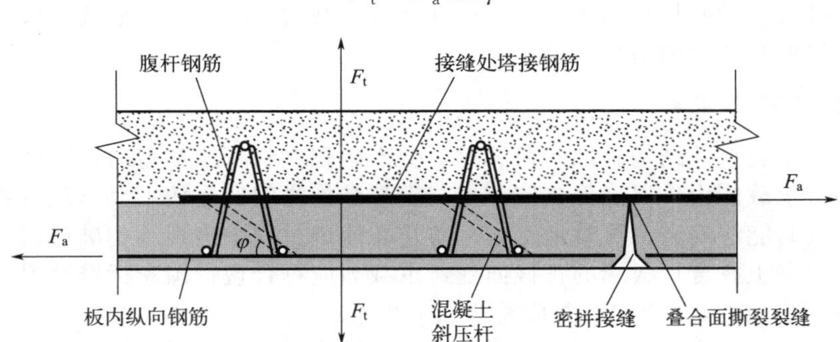

图 8-16　“混凝土斜压杆”传力示意图

因此，密拼式整体接缝处叠合面不发生撕裂的条件为腹杆钢筋不首先发生屈服，即：

$$F_t = F_a \tan\varphi \leqslant n f_y A_{sv} \sin\alpha \sin\beta \tag{8-2}$$

式中 φ——混凝土斜压杆倾角，研究表明 φ 约为 45°；

F_t——叠合面径向作用力；

在保证接缝处不产生叠合面受剪破坏以及纵向钢筋能够有效间接搭接后，方可保证接缝处能产生受弯破坏。化简后即得：

$$F_a \leqslant n f_y A_{sv} \sin\alpha \sin\beta \tag{8-3}$$

式中 F_a——接缝处纵向钢筋的拉力设计值，N，取钢筋桁架混凝土叠合板纵筋和接缝处搭接钢筋受拉力的较小值，即 $F_a = \min(f_y A_{s1}, f_y A_{s2})$；

A_{s1}、A_{s2}——分别为钢筋桁架混凝土叠合板纵筋、接缝处搭接钢筋的面积，mm^2；

A_{sv}——单根钢筋桁架的腹杆钢筋面积，mm^2；

n——接缝一侧搭接钢筋搭接范围内的钢筋桁架数量。

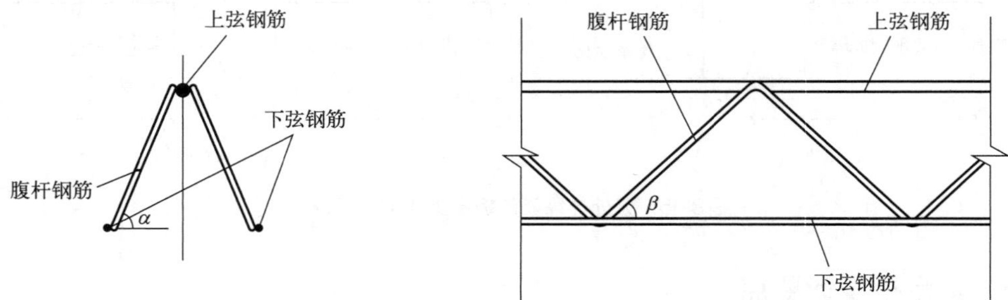

图 8-17 密拼式整体接缝两侧钢筋桁架的构造示意图

接缝处设置垂直于接缝的搭接钢筋是保证接缝处受弯承载力和控制裂缝宽度的重要因素。接缝处搭接钢筋在荷载效应准永久组合作用下的应力应符合下列公式的规定：

$$\sigma_{sq} \leqslant 0.6 f_{yk}$$

$$\sigma_{sq} = \frac{M_q}{0.87 A_s h_{20}} \tag{8-4}$$

式中 σ_{sq}——接缝处搭接钢筋在荷载效应准永久组合作用下的应力，MPa；

f_{yk}——接缝处搭接钢筋的屈服强度标准值，MPa；

M_q——接缝处按荷载准永久组合计算的弯矩值，N·mm；

h_{20}——后浇层混凝土的有效高度，mm。

注：桁架叠合板的密拼式整体接缝正截面受弯承载力计算时，截面高度取叠合层混凝土厚度，受拉钢筋取接缝处的搭接钢筋。

8.1.3.2 支座节点

支座节点在承受上部结构施加的荷载时，会产生较大的弯矩和剪力，因此必须确保支座节点具备足够的承载能力，以确保支座节点与上部结构之间的连接不会出现失效，确保支座节点在承受荷载时能够安全、可靠地工作，防止在使用过程中出现结构破坏或失稳的情况。

钢筋桁架混凝土叠合板板端的正截面受弯承载力应符合现行国家标准《混凝土结构设计规范》(GB 50010) 的有关规定，并应符合以下规定：

(1) 板端截面承担负弯矩作用时，截面高度可取为桁架叠合板厚度；

(2) 板端截面承担正弯矩作用时，支座处桁架预制板的纵筋搭接钢筋可作为受拉纵筋，有效截面高度应取搭接钢筋中心线到叠合层上表面的距离。

桁架叠合板板端受剪承载力应符合下列公式规定：

$$V_S \leqslant V_R \tag{8-5}$$

$$V_R=0.07f_cA_{c2}+1.65A_{sd}\sqrt{f_cf_y} \tag{8-6}$$

式中　V_S——板端剪力设计值，N；

V_R——板端受剪承载力设计值，N；

A_{c2}——桁架叠合板后浇混凝土叠合层截面面积，mm^2；

A_{sd}——垂直穿过桁架叠合板板端竖向接缝的所有钢筋面积，mm^2，包括叠合层内的纵向钢筋、支座处的搭接钢筋。

8.2　预制混凝土夹心保温墙板

预制混凝土夹心保温墙板，又被称作预制混凝土三明治墙板（precast concrete sandwich panel)，它是由两侧的预制混凝土叶板、中间的保温材料以及连接这三部分的拉结件组成，如图 8-18 所示。常见的保温材料包括发泡聚苯乙烯（EPS)、挤塑聚苯乙烯（XPS)、聚氨酯（PUR、PIR)、矿物棉以及真空胶结保温板（VIP）等。这种墙板起源于欧美，已经有 50 多年的历史，并被广泛应用于各种结构的承重和非承重外墙。相较于传统的外保温做法，夹心保温墙板具有优异的耐久性和防火性能。该墙板主要应用于两个方面：一是用于预制混凝土剪力墙结构的承重外墙，二是用于预制混凝土框架结构、框架-剪力墙结构、内浇外挂式剪力墙结构以及钢框架结构等的非承重外围护墙。当用于外围护墙时，与普通的砌体填充墙有所不同，夹心保温外墙板通常外挂于主体结构之上，因此常被称为“外挂墙板”。

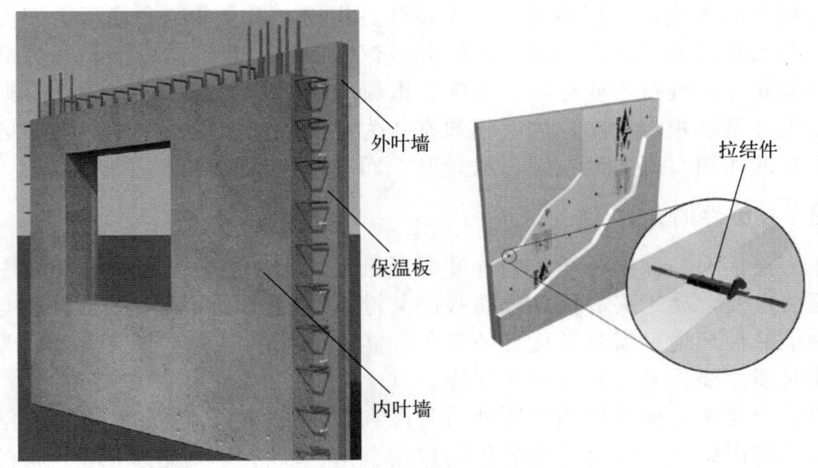

图 8-18　预制混凝土夹心保温墙板

8.2.1　墙板与拉结件形式

8.2.1.1　预制混凝土夹心保温墙板分类

预制混凝土夹心保温墙板按照内外叶板在平面外受力下的工作特性，可分为以下三种类型（见图 8-19)：

(1) 完全组合型：当拉结件抗剪刚度较大时，内外叶板可以协调变形，形成完全组合墙板。在这种情况下，内外叶板的变形作为一个整体，符合平截面假定，墙板的整体抗弯刚度和承载力等于根据平截面假定计算的组合截面的抗弯刚度和承载力。

(2) 非组合型：当拉结件抗剪刚度较小时，无法协调内外叶板的变形，形成非组合墙板。在非组合墙板中，内外叶板之间几乎不传递剪力，它们各自独立工作，内外叶板的曲率一致，墙板的整体抗弯刚度和承载力等于内外叶板各自的抗弯刚度和承载力之和，平面外弯矩按照内外叶板的抗弯刚度进行分配。

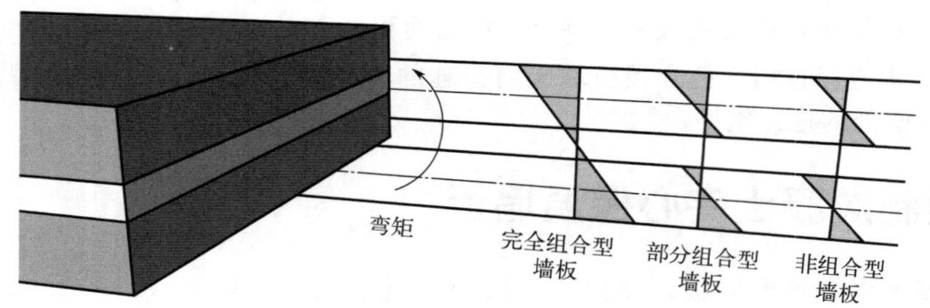

图 8-19 不同组合程度的预制混凝土夹心墙板截面应变分布

（3）部分组合型：当拉结件的抗剪刚度介于以上两者之间时，形成部分组合墙板。在这种情况下，内外叶板的变形部分协调，不能完全满足平截面假定，墙板的整体抗弯刚度和承载力介于非组合墙板和完全组合墙板之间。

显然，相同厚度的组合墙板具有更高的刚度和承载力，这在经济性上有着显著优势。然而，完全组合型墙板对拉结件剪力传递能力有较高要求，在实际工程中难以达到。部分组合型墙板受力复杂，缺乏可行的设计方法，其承载能力通常需通过试验确定，故应用较为有限。研究和经验显示，保温材料的隔离作用导致内外叶墙板热应力不同，在组合和部分组合墙板中将引发热弯曲效应，处理不当易形成裂缝。相较之下，非组合墙板由于拉结件抗剪刚度较小，对混凝土叶板的约束作用较小，因此热弯曲效应也较小。鉴于我国对组合墙板研究和实践经验尚欠充分，现行行业标准《装配式混凝土结构技术规程》(JGJ 1) 建议采用非组合墙板。在非组合型墙板设计中，内叶板通常作为结构层，而外叶板则作为非结构层，主要起到保护保温板的作用，因此结构层一般较厚，而非结构层则较薄。

8.2.1.2 拉结件的分类

拉结件作为连接夹心保温外墙板内外叶混凝土板的元件，对于墙板的安全性、耐久性以及保温性能至关重要，属于夹心保温外墙板的关键组成部分。拉结件在使用环境中（包括大气环境和混凝土碱性环境）需具备优良的耐久性能和低导热性能，在混凝土中需要有良好的锚固性能，同时还需要具备良好的耐火性能。

拉结件的受力与夹心保温外墙板所处的阶段和工况有关。这些阶段包括生产运输阶段、施工安装阶段和使用阶段，需要考虑的作用包括自重、风荷载、温度作用、地震作用、混凝土收缩作用等。单个拉结件的受力状态主要包括受拉、受剪、受压、拉剪复合、压剪复合等。夹心保温外墙板中一般布置多个拉结件形成拉结件系统以抵抗上述作用，满足受力要求。

根据使用材料的不同，目前常用的拉结件主要分为两类：

（1）纤维增强复合材料（FRP）拉结件

FRP 是一种复合材料，由高强度纤维和有机树脂经过手工层叠、模压或挤拉等工艺成型而成。相对于金属拉结件，FRP 拉结件除了具有低导热系数和高强度外，还具备耐久性高、质量轻等优势。其缺点是锚固性能受安装工艺及质量影响较大。

根据所采用的纤维种类不同，FRP 拉结件可以分为玻璃纤维增强树脂（GFRP）、碳纤维增强树脂（CFRP）、玄武岩纤维增强树脂（BFRP）等类型，其中玻璃纤维增强材料应用最为广泛。FRP 拉结件宜采用单向粗纱与多向纤维布复合制作，在挤拉成型过程中，纤维体积含量不宜低于 60%。我国的行业标准《预制保温墙体用纤维增强塑料拉结件》（JG/T 561）详细规定了纤维增强拉结件的一般要求、试验方法以及检验规则等，工程应用时应满足该标准的相关要求。

按照形状，FRP 拉结件主要分为棒式、板式和网格式三种（见图 8-20），三种拉结件均可同时承受拉力和剪力。棒式拉结件［图 8-20(a)］剪力传递能力较小，通常用于非组合型墙板；板式拉结件［图 8-20(b)］具有较大的截面尺寸，剪力传递能力和受剪刚度较大，常用于部分组合型墙板。当保温板厚度较大时，采用棒式拉结件不经济，也可以同时采用板式拉结件和棒式拉结件；网格式拉结件［图 8-20(c)］相比于棒式和板式拉结件，能够实现更高程度的墙板组合。

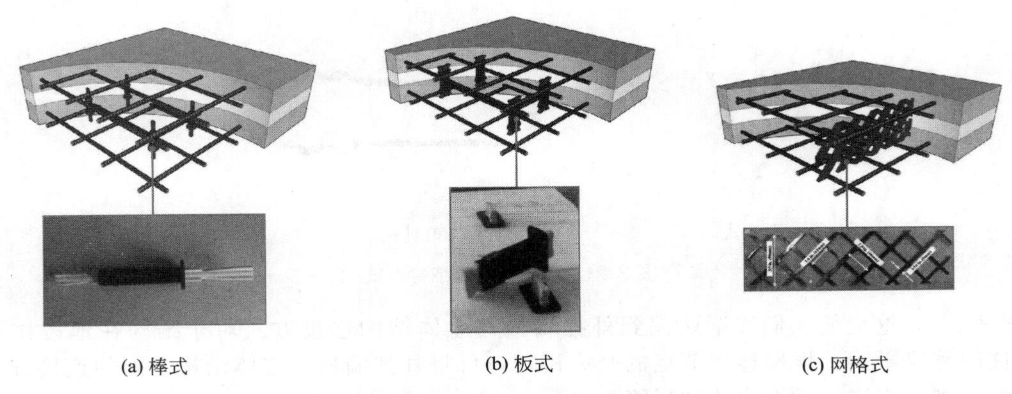

(a) 棒式　(b) 板式　(c) 网格式

图 8-20　常见 FRP 拉结件形式

(2) 金属拉结件

金属拉结件主要为不锈钢拉结件。金属拉结件安装工艺相对简单，安全性相对较高，但其由于材料导热系数较大，对夹心保温外墙板的热工性能存在不利影响。

不锈钢拉结件主要包括筒式、板式、桁架式、夹式和针式等（见图 8-20）。其中针式拉结件主要用于受拉，起限位作用，也称为限位拉结件，其余拉结件均可同时用于受拉和受剪，主要起支承作用，也称为支承拉结件。针式限位拉结件不可单独使用，因此目前常用的非组合型墙板中，拉结件系统一般由竖向支承拉结件、水平支承拉结件和若干个限位拉结件组成。也可在墙板内仅布置筒式、板式或桁架式拉结件，形成部分组合型墙板。

金属拉结件按照形状可分为筒式、板式、桁架式、夹式和针式等（见图 8-21）。金属筒式和板式拉结件［图 8-21(a)、(b)］两端均有开孔，旨在穿过钢筋并可靠地进行锚固。由于其几何形状的优势，具备较高的平面内刚度和强度，不仅能将外叶板自重传递给内叶板，还能有效传递平面外弯矩作用下的内外叶板间的剪力，通常用于部分组合型墙板。钢筋桁架拉结件［图 8-21(c)］主要通过桁架机制传递剪力，通常用于组合型或部分组合型墙板。夹式拉结件由两根金属杆件连续弯折后交叉焊接制成［图 8-21(d)］，能够承受叶板自重并在墙板承受外荷载时传递一定的剪力，常用于部分组合型墙板。金属针式拉结件［图 8-21(e)］由金属杆件弯折而成，主要用于承受垂直于墙板的拉力或压力，通常用于非组合型墙板。

8.2.2　夹心保温外挂墙板与主体结构间连接构造

外挂墙板与主体结构之间的连接方式在过去通常被视为非结构构件，连接设计仅考虑墙板承受的局部荷载，对连接节点在地震作用下的性能了解不足。然而，近年来欧洲、新西兰等地多次地震事件中出现了由于连接节点设计不合理而导致的节点破坏和墙板坠落的震害

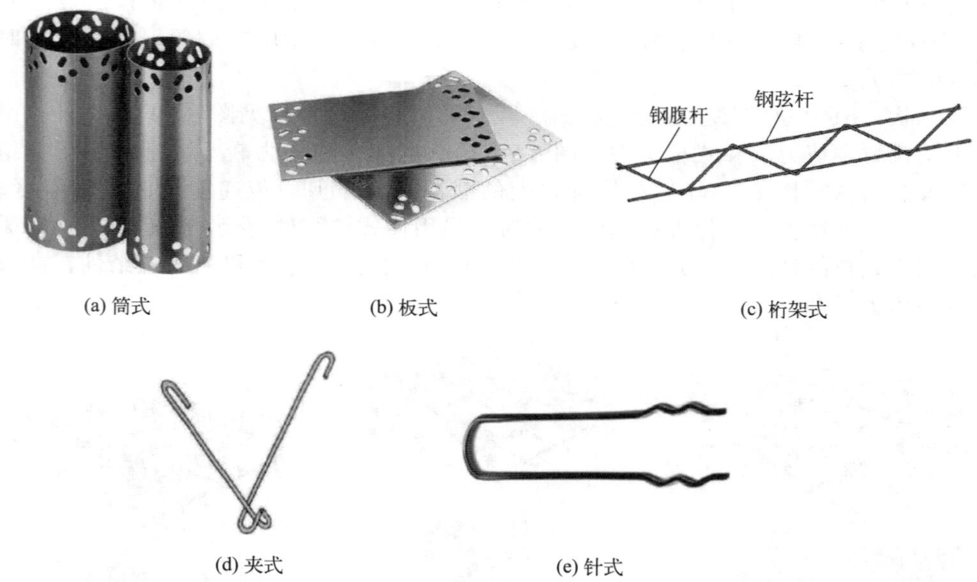

(a) 筒式　(b) 板式　(c) 桁架式

(d) 夹式　(e) 针式

图 8-21 常见金属拉结件形式

(见图 8-22)，这促使人们逐渐认识到外挂墙板与主体结构连接方式对于结构在地震作用下安全性的重要影响。根据连接节点的受力机理，可将外挂墙板与主体结构之间的连接方式分为三种：刚性连接、柔性连接和耗能连接。

(a) 墙板坠落　(b) 连接节点破坏

图 8-22 外挂墙板震害

(1) 刚性连接

美国预制预应力混凝土协会（PCI）根据功能将墙板与主体结构之间的连接分为承重连接件和非承重连接件。非承重连接件包括抗剪连接件和限位连接件。承重连接件用于承担墙板的自重，抗剪连接件用于限制墙板和主体结构之间的平面内变形，而限位连接件则用于限制墙板的平面外变形。一个连接装置可能同时具备其中两种或者三种功能。PCI 设计手册中给出了典型的三种连接件构造，如图 8-23 所示。当墙板上下都安装了抗剪连接件，或者限位连接装置在地震作用下未按预期的变形模式滑动，而是限制了墙板的平面内变形时，即形成刚性连接方式。在刚性连接方式下，主体结构和墙板在地震作用下不发生相对变形，导致墙板显著增加了结构的刚度和抵抗水平地震作用的能力。同时，在地震作用下，连接节点不仅承受墙板局部荷载引起的内力，还要承受主体结构传来的较大内力。早期的外挂墙板与主体结构间的连接方式常采用刚性连接，但设计时未充分考虑地震作用下墙板与主体结构的相互作用，导致连接节点破坏等震害。因此，刚性连接方式被认为不够经济和合理，其应用逐渐减少。

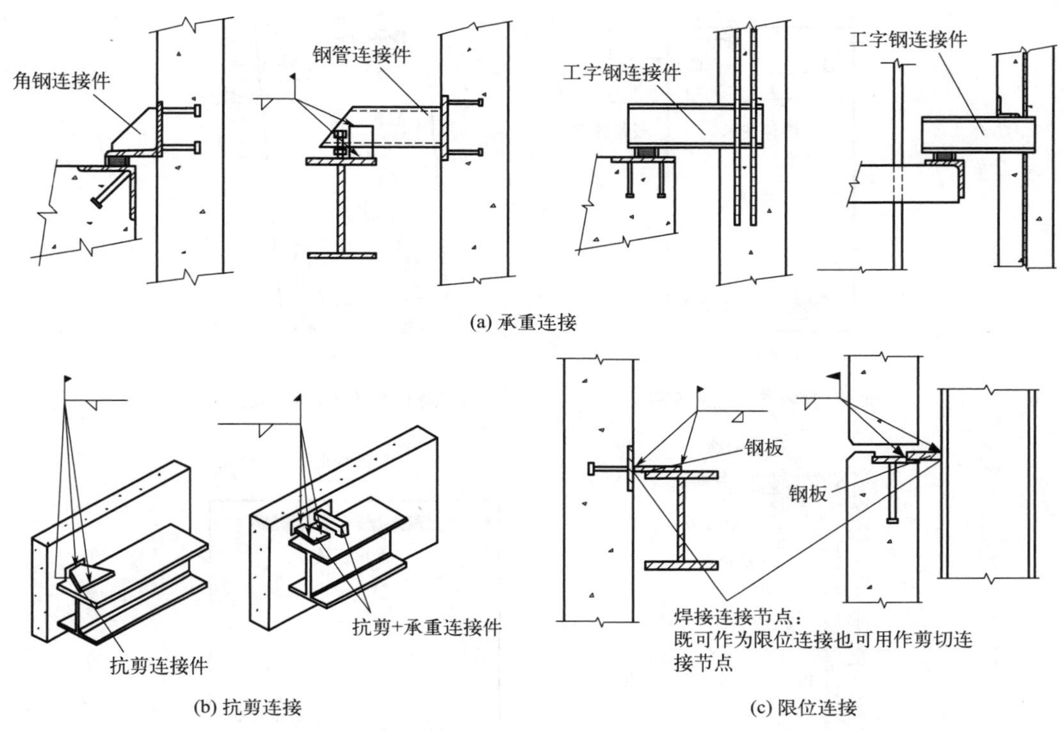

图 8-23　常见连接节点示意图

（2）柔性连接

柔性连接是目前应用最广泛的夹心保温外挂墙板与主体结构之间的连接方式。在地震作用下，若外挂墙板的限位连接节点能够按预期的变形模式滑动，即可形成柔性连接。采用柔性连接时，地震作用下墙板和结构间可以产生相对的变形，从而有效降低墙板对结构受力性能的影响，避免连接节点在地震作用下承受较大内力而导致的破坏。国外常用的柔性连接方式之一是四点连接，利用连接节点在面内水平或垂直方向产生变形，实现外挂墙板与主体结构之间的相对变形。墙板和结构之间常见的相对变形方式有平移式［图 8-24(a)］和转动式［图 8-24(b)］。

四点连接方式对连接节点的质量要求较高。在我国，预制混凝土外挂墙板应用时间较短，为提高安全性，墙板与钢筋混凝土主体结构之间通常采用线连接方式，如图 8-24(c) 所示。墙板顶部通过连接钢筋和后浇混凝土与上层梁刚接，底部则设置限位连接与下层结构相连。在地震作用下，外挂墙板与主体结构间通过相对的滑动变形［图 8-24(d)］减少了两者之间的相互作用。根据我国现行行业标准《预制混凝土外挂墙板应用技术标准》(JGJ/T 458)，采用线连接时，为降低墙板对梁的受力影响，外挂墙板上部连接处应避开主体结构支承构件在地震作用下的塑性发展区域。同时，外挂墙板上边缘与主体结构支承构件的连接结合面应设置键槽，以提高结合面的抗剪承载力。与国外通常将承重连接节点布置于墙板底部不同，我国线连接的承重连接节点通常位于墙板顶部。

构造合理、施工方便的限位连接节点是实现柔性连接的重要前提。常用的限位连接节点主要包含螺杆连接装置、滑轨连接装置以及长螺栓孔连接装置等。

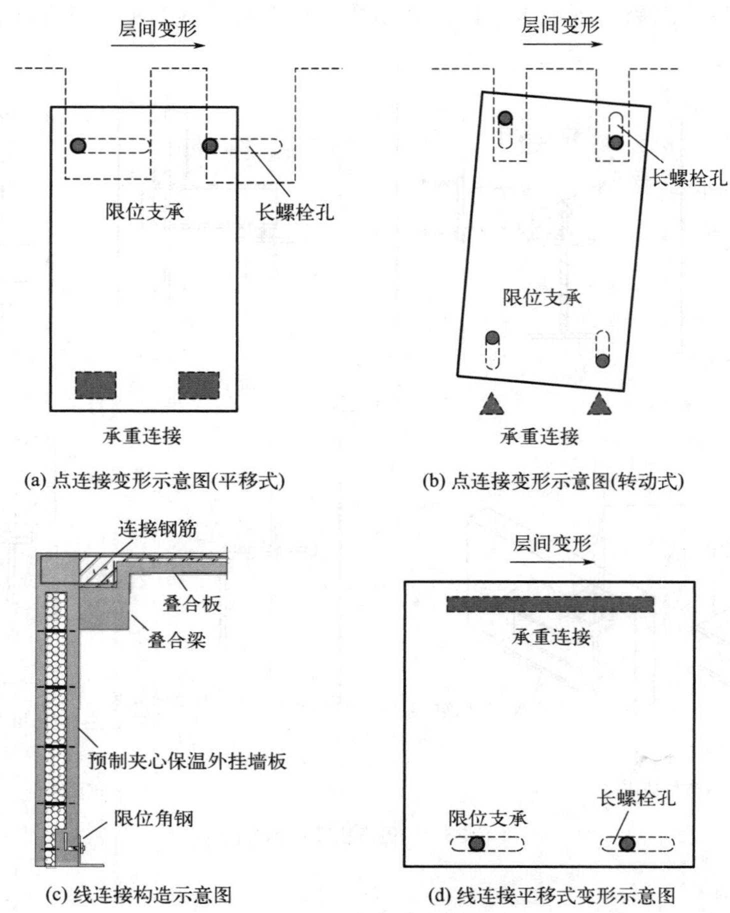

图 8-24 常见柔性连接方式

螺杆连接装置是最早且较简单的一种连接方式。典型的螺杆连接节点如图 8-25(a) 所示。该装置通过垂直于墙板的螺杆，经过焊接等方式与主体结构连接。螺杆在轴向上具有较高的强度和刚度，可以限制墙板面外的变形。然而，在水平地震作用下，由于侧向刚度较小，螺杆连接处可能发生塑性铰［见图 8-25(b)］。为提高变形能力，可将连接主体结构的一端替换为滑轨。这样，相对变形将发生在滑轨上而非塑性铰处［见图 8-25(c)］。

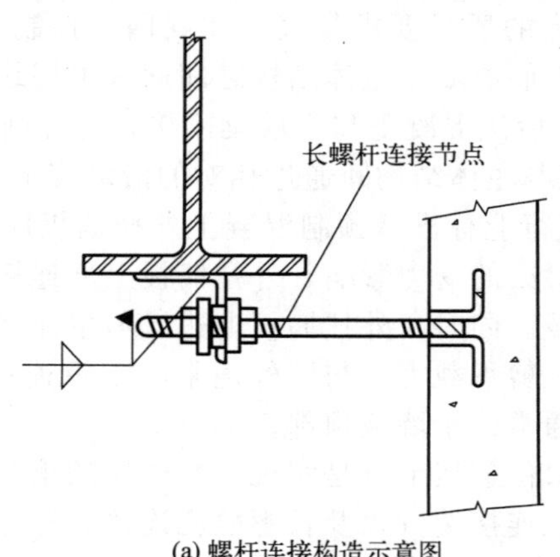

(a) 螺杆连接构造示意图

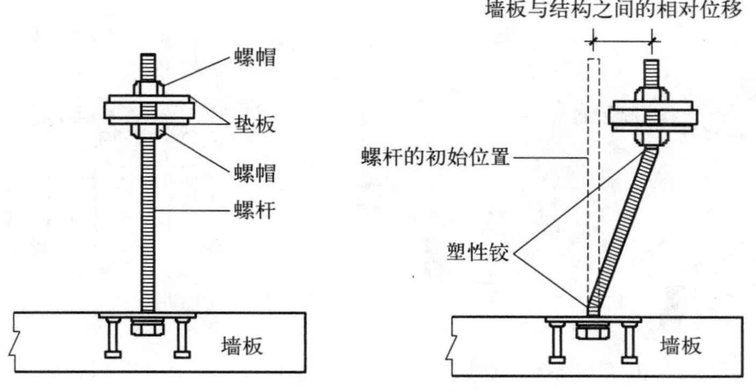

(b) 塑性铰型螺杆连接变形模式

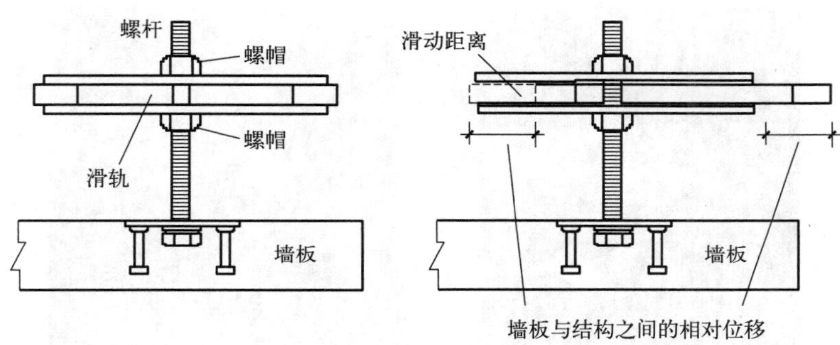

(c) 滑轨型螺杆连接变形模式

图 8-25　常见柔性连接节点形式——螺杆连接

欧洲应用较多的为滑轨连接方式。滑轨连接主要包括三种类型：①由两个预埋在墙板和主体结构中的滑动轨道以及一个锤头状钢条组成，如图 8-26(a) 所示；②在滑动连接基础上，用角钢取代锤头状钢条，如图 8-26(b) 所示；③由滑轨和钢支撑牛腿构成，如图 8-26(c) 所示。第一种连接方式中，当墙板和结构之间发生滑动变形时，钢条首先发生转动变形。这种转动使得墙板和梁之间的间隙逐渐减小。一旦墙板和梁之间的间隙接触，钢条便无法继续转动，螺栓才开始在滑轨内发生滑动［见图 8-27(a)、(b)］。

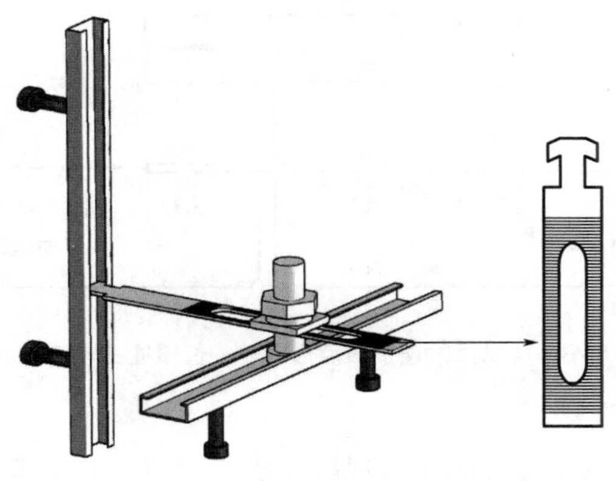

(a) 滑动连接示意图

图 8-26

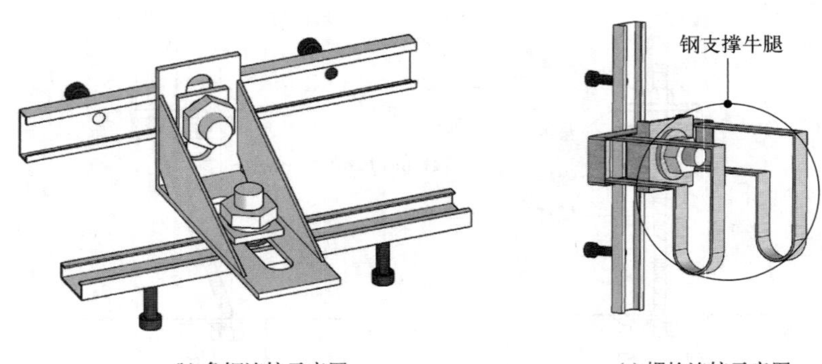

(b) 角钢连接示意图　　(c) 螺栓连接示意图

图 8-26 常见柔性连接节点形式——滑轨连接

(a) 钢条转动

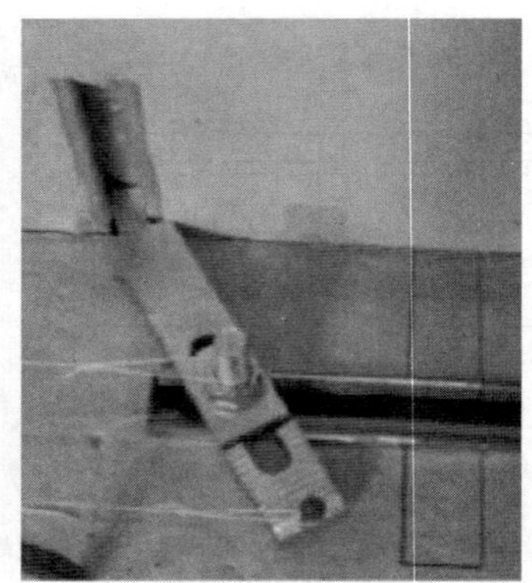

(b) 螺栓在滑轨内滑动

图 8-27 滑动连接节点的变形

长螺栓孔连接装置在美国、日本和我国的应用相对较多。在墙板间竖缝处常见的典型长螺栓孔连接装置如图 8-28 所示。在我国，外挂墙板与主体结构之间的限位连接节点通常通过在连接角钢上开设可让螺栓滑动的长螺栓孔，以适应墙板和主体结构之间的相对变形（见图 8-29）。

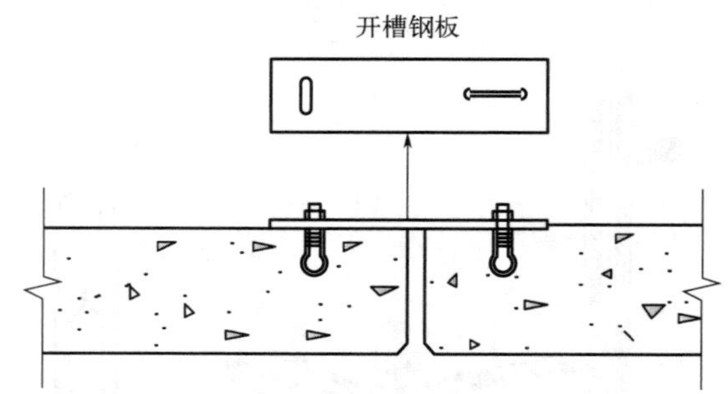

图 8-28 常见柔性连接节点形式——长螺栓孔连接件连接

(3) 耗能连接

耗能连接是通过使用耗能装置取代常规限位连接节点，从而有效控制传递到墙板的内力和墙板的地震损伤，同时利用墙板和主体结构之间的相对变形来耗散地震能量，减小主体结构的损伤。这种方式被认为是更为先进和合理的连接方式。在图 8-30 中，将线连接方式中墙板底部的限位连接替换为 U 形金属消能器，展现了一种典型的耗能连接方式。这种设计允许墙板和主体结构在地震作用下发生水平相对滑动变形，U 形金属消能器可以利用这一相对变形耗能，从而降低主体结构的地震响应和损伤程度。

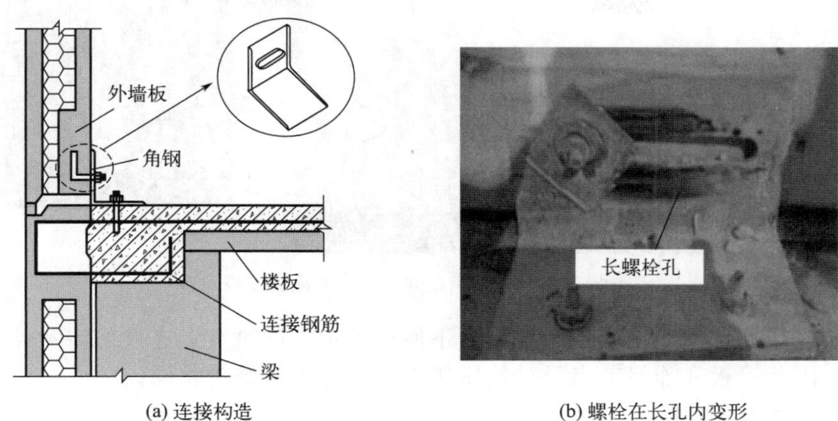

(a) 连接构造　　(b) 螺栓在长孔内变形

图 8-29　长螺栓孔连接件连接构造及变形模式

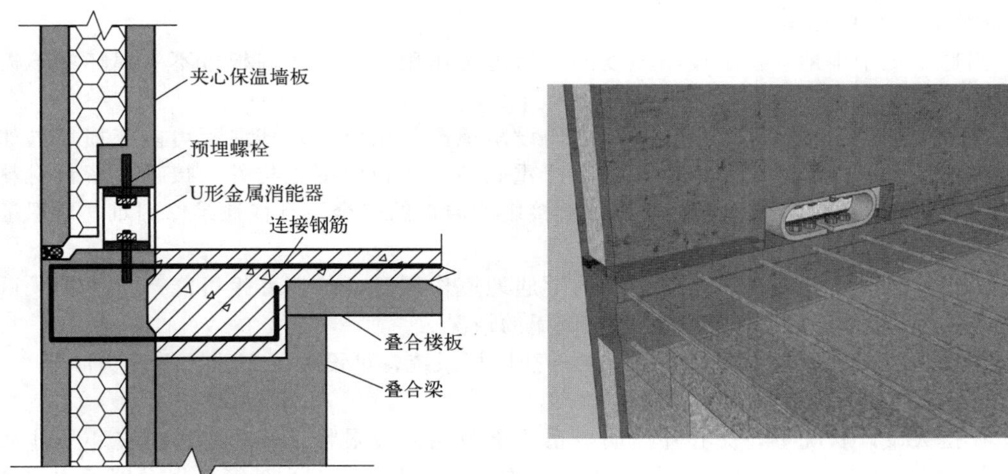

图 8-30　夹心保温外墙板与主体结构间 U 形钢板耗能连接节点

除了墙板与主体结构之间的连接，还可以在墙板与墙板之间设置耗能装置，利用墙板之间的相对变形来耗散地震能量。图 8-31 展示了一种在竖条板的板缝处设置摩擦耗能装置的方法。

8.2.3　夹心保温墙板及与主体结构间连接设计要点

8.2.3.1　基本规定

(1) 设计使用年限要求

外挂墙板系统的混凝土构件和节点连接件的设计使用年限宜与主体结构相同。这是因为预制混凝土外挂墙板构件采用工厂预制的方式制作而成，其构件混凝土质量及耐久性能良好，混凝土构件在合理设计、加工、施工并采取正常的保养和维护的情况下，可以做到与主体的设计使用年限相同。同时由于外挂墙板构件自重大，构件更换难度大，墙板与主体结构

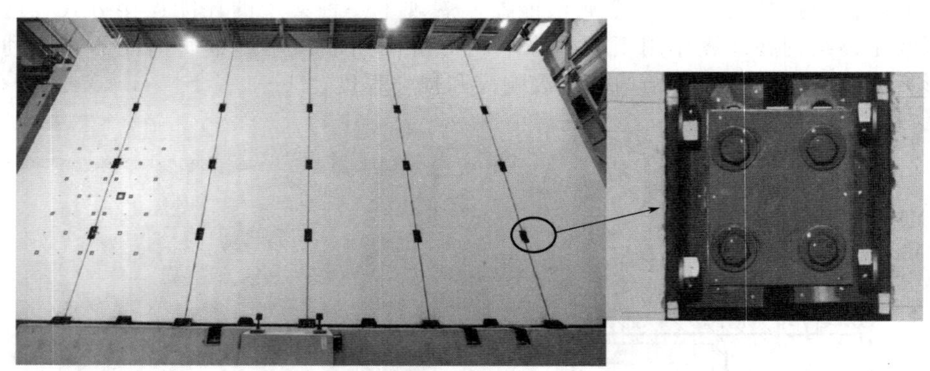

图 8-31　外挂竖条板间采用摩擦耗能连接

连接用的节点连接件在使用期间不易更换且不便于维护，同时节点连接件涉及外挂墙板构件的结构安全，因此墙板和连接节点设计使用年限也宜与主体结构相同。

（2）抗震设计性能目标

外挂墙板系统在抗震设计时，要确定合理的性能目标，并通过设计和抗震构造措施保证性能目标的实现。我国现行行业标准《预制混凝土外挂墙板应用技术标准》（JGJ/T 458）规定的抗震性能目标如下：

① 当遭受低于本地区抗震设防烈度的多遇地震作用时，外挂墙板应不受损坏或不需修理可继续使用。

② 当遭受相当于本地区抗震设防烈度的设防地震作用时，外挂墙板可能有损坏（如个别面板破损、密封材料损坏等），但不应有严重破坏，墙板混凝土构件、接缝及密封材料等经一般修理后仍然可以使用。节点连接件直接影响墙板的安全性且往往维修困难，应保证在设防地震下不受损坏。

③ 当遭受高于本地区抗震设防烈度的罕遇地震作用时，外挂墙板可能产生比较严重的破坏，但不应发生墙板整体或局部脱落、倒塌的情况。

④ 使用功能或其他方面有特殊要求的外挂墙板系统，可设置更高的抗震设防目标。

（3）各设计状况下需进行的验算

① 在持久设计状况下，夹心外挂墙板系统承载能力极限状态计算应进行夹心外挂墙板的平面外承载力计算，夹心外挂墙板与主体结构连接节点的承载力计算，以及墙板中拉结件的承载力验算。持久状况下，墙板主要承受自重荷载、风荷载、温度作用等。夹心外挂墙板的外叶板依靠拉结件支承在内叶板之上，在持久设计状况下拉结件需承受的作用包括外叶板的自重荷载、面外风荷载、温度作用等。

② 在持久设计状况下，夹心外挂墙板还应满足正常使用极限状态的要求。应进行夹心外挂墙板的平面外变形验算，其平面外挠度限值为夹心外挂墙板面外支座间距离的 1/250。对不允许出现裂缝的部位，墙板应进行混凝土拉应力验算；对允许出现裂缝的部位，应进行受力裂缝宽度验算。夹心外挂墙板建筑外表面在温度和 10 年一遇风荷载作用下裂缝控制等级应为二级。当夹心外挂墙板采用抗裂和防水性能强的饰面材料时，风荷载和温度作用下的裂缝控制等级可适当放宽但不应低于三级。墙板靠近室内一侧的裂缝控制等级可为三级。为避免外挂墙板影响结构受力，防止产生次应力，外挂墙板应适应主体结构变形，应进行外挂墙板与主体结构连接节点的变形能力验算。此外，还需要设计墙板之间的接缝宽度，来控制接缝变形不超过密封胶的变形能力。

③ 在短暂设计状况下，应进行拉结件以及夹心外挂墙板制作、运输、堆放、安装用预

埋件和临时支撑的承载力验算。短暂设计状况下，夹心外挂墙板受拉边缘混凝土拉应力不应大于混凝土抗拉强度的标准值。

④ 在地震设计状况下，夹心外挂墙板系统应进行以下计算：

为保证多遇地震作用下外挂墙板不受损坏或不须修理可继续使用，需要对混凝土墙板构件及其与主体结构连接节点的承载力进行计算，并对夹心保温墙板中拉结件的承载力进行验算。此外，还需要进行多遇地震下墙板之间的接缝宽度的计算。

为防止地震作用下墙板构件的脱落，还要对连接节点进行设防和罕遇地震下的承载力和变形验算。线连接外挂墙板与主体结构的承重连接节点采用混凝土和钢筋连接，节点通常具有一定的延性，对线连接外挂墙板与主体结构的连接节点需开展设防地震作用下的受弯承载力计算和罕遇地震作用下受剪承载力验算。点连接外挂墙板与主体结构的连接往往超静定次数低，也缺乏良好的耗能机制，其破坏模式通常属于脆性破坏，为确保连接节点的安全性，应进行罕遇地震作用下连接节点的承载力计算。夹心保温墙板中的拉结件发生锚固破坏时，通常也为脆性破坏，因此也须进行罕遇地震作用下拉结件的承载力验算。

(4) 夹心外挂墙板和连接节点承载能力极限状态验算

应采用下列公式验算：

持久设计状况、短暂设计状况：

$$\gamma_0 S_d \leqslant R_d \tag{8-7}$$

地震设计状况（多遇地震和设防地震作用）：

$$S_d \leqslant R_d / \gamma_{RE} \tag{8-8}$$

地震设计状况（罕遇地震作用）：

$$S_{GE} + S_{Ehk}^{*} \leqslant R_k \tag{8-9}$$

$$S_{GE} + S_{Evk}^{*} \leqslant R_k \tag{8-10}$$

式中 γ_0——结构重要性系数，宜与主体结构相同，且不应小于1.0；

S_d——承载能力极限状态下作用组合的效应设计值，对持久设计状况和短暂设计状况应按作用的基本组合计算，对地震设计状况应按作用的地震组合计算；

R_d——构件和节点的抗力设计值；

R_k——构件和节点的抗力标准值，按材料强度标准值计算；

S_{GE}——重力荷载代表值的效应，取夹心外挂墙板自重标准值；

S_{Ehk}^{*}——水平地震作用标准值的效应；

S_{Evk}^{*}——竖向地震作用标准值的效应；

γ_{RE}——承载力抗震调整系数，夹心外挂墙板应根据现行国家标准《建筑抗震设计规范》（GB 50011）取值，连接节点取1.0。

在抗震设计中，多遇地震和设防地震作用下的夹心外挂墙板构件和节点的作用效应设计值应当考虑作用的地震组合，采用相应的设计值来进行计算，而抗力方面应使用设计值。然而，在罕遇地震作用下，情况略有不同。此时，夹心外挂墙板构件和节点的作用效应需考虑重力荷载代表值效应与地震作用标准值效应之和。而在计算抗力时，则需采用标准值，并按照材料强度标准值进行计算。

(5) 正常使用极限状态

对于正常使用极限状态，应根据不同的设计要求，采用荷载的标准组合或准永久组合，并应按下列公式进行设计：

$$S \leqslant C \tag{8-11}$$

式中 S——正常使用极限状态荷载组合的效应设计值；

C——夹心外挂墙板正常使用要求的规定限值。

8.2.3.2 墙板设计

夹心外挂墙板承受垂直于其平面的风荷载和地震作用时，宜采用有限元分析方法，点连接夹心外挂墙板的内力和变形也可采用我国现行行业标准《预制混凝土外挂墙板应用技术标准》(JGJ/T 458) 给出的简化方法。

夹心外挂墙板按非组合墙板进行受力计算时，按内叶板进行承载力和变形计算。当按组合墙板受力计算时，可按内、外叶板协同承受墙面水平荷载、满足平截面假定计算其承载力和变形。当按部分组合墙板计算时，应采用有限元分析方法进行分析设计，有限元模型应包括内、外叶板和拉结件。

非组合墙板内、外叶板的厚度应满足节点连接件和拉结件的锚固要求。内叶板需单独承担夹心外挂墙板的面外作用，同时还需承担外叶板的自重荷载，因此内叶板需具备足够的面外承载力和刚度。内叶板采用平板时厚度不宜小于 100mm，宜采用双层双向配筋。当采用带肋板时，肋高和平板总厚度之和不宜小于 100mm，翼缘板内可配置单层双向钢筋网片。内叶板内水平和竖向钢筋的配筋率应满足现行国家标准《混凝土结构设计规范》(GB 50010) 的有关规定。外叶板内宜单层双向配筋，宜采用钢筋网片或冷拔低碳钢丝网片，也可采用冷轧带肋钢筋，直径不宜小于 4mm，钢筋间距不宜大于 150mm。

组合墙板和部分组合墙板的总厚度不应小于 150mm，内、外叶板厚度应满足节点连接件和拉结件的锚固要求。水平和竖向钢筋的配筋率应满足现行国家标准《混凝土结构设计规范》(GB 50010) 的有关规定，钢筋直径不宜小于 6mm，钢筋间距不宜大于 200mm。

夹心保温层厚度过小时，夹心外挂墙板的保温效果差，加工质量不可控，且容易导致拉结件刚度过大，导致外叶板在使用阶段出现温度裂缝等问题，因此通常夹心保温层厚度不宜小于 30mm。当夹心保温层厚度过大时，拉结件受力较复杂，为保证外叶板的安全性并控制其竖向变形，需对拉结件及其锚固条件提出较高要求，目前我国应用的夹心外挂墙板的保温层厚度通常不大于 100mm。

8.2.3.3 墙板与主体结构间连接节点设计

夹心外挂墙板与主体结构之间的连接方式可采用点连接或线连接。一般情况下，采用点连接的外挂墙板与主体结构的连接宜设置 4 个支承点，其中 2 个起到承重作用，另外 2 个起限位作用。因此，当下部 2 个为承重节点时，上部 2 个宜为非承重节点；相反，当上部 2 个为承重节点时，下部 2 个宜为非承重节点。应注意，平移式外挂墙板与旋转式外挂墙板的承重节点和非承重节点的受力状态和构造要求不同，相关设计要求也存在差异。当采用线连接时，上部为承重节点，下部的限位节点不少于 2 个。

无论采用点连接还是线连接方式，外挂墙板在平面内均应具有适应主体结构在风荷载和地震作用下变形的能力。在地震设计状况下，连接节点在夹心外挂墙板平面内应具有不小于主体结构在设防地震作用下弹性层间位移角 3 倍的变形能力。这里取结构在设防地震作用下弹性层间位移角的 3 倍为控制指标是一种简化的做法，大致相当于结构在罕遇地震作用下的层间位移。同时，应适当提高连接节点的承载力和延性，避免在此位移下夹心外挂墙板发生坠落。

此外，考虑到在设防地震和罕遇地震作用下，主体结构的塑性发展区域一般会发生混凝土开裂及钢筋屈服，会削弱连接节点预埋件、连接钢筋的锚固作用，影响连接节点的承载力。因此，为保证设防地震和罕遇地震作用下外挂墙板不整体脱落，承重连接点应避开主体结构支承构件在地震作用下的塑性发展区域且不应支承在主体结构耗能构件上，面外连接点宜避开主体结构支承构件在地震作用下的塑性发展区域且不宜连接在主体结构耗能构件上。当无法避开时，应将连接节点的预埋件或连接钢筋与主体结构支承构件的纵向受力钢筋可靠连接，避免发生脱落。

当采用图 8-32 所示的线连接节点构造时，夹心外挂墙板顶部与梁连接处应设置抗剪键槽，连接钢筋直径不小于 10mm，间距不小于 200mm，锚固长度应满足要求。当连接钢筋无法避开塑性发展区域时，上排钢筋锚固长度应从梁内侧计算。上排钢筋与下排钢筋的垂直距离不宜小于 150mm。连接钢筋面积应满足下式要求：

$$M_k \leqslant f_{yk} A_s d \tag{8-12}$$

$$M \leqslant f_y A_s d \tag{8-13}$$

式中　M_k——按上端固定、下端悬臂，考虑风荷载和地震作用计算的单位长度的弯矩标准值；

M——按上端固定、下端实际支座条件，考虑风荷载和地震作用计算的单位长度的弯矩设计值；

f_{yk}——钢筋强度标准值；

A_s——单位长度内连接钢筋的单肢面积；

d——上、下排连接钢筋的间距。

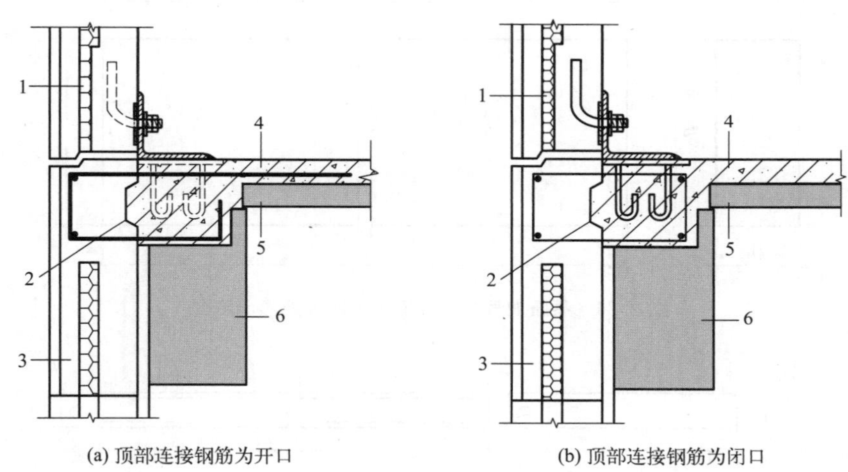

(a) 顶部连接钢筋为开口　　(b) 顶部连接钢筋为闭口

图 8-32　夹心外挂墙板顶部连接示意

1—保温材料；2—抗剪键槽；3—夹心外挂墙板；4—现浇混凝土；5—叠合板；6—叠合梁

8.3　蒸压加气混凝土墙板

8.3.1　墙板形式

蒸压加气混凝土（autoclaved lightweight concrete）板材是由硅砂、粉煤灰、水泥、石灰等为主要原料，加入经过防锈处理的钢筋，经过高温、高压、蒸汽养护而成的细致多孔、结构紧密的混凝土板材。蒸压加气混凝土板材质轻、高强，具有优越的保温隔热、隔声、耐火、耐久、抗冻、抗渗、抗震等性能，软化系数高、环保节能，施工便捷造价低，且表面质量好、承载性好、吊挂物体方便，是一种性能优越的新型节能建筑材料。

蒸压加气混凝土墙板，为配筋的条形可拼装板，有外墙板和隔墙板两类（见图 8-33、图 8-34 和图 8-35），墙板有横向和竖向两种。墙板按所用加气混凝土的干体积密度分为 05、06、07、08 级，按尺寸允许偏差和外观分为优等品（A）、一等品（B）、合格品（C）

三个等级。

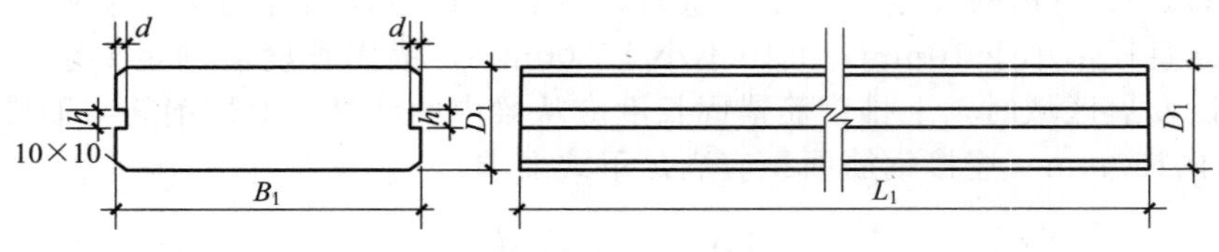

图 8-33 蒸压加气混凝土竖向外墙板外形示意图

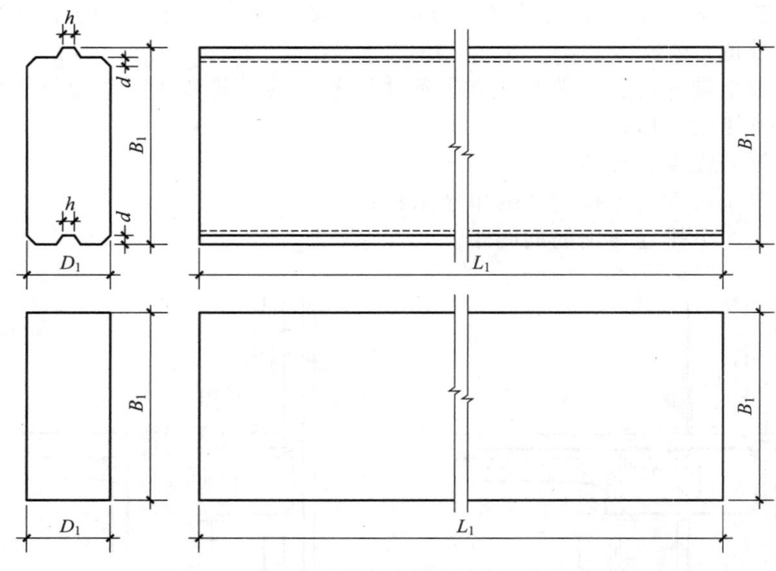

图 8-34 蒸压加气混凝土横向外墙板外形示意图

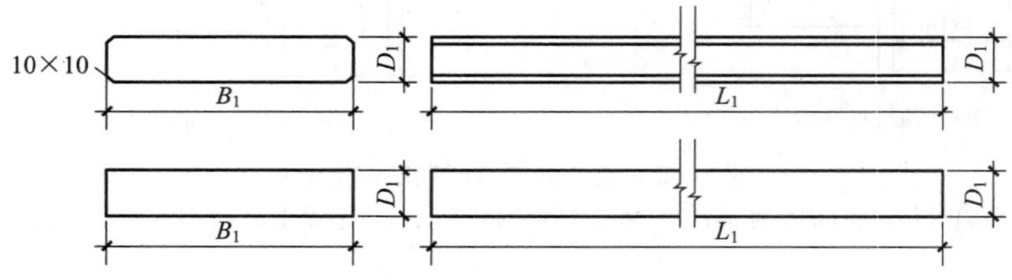

图 8-35 蒸压加气混凝土隔墙板外形示意图

8.3.2 连接构造

蒸压加气混凝土墙板是由蒸压加气混凝土条板组装而成，蒸压加气混凝条板的安装应考虑施工顺序的合理性、施工操作的便利性和安全性，如便于脱钩、就位、临时固定的施工工序等。蒸压加气混凝土条板的安装顺序应从门窗洞口处向两端依次进行，门窗洞口两侧应采用标准宽度板材，无门窗洞口的墙体应从一端向另一端顺序安装。

8.3.2.1 墙板拼缝连接构造

蒸压加气混凝土墙板接缝宽度应根据结构层间变形、墙体温度变形、立面分格等综合因素确定；接缝材料及构造应满足防火、防水、防渗、抗裂、耐久等要求；接缝材料应与墙板具有相容性；墙板在正常使用情况下，接缝处的弹性密封材料不应破坏。

墙板接缝根据接缝位置及接缝材料不同分为半柔性缝、柔性缝、落地缝、刚性缝四种。半柔性缝内采用专用黏结剂挤浆处理，缝两侧采用专用密封胶封闭；柔性缝缝宽宜为 10～20mm，缝内采用岩棉塞实，缝两侧采用专用密封胶封闭；落地缝为蒸压加气混凝土墙板底部与基础、楼板交接部位的缝宽宜为 10～20mm，采用专用防水砂浆填缝（缝隙采用弹性材料填实，可以有效释放结构变形对隔墙板的挤压）；刚性缝内采用专用黏结剂挤浆处理，缝两侧采用专用嵌缝剂封闭，刚性缝主要表现为板材的上端与主体结构的底面直接用黏结砂浆牢固地连接在一起，这种连接方式忽略了主体结构的变形对隔墙板竖向或者水平方向的传力，从而容易引发隔墙开裂，在设计时应予注意。外墙板缝室内、外均应采用专用密封胶密封，内墙板缝采用专用嵌缝剂。

墙板接缝是防水抗裂的重点部位，在半柔性缝、柔性缝、落地缝、刚性缝四种构造方式的基础上，根据防水、抗裂、内外装修需要，进一步衍生出各种建筑构造做法。混凝土、钢结构体系中，当蒸压加气混凝土墙体长度≤12m 时，蒸压加气混凝土隔墙板和外墙板交接部位两侧的半柔性缝见图 8-36，该接缝处需要耐碱玻纤网格布室外满铺。刚性缝也需铺设耐碱玻纤网格布，一般用于隔墙板连接，见图 8-37。在混凝土、钢结构体系中，当蒸压加气混凝土墙体长度大于 12m 时，需增设柔性缝，使整个墙体长度小于 12m，具体构造见图 8-38。蒸压加气混凝土墙板底部与基础、楼板交接部位的缝称为落地缝，其构造见图 8-39。

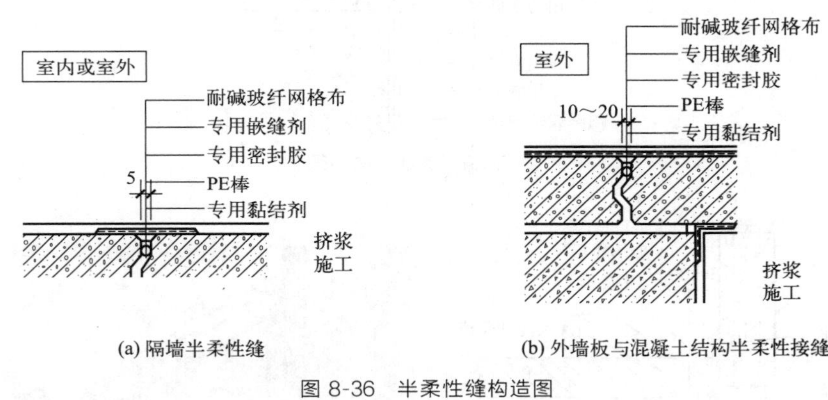

(a) 隔墙半柔性缝　　(b) 外墙板与混凝土结构半柔性接缝

图 8-36　半柔性缝构造图

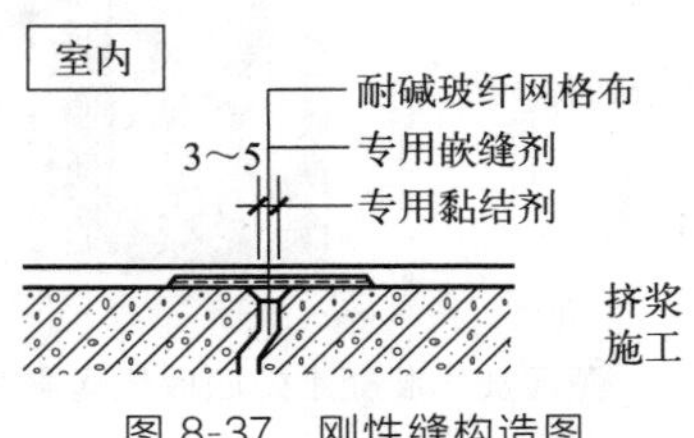

图 8-37　刚性缝构造图

8.3.2.2　外墙板与主体结构连接构造

外墙板与主体结构的连接应构造合理、传力明确、连接可靠，并有一定的变形能力，能和主体结构的层间变形相协调，不应出现因层间变形而发生连接部位损坏失效的现象。

蒸压加气混凝土外墙板与主体结构的连接可采用内嵌式、外挂式和内嵌外挂组合式等形式，外挂式的连接见图 8-40 所示。一般来说，外挂式连接传力明确，保温系统完整闭合；内嵌式连接能最大限度地减少钢框架露梁、露柱的缺点，但需要处理钢梁柱的冷（热）桥问题。

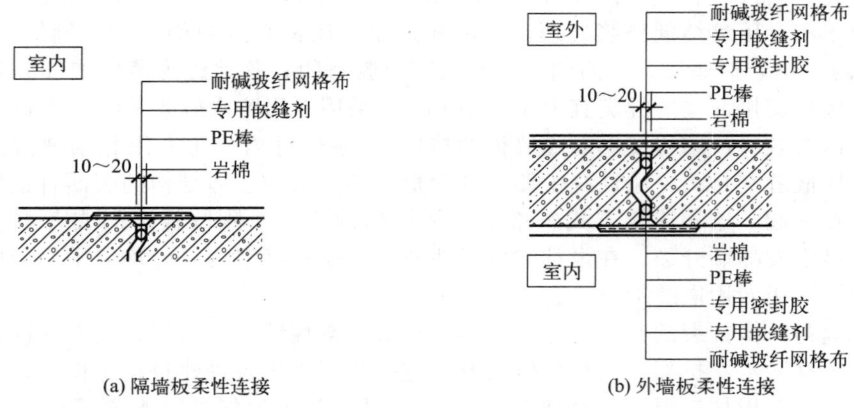

(a) 隔墙板柔性连接　　(b) 外墙板柔性连接

图 8-38 柔性缝构造图

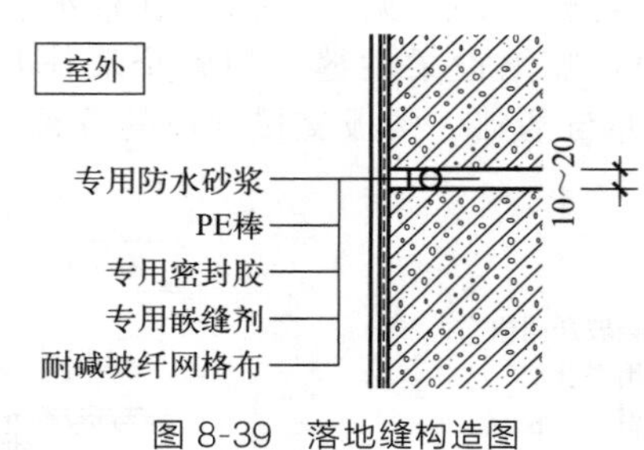

图 8-39 落地缝构造图

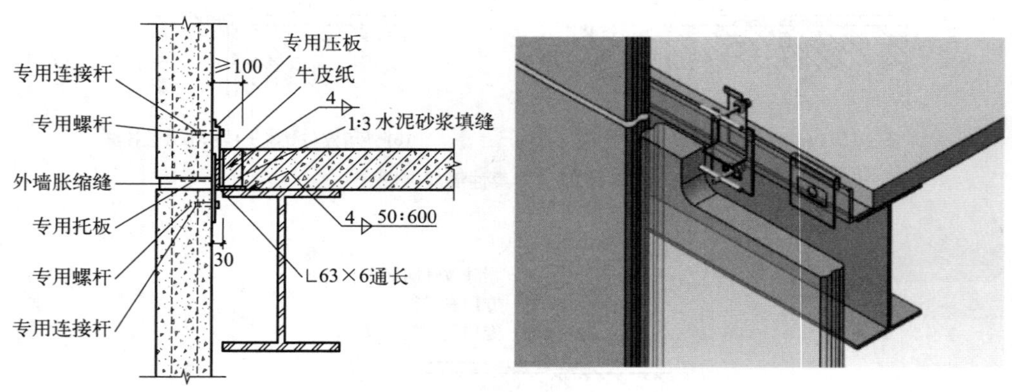

图 8-40 蒸压加气混凝土外墙板与钢梁的连接

8.3.2.3 隔墙板与主体结构连接构造

目前蒸压加气混凝土隔墙连接构造主要包括：U形钢卡法、双角钢法、直角钢件法、弹性L形铁件法、勾头螺栓法、管卡法、条形连接件法、接缝钢筋法。

(1) U形钢卡法

U形钢卡是一种整体呈现U形或槽型的冷弯薄壁型钢，该方法利用钢件的凹槽部分在长度方向卡住墙板，再将钢件与主体连接便可实现墙板与主体的连接。这样的方法理论上只限制了墙板的平面外位移，防止墙板倒塌，而墙板在平面内可以自由移动，避免了参与主体间的传力，防止墙板受力破坏。在安装过程中，可以先将U形钢卡插入到板材接缝位置，当墙板吊装到指定位置后，通过焊接（钢结构）或者射钉（混凝土）连接到主体上，见图 8-41。对于第一块与最后一块安装的板，通常还会采用 U 形钢卡在侧面进行加固。目前，我国采用的 U 形钢卡主要为 1.5mm 厚 Q235 镀锌钢板。

(a) 隔墙板与钢框架连接

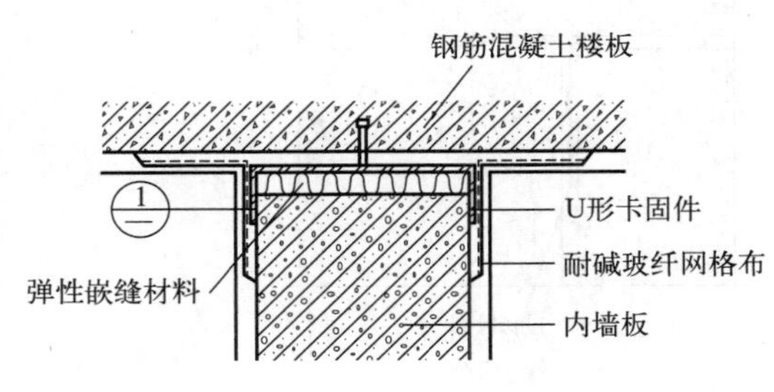

(b) 隔墙板与楼板连接

图 8-41　U 形钢卡安装示意图

（2）双角钢法

双角钢法是一种改进的 U 形钢卡法，该方法利用两块角钢对称布置于墙板两侧，形成凹槽以嵌套墙板，见图 8-42。该方法能够达到 U 形钢卡法连接同样的效果，并且可以在板材运输到位后再调整安装，施工更加方便。但是，该方法需要有墙板对应位置以外的连接位置，对于宽度较窄的梁则无法采用此连接方式，并且该连接方式会露出连接件，影响建筑效果。当前，相关图集中采用的角钢形式主要为 120mm 长，45mm 宽，3mm 厚等肢角钢。

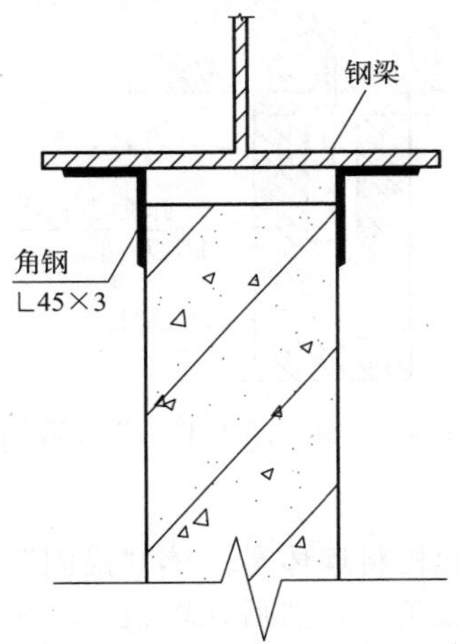

图 8-42　双角钢法连接示意图

（3）直角钢件法

直角钢件法是利用 L 形钢件将预制墙板与梁或楼板进行连接，L 形钢件一端采用射钉与板材侧面固定连接，另一端采用射钉连接（混凝土结构）或焊接（钢结构）到梁上，见图 8-43。该连接方式可在板材运输到位后直接连接，施工方便。该方式能够将连接件隐藏在板材间的缝隙之中，无须特意处理，但若每块墙板的顶部与根部均采取这样的连接措施，连接侧将形成与墙板平行的轴，难以约束其平面外转动，这也将导致墙板拼缝的开裂，所以直角钢件法主要适用于墙板顶部与主体结构的连接。当前，直角钢件主要为 3mm 厚 Q235 镀锌钢板。

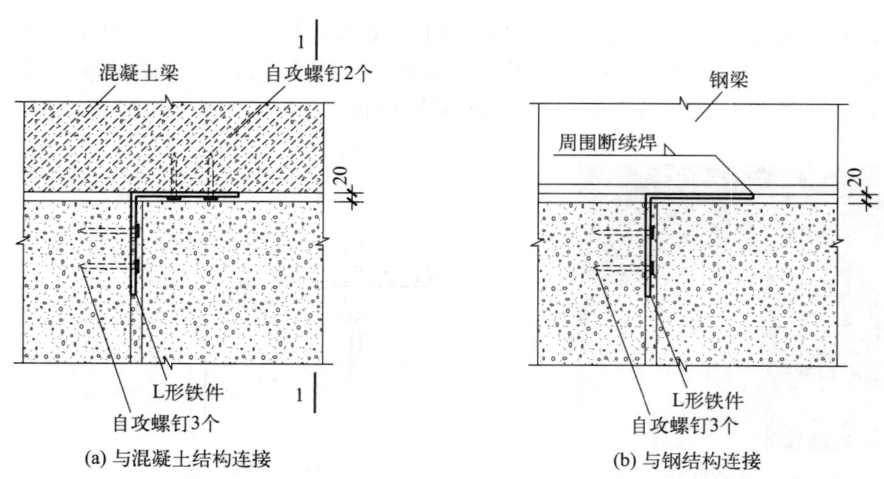

(a) 与混凝土结构连接　　(b) 与钢结构连接

图 8-43　直角钢件法连接示意图

（4）弹性 L 形铁件法

弹性 L 形铁件法是一种改进的直角钢件法，该方法的安装方式与直角钢件法相同，见图 8-44。其主要特点在于，在直角钢件的转角部位向直角外延伸一段，该段受到墙板以及梁的约束较小，可以充分容纳梁与墙板间的变形以及耗能。以此，可以避免主体与板材之间的传力，并提高结构整体的抗震能力。

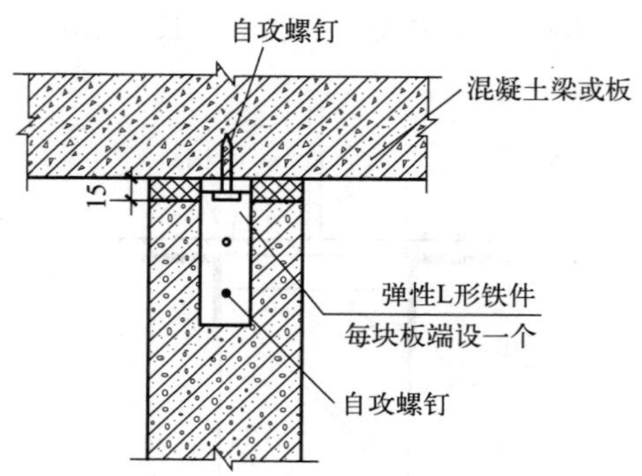

图 8-44　弹性 L 形铁件法连接示意图

（5）勾头螺栓法

勾头螺栓法是一种利用勾头螺栓将墙体与主体“锚固”的铰接连接方法。该方法首先需要在墙板安装位置预安装通长等肢角钢，然后在墙板对应位置开洞，在板材抵靠住角钢后安装勾头螺栓，并将勾头螺栓的勾头部分与角钢焊接，这样便形成了墙板的铰接连接，见图 8-45。这种方式对平面外的约束较强，但施工步骤繁杂，存在连接件裸露的问题。也有部分学者对该连接方式提出了改进，部分学者提出了将板材切角后安装以隐藏连接件的方法；部分学者提出用 Z 形板连接来实现滑动连接，见图 8-46。

（6）管卡法

管卡法是一种利用连接件分别连接主体结构与墙体的相对刚性的连接方法。利用薄壁短钢管与矩形钢板组合形成的 L 形连接件，在施工过程中，将薄壁短钢管打入墙板顶部和根部，在墙板运输到位后，采用射钉连接（混凝土）或者焊接（钢结构）将管卡的另一端与主体连接。该连接方式构造简单，施工方便，施工完成后连接件不外露，能够进行结构侧力的传递，但同样存在对墙板平面外约束不足的问题，见图 8-47。

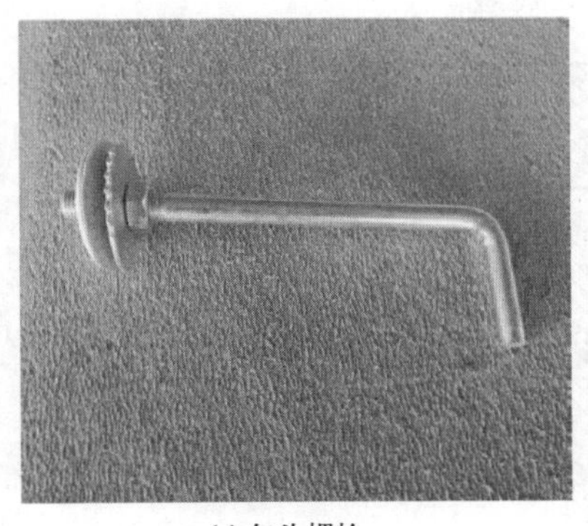

(a) 勾头螺栓

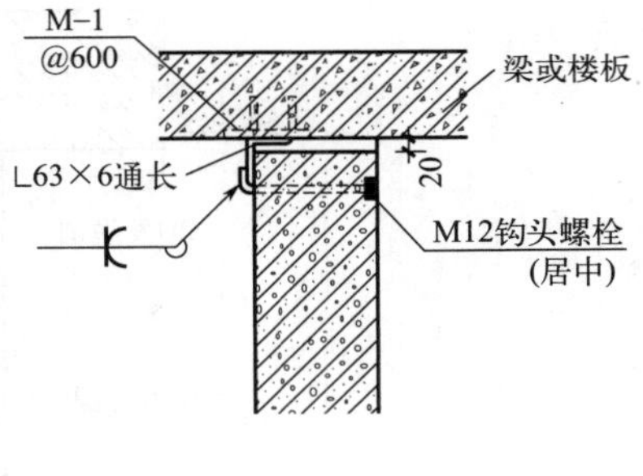

(b) 示意图

图 8-45　勾头螺栓法连接示意图

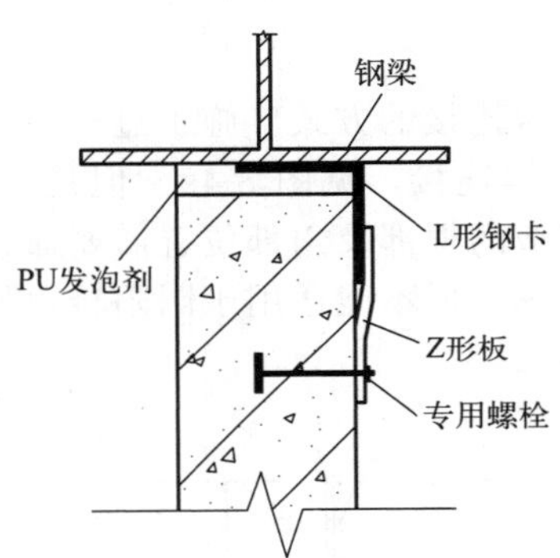

图 8-46　Z 形板滑动连接法示意图

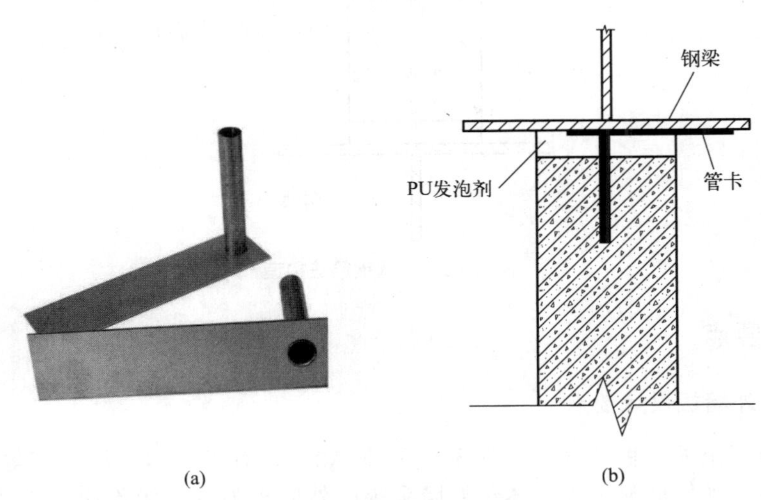

(a)　(b)

图 8-47　管卡法连接示意图

(7) 条形连接件法

条形连接件法是一种滑动连接的方法。该方法首先在墙板安装位置预先安装 C 形槽钢轨道，然后将配套的条形连接件的一端卡入轨道，待板材运输到位后，另一端采用自攻螺钉嵌固于墙板侧面形成连接，见图 8-48。该连接方式只适用于墙板顶部与主体的连接，安装过程繁琐，并且仍然具有墙板平面外约束不足，容易导致板面拼缝开裂的问题。

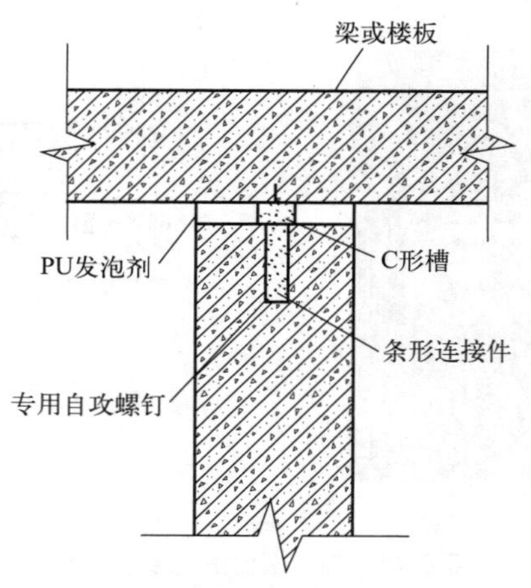

图 8-48 条形连接法构造示意图

（8）接缝钢筋法

接缝钢筋法是一种类似于管卡连接的方式。施工过程中，接缝钢筋的一端嵌入墙板内部并用水泥砂浆填满，另一端与主体连接，见图 8-49。但是，对于与混凝土楼板以及混凝土梁的连接，需要有预埋钢筋，在板的根部及角部位置需要通过固定底板钢板及螺栓等方式固定。该方法能够使得连接件不外露，但不能适用于阴阳转角处墙板的安装固定，且该连接方式施工相对繁杂，平面外约束不足。

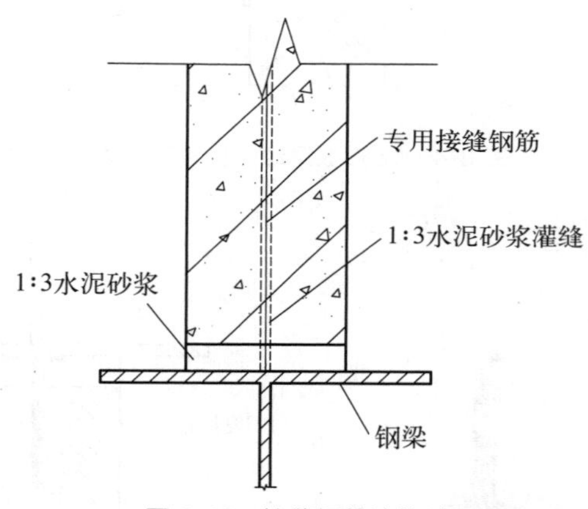

图 8-49 接缝钢筋法构造

8.3.3 设计要点

8.3.3.1 外墙板设计要点

蒸压加气混凝土外墙板的强度等级不应低于 A3.5，对于基本风压大于等于 $0.7\mathrm{kN/m^2}$ 的地区及采用蒸压加气混凝土板一体化外墙系统的外墙板强度等级不应低于 A5.0。层高不大于 3.9m 的情况，外墙板应竖板安装，边界条件为两端简支，其他情况应另行设计。

在 50 年重现期的风荷载或多遇地震作用下，外墙板不得因主体结构弹性位移而发生塑性变形、板面开裂、零件脱落等损坏；当主体结构的层间位移角达到 1/100 时，墙板不得脱落。

蒸压加气混凝土外墙板的厚度不应小于长度的 1/35，且厚度不应小于 150mm。外墙板连接点及预埋件的承载力应满足中震弹性、大震不屈服及 2 倍风荷载设计值的能力需求。

外墙板应按荷载效应的标准组合，并应考虑荷载长期作用对变形验算的，其最大挠度不应超过其跨度的 1/200。当外围护墙板上下及两侧、拐角均承受较大的风压时，设计应予以构造加强。

蒸压加气混凝土外墙板的节点承载力可参考表 8-2，因节点承载力的影响因素较多，生产企业应提供节点承载力检测报告，作为设计依据。

表 8-2　蒸压加气混凝土外墙板节点面外承载力设计值　　单位：kN

序号	节点形式	板厚/mm			
		150	200	250	300
1	预埋件摇摆节点	12	15	18	20
2	钢管锚节点	5	7	8	10
3	平板螺栓节点	8	10	13	16

注：表中节点承载力均为图集《装配式建筑蒸压加气混凝土板围护系统》(19CJ85-1)所示节点，通过试验、分析、归纳得到，当采用其他型号或构造时，应由拉拔试验确定承载力。

蒸压加气混凝土外墙板安装在主体结构抗侧力支撑空隙内时，应采用柔性连接，考虑支撑变形对墙板的不利影响。连接节点应具有适应多遇地震作用下主体结构层间变形的能力。连接件与预埋件的焊缝除注明外均为满焊，焊脚尺寸不应小于较薄连接板件厚度的 0.7 倍。预埋件锚筋与埋板宜优先选用穿孔塞焊；当采用手工焊时，焊缝长度＞$10d$，焊缝高度不宜小于 6mm。节点连接件通过焊接连接于主体结构上时，尚应验算焊缝强度，满足下式要求：

$$\sqrt{\left(\frac{\sigma_f}{\beta_f}\right)^2+\tau_f^2}\leqslant f_f^w \tag{8-14}$$

式中　σ_f——垂直于焊缝长度方向的应力；

τ_f——沿焊缝长度方向的剪应力；

β_f——正面角焊缝强度增大系数；

f_f^w——角焊缝的强度设计值，当采用 E43 焊条时 $f_f^w=170\text{N/mm}^2$。

8.3.3.2　内墙板设计要点

蒸压加气混凝土内墙板一般采用竖装，也可以横装，选择板材时应根据房间隔声指标要求初步确定墙板的厚度，再结合楼层高度和其他使用要求最后确定板材的厚度，内墙板厚度不宜小于 100mm。

蒸压加气混凝土内墙板开洞时，洞口加固可按外墙加固办法，且风荷载应适当进行折减（按 50%～70%计算）。用 U 形钢卡和 L 形构件作为连接件时，板顶的锚固长度应大于 20mm。墙板端部与梁、柱接缝为变形缝，应填充发泡剂或岩棉，用勾缝剂封闭。板材开洞开槽应按图 8-50 所示方法。

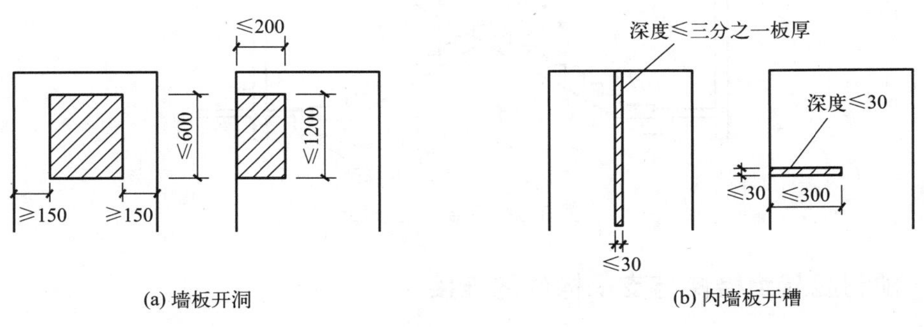

图 8-50　板材开洞开槽方法

第8章

8.4 预制混凝土楼梯

8.4.1 预制混凝土楼梯的形式

预制混凝土楼梯（图 8-51）是一种在混凝土构件厂使用专用模具定型，提前预埋钢筋及各种预埋件，浇筑混凝土并振捣，经养护窑养护至强度达到设计规定后，运输到安装位置按设计要求进行施工固定的混凝土构件。预制混凝土楼梯分休息板、楼梯梁、楼梯段三个部分。预制混凝土楼梯是最能体现装配式优势的 PC 构件。工厂预制楼梯比现场浇筑更方便、更精致，安装后可立即使用，为工地施工带来了极大便利，提高了施工安全性。预制混凝土楼梯段安装通常无需增加工地塔式起重机的吨位，因此现浇混凝土建筑和钢结构也可以方便使用。

图 8-51　预制楼梯

预制混凝土楼梯有不带平台板的直板式楼梯（板式楼梯）和带平台板的折板式楼梯。板式楼梯有剪刀楼梯（图 8-52）和双跑楼梯（图 8-53）。剪刀楼梯一层楼一跑，长度较长；双跑楼梯一层楼两跑，长度短。

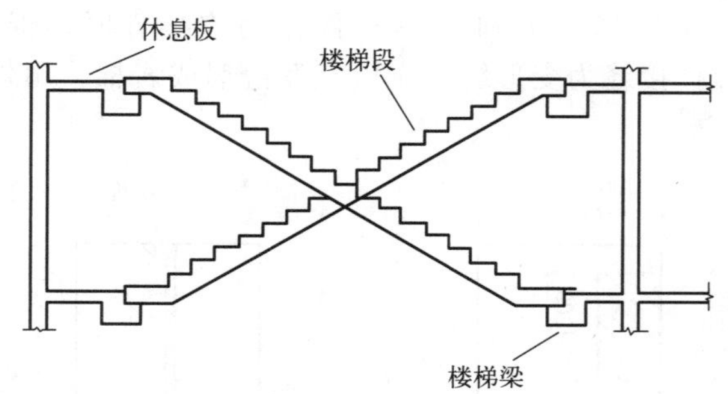

图 8-52　预制剪刀楼梯

8.4.2 预制混凝土楼梯与支承构件的连接

楼梯与支撑构件连接有三种方式：一端固定铰节点一端滑动铰节点的简支方式、一端固

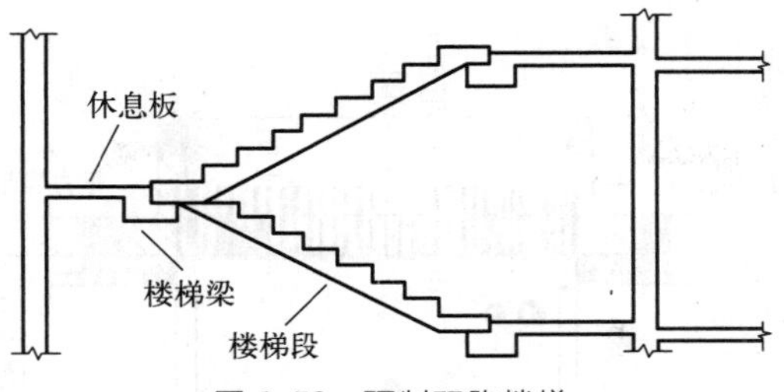

图 8-53　预制双跑楼梯

定支座一端滑动支座的方式和两端都是固定支座的方式。现浇混凝土结构中，楼梯多采用两端固定支座的方式，计算时楼梯也参与到抗震体系中。装配式结构建筑中，预制楼梯和支承构件之间宜采用简支连接。采用简支连接时，预制混凝土楼梯宜一端设置固定铰，另一端设置滑动铰，其转动及变形能力应满足结构层间位移的要求，且抗震设防烈度 6、7 和 8 度时，预制混凝土楼梯端部在支承构件上的最小搁置长度分别为 75、75 和 100mm。预制混凝土楼梯设置滑动铰的端部应采取防止滑落的构造措施。预制混凝土楼梯一般不与侧墙相连。固定铰节点和滑动铰节点构造分别如图 8-54 和图 8-55 所示。

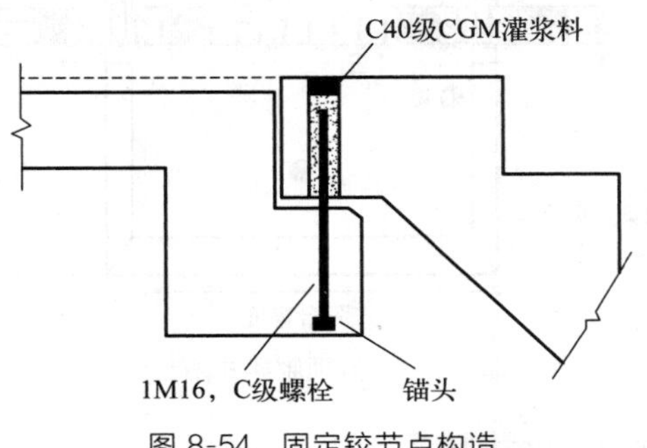

图 8-54　固定铰节点构造

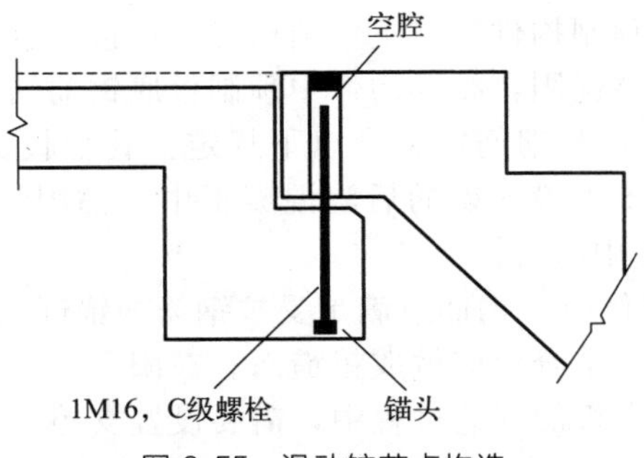

图 8-55　滑动铰节点构造

8.5　预制混凝土阳台板

（1）预制混凝土阳台板形式

阳台板作为悬挑式构件，根据预制方式的不同可以分为全预制阳台和叠合阳台两种类型。其中全预制阳台根据传力的不同又可以分为板式阳台和梁式阳台。图 8-56 和图 8-57 分别为全预制板式和全预制梁式阳台板。

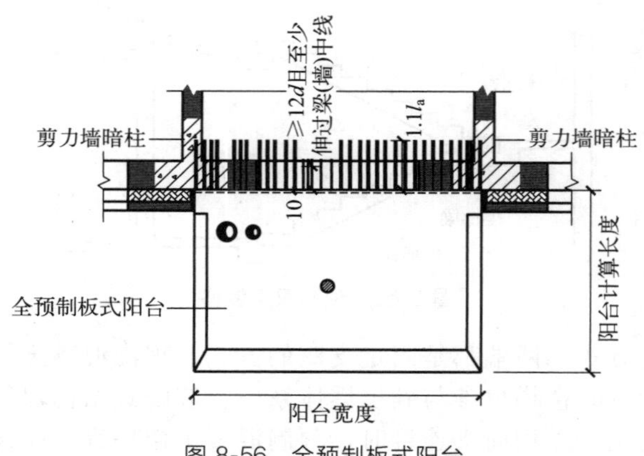

图 8-56 全预制板式阳台

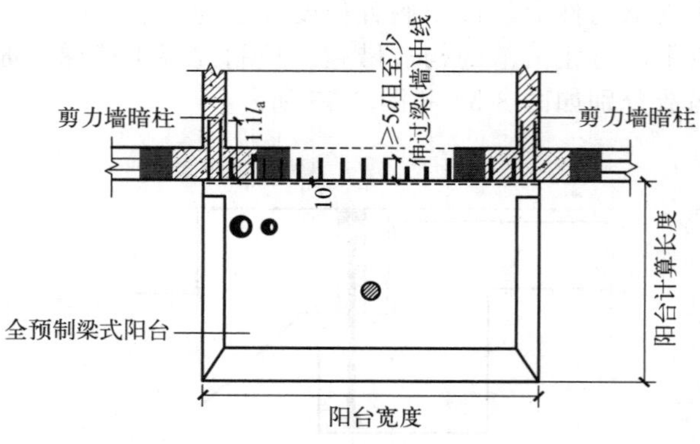

图 8-57 全预制梁式阳台

（2）预制混凝土阳台板构造设计要求

关于阳台板等悬挑板，《装配式混凝土建筑技术标准》（GB/T 51231）规定，阳台板宜采用叠合构件或预制构件。预制构件应与主体结构可靠连接；叠合构件的负弯矩钢筋应在相邻叠合板的后浇混凝土中可靠锚固，叠合构件中预制板底钢筋的锚固应符合下列规定：

① 当板底为构造配筋时，其钢筋应符合以下规定：叠合板支座处，预制板内的纵向受力钢筋宜从板端伸出并锚入支承梁或墙的后浇混凝土中，锚固长度不应小于 $5d$（d 为纵向受力钢筋直径），且宜过支座中心线。

② 当板底为计算要求配筋时，钢筋应满足受拉钢筋的锚固要求。

预制阳台板与后浇混凝土结合处应做成粗糙面。在阳台设计时，应预留安装阳台栏杆的孔洞和预埋件等。在预制阳台板的安装过程中，需要设置支撑。

思考题

参考答案

1. 简述装配式混凝土结构中有哪些预制构件。

2. 叠合楼板有哪些形式？钢筋桁架叠合楼板自身有哪些构造要求？简述钢筋桁架叠合楼板板缝和支座节点的形式和构造。

3. 简述钢筋桁架叠合楼板设计要点。

4. 什么是预制混凝土夹心保温墙板？按照内、外叶板在平面外受力下的工作特性，可分为哪几类？

5. 夹心保温墙板中常用的拉结件有哪些类型？

6. 根据连接节点的受力机理，可将外挂墙板与主体结构之间的连接方式分为哪三类？试比较三类连接方式的优缺点。

7. 简述蒸压加气混凝土墙板的优点及其适用范围。

8. 简述蒸压加气混凝土墙板与主体结构拼缝的构造要求。

9. 简述蒸压加气混凝土隔墙板与主体结构连接构造主要有哪几种，并比较各种连接方式的优缺点。

参考文献

[1] 褚云朋，姚勇，邓勇军，等. 多层超薄壁冷弯型钢结构房屋体系［M］. 北京：科学出版社，2020.
[2] GB 50018—2002. 冷弯薄壁型钢结构技术规范.
[3] JGJ 227—2011. 低层冷弯薄壁型钢房屋建筑技术规程.
[4] GB/T 50100—2001. 住宅建筑模数协调标准.
[5] GB 50009—2012. 建筑结构荷载规范.
[6] GB 50011—2010. 建筑抗震设计规范.
[7] JGJ/T 421—2018. 冷弯薄壁轻钢多层住宅技术标准.
[8] T/CASA 0001—2019. 冷弯薄壁型钢-轻聚合物复合墙体建筑技术规程.
[9] T/AJB 007—2020. 装配式钢结构建筑技术规程.
[10] 叶继红，冯若强，陈伟. 村镇轻钢结构建筑抗震技术手册［M］. 南京：东南大学出版社，2013.
[11] 吴鑫文，郭保生. 装配式冷弯薄壁型钢建筑结构基础［M］. 武汉：华中科技大学出版社，2022.
[12] 夏冬桃. 组合结构设计原理［M］. 武汉：武汉大学出版社，2009.
[13] 曾凡生，王敏，杨翠如，等. 高楼钢结构体系与工程实例［M］. 北京：机械工业出版社，2014.
[14] 江韩，陈丽华，吕佐超，等. 装配式建筑结构体系与案例［M］. 南京：东南大学出版社，2018.
[15] GB 50017—2017. 钢结构设计标准.
[16] JGJ 99—2015. 高层民用建筑钢结构技术规程.
[17] GB/T 51232—2020. 装配式钢结构建筑技术标准.
[18] JGJ 138—2016. 组合结构设计规范.
[19] GB/T 51129—2017. 装配式建筑评价标准.
[20] DBJ33/T 1290—2023. 装配式部分包覆钢-混凝土组合结构技术规程.
[21] GB/T 28905—2012. 建筑用低屈服强度钢板.
[22] 王静峰，李贝贝，胡宝琳，等. 屈曲约束支撑结构设计方法与工程应用［M］. 北京：机械工业出版社，2022.
[23] JGJT 380—2015. 钢板剪力墙技术规程.
[24] T/CECS 719—2020. 部分包覆钢-混凝土组合结构技术规程.
[25] DG/TJ 08—2421—2023. 装配式部分包覆钢-混凝土组合结构技术标准.
[26] GB 50936—2014. 钢管混凝土结构技术规范.
[27] 江韩，陈丽华，吕佐超，等. 装配式建筑结构体系与案例［M］. 南京：东南大学出版社，2018.
[28] 刘学军，詹雷颖，班志鹏，等. 装配式建筑概论［M］. 重庆：重庆大学出版社，2020.
[29] T/CECS 43—2021. 装配式混凝土框架节点与连接设计规程.
[30] GB 50010—2010. 混凝土结构设计规范.
[31] JGJ 1—2014. 装配式混凝土结构技术规程.
[32] 黄华. 装配式混凝土结构在医院建筑中的应用实践［J］. 建筑结构，2022，52（S1）：1649-1652.
[33] GB/T 51231—2016. 装配式混凝土建筑技术标准.
[34] CECS 604—2019. 装配式多层混凝土结构技术规程.
[35] GB 50017—2017. 钢结构设计规范.
[36] GB/T 5224—2014. 预应力混凝土用钢绞线.
[37] JGJ 92—2016. 无粘结预应力混凝土结构技术规程.
[38] 王振营. 预制预应力自复位钢筋混凝土框架结构抗震性能研究［D］. 哈尔滨：哈尔滨工业大学，2020.
[39] 陈韵竹，蔡小宁，贾长恒. 装配式自复位预应力混凝土框架结构节点的抗震性能研究与展望［J］. 江苏建筑，2021，211（02）：27-30.
[40] 姚旭锟. 预应力钢筋混凝土叠合梁受剪性能试验研究［D］. 西安：西安建筑科技大学，2021.
[41] 乔德浩. 带后浇区的灌浆套筒连接混凝土柱脚节点抗震性能研究［D］. 泰安：山东农业大学，2022.
[42] 杨辉. 局部后张预应力装配式框架节点抗震性能及应用研究［D］. 南京：东南大学，2020
[43] 许傲逸. 局部后张预应力装配式混凝土框架节点抗震性能研究［D］. 南京：东南大学，2018.
[44] Mazzatura I，Salvatore W，Caprili S，et al. Damage detection，localization，and quantification for steel cables of post-tensioned bridge decks［C］//Structures. Elsevier，2023，57：105314.
[45] 黄林杰. 顶底摩擦耗能自复位混凝土框架抗震性能与设计方法研究［D］. 南京：东南大学，2022.
[46] 姚家伟. 高强底筋锚入式非饱和灌浆装配混凝土框架节点有限元分析［D］. 邯郸：河北工程大学，2020.

[47] 王尧. 带锚固板 HRB400 钢筋锚固性能试验研究 [D]. 郑州：郑州大学，2021.
[48] 范淑琴，王可心，丘铭军，等. 建筑用钢筋端头螺纹的高效精密滚压工艺及设备特性的研究现状 [J]. 精密成形工程，2022，14（07）：1-10+175.
[49] JG/T 398—2019. 钢筋连接用灌浆套筒.
[50] JG/T 408—2019. 钢筋连接用套筒灌浆料.
[51] DB34/T 810—2020. 叠合板式混凝土剪力墙结构技术规程.
[52] DB37/T 5133—2019. 预制双面叠合混凝土剪力墙结构技术规程.
[53] DB34/T 3822—2021. 盒式螺栓连接多层全装配式混凝土墙板结构技术规程.
[54] DG/J 08-2154—2014. 装配整体式混凝土公共建筑设计规程.
[55] T/CECS 809—2022. 螺栓连接多层全装配式混凝土墙板结构技术规程.
[56] 黄炜，孙玉娇，张家瑞，等. 装配式墙体结构新型连接技术研究现状 [J]. 工业建筑，2020，50（07）：181-189.
[57] Zhao F，Xiong F，Cai G，et al. Performance and numerical modelling of full-scale demountable bolted PC wall panels subjected to cyclic loading [J]. Journal of Building Engineering，2023，63：105556.
[58] 韩赟聪. 模块化低层装配式住宅设计研究 [D]. 济南：山东建筑大学，2018.
[59] 王丽楠. 装配式组合模块化建筑结构体系设计及力学性能研究 [D]. 张家口：河北建筑工程学院，2018.
[60] 于婷. 模块化混凝土框架结构变电站的设计和有限元模拟 [D]. 兰州：兰州大学，2023.
[61] 陈龙辉. 全装配预应力混凝土模块结构体系接缝节点力学性能研究 [D]. 重庆：重庆交通大学，2022.
[62] 王涛. 预制预装修模块化建筑（PPVC）连接节点拟静力试验研究 [D]. 青岛：青岛理工大学，2021.
[63] 王永瑞. 模块化建筑新型柱内置螺栓节点力学性能研究 [D]. 北京：中国矿业大学，2020.
[64] 黄聪. 装配式模块化高层建筑形式研究 [D]. 北京：中央美术学院，2020.
[65] DBJ43/T 387—2022. 超高性能混凝土集成模块建筑技术标准.
[66] SJG 130—2023. 混凝土模块化建筑技术规程.
[67] 彭典勇，明艳，韩淑巧. 模块化建筑技术的实践与应用 [J]. 建设科技，2023，（12）：22-26.
[68] 丁磊. 混凝土建筑模块化体系的设计研究与应用 [J]. 山西建筑，2020，46（20）：52-53+66.
[69] 郭学明，张晓娜，李营，等. 装配式混凝土结构建筑的设计、制作与施工 [M]. 北京：机械工业出版社，2017.
[70] 黄靓，冯鹏，张剑，等. 装配式混凝土结构 [M]. 北京：中国建筑工业出版社，2020.
[71] 田春鹏. 装配式混凝土建筑概论 [M]. 武汉：华中科技大学出版社，2022.
[72] T/CECS 715—2020. 钢筋桁架混凝土叠合板应用技术规程.
[73] DB37/T 5216—2022. 混凝土叠合板应用技术标准.
[74] GB/T 16727—2007. 叠合板用预应力混凝土底板.
[75] TCECS 722—2020. 钢管桁架预应力混凝土叠合板技术规程.
[76] JGJ/T 458—2018. 预制混凝土外挂墙板应用技术标准.
[77] DB 34/T 3952—2021. 预制混凝土夹心保温外挂墙板技术规程.
[78] T/BCMA 002—2021. 预制混凝土夹心保温外墙板用金属拉结件应用技术规程.
[79] T/CCPA 41—2023. 预制混凝土夹心保温外墙板用非金属连接件应用技术规程.
[80] 何利，沙慧玲，种迅，等. 预制混凝土外挂墙板连接及对结构抗震性能影响研究进展 [J]. 工业建筑，2024，1（16）.